신재생에너지

RENEWABLE ENERGY

개정 3판

KB181798

신재생에너지 개정 3판

| 인 | 쇄 | 2023년 01월 04일 개정3판 3쇄 |
| 발 | 행 | 2023년 01월 11일 개정3판 3쇄 |

저	자	윤천석, 윤하윤, 윤정윤
발 행 인		성희령
기 획 팀		채희만
영 업 팀		한석범, 최형진, 이호준
편 집 팀		한혜인, 임유리
경영관리팀		이승희
발 행 처		INFINITYBOOKS

| 주 | 소 | 경기도 고양시 일산동구 하늘마을로 158 |
| | | 대방트리플라온 C동 209호 |

| 대 표 전 화 | 02)302-8441 |
| 팩 스 | 02)6085-0777 |

도서 문의 및 A/S 지원

| 홈 페 이 지 | www.infinitybooks.co.kr |
| 이 메 일 | helloworld@infinitybooks.co.kr |

I S B N	979-11-85578-50-7
등 록 번 호	제2021-000018호
판 매 정 가	27,000원

본서의 무단복제를 금하며 파본은 교환하여 드립니다.

국립중앙도서관 출판시도서목록(CIP)

이 도서의 국립중앙도서관 출판예정도서목록(CIP)은
서지정보유통지원시스템 홈페이지(http://seoji.nl.go.kr)와
국가자료종합목록 구축시스템(http://kolis-net.nl.go.kr)에서 이용하실 수 있습니다.

CIP제어번호 | CIP2019049673

신재생 에너지

RENEWABLE ENERGY

개정 3판

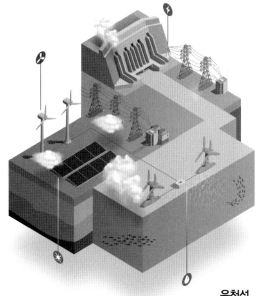

윤천석
윤하윤
윤정윤

공저

INFINITYBOOKS
인피니티북스

석유, 석탄, 천연가스 등의 화석연료 연소로 배출되는 온실가스와 지구온난화 등의 환경문제를 해결하며, 에너지 자원 고갈에 대한 대안으로 가능한 재생에너지에 관한 사회적인 관심이 점차적으로 증가하고 있다. 시대적인 추세에 부응하기 위하여 전공자뿐만 아니라 공학분야 외의 비전공자도 포함하는 학부수준의 학생들이 재생에너지의 에너지원별로 물리적 원리와 적용사례를 이해하여 기본적인 지식을 함양할 수 있도록 본서의 내용을 구성하였다. 특히 재생에너지 중에 소수력을 제외한 태양열에너지, 태양광에너지, 풍력에너지, 지열에너지, 해양에너지, 바이오매스 에너지와 연료전지 등을 취급하였다.

재생에너지는 기계, 항공, 화공, 토목, 전기, 전자, 컴퓨터, 환경, 재료, 물리, 지구과학, 해양, 자원, 정치, 경제 등의 여러 분야에 연관된 학제간 (interdisciplinary)의 주제로, 통합적으로 다루어야 하는 분야가 너무나 광대하다. 또한 이러한 에너지는 최근에 새롭게 시작된 것은 아니지만, 계속해서 그 적용 기술과 기본 기술이 발전하고 있는 상황이다. 따라서 일부 분야에서는 현재의 유망한 기술이 몇 년 후에는 과거의 기술로 판명될 수도 있는 가능성을 많이 내포하고 있다. 기술의 변화 가능성을 포함하는 폭 넓은 주제를 전반적으로 다루어 기술하는 데 조심성과 두려움이 많지만, 미력하나마 본 교재가 학생들에게 현재와 미래의 에너지변환 시스템을 검토할 능력과, 이러한 장치의 해석 및 응용에 관한 관심을 조성했으면 한다.

본서는 필자가 집필한 "대체에너지(2004년)"와 "신재생에너지(2009년)" 저서를 근간으로, 최신 자료를 포함하여 대폭 수정하였다. 필자가 연구소에서 재직 시 연구하였던 기술자료, 1999년 이래로 매해 개설하여 학부에서 강의를 하고 있는 "에너지 변환" 과목과 대학원의 "에너지 변환 및 발전공학" 등의 강의자료, 미국 에너지부(Department of Energy) 산하의 국립재생에너지 연구소(National Renewable Energy Laboratory), 한국에너지기술연구원, 에너지관리공단 등의 홈페이지, 이와 관련된 웹사이트 등을 통하여 입수한 기술문서, 국제에너지기구 (IEA: International Energy Agency)의 통계자료를 참고하여 정리하였다.

본서를 준비하면서 많은 부족함을 느끼며, 서술한 내용 중에서 수정이 필요하거나 잘못 기록된 부분에 관하여 각 분야의 전문가들로부터 끊임없는 지도와 편달을 부탁드린다. 먼저 하나님께 영광을 돌리며, 인생의 조언자이며 격려자인 처와 두 딸을 포함한 가족들 모두에게 감사를 드린다. 끝으로, 이 책의 편집에서 출판까지 도움을 주신 인피니티북스에 감사의 마음을 전한다.

윤천석

2019년 봄에 아버지가 돌아가신 후 이 책 "신재생에너지"에 관해 많은 고민을 했습니다. 아버지가 책을 수정하시는 중에 돌아가셔서 저희가 최선을 다해 매듭을 지어봅니다. 아버지는 에너지분야에 오랫동안 관심 깊게 연구하시며 책을 집필하셨습니다.

그 노력과 열정을 보며 자란 저희는 에너지에 관심을 가지며 2019년 6월에 기계공학 학부를 마쳤습니다. 에너지가 우리 현재 삶에 많이 중요하다는 것을 느끼며 부족하지만 아버지가 남기신 수정할 부분과 분야에서 새롭게 떠오르는 부분을 정리해봅니다.

최근에 한국과 세계에서 많은 단체들이 환경보호와 신재생에너지에 관심을 갖고 연구하고 있습니다. 본서를 통해 학생들이 얻는 기본적인 지식과 관심으로 이 세계적 추세에 부응할 수 있기를 바랍니다. 마지막으로 어렸을 때부터 저희에게 에너지와 공학의 꿈을 심어준 저희 아버지와 어머니한테 감사의 마음을 전합니다.

2019년 가을을 맞이하며

윤하윤, 윤정윤

윤천석

한남대학교 기계공학과 교수 (2000~2019)

경력

삼성종합기술원 에너지 Lab 전문연구원 (1997~2000)

삼성항공 항공우주연구소/엔진연구소 선임연구원 (1994~1997)

LG전자 생활시스템 연구소 선임연구원 (1992~1994)

학력

University of Alabama in Huntsville 공학박사 (Ph.D.)

University of Alabama in Huntsville 공학석사 (MS)

연세대학교 기계공학과 공학사 (BS)

윤하윤

University of California, Berkeley 기계공학과 석/박사 (2020~현재)

경력

Massachusells Ceneral Hospital Wellman Center 연구원 (2019~2020)

ExxonMobil Corporation (2018 여름)

NASA Goddard Space Flight Center 연구원 (2017 겨울)

RLE's Bioelectronics Group at MIT 연구원 (2015~2017)

한국과학기술연구원 (2016 여름)

한국기계연구원 (2016 겨울)

학력

MIT 기계공학과 공학사 (BS)

윤정윤

KAIST 기계공학과 석사(2021~현재)

경력

한국기계연구원 (2018-2019 겨울)

한국과학기술연구원 (2016 여름, 2018 여름)

Tearney Lab at Massachusetts General Hospital (2017-2018)

RLE's Bioelectronics Group at MIT (2015-2017)

학력

MIT 기계공학과 공학사 (BS)

CHAPTER

01

재생에너지
서론
Renewable Energy

1.1 재생에너지(Renewable Energy)   1

1.2 화석연료(Fossil Fuel)   4

    1.2.1 석탄(Coal)   4

    1.2.2 석유(Petroleum)   5

    1.2.3 천연가스(Natural Gas)   7

    1.2.4 원자력(Nuclear Energy)   10

1.3 환경문제   11

    1.3.1 오존층 파괴   11

    1.3.2 기후   15

    1.3.3 지진   18

1.4 재생에너지의 중요성   18

1.5 재생에너지 시장   20

1.6 재생에너지의 경제적 고려와 향후 전망   23

    1.6.1 세계 에너지 수요와 경제 전망   23

    1.6.2 에너지원별 세계 에너지 소비량 전망   25

    1.6.3 개발도상국의 재생에너지 효용   26

1.7 신재생에너지 및 환경 기후 정책   26

    1.7.1 교통 및 도시   26

    1.7.2 환경 기후 정책   27

1.8 스마트 그리드(Smart Grid)   27

1.9 신재생에너지 저장 및 운송   29

CHAPTER

02

태양광
Solar Thermal Power

2.1 빛   38

    2.1.1 파장, 주파수, 에너지   38

    2.1.2 직접광(direct sunshine)와 확산광(diffusion sunshine)   38

    2.1.3 일사(insolation)   39

2.2 태양전지 (PV: photovoltaics 또는 solar cell)　　42

2.2.1 역사　　42

2.2.2 작동원리　　43

2.2.3 셀(cell)과 배열(array)　　45

2.3 태양전지 재료　　45

2.3.1 밴드 갭(band gap) 에너지　　47

2.3.2 실리콘　　48

2.3.3 비정질 실리콘　　49

2.3.4 다결정 박막(Polycrystalline Thin Film)　　50

2.3.5 갈륨아세나이드(Gallium Arsenide: GaAs)　　53

2.3.6 다접합 셀(multi-junction cells)　　55

2.3.7 유기 태양전지(organic solar cell)　　57

2.3.8 염료감응형 태양전지 (DSSC: dye-sensitized solar cell)　　58

2.3.9 전기전극(electrical contact)　　59

2.4 태양전지 성능　　60

2.4.1 태양전지 성능: 셀　　60

2.4.2 태양전지 성능: 모듈　　65

2.4.3 태양전지 성능: 시스템　　66

2.5 태양전지 시스템　　66

2.5.1 평판시스템(flat-plate system)　　66

2.5.2 집중형 시스템(concentrator system)　　67

2.6 태양전지 시스템의 구조물과 부품들　　68

2.6.1 장착구조물　　69

2.6.2 추적 구조물(tracking structure)　　70

2.6.3 전력조절기(power conditioner)　　70

2.6.4 저장장치　　71

2.6.5 충전 제어장치　　71

2.7 태양전지의 장점 73

2.7.1 신뢰도가 높음 73

2.7.2 유지비용이 적음 73

2.7.3 환경친화적 73

2.7.4 모듈화 73

2.7.5 시공비용이 적음 73

2.8 적용 74

2.8.1 단순 태양전지 시스템 74

2.8.2 태양전지 시스템과 배터리 저장장치 74

2.8.3 태양전지와 전기발전기 75

2.8.4 계통연계형 태양전지 시스템 76

2.8.5 공공 전기(Public Utility) 78

2.8.6 하이브리드 시스템 79

2.8.7 수송용 80

2.9 태양광발전 기술 현황 및 전망 85

2.9.1 일본 86

2.9.2 미국 87

2.9.3 유럽 87

2.9.4 한국 87

2.9.5 에너지 저장 90

CHAPTER

03

태양열 발전
Solar Thermal Power

3.1 집중형 태양열 발전(Concentrating Solar Power: CSP) 97

3.1.1 구유형(Trough) 시스템 100

3.1.2 타워형(Power Tower) 시스템 101

3.1.3 태양열 접시형–엔진(Dish–Engine) 시스템 103

3.1.4 집중형 태양열 기술의 가격 107

3.2 태양열 난방(Solar Heating) 108

3.3 수동적 태양열 난방(Passive Solar Heating)　111

3.3.1 직접획득형　111

3.3.2 간접획득형　112

3.3.3 고립획득형　113

3.4 능동적 태양열 난방(Active Solar Heating)　114

3.5 태양열 집열기(Solar Collector)　116

3.5.1 평판형 집열기　116

3.5.2 진공관식 집열기　120

3.5.3 집중형(집광형) 집열기　121

3.5.4 배출 공기 집열기　123

3.6 주거용과 상업용 온수(Residential and Commercial Water Heating)　124

3.6.1 능동적 시스템(Active System)　124

3.6.2 수동적 시스템(Passive System)　125

3.7 태양조명(Solar Lighting)　127

3.8 태양열 조리기(Solar Cooker)　129

3.8.1 상자형 태양열 조리기(box-type solar cooker)　130

3.8.2 반사형 조리기(reflector cooker)　132

3.8.3 열출력(thermal output)　133

3.8.4 태양복사　134

3.8.5 개발도상국에서의 태양열 조리기　134

3.8.6 요리에너지 양　135

3.9 태양연못(Solar Ponds)　136

3.9.1 비대류 연못　137

3.9.2 대류 연못　138

3.9.3 적용　138

3.9.4 타당성　141

3.10 국내외 기술 및 시장동향　142

CHAPTER

04

풍력에너지
Wind Energy

4.1 바람   151

    4.1.1 온도 차이에 의한 공기 순환   151

    4.1.2 Coriolis 힘   151

    4.1.3 지구의 바람   151

    4.1.4 지구 자전에 의한 바람(Geostrophic Wind)   152

    4.1.5 국부적 바람   153

    4.1.6 바람 에너지   154

    4.1.7 바람을 굴절시키는 풍력터빈   154

    4.1.8 바람의 동력   155

4.2 풍력터빈   158

    4.2.1 풍력터빈의 종류   158

    4.2.2 풍력터빈의 크기   159

    4.2.3 풍력터빈의 내부 구조   160

    4.2.4 풍력터빈의 사용형태   162

4.3 풍력에너지의 장단점   163

    4.3.1 장점   163

    4.3.2 단점   165

4.4 풍력에너지의 역사   165

4.5 풍력에너지의 자원 가능성   166

    4.5.1 해외 풍력에너지 이용 현황   168

    4.5.2 국내 풍력에너지 이용 현황   169

4.6 풍력에너지의 연구 · 개발   174

    4.6.1 회전자(rotor)   174

    4.6.2 블레이드(blade)   175

    4.6.3 능동제어(active control)   176

    4.6.4 타워(tower)   177

    4.6.5 드라이브트레인(drive train: 기어박스, 발전기, 전력변환)   177

    4.6.6 기본적인 공기역학 연구   179

    4.6.7 공기역학적인 향상 장치   180

    4.6.8 해상(Offshore) 풍력터빈 기술   180

CHAPTER

05

지열에너지
Geothermal Energy

5.1 지열에 관한 기초지식 187

5.1.1 지구과학적 지식 187

5.1.2 지열이용 현황 189

5.1.3 역사 190

5.2 지열원(Hydrothermal Resources) 191

5.2.1 지열수 192

5.2.2 지구의 압력으로 가압된 해수 또는 소금물(염화나트륨) 192

5.2.3 고온건조암 192

5.2.4 마그마 193

5.3 지열발전소(Geothermal Power Plant) 193

5.3.1 건증기발전소(Dry Steam Power Plant) 193

5.3.2 습증기발전소(Flash Steam Power Plant) 194

5.3.3 바이너리사이클발전소(Binary Cycle Power Plant) 195

5.4 지열원의 직접 이용 198

5.4.1 직접이용 열원 198

5.4.2 자원 개발 199

5.4.3 지역 및 공간 난방 199

5.4.4 온실과 양어장 시설 200

5.4.5 산업용과 상업용 200

5.5 지열열펌프(Geothermal Heat Pump) 201

5.5.1 지열열펌프의 구성 203

5.5.2 지열열펌프 시스템의 유형 204

5.5.3 지열열펌프의 장점 207

5.6 EGS(Enhanced Geothermal System) 기술들 207

5.6.1 지열에너지와 EGS 개념 207

5.6.2 EGS의 작동원리 208

5.7 지열에너지의 장점 211

5.7.1 환경적 측면 211

5.7.2 경제학적 측면 213

5.8 지열에너지의 한계와 위험   214

  5.8.1 개발위험   214

  5.8.2 개발규모와 유수지의 고갈   215

  5.8.3 경제적, 정치적 위험   215

5.9 지열에너지의 미래   215

CHAPTER

06

해양에너지
Ocean Energy

6.1 조력 및 조류발전(Tidal Power)   222

  6.1.1 조력발전소용 터빈   226

  6.1.2 조류 펜스(Tidal Fence)   228

  6.1.3 조류터빈(tidal turbine)   228

  6.1.4 조력발전의 한계   231

6.2 파력(Wave Power)   232

  6.2.1 Offshore 시스템   232

  6.2.2 연안(onshore) 시스템   237

  6.2.3 파력발전의 장·단점   239

6.3 해양온도차 발전(Ocean Thermal Energy Conversion: OTEC)   240

  6.3.1 밀폐순환식   241

  6.3.2 개방순환식   243

  6.3.3 하이브리드순환식   244

  6.3.4 제안된 프로젝트들   244

  6.3.5 다른 기술들   244

6.4 천연가스의 새로운 원천   245

6.5 경제적, 환경적 문제들   246

CHAPTER

07

연료전지
Fuel Cell

7.1 역사   254

7.2 작동원리   255

7.3 연료전지 부품과 기능   256

  7.3.1 연료   256

  7.3.2 연료전지 시스템   257

7.4 연료전지의 종류   259

  7.4.1 고분자 전해질 연료전지(Polymer Electrolyte Membrane Fuel Cell: PEMFC)   261

  7.4.2 직접 메탄올 연료전지(Direct Methanol Fuel Cell: DMFC)   262

  7.4.3 알카라인형 연료전지(Alkaline Fuel Cell: AFC)   264

  7.4.4 인산형 연료전지(Phosphoric Acid Fuel Cell: PAFC)   265

  7.4.5 용융탄산염 연료전지(Molten Carbonate Fuel Cell: MCFC)   266

  7.4.6 고체산화물 연료전지(Solid Oxide Fuel Cell: SOFC)   268

  7.4.7 재생형 연료전지(Regenerative Fuel Cell: RFC)   271

7.5 연료전지와 관련된 간단한 수식들   273

  7.5.1 이상(ideal) 연료전지 전압   273

  7.5.2 효율, 전력, 에너지   274

  7.5.3 연료전지 작동 시 발생하는 열발생율   275

  7.5.4 연료전지가 생산하는 물의 양   276

7.6 연료전지의 사용   276

  7.6.1 수송용 전원   277

  7.6.2 정치형 전원   288

  7.6.3 휴대용 전원   291

7.7 가스터빈/연료전지의 하이브리드 시스템   291

  7.7.1 생산품 현황   296

  7.7.2 연료전지 하이브리드 시스템의 적용과 장벽   297

  7.7.3 기술개발의 필요성   297

7.8 연료전지의 문제점   298

　7.8.1 가격   298

　7.8.2 내구성과 신뢰성   298

　7.8.3 공기, 열, 물관리 시스템   298

　7.8.4 개선된 열회수 시스템   299

　7.8.5 연료문제   299

　7.8.6 국민적 수용   300

CHAPTER

08

바이오매스
Biomass

8.1 바이오매스   312

　8.1.1 바이오매스의 종류   312

　8.1.2 기술–바이오매스 전력   315

　8.1.3 장점   318

　8.1.4 경제성   319

　8.1.5 자원의 분포   319

　8.1.6 사업성과 시장성 기회   320

　8.1.7 바이오매스의 적용사례   321

8.2 바이오연료   323

　8.2.1 바이오에탄올   325

　8.2.2 재생디젤   333

　8.2.3 바이오연료와 환경   337

8.3 바이오 정제소   341

APPENDIX

A

신에너지 및
재생에너지
개발 · 이용 · 보급
촉진법

APPENDIX

B

국내 기상
통계 자료

B.1 국내 일사량 분포   368

B.2 국내 평년기후도   370

B.3 지점별 일조시간의 월 평년 값(hr)   371

B.4 국내 태양자원   373

B.5 지점별 강수량의 월 평년 값 (mm)   375

B.6 국내 풍력자원   377

B.7 국내 지열자원   382

B.8 국내 바이오매스자원   384

APPENDIX

C

RETScreen Clean
Energy Project
Analysis Software

재생에너지
서론
Renewable Energy

에너지는 시공간에 관련된 양이며 물질이 일을 할 수 있는 시스템의 능력으로 정의된다. 에너지는 뉴턴의 두 번째 법칙에서 유도되는 개념으로 외부의 영향이 없다면 보존이 된다. 에너지는 근원에 따라 재생에너지(renewable energy)와 비재생에너지(non-renewable energy)로 구분한다.

1.1 재생에너지(Renewable Energy)

2018년도는 신재생에너지 분야에 기록적인 해였다. 세계적으로 많은 전력 회사들이 화석연료를 신재생에너지로 대체하였다. 신재생에너지가 더 발달되고 성장하므로 미래 에너지 시장에 어떤 변화를 불러올지 기대된다. 신·재생에너지(New & Renewable Energy)는 해, 바람, 비, 조류 등과 같이 고갈되지 않는 다양한 자연에너지의 특성과 이용기술을 활용하여 화석연료(석탄, 석유, 천연가스)와 원자력을 사용하는 기존 에너지를 대체하는 재생 가능한 에너지이다. 지구 상에서 사용 가능한 가장 청정한 에너지이며 그 양이 풍부하다. 최근에는 각 국가들의 에너지 분류방법에 따라 신·재생에너지, 신에너지, 미래에너지, 미활용에너지 등의 새로운 용어로 중복되거나 혼용되어 사용하고 있다. (그림 1-1, 1-2, 1-3, 1-4)는 국제에너지기구(IEA: International Energy Agency), 미국, 유럽연합(EU), 일본의 재생에너지 또는 신에너지 분류체계를 각각 나타낸다. 신·재생에너지에 대한 우리나라 분류체계는 "신에너지 및 재생에너지 개발·이용·보급 촉진법 제2조"의 정의에 따라 다음과 같이 서술된다. 신·재생에너지는 기존의 화석연료를 변환시켜 이용하거나 햇빛·물·지열·강수·생물유기체 등을 포함하는 재생 가능한 에너지를 변환시켜 이용하는 에너지라고 정의하고, 석유, 석탄, 원자력, 천연가스가 아닌 11개 분야의 에너지로 지정하였다. 신·재생에너지는 태양열, 태양광발전, 바이오매스, 풍력, 소수력, 지열, 해양에너지, 폐기물에너지를 포함하는 재생에너지 8개 분야와 연료전지, 석탄액화·가스화, 수소에너지를 포함하는 신에너지 3개 분야로 구성된다. 그림 1-5는 우리나라의 신재생에너지 분류체계를 나타낸다.

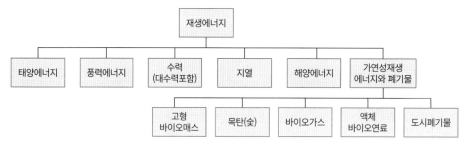

그림 1-1 IEA의 재생에너지 분류체계

그림 1-2 미국의 재생에너지 분류체계

그림 1-3 유럽연합(EU)의 재생에너지 분류체계

그림 1-4 일본의 신에너지 분류체계

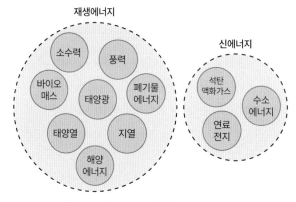

그림 1-5 우리나라의 신재생에너지 분류체계

그림 1-6은 지속적으로 채워지며 고갈되지 않는 재생에너지를 도식적으로 나타낸 것으로, 태양에너지, 풍력, 지열, 소수력, 해양, 바이오매스 등으로 구성된다. 본 교과서의 2장부터 8장에서는 소수력을 제외한 재생에너지 분야인 태양광, 태양열 발전, 풍력에너지, 지열에너지, 해양에너지, 바이오매스와 신에너지분야의 연료전지를 자세히 다룬다.

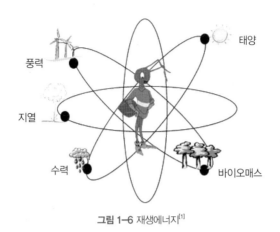

그림 1-6 재생에너지[1]

대부분의 재생에너지는 태양에너지와 직접 또는 간접적으로 연관된다. 태양광발전은 태양전지에 입사되는 태양광을 직접 전기에너지로 변환시키는 태양전지/발전시스템 기술로서, 태양전지 셀로 구성된 모듈과 축전지 및 전력 변환장치로 구성된다. 태양열 이용기술은 태양으로부터 방사되는 복사에너지를 직접 획득하여 필요한 곳에 이용하는 것으로, 태양열의 흡수·저장·열 변환 등을 통해 건물의 조명, 냉·난방 및 급탕, 산업 공정열, 농수산분야, 전기발전 등에 활용한다. 태양열은 공해가 없는 청정에너지로, 우리나라의 입지조건은 연평균 수평면 일사량이 3,042kcal/(m² · day) 정도로, 태양열 이용이 활발히 추진되고 있는 일본(2,800kcal/(m² · day)), 독일(2,170kcal/(m² · day)), 네덜란드(2,450kcal/(m² · day)) 등에 비해 좋은 여건을 가지고 있다. 또한 태양열은 바람을 움직이게 하며, 바람에너지는 풍력터빈을 구동시켜 획득한다. 풍력에너지는 풍향, 풍속의 변동에 따라 안정된 에너지 공급에 어려움이 있지만, 잠재적으로 풍력자원이 광범위하게 존재하는 청정한 에너지이다. 풍력은 국제적 환경규제에 대응할 수 있는 발전기술로서, 선진국에서는 일반 상용전원의 발전원가와 경쟁이 가능한 수준으로 가격이 하락하여, 시장이 급격히 확대되고 있다. 국내에서는, 산간이나 해안오지 및 방조제 등의 부지를 활용함으로써 국토이용의 효율을 높일 수 있다. 바람과 태양열은 물을 증발하게 하여, 이 수증기가 비나 눈으로 변환되어 강이나 시냇가에 흘러내리며 이 에너지는 수력발전소의 터빈을 구동시켜 전기로 이용된다. 비와 눈과 함께 햇빛은 광합성을 통하여 식물을 성장하게 한다. 이러한 식물들로 이루어진 유기물질인 바이오매스는 전기, 차량용 연료, 화학약품을 생산하는데 사용될 수 있다. 위의 목적들로 사용되는 바이오매스를 바이오매스 에너지라고 한다. 많은 유기화합물에서 수소와 물을 찾을 수 있으며, 지구상에서 가장 풍부한 구성 요소이다. 천연상태에서 가스로 존재할 수 없으며, 물을 만들기 위하여 산소 같은 다른 성분들과 항상 결합되어 있다. 한번 다른 성분으로부터 분리되면, 수소는 연료로 연소되거나 전기로 변환될 수 있다. 연료전지는 수소와 산소를 반응시켜 전기 및 열로 직접 변환시키는 장치로, 기존 발전기술(연료의 연소 → 증기발생 → 터빈구동 → 전기발전)과는 달리 연소과정이나 구동장치가 없다. 따라서 효율이 높으며, 대기오염, 소음, 진동 등의 환경문제를 유발하지 않는 발전기술이다. 모든 재생에너지가 태양으로부터 오는 것은 아니다. 한 예로 지열에너지는 지구내부의 암석과 마그마에 저장된 지열을 이용하는 것으로 심층의 고온 지열수를 추출하거나 물을 인위적으로 주입하여 고온의 물이나 수증기를 생산한다. 그리고 거기에서 발생한 열에너지를 전기에너지로 변환하는 지열발전과 건물 내의 열을 지중으로 방출하며 지중의 열을 공급하는 지열 냉난방 시스템에 사용한다. 또 한 가지 예로 해양의 조류는 지구와 관련된 달과 태양의 만유인력에 기인하며, 해양의 파도는 조수와 바람에 의해 발생된다.

또한 태양은 적도 근처에서 심해보다 표층수를 가열하기 때문에 에너지원으로 사용 가능한 온도 차이를 발생시킨다. 에너지양이 거대한 모든 해양에너지는 전기를 생산하는데 사용할 수 있지만, 기술과 경제성 문제로 그 이용이 지연되고 있다.

1.2 화석연료(Fossil Fuel)

현재 인류가 지구상에서 사용하고 에너지의 근원은 석탄, 석유, 천연가스 등에 대부분 의존한다. 화석연료를 총칭하는 비재생에너지(nonrenewable energy)는 사용함에 따라 매장된 양이 점점 고갈되며 제한된 원천에 의존함으로, 회복하기 위한 비용이 너무 비싸거나 환경적으로 피해를 많이 주게 된다. 그림 1-7은 석탄, 석유, 천연가스, 원자력 등의 비재생에너지를 도식적으로 나타내며, 간략히 설명하면 다음과 같다.

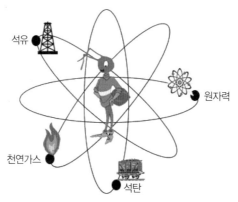

그림 1-7 비재생에너지[1]

1.2.1 석탄(Coal)

석탄은 지질시대의 육생식물이나 수생식물이 땅 속에 묻힌 후, 오랜 세월동안 가열과 가압작용을 받아 변질되어 생성된 흑갈색의 가연성 암석을 말한다. 식물이 겹쳐서 퇴적물 하부에 매장되면 상부의 중량에 의하여 산소, 탄소, 수소가 치밀하게 모여 석탄이 된 후, 물이나 다른 휘발성 물질은 방출된다. 그 밖의 구성물로는 질소, 황, 무기물 등이 있으며, 무기물은 근원 식물자체에서 나온 것은 많지 않으며 대부분 퇴적 후에 지하수에 의해 반입된 것이 많다. 석탄으로의 진화는 식물질에서 변질되어 흩어진 목질소(lignin), 섬유소(cellulose)등이 지표에서 분해 작용을 받아 생성된 이탄(peat)에서 아탄(lignite), 갈탄(brown coal), 역청탄(bituminous coal), 무연탄(anthracite) 등으로 변화하여 양질의 석탄으로 변모해 가는 것으로, 물리적 특성이 변화해 가는 것이다. 석탄은 산업혁명으로부터 시작된 근대 공업사회에 결정적인 기여를 한 에너지원으로, 다른 화석연료의 에너지원보다 매장량이 풍부하다. 석탄은 석유에 비하여 단위질량당 발열량이 다소 낮으며(heating value 기준, 24MJ/kg) 고체형태로서 취급하기 불편하다(그림 1-8 철도차량에 적재된 석탄). 또 공해요인이 되는 불순물을 다량 포함하고 있기 때문에, 석유의 대량생산에 의하여 주요한 에너지로의 가치를 상실하였다. 그러나 합성가스(syngas)를 생산하기 위하여 석탄을 가스화하거나 석탄으로부터 가솔린이나 디젤과 같은 액체연료를 추출하는 석탄 액화 등 지속적인 이용기술 개발에 따라 이를 극복해 나가고 있는 추세이다.

그림 1-8 철도차량에 적재된 석탄[2]

1.2.2 석유(Petroleum)

석유자원은 현대사회에서 가장 많이 사용되는 주요한 에너지원으로, 천연적으로 생산되는 불에 타기 쉬운 액체(鑛油)로서 이를 정제하여 만들어진 제품을 모두 석유라고 한다. 천연적으로 생산한 석유인 원유(crude oil)와 원유를 정제한 석유제품(petroleum products)으로 구분한다. 원유는 독특한 냄새를 풍기는 물보다 가벼운 암녹색 또는 흑갈색의 끈적끈적한 액체로, 다양한 분자량을 갖는 탄화수소를 주성분으로 하여 액체유기혼합물로 구성된 복잡한 화합물이다. 이 원유는 해저에 가라앉은 유기물이 부패되어 100만 년 이상의 세월이 걸려서 만들어진 이후에, 형성된 암반에 퇴적물로 매장되었던 것이다. 석유는 가스와 별도로 매장된 경우가 거의 없으며, 가스가 용해된 상태에서 경질유와 결합하고 있다. 석유는 주성분이 탄화수소라는 점에서 천연가스와 함께 탄화수소연료라고 부르기도 하며, 생성에 따른 분류로서 석탄과 함께 화석연료(fossil fuel)에 포함된다. 그림 1-9는 석유제품의 이용도를 도식적으로 나타내며, 용도에 따라 LPG(액화석유가스), 납사, 휘발유, 등유, 경유, 중유, 윤활유, 아스팔트 등으로 분류된다.

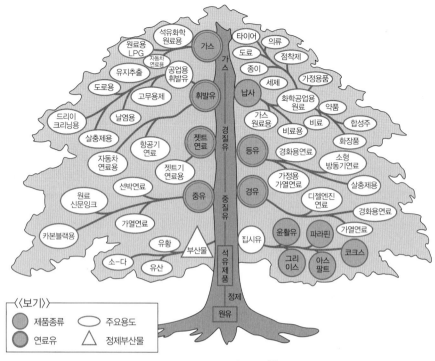

그림 1-9 석유제품의 이용도[4]

석유는 초기에는 조명용이나 윤활용으로 사용되었으나, 석유의 증산에 따라 석유가 액체이며 석탄보다 취급이 용이하고 열효율이 높다는 장점으로 사용이 증가하게 되었다. 미국에서도 1921년에는 증기기관차의 연료 중 90%가 석탄이었으나, 점차 석유가 연소로(furnace), 보일러, 공장, 기관차, 기선의 연료로 사용되었고, 경질유는 자동차, 항공기, 석유화학공업에 사용되게 되었다. 현재는 플라스틱, 합성섬유, 살충제, 약품에 이르기까지 많은 제품을 만드는 데 석유가 사용되고 있다. 그림 1-10은 연도/지역별 세계 석유와 액화가스 생산량 현황 및 2004 시나리오를 나타내는 그래프로, 2010년 이후로 그 생산량이 감소되었다. 현재 석유의 매장량은 전 세계적으로 1,730억배럴로 추정되며, 2018년 말 기준으로 가채년수가 약 50년인 것으로 분석된다. 중동이 836억배럴(48.3%), 북미가 237억배럴(13.7%), 중남미가 325억배럴(18.8%), 아프리카가 125억배럴(16.6%), 비 OECD(Organization for Economic Co-Operation and Development, 경제협력개발기구) 유럽국가가 145억배럴(8.4%), 아시아 및 대양주가 48억배럴(2.8%), OECD 유럽국가가 14억배럴(0.8%)의 매장량 분포를 갖고 있다. 표준 석유뿐 아니라 중유, 심해유, 극유, 가스전 또는 가스발전소로부터의 액화천연가스도 함께 고려하여 생산량을 예측하였다(주, 단위: 1배럴(barrel) = 42갤런(gallon), 1갤런 = 4.546L).

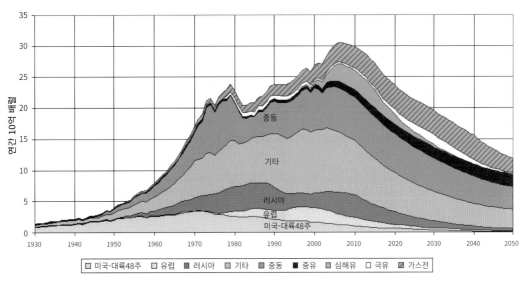

그래프 내부 레이블: 중동, 기타, 러시아, 유럽, 미국·대륙48주

범례: □ 미국·대륙48주 □ 유럽 ■ 러시아 □ 기타 ▨ 중동 ■ 중유 ▨ 심해유 □ 극유 ▨ 가스전

그림 1-10 연도/지역별 석유 및 액화가스 생산량 현황과 2004 시나리오[5]

1.2.3 천연가스(Natural Gas)

천연가스는 인공적인 과정을 거치는 석유(휘발유, 경유)와는 다르게 자연적으로 발생하여 지하에 매장된 혼합기체상태의 화석연료로, 주요성분은 80~90%가 메탄(CH_4)가스이고, 나머지는 에탄(C_2H_6), 프로판(C_3H_8) 등의 불활성기체로 구성된다. 가스전에서 천연적으로 직접 채취한 상태에서 바로 사용할 수 있는 가스에너지로, 생성과정은 석탄이나 석유와 유사하여 땅속에 퇴적한 유기물이 변동되어 생긴 화학연료이다. 천연가스는 석유가 생산될 때 함께 섞여서 생산되기도 하나 별도로 생산되며, 석유를 채굴하는 것과 마찬가지로 시추공을 바다 밑이나 땅 속 깊이 박아 채굴한다. 천연가스는 연소 시 공해물질을 거의 발생하지 않는 무공해 청정연료인 에너지원으로 이용가치가 높다. 그러나 천연가스는 기체 상태이기 때문에 저장문제와 운송문제가 수반되지만, 천연가스 액화기술이 개발되어 대량저장과 원거리 대량수송이 가능하게 되었다. 액화천연가스(LNG: Liquefied Natural Gas)는 천연가스가 생성될 때 포함된 수분, 분진, 황, 질소 같은 불순물을 제거한 후, -162℃의 저온에서 액화시킨 상태로 필요한 곳에 수송한 후 다시 기화시켜서 사용한다. 우리나라에서는 1986년 처음 도입하기 시작하여 현재 사용량이 증가하는 추세이다. 액화천연가스는 공해요인이 거의 없는 청정에너지로서 최근 들어 각광을 받는 에너지원의 하나이다. 특히 정제된 천연가스는 발열량이 높고, 황 성분을 서의 함유하지 않은 무독성이며, 폭빌범위가 좁고 가스비중이 작아 확산되기 쉬우므로 위험성이 적은 특징이 있어 도시가스용으로 가장 알맞으며, 그 이용분야가 다양하다. LNG는 도시가스로 가정용 연료나, 발전용 또는 산업용 가스보일러의 연료, LNG 수입기지에서 재기화할 때 흡수하는 열인 냉열로 이용된다. LNG 냉열을 이용하여 발전을 하거나 공기를 액화시켜 액체산소, 액체질소, 액체 드라이아이스를 만들기도 하며, 식품의 냉동 및 냉장, 고무, 플라스틱, 금속을 저온 분쇄하여 가공처리 시에 이용되기도 한다. LNG 이외의 천연가스의 종류로는, 천연가스를 200~250배로 압

축하여 압력용기에 저장한 가스인 압축천연가스(CNG: Compressed Natural Gas)와 천연가스를 산지로부터 파이프로 공급받아 사용하는 가스인 PNG(Pipe Natural Gas) 등이 있다. 그림 1-11은 천연가스이용분야인 열병합발전, 가스냉방, 천연가스차량, 보일러, 가스버너를 각각 나타낸다.

(a) 열병합 발전

(b) 가스냉방

(c) 천연가스차량

(d) 보일러, 가스버너

그림 1-11 천연가스 이용분야[7]

거대한 양의 천연가스(주로 메탄)가 가스 하이드레이트(gas hydrates)의 형태로 영구 동토층에 위치한 시베리아와 같은 북극 대륙과 심해에 퇴적물로 존재한다. 가스 하이드레이트는 천연가스가 저온, 고압상태에서 물과 함께 얼어붙은 덩어리로 "불타는 얼음"이라 불리는 차세대 에너지원이며, 드라이 아이스와 비슷한 모양으로 상온에서 불이 붙는다. 연소 시, 이산화탄소 배출량이 석유의 24%에 불과하며, 부피 기준으로 하이드레이트 1L에는 천연가스가 약 200L 압축되어 있어 효율이 매우 높다. 따라서 천연가스를 안정하게 저장하고 이동하는 방법으로 가스 하이드레이트가 많이 사용된다. 2010년의 기술을 적용하면, 가스 하이드레이트로부터 천연가스를 추출하는 비용이 기존방식으로 천연가스를 생산하는 비용보다 약 100~200%정도 더 들고 심해퇴적물로부터 생산할 시는 그 이상의 비용이 소요된다고 예상하며, 아직 경제적으로 천연가스를 생산할 수 있는 기술이 개발되지 않았다. 그림 1-12는 가스 하이드레이트의 연소사진과 구조를 나타낸다.

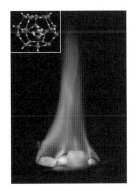

(a) 연소 모습   (b) 구조

그림 1-12 가스 하이드레이트[8]

최근 언론에 관심을 끌고 있는 셰일가스(shale gas)는 진흙이 쌓여 만들어진 지하 2~4km 퇴적암층에 존재하는 천연가스로, 한 곳에 집중된 유전지대 천연가스와는 달리 비전통가스로 분류된다. 그림 1-13은 지질학적 측면에서 천연가스 자원의 도식적 설명을 나타낸다. 셰일가스는 암반 틈에 퍼져 있어 채굴이 어려웠으나, 채굴기술의 진보에 힘입어 경제성 있는 수평시추공법으로 채굴이 가능해졌다. 채굴방법으로는 지하 2~4km까지 수직 시추 후, 지표면과 수평으로 뚫고 들어가 수압을 이용하여 암반에 균열을 발생시키고, 균열 사이의 가스가 모래에 밀려 시추관으로 이동 후, 시추관 내 가스가 압력차이로 지표면에 분출할 때 포집한다. 미국 에너지정보청(EIA)에 의하면, 미국의 천연가스 생산량 중 셰일가스가 차지하는 비중은 2010년에 23%이었으며, 2035년에는 49%에 이를 것이라고 예측한다. 또한 셰일가스의 매장량은 중국(36.1조m³), 미국(14.2조m³), 남아프리카공화국(13.7조m³), 호주(11.2조m³), 캐나다(11.0조m³), 폴란드(5.3조m³)의 순서로 풍부하다. 그러나 셰일가스 생산을 위한 걸림돌은 수압파쇄방식이 환경오염을 유발할 가능성이 있다는 것으로, 가스를 추출하기 위해 물, 모래, 화학물질 투입과정이 필수적이며, 이 과정에서 수질오염이 논란의 중심이다. 또한 생산과정에서 분출되는 온실가스와 지하 지질환경 변화로 인하여 지진 발생 가능성도 거론되는 상황이다.

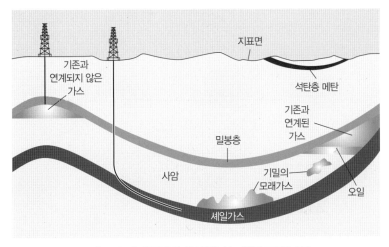

그림 1-13 지질학적 측면에서 천연가스 자원의 도식적 설명

1.2.4 원자력(Nuclear Energy)

원자력은 원자핵을 구성하고 있는 양자 및 중성자의 결합상태 변화에 따라 방출되는 에너지로 핵에너지라고도 하며, 특히 핵분열반응 또는 핵융합반응에 의해 많은 양의 에너지가 지속적으로 방출되는 경우를 원자력에너지 또는 원자력이라고 부른다. 원자력은 우라늄의 핵분열에 의한 질량 감소 분 만큼의 에너지를 이용하는 것으로, 원자 폭탄을 서서히 반응시키는 물리적인 현상이다. 원자력이 초기에는 원자폭탄, 원자력잠수함과 같이 군사용 또는 전략용으로 개발되었지만, 1953년 10월 8일 미국의 아이젠하워 대통령이 UN총회에서 원자력의 평화적 이용을 제창한 이래 선진국에서는 연구개발에 힘을 써서 인류의 번영과 발전에 크게 이바지해 왔다. 우라늄 원자의 핵분열에서 발생하는 반응열로 증기를 만든 후, 터빈을 회전시켜 전기를 생산하는 원자력발전, 원자로의 열을 동력으로 생산하는 원자력선, 열을 직접 이용하는 원자력제철, 지역난방, 해수의 담수화 등이 열에너지 이용의 범주에 들어간다. 인류가 필요로 하는 에너지를 생산하기 위해서 이산화탄소 발생량이 많은 '석탄화력발전소'와 'LNG 복합화력발전소'보다 환경에 영향을 덜 미치며 저렴한 비용으로 전기를 생산하는 원자력발전이 유일한 대안 역할을 하고 있다. 그림 1-14는 2014년 기준 주요국의 원자력 발전 비중을 도식적으로 나타낸 것으로, 에너지별 세계 발전 비중의 10.6%를 차지하고 있다. 원자력에너지의 이용이 폭 넓게 발전되고 있으나, 1976년 미국의 Pennsylvania주 TMI(Three mile island) 원전 사고 이후, 1986년 러시아의 체르노빌 원전 폭발, 2011년 일본 후쿠시마 원전 폭발 등의 사고가 끊임없이 일어나 유사 시 대처할 수 있는 능력 및 안전에 대한 문제가 대두되고 있다. 현재 경주에 핵폐기물 처리장 시설이 건설되고 있지만, 안전 문제로 인하여 2004년 부안사태와 같은 지역 내에 심각한 갈등을 빚기도 했다. 상대적으로 저렴한 원전 비용에는 사용 후 핵연료와 폐기물을 보관하는 핵폐기물 처리장 설치비, 또 사고 시 안전 및 수습에 필요한 비용 등이 전혀 계상되지 않아서 경제적 발전비용 측면의 적정성에 의문을 제기하기도 한다. 안전성의 우려로 세계의 일부 국가는 원자력을 포기하기도 하며, 안전 문제를 해결하기 위해 원자로 설계에 수동 안전기능 통합을 권장하기도 한다.

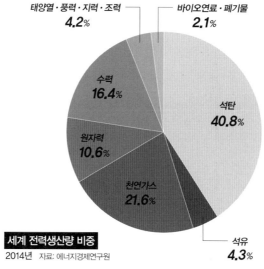

그림 1-14 2014년 기준 세계 전력 생산량 원자력 발전 비중 및 에너지별 세계 생산량 비중

1.3 환경문제

1.3.1 오존층 파괴

(1) 오존층

지구의 대기는 여러 개의 층으로 나누어진다. 대기권 중에서 지표에 접하는 최하층부인 대류권은 지구표면으로부터 10km 고도까지로, 모든 인간 활동은 이 지역에서 일어난다. 지구상의 가장 높은 Everest 산은 9km 높이이다. 대류권 위에 바로 근접한 층은 성층권으로 지구표면으로부터 10km에서 50km 사이에 있으며, 민항기들이 이 성층권의 하부에서 운행하고 있다. 그림 1–15는 대기권에서 대류권과 성층권의 특징을 나타내는 그래프로, 대기 오존의 대부분은 지구 표면으로부터 15~30km 높이의 성층권 층에 집중되어 있다.

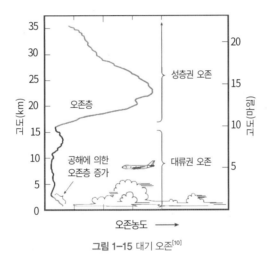

그림 1–15 대기 오존[10]

오존(ozone, O_3)은 3개의 산소 원자(O)로 구성된 분자로, 푸른색을 띠며, 강한 냄새를 갖고 있다. 우리가 호흡하는 보통의 산소(oxygen, O_2)는 2개의 산소 원자로 구성되며 무색, 무취이다. 오존은 산소보다 보편적으로 존재하지 않아, 1,000만 개의 공기 분자 중에서 약 2백만 개가 산소이고, 3개가 오존이다. 그러나 작은 양의 오존이 대기권에서 중요한 역할을 한다. 오존층은 햇빛 복사의 일부를 흡수하여 지구표면에 도달하지 못하게 한다. 가장 중요하게는 오존층이 UVB(Ultraviolet B)라는 자외선 빛의 일부를 흡수한다. UVB는 파장이 가시광선보다 짧은 전자기 스펙트럼으로, 파장은 280~315nm이다. 또 UVB는 피부암, 백내장, 일부 농작물과 재료, 해양생명체에 해를 끼치며 나쁜 영향을 많이 준다. 일정한 시간동안 오존 분자는 성층권에서 지속적으로 형성되고 파괴되나, 전체적인 양은 상대적으로 안정되게 유지된다. 오존층의 농도는 특정지역에서 기류의 깊이로 생각할 수 있다. 물이 변함없이 들어오고 나가지만, 깊이는 변하지 않는다. 오존의 농도는 태양흑점, 계절, 위도에 따라 자연적으로 변하지만 이러한 과정들은 잘 이해되고 예측된다. 과학자들은 자연적인 주기 동안에 자세한 일반 오존의 수위를 수십 년간 기록하여 확립하고 있다. 오존 수위는 자연적으로 감소되며 또한 회복된다. 그러나 최근에 신뢰할 수 있는 과학적인 증거에 의하면, 오존 실드는 자연과정에 의한 변화를 넘어 파괴되고 있다는 것을 보여준다.

(2) 오존층 파괴

1980년대 중반까지 50년 이상에 걸쳐, CFC(Chlorofluorocarbons: 염화 불화 탄소, 일명 프레온 가스)는 기적의 물질이라고 생각했다. 안정하고, 화염성이 없고, 독성이 적으며, 생산가격이 저렴한 CFC는 냉매, 용매, 거품을 불어내는 작용물, 다른 소규모의 적용에 사용되었다. 염소를 함유하는 혼합물은 메틸 클로로포름(methyl chloroform), 용매, 사염화탄소(CCl₄), 산업 화학제품을 포함한다. 소화제로 효과적인 할론(halon)과 토양 훈증약으로 효과적인 메틸 브로마이드는 브롬을 함유한다. 이러한 혼합물들은 대기중에 오래 잔류하여 바람에 의해 성층권으로 유입된다. 이 혼합물들이 분해되면 염소와 브롬을 방출하기 때문에 보호되어야 하는 오존층에 손상을 준다. 다음에서 설명하는 오존층 파괴 과정의 논의는 CFC를 중심으로 기술하지만, 오존층 파괴물질(ODS: ozone-depleting substance) 모두에 기본적인 개념이 그대로 적용된다. 그림 1-16은 오존층 파괴 과정을 간략히 나타낸 것으로, CFC와 오존층, 자외선의 상호작용을 순서적으로 설명하고 있다. CFC가 대기 중으로 방출되어, 오존층까지 상승하게 되고, 자외선은 CFC와 반응하여 염소를 배출한다. 배출된 염소는 오존층을 파괴함으로 더 많은 자외선이 유입되어, 그 결과 지구 상의 인류에게 피부암을 더 많이 유발한다.

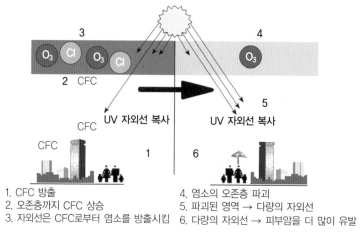

1. CFC 방출
2. 오존층까지 CFC 상승
3. 자외선은 CFC로부터 염소를 방출시킴
4. 염소의 오존층 파괴
5. 파괴된 영역 → 다량의 자외선
6. 다량의 자외선 → 피부암을 더 많이 유발

그림 1-16 오존층 파괴 과정

1970년대 초반에 과학자들은 오존층에 대하여 다양한 화학약품, 특별히 염소를 함유하는 CFC의 영향을 연구하기 시작했으며, 다른 염소 원천의 잠재적인 영향도 조사하기 시작했다. 수영장, 산업공장, 바다 소금, 화산으로부터 나오는 염소는 성층권에 도달하지 못한다. 이러한 원천의 염소혼합물은 물과 결합되기 쉬워 대류권에서 비에 의해 빨리 없어지는 현상이 반복되어진 측정 결과에 따라 알려지게 되었다. 반면에 CFC는 상당히 안정적이어서 비에 용해되지 않는다. 따라서 대기층의 하부에 존재하는 CFC를 제거하는 자연적인 과정이 존재하지 않는다. 시간이 지남에 따라 바람이 CFC를 성층권으로 날려 보내게 되며, CFC는 강한 자외선 복사에 노출되어 분해됨에 따라, CFC 분자는 염소 원자를 방출한다. 한 개의 염소원자는 10만 개의 오존분자를 파괴할 수 있다. 순수한 효과에 의하면 오존을 파괴하는 것이 자연적으로 생성되는 것 보다 빠르다는 것을 알수 있다. 대형 화재가 나거나 특정한 종류의 해양생명체가 성층권에 도달하지 않는 한 개의 안정된 염소 형태를 생산한다. 그러나 많은 실험에 의하면, 그림 1-17과 같이 자연적으로 발생하는 성층권의 염소를 18%만 생성하지만, CFC와 널리 사용되는 다른 화학약품은 82%를 생성한다.

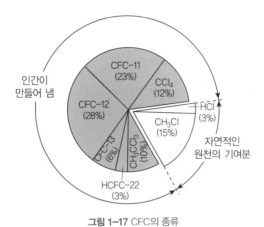

그림 1-17 CFC의 종류

그림 1-18은 지구의 오존, 화산폭발, 태양 사이클과의 관계를 나타내는 그래프로, 대형 화산폭발은 오존 수위에 간접적인 영향을 미친다. 1991년 피나투보 화산(Mt. Pinatubo)의 폭발은 성층권의 염소 농도를 증가시키지 않았지만, 조그마한 입자인 연무질을 대량으로 생성했다. 이러한 연무질은 파괴되는 오존에서 염소의 효과를 증가시키며, 염소 기반의 CFC가 존재하기 때문에 연무질은 오존층 파괴를 증가시킨다. 사실상 연무질은 CFC 사이펀의 효과를 증가시켜 발생하는 것 보다 더 많이 오존 수위를 낮춘다. 그러나 이것은 단기간의 효과로, 장기간의 오존 파괴와는 다르다. 피나투보 화산의 연무질은 이미 사라졌지만, 위성이나 풍선기구에 의해 측정한 데이터에 의하면, 이 지역 근처에 여전히 오존 파괴가 존재함을 알 수 있다.

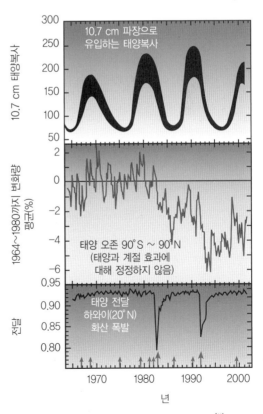

그림 1-18 지구의 오존, 화산폭발, 태양 사이클[11]

오존층 파괴의 한 예는, 남극지방의 연간 오존 구멍(hole)으로, 1980년대 초 이후부터 남극지방의 봄철 동안에 발생한다. 오존 구멍은 층 전체를 통하여 문자 그대로 구멍이 아니라, 오존이 극도로 소량인 성층권의 대형 면적에 해당한다. 오존 수위는 최악의 몇 년 동안 60% 이상 떨어졌으며, 오존층 파괴는 북미, 유럽, 아시아, 대부분의 아프리카, 호주, 남미를 포함하는 위도에 걸쳐 발생한다. 미국의 오존층 수위는 계절에 따라 5~10% 이상 감소하고 있다. 따라서 오존층 파괴는 남극만의 문제가 아니라 지구 전체의 문제이다. 그림 1-19는 NOAA TOVS 인공위성이 촬영한 2019년 여름 7월 31일의 남극 오존층 수준을 나타내는 사진으로, 오존 구멍은 검정색, 보라색, 파란색 면적에 의해 표시되어 있다[13]. 오존 구멍은 천정기둥(지상과 우주 사이)에서 오존이 220 DU(Dobson Unit) 보다 작은 지역을 정의하며, 단위로 사용된 오존층의 100 DU(Dobson Unit)는 지구의 표면에서 생각하면 1mm 두께이다.

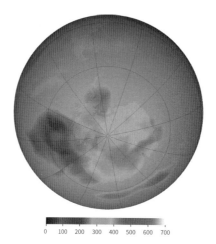

0　100　200　300　400　500　600　700

그림 1-19 2019년 여름 7월의 남극 오존층 수준(Source: NOAA TOVS satellite[13])

오존층 수준의 감소는 지구 표면에 도달하는 자외선 복사량의 수준을 높인다. 태양에서 방출하는 자외선 복사량은 변화하지 않기 때문에 오존층이 줄어들면 보호막이 줄어들어 더 많은 자외선 복사량이 지구에 도달한다. 연구에 의하면, 남극지역의 표면에서 측정된 자외선 복사량은 오존구멍을 통하여 연간 내내 2배 이상에 도달한다. 또 다른 연구는 캐나다에서 지난 몇 년 동안에 줄어든 오존층과 증가된 자외선 복사량의 관계를 입증하였다. 실험실과 역학연구는 자외선 복사가 피부암을 유발하고 악성 흑색소세포종(melanoma)의 성장에 중요한 역할을 한다는 것을 증명하였다. 또 자외선 복사는 백내장에 연관된다. 모든 태양 빛은 보통의 오존 수준 이상의 자외선 복사를 함유하기 때문에, 햇빛에 노출되는 것을 제한하기 위하여 항상 중요한 요소가 된다. 그러나 오존층 감소는 자외선 복사량을 증가시켜 건강의 위험을 증가시키게 된다. 또 자외선 복사는 일부 농작물, 플라스틱, 다른 재료, 일부 해양 생명체에 해를 끼친다.

(3) 세계의 대응

1970년대 오존층에 대한 초기의 관심은 미국을 포함한 여러 나라에서 연무질 추진체로 CFC의 사용을 금지하기 시작하였다. 그러나 CFC와 오존층 파괴물질의 생산은 그 후 새로운 사용처가 발견됨에 따라 극적으로 증가하였다. 1980년대를 통하여 다른 용도로 발전되었고 세계의 국가들은 이러한 화학제가 오존층에 해를 끼친다는 것에 대한 관심을 기울이기 시작하였다. 1985년 비엔나 회의(Vienna Convention)는 이러한 문제에 대한 국제적인 협력을 공식화하였다. 계속되는 노력으로 1987년 몬트리올 의정서(Montreal Protocol)에 서명하게 되었으며, 원안은 CFC의 생산량을 1998년까지 반으로 감축한다는 것이었다. 원안이 서명된 후, 새로운 측정방법에 의하여 오존층이 원래 예측한 것보다 더 나쁜 손상을 입었다고 증명되었다. 1992년, 오존층의 최근 과학적 평가에 대한 대응으로, 서명 당사국들은 선진국에서 1994년 초까지 완전한 할론의 생산중단을, 1996년 초까지 CFC의 생산중단을 결의하였다. 의정서 채택 후의 측정에 의하면, 벌써 오존층 파괴물질은 감소하고 있다. 대기 중에 전체 무기물 염소의 측정을 기본으로, 1997년과 1998년의 증가가 멈추었고, 성층권의 염소 수준이 최고에 달했다가 더 이상 증가하지 않게 되었다. 이것은 자연적인 오존 생성 과정에 의해 약 50년 안에 치유될 수 있는 가능성을 보여준다.

1.3.2 기후

국립과학원(National Academy of Science)에 따르면, 지구의 표면온도가 과거 20년 동안 가속된 온난화에 의해 지난 세기보다 0.6℃ 상승한 것으로 알려졌다. 지난 50년에 걸친 온난화의 대부분이 인간 활동에 영향을 미치고 있다는 새롭고 강한 증거들이 있다. 인간의 활동은 주로 이산화탄소, 메탄, 질소산화물인 온실가스의 축적을 통하여 대기의 화학조성을 바꾼다. 지구 기후가 이 기체들과 어떻게 완전히 반응하는지에 관한 불확실성이 존재하지만, 이 기체들의 열 획득 특성은 명백하다. 특히 2018년에 세계적으로 태풍, 지진, 산불, 홍수와 같은 자연재해 및 극한 날씨로 지구 기후 변화를 경험하였다.

(1) 대기의 변화

태양에너지는 지구의 날씨와 기후를 움직이고, 지구의 표면을 가열하며, 역으로 지구는 열에너지를 우주로 다시 복사한다. 대기의 온실가스(수증기, 이산화탄소, 다른 기체들)는 배출되는 에너지의 일부를 가두어서 온실의 유리패널 같이 열을 유지한다. 이러한 자연적인 현상을 온실효과라고 하며, 자세한 메카니즘은 그림 1-20과 같다. 만일 온실효과가 없다면, 온도는 지금보다 낮아질 것이며, 현재 알려진 생명체는 존재하지 않을 수 있지만, 온실가스로 인하여 지구의 평균온도가 생명체가 살 수 있는 알맞은 환경인 15.6℃가 되었다.

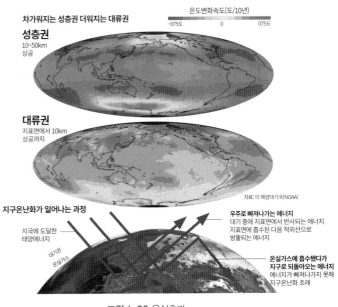

그림 1-20 온실효과

그러나 대기 중의 온실가스 농도가 증가함에 따라 문제들이 발생한다. 산업혁명이 시작된 이래 대기 중의 이산화탄소 농도가 거의 30%, 메탄의 농도는 2배, 질소산화물은 15% 정도 증가했으나, 황은 대기 중에서 단기간에 걸쳐 존재하며 지역에 따라 변동한다. 온실가스 농도가 증가하는 이유는 화석연료의 연소와 인간 활동이 이산화탄소의 농도를 증가시키는 주요 원인이기 때문이다. 식물의 호흡작용과 유기물의 분해는 인간 활동에 의해 배출되는 이산화탄소 양보다 10배 이상 많다. 그러나 이러한 방출량은 산업혁명 1세기 전 동안에 육지식물과 해양에 의해 흡수된 이산화탄소와 일반적으로 상쇄된다. 지난 수백 년 동안에 변화한 것은 인간 활동에 의해 방출된 부차적인 이산화탄소의 양이다. 차와 트럭을 운행하고 가정과 사업장을 난방하며 전력생산을 위한 화석연료의 연소는 미국 이산화탄소 배기의 90%, 메탄 배기의 24%, 질소산화물 배기의 18% 정도를 초래했다. 농업, 삼림벌채, 쓰레기 매립지, 산업생산, 광산의 증가도 배기가스의 증가에 중요한 역할을 한다. 1997년에 미국은 지구 전체 온실가스의 약 1/5 정도를 배출했다. 배출가스는 인구 통계학, 경제, 기술, 정책, 개발계획에 연관되기 때문에, 미래의 배출가스를 예측한다는 것은 어려운 일이다. 여러 가지 배출가스 시나리오가 이러한 인자들의 다양한 예측을 기본으로 개발되고 있다. 예로, 2100년에 배출가스 제한 정책이 존재하지 않으면, 이산화탄소 농도는 현재 수준 보다 30~150% 정도 높아질 것이라고 예측된다.

(2) 기후변화

1880년부터 2008년 동안의 지구 평균 표면온도(육지와 해양) 연간 편차 변화는 그림 1-21과 같으며, 지구 평균 표면온도가 지난 19세기 이래로 0.3~0.6℃ 정도 증가했다. 지구 표면 공기 온도 측정 자료[15]를 분석한 Goddard 우주연구소(Goddard Institute for Space Studies)에 의하면 2008년은 2000년 이후 가장 추웠던 해였으나, 1880년으로 거슬러 올라간 계기 측정 주기에서 9번째로 가장 온난했던 연도이었다. 10개의 가장 따뜻했던 해는 1998~2018년의 21년 주기에 모두 발생하였다. 그림 1-21의 2019년 지구온도 편차 지도는 세계 대부분의 지역이 기본주기(1951-1980) 보다 거의 평균적이거나 온난해졌다는 것을 보여준다. 유라시아, 북극, 태평양 대륙은 예외적으로 따뜻하였고, 대부분의 남극 대륙은 장기간 평균보다 차가웠다. 열대지역의 태평양에서 상대적으로 낮은 온도는 일 년(year)의 전반부에 존재하는 강력한 라니냐(La Niña) 현상 때문이었다. 라니냐와 엘리뇨(El Niño)는 열대온도의 자연적인 변동의 반대 상태(phase)로, 라니냐는 차가운 상태가 계속된다. 지구온난화가 진행됨에 따라 북반구를 덮고 있던 눈과 북극해의 얼음이 줄었으며, 지구전체의 해수면 수위가 지난세기에 비해 10~20cm 정도 높아졌다. 육지의 세계전역 강수량은 약 1% 증가했고, 미국전역에 걸쳐 극심한 강우의 빈도가 증가하고 있다. 온실가스의 농도가 증가함에 따라 기후 변화율이 가속된다. 과학자들의 예측에 의하면, 지역적으로 변동이 심하지만 다음 50년 동안에 평균 지구표면온도가 0.6~2.5℃, 다음 세기에는 1.4~5.8℃ 상승할 것이라고 한다. 기후가 더워짐에 따라 물의 증발이 증가되어 지구 평균 강수량은 증가하게 될 것이다. 토양의 습기는 여러 지역에서 감소될 것이고, 강한 호우가 빈발하게 될 것이다. 바다 해수면의 수위는 대부분의 미국 해안을 따라 60cm 정도 상승하게 될 것이다. 특정지역의 기후 변화에 대한 계산은 지구 전체 보다 그 신뢰도가 낮고, 지역 기후는 변동이 심하기 때문에 분명하지 않다. 그림 1-22는 서울 평균기온의 경년 변화도 그래프로, 연평균 온도가 50년 사이에 약 1.5℃가 증가한 것을 알 수 있다.

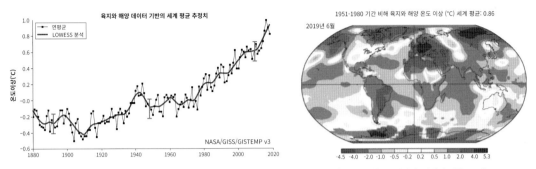

그림 1-21 지구의 평균 표면온도(육지와 해양) 연간 편차 변화(1880-2019) 및 표면온도 편차의 세계지도(온도,℃)
(Source: Goddard Institute for Space Studies, Surface Temperature Analysis[16])

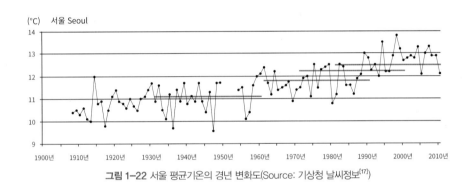

그림 1-22 서울 평균기온의 경년 변화도(Source: 기상청 날씨정보[17])

예제 1-1

연간 20,000km를 주행하는 자동차는 연간 약 11kg의 질소산화물(NOx)을 대기에 배출하며, 이러한 질소산화물은 대도시 지역에 스모그를 유발한다. 연소로(furnace)에서 연소되는 천연가스는 therm당 약 4.3g의 질소산화물을 방출하며, 화력발전소는 전기발전량 1kWh당 약 7.1g의 질소산화물을 배출한다. 한 가정은 연간 2대의 자동차를 보유하고, 9,000kWh의 전기와 1,200therms의 천연가스를 사용한다고 생각하자. 한 가정에서 연간 대기 중에 배출하는 질소산화물의 양을 계산하라.

풀이

한 가정이 연간 2대의 자동차를 보유하고, 9,000kWh의 전기와 1,200therms의 천연가스를 사용한다고 생각하면,

연간 대기 중에 배출하는 질소산화물(NOx) 양

= (자동차 대수) × (차 한 대당 배출하는 NOx 양) + (천연가스 사용량) × (therm 당 배출하는 NOx 양) + (전기사용량) × (kWh당 배출하는 NOx 양)

= (2대) × (11kg/대) + (1,200therm) × (4.3g/therm) × (1kg/1,000g) + (9,000kWh) × (7.1g/kWh) × (1kg/1,000g)

= 9.106NOxkg

1.3.3 지진

천연가스 또는 석유를 땅속 암석에서 추출하기 위해 지반 암석에 고압의 액체를 주입하여 깊은 암석에 균열을 일으킨다. 고압의 액체로 균열을 강제로 일으키는 과정에서 폐수가 다시 깊은 폐수 우물에 주입을한다. 이 과정에서 암석의 압력을 높이며 지진을 일으킬 수 있다고 알려져있다. 2010년 이후 높은 진도의 지진으로 많은 곳에서 수력 파열을 금하고 있다.

1.4 재생에너지의 중요성

(1) 환경적 장점

재생에너지 기술은 화석연료에 의존하는 기존의 에너지 기술보다 환경에 더욱 친환경적이다. 화석연료는 현재 우리가 직면한 온실가스, 공해, 물과 토양오염 등과 같은 환경적인 문제를 현저히 유발하지만, 재생에너지원은 환경문제가 아주 작거나 거의 없다. 이산화탄소, 메탄, 질소산화물, 탄화수소, 프레온과 같은 온실가스는 투명한 열 담요(thermal blanket) 같이 지구의 대기를 둘러쌓아 햇빛의 유입은 허용하고 지구 표면에 근접된 열은 포획한다. 이러한 자연적인 온실 영향은 평균 지구표면 온도를 약 15~33 로 유지시킨다. 그러나 화석연료 사용이 증가함에 따라 특별히 이산화탄소인 온실가스 배출이 증가하여 지구온난화로 알려진 온실가스 효과가 증대된다. 미국환경보호청(EPA: Environmental Protection Agency)에 의하면 이산화탄소는 지구온난화에 1/2 또는 2/3 정도 기여한다고 한다. 그러나 재생에너지 기술은 이산화탄소 배기가스가 아주 적거나 거의 없이 열과 전기를 생산할 수 있다. 또한 화석연료로부터 나오는 에너지의 사용은 공기, 물과 토양오염의 주요한 근원이다. 일산화탄소, 이산화황, 이산화질소, 입자상물질(PM: Particulate Matter), 납과 같은 공해물질은 극적으로 환경에 피해를 준다. 반면에 대부분의 재생에너지 기술은 공해가 적거나 거의 없다. 미국폐학회(American Lung Association)에 의하면 공해는 천식, 폐암, 호흡기관의 감염 등을 포함하는 폐의 질병을 일으켜서 매해 미국에서 335,000명이 이러한 질병으로 죽는다고 한다. 지구온난화와 연관된 오랜 기간 동안의 영향은 인간과 자연을 더 황폐화 시킬 수 있다. 극한 기후에 의한 사망이 증가하고 온도 상승에 따라 질병이 번성할 잠재성이 있다. 궁극적으로 재생에너지 기술은 환경의 질을 향상시키기 위하여 기존의 에너지 사용 경향을 바꾸도록 도움을 줄 수 있다.

(2) 지속적인 에너지

국제에너지기구(IEA: International Energy Agency)는 세계 전기 생산용량이 2000년에 330만MW에서, 2020년에 580만MW로 증가할 것이라고 예측한다. 석유산업의 낙관적인 분석에 의하면, 현재 전력 생산의 주요 원천인 화석연료의 세계적인 공급량은 2020년과 2060년 사이에 고갈이 시작될 것이라고 한다. 이렇게 필요한 전력량을 만족하기 위한 최적의 답은 바로 재생에너지이다. Shell International은 재생에너지가 2060년에 세계 에너지의 60% 정도를 공급할 수 있게 될 것이라고 예측한다. 세계은행은 태양광의 세계적인 시장이 약 30년 안에 4조 달러 규모에 도달할 것이라고 평가한다. 또한 바이오매스 연료가 가솔린을 대체할 수 있을 것이며, 미국에서 유용한 바이오매스 자원을 이용하는 에탄올의 생산량이 연간 1,900억 갤런에 도달할 것이다. 화석연료와는 달리 재생에너지 원천은 지속될 것이고, 고갈되지 않을 것이다. 세계 환경개발위원회에 의하면 지속성(sustainability)이란 "자체 수요를 충족하기 위하여 향후 생산 능력의 손상이 없이 현재의 수요"를 충족하는 개념이다. 재생에너지 기술을 사용하는 현재 활동이 현재에도 유익할 뿐 아니라 다음 세대에도 유리하게 될 것이다.

(3) 직업과 경제

대부분의 비산유국은 원유나 천연가스와 같은 화석연료를 수입하여 전기, 난방, 연료로 제공하며, 이러한 화석연료의 비용은 국가재정에 상당한 부담이 된다. 에너지 수입에 들어가는 비용은 지역경제의 손실분이지만, 재생에너지 원은 지역적으로 개발되기 때문에, 이 에너지에 소비되는 비용은 그 나라에 남아 더 많은 직업을 창출하며 경제성장을 촉진한다. 재생에너지 기술은 노동 집약적이기 때문에, 이와 관련된 직접적인 직업은 재생에너지의 설계, 제작, 시공, 보수, 영업 등으로 진화된다. 재생에너지 회사에 공급하는 가공하지 않은 재료, 수송, 장비, 회계와 관련된 간접적인 사업도 상승하게 될 것이다. 따라서 이러한 직업으로부터 발생되는 임금과 급여가 지역경제의 부가적인 수입을 제공하며, 재생에너지 회사도 기존 에너지 원보다 지역적으로 더 많은 세금을 납부하게 될 것이다. 또한 재생에너지의 경제적인 장점은 지역경제를 초월하여 국가 전체까지 확장할 수 있다는 것이다. 2001년에 미국은 원유공급을 위하여 다른 나라에 약 1,030억불을 지출했다. 그러나 미국은 재생에너지의 세계 선도제작국 중의 하나로서, 재생에너지의 사용이 증가함에 따라 수입이 더 많아질 것이다. 예를 들면, 현재 미국은 세계 태양전지 시스템의 2/3를 생산하고, 그 중 약 70%를 개발도상국에 수출하여 연간 3억불 이상의 매출을 달성한다.

(4) 에너지 안보

국가에너지 안보(security)는 화석연료의 의존성에 의해 계속해서 위협받고 있다. 이러한 기존의 에너지 원은 정치적인 불안정, 무역 분쟁, 무역제한 정책, 기타 분쟁 등에 노출되어 있다. 미국 국내 원유 생산은 1970년 이래로 감소하고 있다. 1973년에 미국은 원유의 약 34%를 수입했으나, 현재에는 53% 이상을 수입하며, 2010년에는 약 75%까지 증가하였다. 세계의 최대 원유 매장지역은 중동으로, 세계원유 가격이 지난 네 차례(1974년의 아랍 원유 무역제한, 1979년의 이란 원유 무역제한, 1990년의 페르시안만 전쟁, 2003년 이라크 전쟁) 급격한 상승으로 인하여 경제에 많은 영향을 미쳤다. 그 결과 같은 기간 동안에 마이너스 경제성장과 무역적자가 급증했다. 재생에너지를 사용하면, 외국 원유 수입 의존도가 감소될 수 있다. 미국 DOE에 의하면, 운송용 연료의 약 10% 정도를 유기물질로부터 만들어지는 바이오연료로 대체하면 10년 동안 150억 불을 절약하고, 20%의 대체는 약 500억 불을 절약할 수 있는 것으로 예측한다. 이것은 경제적 안전, 국가적 안전 뿐 아니라 에너지 안보도 강하게 해 준다.

1.5 재생에너지 시장

표 1–1은 미국 에너지부(DOE: Department of Energy) 보고서[19]인 "Renewable Energy Monthly Energy Review"에서 발췌한 2014–2018년 동안 미국의 재생에너지 소비에 관한 표로, 단위는 천조 (10^{15}, Quad: quadrillion) Btu이다. 재생에너지의 소비는 2017년과 2018년 사이에 3% 증가하여 11.5Quad Btu에 도달하였으며, 같은 기간 동안, 미국의 전체 에너지 소비량은 어느 정도 경제회복에 힘입어 3% 반등하여 101Quad Btu에 다다랐다. 2018년 미국 에너지 소비 중, 재생에너지의 점유는 약 11% 이상으로, 바이오연료가 44trillion Btu, 풍력발전이 190trillion Btu 증가하였다. 반면에 기존의 수력발전은 79trillion Btu 감소하였다. 2014년과 2018년 사이에, 재생에너지 소비 중 풍력에너지의 점유율은 18%에서 22%로 증가하였으며, 바이오매스는 51%에서 45%로, 기존 수력발전은 25%에서 23%로 각각 감소하였다. 지열에너지는 재생에너지 중 2%의 점유를 유지하였으나, 소비량은 214trillion Btu에서 218trillion Btu로 상승하였다. 유사하게 태양에너지는 연평균 성장률이 30%로 급속히 성장하였으나, 재생에너지 중 점유율은 4%를 유지하였다. 2014년과 2016년 사이에, 에탄올의 소비량은 10% 이상 성장하여 2.3Quad Btu에 도달하였으며, EPA의 변화하는 환경규제에 만족정도에 따라 미래에도 계속해서 성장이 예상된다.

표 1–1 미국의 재생에너지 소비, 2014–2018(단위: Quadrillion Btu)[19]

	2014	2015	2016	2017	2018
재생에너지	9.740	9.720	10.368	11.181	11.518
기존의 수력	2.467	2.321	2.472	2.767	2.688
지열에너지	0.214	0.212	0.210	0.210	0.218
바이오매스	4.994	4.983	5.020	5.084	5.128
태양에너지	0.337	0.427	0.570	0.777	0.951
풍력에너지	1.728	1.777	2.096	2.343	2.533

그림 1–23은 2018년 미국에서 사용한 에너지원별 비율을 나타낸 그래프로, 석탄, 석유, 천연가스, 원자력 등의 기존 화석연료 에너지가 전체 에너지 사용량의 대부분을 차지하며, 재생에너지의 비율은 18%에 불과하다. 재생에너지원 중 점유율은 각각 수력 39%, 풍력 37%로 압도적으로 높으며, 태양에너지(태양광/태양열) 13%, 지열 2%의 점유율을 나타낸다.

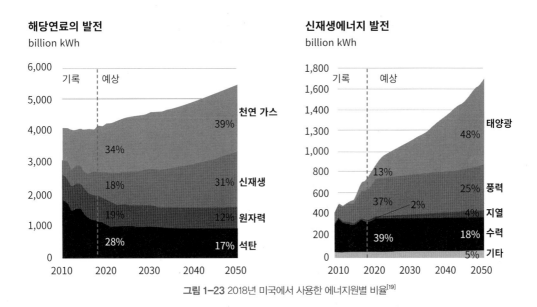

그림 1-23 2018년 미국에서 사용한 에너지원별 비율[19]

표 1-2는 전 세계 국가를 기준으로 한 재생에너지 관련 보급 통계 중 주요 수치변화를 나타낸 것이다. 연간 새로운 재생에너지 용량에 대한 투자금액은 2018년 2889억불 이였고, 총 재생에너지 전력용량은 2,351GW이였다.

표 1-2 재생에너지 관련 전 세계 주요 통계수치 변화[20]

	단위	2013	2018
새로운 재생에너지 용략 투자(연간)	Billion $	214.4	288.9
재생에너지 전력용량(현재, 대수력 제외)	GW	560	1,219
재생에너지 전력용량(현재, 대수력 포함)	GW	1,560	2,351
풍력에너지 용량(현재)	GW	318	322.3
계통연계형 태양전지 용량(현재)	GW	139	505
태양광전지 생산(연간)	GW	3.4	5.5
태양열 온수 용량(현재)	GWth	326	480
에탄올 생산(현재)	Billion litters	78.0	112.0
바이오매스 전력 생산(현재)	Billion litters	32.0	34.3

그림 1-24는 2005년과 2010년 사이에 수력을 제외한 세계 재생에너지 전력 용량[20]을 나타낸 그래프로, 풍력발전과 태양광 에너지의 급격한 성장에 힘입어 재생에너지 전력이 급속도로 증가함을 알 수 있다.

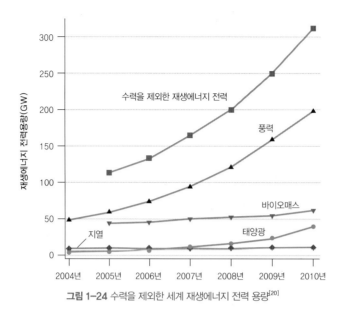

그림 1-24 수력을 제외한 세계 재생에너지 전력 용량[20]

표 1-3은 전 세계 국가를 기준으로 한 재생에너지 관련 보급 통계 중 재생에너지 보급량 관련 분야별 Top 5 국가순위를 나타낸 것이다. 2010년 연간 새로운 용량에 가장 많이 투자한 국가는 중국, 독일, 미국의 순서이었다. 특히 독일은 계통연계형 태양전지와 바이오디젤 생산에 집중하였고, 미국은 에탄올 생산에, 중국은 태양열 온수기 추가와 풍력에너지 추가에 각각 투자하였다. 2010년 총 용량을 기준으로 보면 대수력을 제외한 총 재생에너지 전력용량은 미국이 가장 많으며, 중국, 독일의 순서이었다. 중국은 수력, 풍력에너지, 태양열 온수기 분야에서 보급량이 가장 컸고, 독일은 계통연계형 태양전지 분야에, 미국은 바이오매스에너지와 지열에너지 분야의 누적 보급량 규모에 수위를 차지했다.

표 1-3 재생에너지 보급량 관련 분야별 Top 5 국가순위[20]

Top 5 국가	#1	#2	#3	#4	#5
2010년 연간 총량					
새로운 용량 투자	중국	독일	미국	이탈리아	브라질
풍력에너지 추가	중국	미국	스페인	독일	인도
태양광 전지 추가	독일	이탈리아	체코	일본	미국
태양열 온수기 추가	중국	독일	터키	인도	오스트리아
에탄올 생산	미국	브라질	중국	캐나다	프랑스
바이오디젤 생산	독일	브라질	아르헨티나	프랑스	미국
2010년 연간 총량					
재생에너지 전력용량 (대수력 제외)	미국	중국	독일	스페인	인도

Top 5 국가	#1	#2	#3	#4	#5
재생에너지 전력용량 (대수력 포함)	중국	미국	캐나다	브라질	독일/인도
풍력에너지	중국	미국	독일	스페인	인도
바이오매스에너지	미국	브라질	독일	중국	스웨덴
지열에너지	미국	필리핀	인도네시아	멕시코	이탈리아
태양광 전지	독일	스페인	일본	이탈리아	미국
태양열 온수기	중국	터키	독일	일본	그리스

1.6 재생에너지의 경제적 고려와 향후 전망

전 세계가 1973년 오일충격으로 에너지 위기를 겪은 후, 에너지 자원의 안정적인 공급에 관련된 국가 안보가 중요한 문제로 대두되게 되었다. 에너지 자원 문제의 장기적인 대책은 에너지 절약과 효율의 증대, 그리고 재생에너지를 포함하는 새로운 에너지의 개발 등을 생각 할 수 있다. 경제성장에 따라 항상 사용하는 에너지의 양이 증가한다. 정해진 출력을 만들기 위하여 사용되는 에너지 때문에, 국내총생산(GDP: Gross Domestic Product)과 에너지 소비 사이에는 일정한 관계가 있다. 경제성장과 에너지 수요의 연결 강도는 지역에 따라 변한다. 기록에 의하면, OECD 국가에서 이러한 연결은 상대적으로 약하며, 에너지 수요가 경제성장 후 늦게 나타난다. 비 OECD 국가(유럽과 유라시아의 비-OECD 국가 제외)에서는, 지난 30년 동안 경제성장이 에너지 수요의 증가와 밀접히 연계되어 있다. 정해진 지역에서 경제개발의 단계와 개인 삶의 표준은 경제성장과 에너지 수요의 연계에 강하게 영향을 준다. 삶의 표준이 높은 선진국의 경제에서는 상대적으로 자본 당 에너지 사용의 수준이 높으며, 자본 당 에너지 사용은 안정적이고 아주 완만히 변화하는 실용적인 경향이 있다. OECD 경제에서는 최신 전기제품의 높은 보급률과 개인 승용차를 갖고 있다. 이러한 지출은 에너지 소비 물품에 영향을 미치므로 구식 물건을 교체하여 새로운 장비를 구매하는데 관심을 기울이도록 한다. 일반적으로 새로운 물품은 구형 물품보다 더 효율적이어서, 수입과 에너지 수요 사이의 연계는 약해진다.

1.6.1 세계 에너지 수요와 경제 전망

국제 에너지 전망 2017(International Energy Outlook 2017: IEO2017)[21]의 기준 경우는 예측기간 동안 현재의 법과 정책이 변하지 않고 유지된다는 시나리오를 반영한다. 이 예측에 의하면, 세계 에너지 소비 시장은 2015년 575Quad. Btu에서 2040년 736Quad. Btu로 약 28% 증가할 것이며, 에너지 수요가 비 OECD 국가에서 가장 많이 증가할 것이라 한다. 그림 1-25는 세계 에너지 소비 시장(1990-2040)을 나타내는 그래프로, 1990년에서 2015년까지는 수집된 데이터를 나타내며, 이후부터는 IEO2017의 기준 경우를 채택하여 예측을 한 것이다. 장기간에 걸쳐 지속되는 고유가에도 불구하고, 이 기간 동안 석유와 천연가스는 계속해서 사용될 것이고, 장기적으로는 에너지 수요의 증가가 둔화될 것이다. 개발도상국에서 높은 경제성장과 인구 팽창의 결과 세계 에너지 소비는 계속해서 크게 증가할 것이라고 예측된다. 대부분의 에너지를 소비하는 OECD 국가는 더 진보적인 에너지 소비자가 될 것이다.

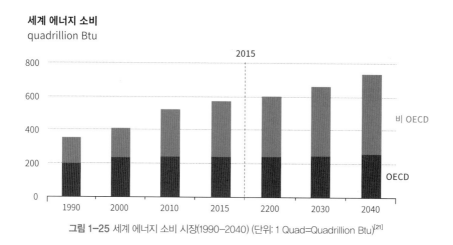

그림 1-25 세계 에너지 소비 시장(1990-2040) (단위: 1 Quad=Quadrillion Btu)[21]

그림 1-26은 세계 에너지 소비 시장(1990-2035)을 OECD 국가와 비 OECD 국가로 구분하여 나타낸 그래프이다. OECD 경제에서 에너지 수요는 예상 기간 전체에 걸쳐 연평균 1.7% 증가율로 완만하게 증가할 것이고, 비 OECD 국가의 신생 경제 하에서 에너지 수요는 매해 평균 3.8%로 확장될 것이라고 예상한다. 비 OECD 국가에서는 2008년부터 2040년에 걸쳐 에너지 수요가 급격히 증가할 것으로 예상된다. IEO2017 기준 경우일 때, 비 OECD 국가의 에너지 수요는 41%가 증가하는 반면에 OECD 국가의 에너지 사용은 9% 증가에 그치게 된다. 비 OECD 국가의 에너지 수요는 예상되는 경제성장의 결과이다. 구매력 동등항인 국내총생산(GDP)으로 측정되는 경제적 활동도(economic activity)는 비 OECD 국가를 합하면 매해 평균 4.2% 증가하지만, OECD 국가는 2.0% 증가하는데 그친다.

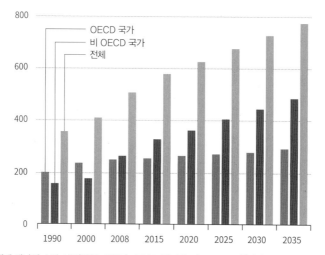

그림 1-26 세계 에너지 소비 시장(1990-2035): OECD 국가와 비 OECD국가(단위: 1 Quad=Quadrillion Btu)[21]

그림 1-27은 미국, 중국, 인도의 에너지 소비 시장(1990-2035)을 나타내는 그래프이다. 빠르게 성장하는 비 OECD 경제하의 중국과 인도가 미래의 세계에너지 소비에 중요한 기여국이 될 것이다. 지난 20~30년 동안에 전 세계에너지의 일부로서 이들 나라의 에너지 소비는 현저히 증가하였다. 1990년에 중국과 인도의 에너지 사용량은 전체 에너지 사용량의 10%가 되지 않았으나, 2008년에 21%로 성장하였다. IEO2011 기준 경우일 때, 이후 25년 동안에는 더 큰 성장이 예견되어 2035년에는 에너지 사용량이 2배 이상이 되며 세계에너지 소비량의 약 31%를 점유하게 될 것이다. 2035년에 중국의 에너지 사용량은 미국 에너지 사용량의 68% 이상이 될 것으로 예측된다.

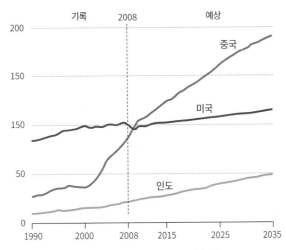

그림 1-27 미국, 중국, 인도의 에너지 소비 시장(1990-2035) (단위: 1 Quad=Quadrillion Btu)[21]

1.6.2 에너지원별 세계 에너지 소비량 전망

그림 1-28은 IEO2017 기준 경우에 대하여 1990년부터 2040년까지 구간에 걸쳐서 모든 에너지원별로 사용되는 세계 에너지 시장을 나타내는 그래프이다. 전망에 의하면 세계 원유 가격은 예상기간 동안 상대적으로 고가를 유지하지만, 가장 완만히 성장하는 에너지 원이 될 것이다. 재생에너지는 세계 에너지 중 가장 급속히 성장하는 에너지 자원으로, 연간 2.8%씩 소비가 증가할 것이다. 화석연료 사용으로 환경적인 영향에 대한 관심이 고조될 뿐 아니라 상대적으로 원유가격이 높을 것으로 예측됨에 따라 세계 여러 나라들에서 재생에너지 사용이 증가하도록 정부가 강력한 인센티브를 제공할 것이다. 따라서 재생에너지 원의 예측이 향상될 것이다. 석탄은 석유나 천연가스의 가격보다 상대적으로 낮고, 대량으로 에너지를 소비하는 국가들(중국, 인도, 미국을 포함)에서 풍부히 매장되어 있기 때문에 경제적인 연료로서 선택이 된다. 석유가 예측구간에 걸쳐 중요한 에너지 원으로 유지될 것이 예상되지만, 고가의 석유가격이 많은 소비자들에게 가능하면 석유 대신에 다른 에너지로 대체하도록 영향을 주기 때문에 세계 에너지 소비시장의 점유율이 기준 경우에 2015년 33%에서 2040년 31%로 감소될 것이다. 천연가스는 다른 화석연료보다 더 효율적이면 탄소의 농도가 낮기 때문에 세계적으로 전기발전 용도에 중요한 연료로 유지될 것이다.

IEO2017 기준경우에서 전체 액화 천연가스 소비는 2015년 12trillion ft³에서 2040년 31trillion ft³으로 연평균 2.1%씩 증가하며, 이 때 세계 전기 생산 중 천연가스 점유율은 20%에서 25%가 된다.

에너지원별 세계 에너지 소비
quadrillion Btu

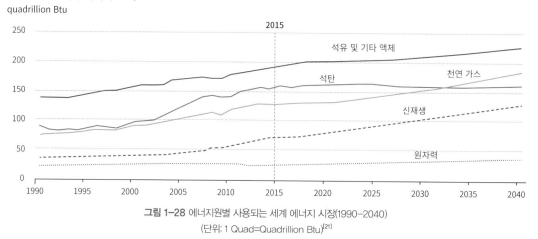

그림 **1-28** 에너지원별 사용되는 세계 에너지 시장(1990-2040)
(단위: 1 Quad=Quadrillion Btu)[21]

1.6.3 개발도상국의 재생에너지 효용

현재 세계적으로 재생에너지를 활용하여 효율적인 전력 시스템 개발 및 연구 중이다. 개발도상국의 경우 사람들이 더 많은 에너지를 필요로 하지만 모든 개발을 지원할 만큼 에너지가 충분하지 않다. 개발도상국에 에너지를 제공하기 위해 세계은행 및 SEforALL 등 국제 그룹이 새로운 에너지 기술 제공 및 에너지 접근 위한 기반을 마련하기로 약속하였다.

1.7 신재생에너지 및 환경 기후 정책

1.7.1 교통 및 도시

2011년부터 전기자동차 혁명이 시작됐으며 다른 신재생에너지를 활용하여 자동차 개발 중이다. 현재 하이브리드 전기자동차, 연료전지자동차, 및 바이오연료자동차 등 연구와 개발 중이다. 많은 도시들과 대기업들이 청정에너지를 사용하고 탄소 배출을 줄이겠다는 약속을 하였다. 전 세계 100개 이상의 도시에서 최소 70%의 에너지 생산을 재생에너지로 하며, 현재 40개 이상의 도시는 100% 신재생에너지로 생산한 전기로 운영 중 이다. 현재 제로에너지하우스 경우는 기후변화를 막기 위해 탄소배출 0으로 100% 에너지 자립형 주택을 말한다. 제로에너지하우스 경우에는 엑티브 및 패시브 두가지 하우스가 있다. 액티브 하우스는 신재생에너지를 기계적인 시스템을 통하여 에너지를 생산하며, 패시브 하우스는 건물의 형태를 활용해 에너지 손실을 절감한다.

1.7.2 환경 기후 정책

최근 환경과 기후에 관심이 많아지며 신재생에너지에 관련된 환경 기후 정책이 많이 설정되었다. 탄소 제로 배출법을 의무한 나라들도 있고 청정 에너지 이니셔티브를 시작한 국가와 그룹들도 있다. 탄소 제로 배출법은 기후 변화를 지연시키기 위해 탄소 배출을 줄이는 정책이다. 청정 에너지 이니셔티브는 국가 안보, 경제 및 환경 이익을 위해 청정 에너지 경제를 가속화하는데 중점을 두었다. 연료효율을 높이며 전기 자동차 또는 다른 청정에너지를 사용하는 자동차 채택을 장려하며 더 깨끗하고 효율적인 전기 및 산업 부문이 되려고 노력한다. 신재생에너지와 다른 청정 에너지를 연구 및 개발하고있다. 2015년도에는 파리협정으로 많은 유엔국가들이 약속을 맺어 각국의 온실가스 감축 목표를 정해 국제사회에 약속하고 목표를 실천하고 있다.

1.8 스마트 그리드(Smart Grid)

스마트 그리드는 전기 및 정보통신 기술을 활용하여 기존 전력망을 지능화·고도화함으로써 고품질의 전력서비스를 제공하고 에너지 이용효율을 극대화하는 전력망이다. 현재 미국에서는 스마트 그리드를 이용해 1억4천300만명한테 전력을 공급하고있다[31]. 스마트 그리드의 장점은 거리가 먼 곳에서 에너지를 생산해도 많은 사람들한테 전달해줄수 있는 것이다. 전력망의 신뢰성, 효율성, 안전성 향상을 추구하는 스마트 그리드의 비전은 그림 1-29와 같이 태양에너지 및 풍력과 같은 신재생에너지, 전기자동차(electric vehicle), 배터리와 같은 저장장치, 수요반응 등으로 대표된다. 스마트 그리드에서는 에너지원, 전력, 통신, 소프트웨어, 컴퓨터, 가전기기, 반도체 등 다양한 기술이 복합적으로 얽혀 있으며, 사업자 및 정책도 기술요소 만큼 복합적이다. 지금까지의 전력망에서는 품질 좋은 전력의 공급, 선로 상태 감시, 외부 공격에 대한 복구력 증강, 전력사용량 자동파악, 피크 전력 수요예측의 다각화 등과 같이 다방면의 현대화 노력을 기울여 오고 있다. 최근 AI(Artificial Intelligence)가 여러 분야에 쓰이고 강화됨으로 스마트 그리드의 제어나 전력관리에도 쓰일 수 있는 희망이 보인다. 그러나 에너지원의 고갈, 지구 온난화, 탄소배출량과 연계된 에너지 생산 및 소비에 이르기까지 전력시스템 및 관련 네트워크를 디지털화와 지능화함으로 에너지생산, 관리, 활용의 효율화와 부가가치의 실현이 요구되고 있다. 여기서 전력망이란 발전, 송전, 배전, 소비에 이르기까지 전력을 운송하는 모든 설비 및 기기를 의미한다. 스마트 그리드는 다음과 같은 특성을 갖는다.

- 에너지 관련 컨텐츠를 갖는 에너지 인터넷

- 실시간 가격제에 기반한 피크 에너지 수요 제어

- 신재생 에너지·분산전원의 통합

- 에너지를 거래하는 새로운 서비스 패러다임

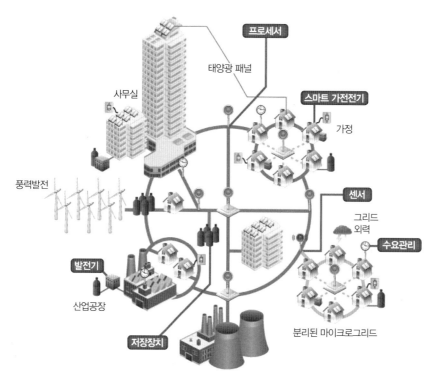

프로세서

태양광 패널

사무실

스마트 가전전기

가정

풍력발전

센서

그리드 외력

수요관리

발전기

산업공장

저장장치

분리된 마이크로그리드

그림 1-29 스마트 그리드의 구성

표 1-4와 같이 스마트 그리드의 주요기술은 전력망 관리, 분산전원, 사용자 전력관리의 3가지 분야로 구성된다.

표 1-4 스마트 그리드의 주요기술

분야	주요기술
전력망 관리	▪ 실시간 감시(real-time monitoring) ▪ 송배전 자동화(transmission/distribution automation) ▪ 수요응답(demand response) ▪ 통신네트워크(communication network)
분산 전원	▪ 분산전원 계통연결(distributed resource grid) ▪ 전력저장 통합(energy storage integration)
사용자 전력관리	▪ 스마트 미터(smart meter) ▪ 스마트 빌딩(smart building) ▪ 스마트 가전제품(smart appliance) ▪ 수요자 전압 조절(consumer voltage regulation)

전력망 관리, 분산전원과 사용자 전력관리 외에 스마트 그리드의 미래를 위해 중요한 분야는 신재생에너지의 저장 및 운송 방법이다.

1.9 신재생에너지 저장 및 운송

현재 전력을 대량으로 저장하고 운송하는 방법이 필요한데 최근 신재생에너지의 가능성은 이미 많이 알려졌지만 신재생에너지의 미래는 저장 및 운송에 달려있다. 에너지 저장법의 종류는 기계식(mechanical), 열(thermal), 전기적(electrical), 생물학적(biological), 화학적(chemical)으로 나눠져 있다.

기계식 저장법 중 pumped hydro-power 또는 pumped-storage hydroelectricity(PSH)가 제일 유망하다. PSH를 간단하게 설명하면 전력사용량이 적으면 물을 낮은 지역에서 높은 지역으로 펌프해서 저수지에 저장시킨다. 반대로 전력사용량이 많아지면 물을 터빈에 통과해서 낮은 지역에 있는 저수지로 되돌려 보낸다. PSH 외로 압축공기저장법(compressed air storage)과 플라이휠 에너지 저장 장치(flywheel energy storage)가 있다. 공기를 압축하면 열이 발생하고 반대로 공기를 팽창하면 열이 감소한다. 이 원리를 이용해 압축으로 인해 발생한 열을 저장해서 나중에 에너지가 더 필요할 때 쓰인다. 플라이휠의 속력을 빠르게 하면 에너지를 저장할 수 있다. 저장해놓은 에너지를 쓰면 저절로 플라이휠의 속력이 느려지고 반대로 에너지를 저장해야되면 속력을 빠르게 올리면 된다.

열 저장법은 두가지로 나눠지는데 첫 번째 방법은 대수층에 열을 저장해놓고 나중에 전력이 필요할 때 사용할 수 있다. 두 번째 방법은 상변화 물질(PCM: phase change material)을 사용해 열을 저장하거나 방출할 수 있다.

나머지 저장법들은 간단하게 설명하면 전기적 저장법으로는 supercapacitor, 플로우 배터리(flow battery)와 충전용 배터리(rechargeable battery)가 있다. Supercapacitor는 특별하게 에너지를 제어하기 위한 빠른 반응이 필요할 때 많이 쓰인다. 플로우 배터리는 연료전지나 충전용 배터리처럼 쓰일 수 있다. 현재 플로우 배터리는 기술적으로 장점이 있지만 충전용 배터리보다 복잡한 전자제품들이 들어가고 전력이 낮다.

생물학적 저장법으로는 바이오매스(biomass)가 있다. 바이오매스 대해서는 Chapter 8에 더 자세히 설명되어있다. 간단하게 설명을 하면 햇빛으로부터 저장된 에너지다.

화학적 저장법에는 수소저장과 메탄저장이 있다. 수소저장법은 최근에 고압, 저온학, 화학물질들을 이용해 열을 더해서 수소(H_2)를 방출하고 있는데 수소저장을 가볍고 휴대하기 쉽게 하는 연구가 진행 중에 있다. 메탄저장법의 장점은 메탄이 수소보다 저장과 운송이 쉽다.

[1] EIA Energy Kids,
http://www.eia.doe.gov/kids/energyfacts/sources/whatsenergy.html

[2] http://en.wikipedia.org/wiki/Coal

[3] 태백석탄물관(http://www.coalmuseum.or.kr/kor/main.jsp)

[4] 대한석유협회(http://www.petroleum.or.kr/)

[5] C. J. Campbell, "Regular Conventional Oil Production to 2100 and Resource Based Production Forecast,"
http://www.oilcrisis.com/campbell/

[6] http://en.wikipedia.org/wiki/Petroleum

[7] 한국가스공사(http://www.kogas.or.kr/kogas_kr/html/info/info_01.jsp)

[8] http://en.wikipedia.org/wiki/Methane_clathrate

[9] 한국원자력문화재단
(http://www.konepa.or.kr/home/information/nuclear develop.asp)

[10] World Meteorological Organization, "Scientific Assessment of Ozone Depletion: 2006," Global Ozone Research and
Monitoring Project – Report No. 50, Geneva, 2007, http://www.esrl.noaa.gov/csd/assessments/2006/

[11] US EPA, http://www.epa.gov/oar/

[12] US NOAA, http://www.ozonelayer.noaa.gov/science/basics.htm

[13] NASA Goddard Space Flight Center, http://ozonewatch.gsfc.nasa.gov/

[14] http://www.epa.gov/ozone/science/

[15] James Hansen, Makiko Sato, Reto Ruedy, Ken Lo, David W. Lee, and Martin Medina–Elizade, "Global Temperature
Change," Proceedings of the National Academy of Sciences of the United States of America, Vol. 103, No. 39, pp.
14288–14293, September 2006.
(http://www.pnas.org/cgi/doi/10.1073/pnas.0606291103)

[16] NASA Goddard Institute of Space Studies, http://data.giss.nasa.gov/gistemp/2008/

[17] 한국 기상청, http://www.kma.go.kr/sfc/sfc_03_07.jsp

[18] 한국 기상청 기후정보포털, http://www.climate.go.kr/

[19] U.S. Energy Information Administration, Renewable Energy Total Energy Monthly Energy Review, July 2019.

[20] REN21(Renewable Energy Policy Network for 21st Century),
       Renewables 2019 Global Status Report, http://www.ren21.net.

[21] Energy Information Administration, International Energy Outlook 2017, September 2017, http://www.eia.doe.gov/
       oiaf/ieo/index.html

[22] 신재생에너지 통계정보시스템, http://konesis.kemco.or.kr/

[23] 신재생에너지 자원지도 종합관리 시스템, http://kredc.kier.re.kr/

[24] European Renewable Energy Council, http://www.erec-renewables.org/

[25] 녹색성장위원회, http://www.greengrowth.go.kr/

[26] 외교통상부 글로벌 에너지협력센터, 국제 에너지·자원동향, 미국 셰일가스 개발 동향 및 전망 보고서, Vol. 제 12-055호,
       2012. 7. 11

[27] 한국전력 스마트 그리드(http://www.kepco.co.kr/smartgrid/)

[28] ETRI, 스마트 그리드 기술 동향, 전자통신동향 분석, 제24권 제5호, 2009년 10월

[29] US DOE, The Smart Grid: An Introduction, 2008

[30] Energy Storage, https://en.wikipedia.org/wiki/Energy_storage

[31] MITEI The Future of Electric Grid, 2011.

PART A _ 개념문제

01. 세계에서 사용하고 있는 에너지원을 서술하고, 재생에너지와 비재생에너지로 구분하라.

02. 비재생에너지를 서술하고 종류마다 단점과 장점을 설명하시오.

03. 최근 천연가스 가격을 낮출 수 있는 셰일가스 개발에 관한 관심이 집중되고 있다. 셰일가스에 관하여 간략히 설명하시오.

04. 원자력의 장점과 단점을 설명하시오.

05. 에너지(energy)와 동력(power)의 차이는 무엇인가?

06. 오존층 파괴 과정을 간단히 기술하시오.

07. 오존층을 파괴하는 CFC중 몇 퍼센트가 자연적인 원천의 기여분인가?

08. 온실효과와 기후변화에 관하여 논하시오.

09. 에너지 안보 대하여 설명하시오.

10. 재생에너지의 장점을 기술하시오.

11. Quad는 무엇인가?

12. Smart Grid에 대해 설명하시오.

PART B _ 계산문제

13. 세계인구는 연 1.3%의 성장률로 증가하고 있다. 1986년에 세계인구가 50억 명이라면, 100억 명에 도달할 때는 몇 년도인가?

14. 1988년 미국 전체의 에너지 소비량은 8.02×10^{16}Btu이고, 전체 전기에너지 생산량은 2.7×10^{12}kWh (1kWh=3,413Btu)이다. (a)전체에너지에서 전기에너지의 비율은 얼마인가? (b)이 전기에너지의 72%가 화석연료에 의하여 생성되었다. 전체에너지 중 화석연료발전소에 의해 생산된 에너지의 비율은? (c)화석연료발전소의 평균 에너지 변환효율이 35%이라면, 발전소의 입력으로 사용된 에너지는 전체에너지의 몇 %인가? (d)(c)에서 계산된 에너지의 45%가 열로 방출된다면, 열의 형태로 주위 환경에 배출되는 전체에너지의 비는 얼마인가?

15. 화석연료의 주성분은 탄화수소(C_nH_m: hydrocarbon)로 연료가 연소될 때, 연료 중의 거의 대부분의 탄소는 완전히 연소하여 이산화탄소가 된다. 이산화탄소는 온실효과와 지구온난화를 유발하는 주된 기체이다. 석탄을 연료로 사용하는 화력발전소에서 전기 1kWh를 생산하는데 평균 1.1kg의 이산화탄소가 발생된다. 일반적인 신형 냉동기는 1년에 700kWh의 전기를 사용한다. 300,000세대가 살고있는 도시에서 냉동기로 인한 이산화탄소의 생성량을 계산하라.

16. 소형 형광등은 백열등과 비교하면 에너지 효율이 높다. GE에너지의 형광등은 26W, 백열등은 90W로 빛을 공급한다. 형광등의 평균 수명은 10,000시간, 백열등의 평균 수명은 750시간(수명이 긴 전구는 1,500시간) 이다. 소형 형광등의 가격은 $15이고, 보통 100W의 백열등(약간 더 많은 빛을 방출)은 $1에 팔린다. 소비자가 표준 백열등 보다 비싼 형광등을 구매했을 때, 절약되는 비용은 얼마인가? 수명이 긴 전구는 $1.49이다. 전기단가를 12¢/kWh라고 가정하라.

17. 100W 전등이 우연히 지하실에 2일 동안 켜져 있었다. 전기가격이 12¢/kWh이라면, 부주위로 인하여 손해 본 비용은 얼마인가?

18. 4000W 에어컨이 취침시간 8시간 계속 켜져 있었다. 전기가격이 15¢/kWh이면, 원래 30분 후에 꺼져야되는데 실수로 손해본 비용은 얼마인가?

19. 1988년 미국에서 사용된 에너지는 80×10^{15}Btu이다. 전체 에너지 중에 5%가 난방용으로 사용되었다면, 사용된 에너지양을 계산하라.

20. 1988년 미국에서 사용된 에너지는 80×10^{15}Btu이다. 전체 에너지 중에 50%가 자동차 연료로 사용되었다면, 사용된 에너지양을 계산하라.

21. 표면적이 $1.4 \times 10^{-3} m^2$인 전구에서 필라멘트 온도는 700K이다. 실내온도가 20℃인 환경에 복사한다고 하면, 복사되는 에너지양을 구하라.

22. 1987년에 자동차들은 약 4.3MJ/km를 사용했다. 자동차들이 하루 평균 7,359,000배럴의 석유를 소비한다면, 자동차들이 운행한 거리를 km로 산정하라. 그 해에 등록된 자동차는 1억 3천 7백 3십만 대이다.

23. 2018년도에 헬리콥터들이 약 50MJ/km를 사용했다. 헬리콥터들이 운행한 거리는 2,000,000km이다. 몇 배럴의 석유를 소비해야되는가?

24. 연간 주행거리가 24,000km일 때, Ford Explorer는 3,560L의 휘발유를 소비하는 반면에 Ford Taurus는 2,700L를 소비한다. 1L의 휘발유가 연소될 때 지구온난화의 원인이 되는 이산화탄소 2.4kg을 대기중으로 방출한다. Taurus를 운전하는 사람이 Explorer로 차량을 교체한다면, 5년 동안 이산화탄소의 추가적인 배출량은 얼마인가?

25. 자동차는 평균적으로 휘발유 1L가 연소될 때, 약 2.4kg의 이산화탄소를 대기중으로 배출하므로, 연비가 좋은 차를 구입한다면 지구온난화를 줄일 수 있다. 미국 정부의 발표에 따르면 100km당 10L를 소모하는 자동차보다 8L를 소모하는 자동차가 차량의 수명기간 동안 10톤의 이산화탄소 배출을 방지할 수 있다고 한다. 적당한 가정을 세워 이 발표가 이치에 맞는 주장인지, 터무니없는 과장인지를 평가하라.

26. 체적이 $2.2 m^3$인 풍선은 그 내부가 헬륨으로 채워져 있다. 헬륨의 밀도가 $0.1785 kg/m^3$, 공기의 밀도가 $1.29 kg/m^3$이다. (a)풍선내의 헬륨 무게를 계산하라. (b)풍선에 작용하는 부력을 계산하라.

27. 오븐(oven)의 수명이 10년이라고 가정하자. 일정한 가열효과를 기준으로, 효율이 가장 낮은 오븐은 1,000W를, 높은 오븐은 450W를 사용한다. 오븐이 연간 700시간 사용되고, 에너지 가격이 6¢/kWh라면, 가장 효율이 좋은 모델을 구입할 때 절약되는 비용은 얼마인가?

28. 전자레인지(microwave oven)을 구매하려고 한다. 에너지 가격이 7¢/kWh라면 효율이 낮지만 가격이 조금 더 저렴한 1,000W가 더 좋은지 아니면 효율이 높고 가격이 더 비싼 700W가 더 나은지 비교하라. 전자레인지가 연간 90시간 사용되고 수명이 15년이라고 가정한다.

29. 어떤 전기히터의 에너지등급은 2,000W(2kW)이다. 전기비 단가가 ₩1,000/kWh이라면, 전기히터를 10시간 사용할 때, 총 비용은 얼마인가?

30. 핸드폰의 에너지등급이 11W이다. 전기비 단가가 ₩1,000/kWh이라면, 충전을 매일 2시간 하면, 1주일에 총 충전 비용은 얼마인가?

31. 한 엔진이 10초 동안 4,000J의 일을 수행한다. 출력동력을 kW와 hp로 계산하라. 1마력(hp)은 0.7547kW이다.

32. 100W의 전구를 한 달 동안 계속해서 켜놓았다고 가정하자. 전기발전과 전송효율이 30%라면, 발전소에서 낭비되는 화학적 에너지 [J]는 얼마인가?

33. 일반적인 가정에서 연간 지출하는 에너지 비용은 $1,200이며, 이 에너지의 46%가 냉난방에 사용되고, 15%는 온수, 15%는 냉동냉장에, 나머지 24%는 전등, 요리, 가정용 가전제품에 사용된다고 미국 에너지부(DOE: Department of Energy)는 추정하고 있다. 단열이 잘 되지 않은 주택의 단열을 적절히 시행하면, 냉난방비의 30%를 절감할 수 있다. 단열비용이 $200이라면, 절약된 에너지 비용으로부터 단열비용을 회수하는데 필요한 소요기간을 산정하라.

34. 내가 사용하는 컴퓨터의 파워 사양이 150W이다. 하루에 5시간 컴퓨터를 사용하면, 컴퓨터가 1년 동안 필요한 전기를 만들기 위해 필요한 석유량을 계산하라.

35. 연소로에서 연소되는 천연가스가 4.3g/therm의 질소산화물을 방출하고 1,200therms의 천연가스를 사용하면, 몇 kg의 질소산화물을 배출하는지 계산하라.

36. 2010년도에 미국에서 사용한 재생에너지가 약 8.049quadrillion Btu이다. 그중 수력 31%, 바이오매스 53%, 풍력 11%이면 바이오매스에 대한 소비량을 계산하라.

37. 새로운 재생에너지 용량에 대한 투자금액이 2019년에 2890억 불이다. 2010년에는 2110억 불이였다. 투자금액이 몇 퍼센트 증가하였나?

38. 2010년 미국에서 생산한 에탄올이 13,500million gallons이다. 2018년에는 16,100million gallons이였으면 8년 사이에 몇 퍼센트 증가하였나?

02

태양광
PV Solar Energy

재생에너지원의 근원인 태양은 태양계에 거대한 양의 에너지를 약 50억년 동안 계속해서 방출하고 있는 무한에너지원이다. 그림 2-1은 미우주항공국(NASA: National Aeronautics and Space Administration) 극한 자외선 망원경 영상(EIT: Extreme Ultraviolet Imaging Telescope)으로 촬영한 태양의 사진으로, 외부온도 6000℃, 중심부의 온도 1500만℃ 이상, 흑점온도는 4000℃이다. 태양은 수소 핵융합반응으로 에너지를 생성하고, 그 에너지를 전자파인 복사에너지의 형태로 약 1억 5천만km의 거리에 떨어져 있는 지구표면에 전달한다.

그림 2-1 태양의 극한 자외선 망원경 영상(Courtesy: SOHO/EIT consortium, NASA)

그림 2-2는 태양이 방출하는 에너지 총량에 대해 지구표면에 도달하는 양을 도식화한 것이다. 태양에서 방출하는 에너지를 100%라고 하면, 그 중 30%는 우주공간으로 반사되고, 20%는 구름과 대기에서 흡수되며, 나머지 50%가 지표면에 도달하여 우리가 이용할 수 있는 에너지원이 된다. 지구대기권 상부에 도달

하는 태양에너지 입사량은 약 1,360W/m²로, 태양상수(solar constant)라 하며, 시간에 따라서 약간 변동된다. 또, 지구표면의 특정한 위치에 따라 획득할 수 있는 태양에너지의 입사량은 지정학적 위치인 위도, 계절, 하루 동안의 태양시간, 구름의 정도에 따라 0~1,050W/m² 사이에서 변화한다.

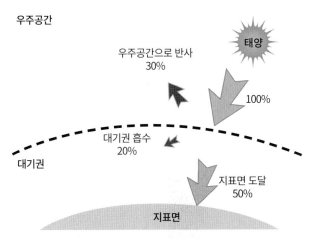

그림 2-2 태양이 방출하는 에너지가 지표면에 도달하는 양

대부분의 태양에너지는 파장이 0.2~0.4㎛ 영역에 존재하며, 최대에너지를 갖는 가시광선, 자외선, 적외선 영역으로 구분된다. 태양 복사에너지는 대기의 구름, 먼지, 공기 등에 의해 흡수되거나 산란된다. 자외선은 대기 상층부의 산소분자나 오존에 의해 흡수되고, 적외선은 대기 중의 수증기 및 이산화탄소 등에 의해 흡수되며, 가시광선은 대기에 의한 흡수는 거의 일어나지 않고 대부분이 지표면에 도달한다. 태양에너지는 그 양이 거대하여 고갈되지 않으며, 환경 오염물질의 배출이 없는 등, 다른 에너지원에 비하여 우수한 특징을 갖고 있다. 그러나 에너지 밀도가 아주 낮아서 집적하여 이용하려면 비용이 상승하며, 자연조건에 따라 출력이 변동하는 단점이 있다. 태양에너지의 집적효율은 현재 20% 이하로 낮아서 집적효율을 높이기 위한 기술개발이 필요하다. 태양에너지는 이용 방식에 따라 크게 태양광 발전과 태양열 발전으로 구분된다. 본 장에서는 태양에너지를 직접 전기에너지로 변환시키는 태양광 발전(그림 2-3)에 관하여 서술하며, 제3장에서는 태양 복사에너지를 흡수하여 열에너지로 변환시켜 이용하거나, 복사광선을 고밀도로 집광해서 열발전장치를 통해 전기를 생산하는 태양열 발전에 관하여 설명한다.

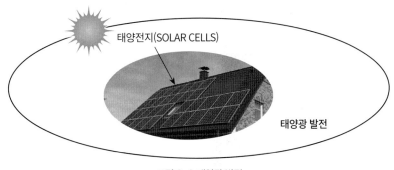

그림 2-3 태양광 발전

2.1 빛

2.1.1 파장, 주파수, 에너지

지구상의 생명체에 필수 불가결한 요소인 태양에너지는 지구의 표면온도를 결정하며 자연의 전체시스템과 사이클을 구동하는 가상적인 모든 에너지를 공급한다. 일부 다른 별들도 X선과 라디오 신호의 형태인 거대한 에너지를 발생하지만, 태양은 가시적인 빛으로 대부분의 에너지를 방출한다. 그러나 가시적인 빛은 전체 복사 스펙트럼의 일부분이며, 적외선과 자외선도 태양 스펙트럼의 중요한 부분이다. 그림 2-4와 같이 태양은 파장이 $2 \times 10^{-7} \sim 4 \times 10^{-6}$m 사이의 스펙트럼에서 가상적으로 복사에너지 전부를 방출한다.

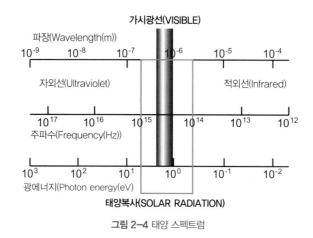

그림 2-4 태양 스펙트럼

태양에너지의 대부분은 가시광선 영역에 집중되어 있으며, 각 파장의 길이는 주파수와 에너지에 관련되어 단파장 및 고주파수는 에너지(electron volt: eV)준위가 높다. 태양 스펙트럼의 각 부분은 에너지 수준과 관련되므로, 스펙트럼의 가시영역에서, 장파장인 적색 빛은 자색 빛 보다 에너지 준위가 낮다. 스펙트럼의 비가시 영역에서, 피부를 검게 만드는 자외선 영역의 광자는 가시영역의 광자보다 에너지 준위가 높으며, 열을 느끼게 하는 적외선 영역의 광자는 가시영역의 광자보다 에너지 준위가 낮다. 태양전지는 빛의 파장 또는 색에 따라 다르게 응답한다. 예를 들면, 결정실리콘은 가시영역과 자외선 스펙트럼의 일부에서 작동할 수 있으나, 장파장 복사뿐만 아니라 적외선 스펙트럼의 부분에서 에너지는 너무 낮아 전류를 생산할 수 없다. 고에너지 복사는 전류를 생성할 수 있지만, 이러한 에너지의 대부분은 사용할 수 없다. 즉, 빛에너지가 너무 높거나 낮으면, 태양전지가 전기를 생산하는데 사용되지 않고 열로 변환된다.

2.1.2 직접광(direct sunshine)와 확산광(diffusion sunshine)

매 초, 태양은 거대한 양의 복사에너지를 태양계에 방출한다. 지구는 이 에너지의 극히 소량만을 입사 받지만, 지구 대기층 외부에서는 평균 $1,367 \text{W/m}^2$에 해당하는 에너지를 공급 받는다. 대기는 X선과 자외선

을 포함하는 태양 복사의 일부를 흡수하고 반사한다. 그림 2-5는 지구의 대기와 구름이 대기로 진입하는
태양 복사에너지의 일부를 흡수, 반사, 산란 시키는 것을 도식적으로 나타낸다. 공기 분자, 수증기, 구름,
먼지, 공해물질, 산불, 화산 등이 직접광을 확산시키는 인자들이다. 거대한 양의 직접광과 확산광은 지구
표면에 도달하여 태양광 전기를 생산하는데 사용될 수 있다. 평판형 태양전지 시스템은 직접광과 확산광
모두를 사용할 수 있지만, 집중형 태양전지 시스템은 직접광 만을 사용할 수 있다. 매분 지구의 표면에 입
사되는 햇빛 에너지의 양은 지구상의 인류가 매년 소비하는 전체 에너지의 양보다 크다.

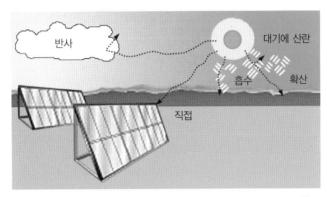

그림 2-5 태양복사의 일부를 흡수, 반사, 산란 시키는 지구의 대기와 구름[3]

- 직접광은 구름, 먼지, 또는 다른 물체의 반사가 없이 태양으로부터 직접 오는 복사로 구성된다.

- 확산광은 구름, 지표, 다른 물체에 의해 반사된 햇빛으로, 태양전지에 도달하는 직접광 보다 긴 경로를 갖는다. 확산
  형 태양전지 시스템의 광학장치로 집중 시킬 수 없다.

- 전체복사(global solar radiation)는 수평면에 도달하는 복사로, 전체 햇빛은 수직으로 입사하는 직접광과 확산광으로 구성된
  다. 확산광과 수직으로 입사하는 직접광은 에너지 스펙트럼과 색 분포가 다르다. 청명한 날의 기상조건은 직접광을 10% 정도
  만 감소하지만, 구름이 많은 흐린 날의 기상조건은 직접광을 100% 감소할 수 있다.

2.1.3 일사(insolation)

일사량은 특별한 지정학적 위치에 입사하는 실제 햇빛의 양으로 정의하며, 때때로 특정지역의 일사량 값
은 구하기가 어렵다. 태양복사량을 측정하는 기상청은 특정지역에서 멀리 떨어져 있어서 특별한 일사량
의 데이터가 없을 수 있고, 대부분 입수 가능한 정보는 수평면에 대한 평균 복사량이다. 햇빛이 지구에 도
달할 때, 모든 지역에 골고루 분포되지 않는다. 지구의 적도 근처는 다른 지역에 비해 더 많은 태양 복사
를 받는다. 그림 2-6은 전 세계 지역에 걸쳐 수평면에 입사되는 평균 태양 복사조도(W/m²)를 나타낸 것
으로, 밤과 흐린 날을 포함하여 3년(1991~1993)을 평균한 값이다.[1,2] 지도에 나타낸 것과 같이 검은색의
작은 6개 원모양의 점들 크기로 표시된 면적에 태양전지를 설치한다면, 태양전지의 효율이 8%일 때, 평균
18TW의 전기를 생산할 수 있다. 이 값은 현재 주요 에너지원(석탄, 석유, 원자력, 수력 등)으로부터 생산
가능한 전기량보다 큰 것이다.

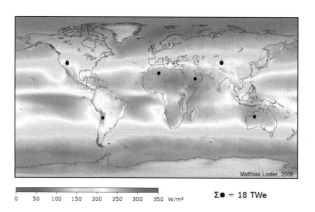

$\Sigma \bullet = 18$ TWe

그림 2-6 전 세계 지역 수평면에 입사되는 평균 태양 복사조도(W/m²)[1,2]

지구의 회전축이 23.5° 기울어져 있기 때문에 햇빛은 계절이 변화함에 따라 날이 길어지기도 하고 짧아지기도 하며 변화한다. 예로, 6월의 미국 남서부 사막지역인 Arizona 주 Yuma 시의 평방제곱 미터 당 입사되는 태양에너지 양은 12월의 미국 북동부 지역인 Maine 주 Caribou 시의 태양에너지 양 보다 일반적으로 9배 정도 많다. 지구에 도달하는 태양 복사 에너지의 양은 지역, 계절, 하루의 시간, 기후(특히 햇빛을 산란시키는 구름의 정도), 공기 오염에 따라 변동한다. 이러한 기후적인 요인들은 태양전지 시스템에 필요한 태양에너지 양에 영향을 준다. 그림 2-7은 미국대륙 전역에 걸쳐 수평면에서 받는 6월 평균 복사량을 나타낸다. 국토의 면적이 주로 사막으로 구성된 California 주, New Mexico 주, Arizona 주, Nevada 주 등의 미국 남서부 지역에 태양복사량이 가장 높은 것을 알 수 있다.

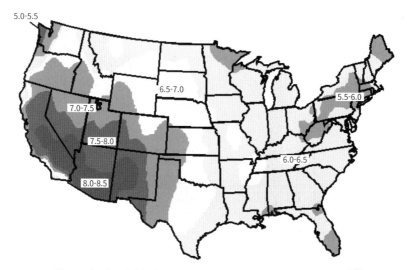

그림 2-7 미국대륙 전역에 걸쳐 수평면에서 받는 6월 평균 복사량(단위: kWh/m²)[3]

그림 2-8은 대한민국의 전국 봄철 일평균 법선면 직달일사량 자원 분포도를 나타낸다. 춘천분지 일원과, 진주, 광주, 전주, 대전, 청주, 영주, 포항 지역 일원을 잇는 분지지대가 일사량이 높은 지역이며, 해안지역인 목포일원이 전국에서 가장 낮은 지역임을 알 수 있다[4].

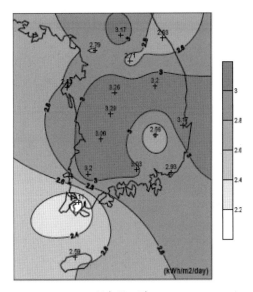

봄 (3월-5월)

그림 2-8 전국 봄철 일평균 법선면 직달일사량 자원 분포도(단위: kWh/m²)[4]

예제 2-1

파장이 2.5km인 파(wave)가 3,500km/s의 속도로 이동한다. 이 파의 주파수와 주기를 구하라

풀이

$$\lambda f = v$$

여기서 λ는 파장, f는 주파수, v는 속도를 나타낸다.

$$f = \frac{(3,500\text{km/s})}{2.5\text{km}} = 1,400 cycle/s = 1,400\text{Hz}$$

여기서 Hz는 one $cycle/s$와 같은 단위이다.

주기(period) T는 주파수 f의 역수이므로,

$$T = \frac{1}{f} = \frac{1}{1,400 cycle/s} = 7,143 \times 10^{-4} s/cycle$$

2.2 태양전지(PV: photovoltaics 또는 solar cell)

태양전지는 빛을 전기로 변환시키는 장치로, "photo"는 빛(light)이고, "volt"는 전기 연구의 개척자인 Alessandro Volta(1745−1827)의 이름에서 유래한다. 이미 우리생활에 중요한 부분이 된 PV는 문자적으로 빛으로부터 전기를 생산한다는 것을 의미하며, 일반적으로 태양전지(solar cell)라고 한다. 빛에너지를 전기에너지로 변환하는 태양전지 재료와 장치는 1839년에 프랑스 물리학자인 Edmond Becquerel에 의해 최초로 발견되었다. 과학이 발전함에 따라 20세기 전반부에 이르러서야 태양전지 가격이 감소되어 현대 에너지 생산방식의 주류가 될 수 있었으며, 기술의 발전에 힘입어 태양전지 변환효율이 향상되기 시작하였다. 매일 사용하는 휴대용 계산기와 손목시계의 전원은 태양전지를 이용하는 가장 단순한 시스템이며, 복잡한 시스템으로는 물을 양수하거나, 통신장비, 가정집의 전등과 가전제품에 전원 등을 공급한다.

2.2.1 역사

Edmond Becquerel에 의해 처음으로 태양전지 효과가 설명되었으나, 그 후 75년 동안 과학의 의혹으로 남아있었다. 19세기에 Becquerel은 어떤 물질이 햇빛에 노출되면 작은 양의 전기를 생산할 수 있다는 것을 알게 되었고, 1870년에 Heinrich Hertz는 셀레늄(Selenium: Se) 같은 고체에 관한 연구를 시작했다. 셀레늄 태양전지는 빛을 전기로 변환하는데 1~2% 효율을 갖는다고 알려져서 광측정 장치로 사용하는 사진 분야에 사용되었다. 높은 순도를 갖는 결정실리콘(crystalline silicon)을 생산하기 위하여 반도체 단결정을 얻는데 사용되는 결정 성장 방법인 Czochralski 과정이 개발됨에 따라, 1940년대와 1950년대 초기가 태양전지 상용화의 중요한 시점이 되었다. 1954년, Bell Lab의 과학자들은 최초의 결정실리콘 태양전지를 개발하기 위하여 Czochralski 과정에 의존하였으며, 그 효율은 4%이었다. 그림 2−9는 1966년에 TRW사가 개발한 일반적인 통신위성의 태양전지 판넬을 나타낸다.

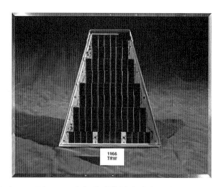

그림 2−9 1966년 TRW 사가 개발한 일반적인 통신위성 태양전지 판넬

실리콘 셀을 상용화하려는 시도가 1950년에 있었으나, 새로운 우주프로그램에 최초로 적용 가능하게 되었다. 1958년 미국의 Vanguard 우주위성에 작은 태양전지 배열이 라디오 전원을 공급할 수 있었으며, 그 임무를 잘 수행하여 그 이후로 태양전지 기술이 우주 프로그램의 일부가 되었다. 현재 태양전지는 통신용,

무기용, 과학연구용을 포함하는 모든 위성체에 전원을 공급하고 있으며, 우주에서 중요한 역할을 한다. 그림 2-10은 태양전지로 전기동력시스템을 운영하는 국제우주정거장(International Space Station: ISS)의 사진이다.

그림 2-10 태양전지 동력을 이용하는 국제우주정거장(International Space Station: ISS)[6]

컴퓨터 산업 및 트랜지스터 반도체 기술 발전이 태양전지 개발에 기여하였다. 트랜지스터와 태양전지는 유사한 물질로 구성되며, 유사한 물리적 메카니즘을 기본으로 작동한다. 그 결과, 태양전지 연구개발과 반도체 산업의 기술교류 등을 통하여 꾸준히 기술이 성장하였다. 이러한 발전에도 불구하고 1970년의 태양전지 장치들은 여전히 값이 비싸서, 지구상에서 사용하기에는 어려웠다. 그러나 1970년대 중반, 세계오일위기가 닥쳐 에너지 비용이 상승함에 따라 태양전지 기술의 가격을 감소하기 위하여, 미국연방정부, 산업체, 연구소 등이 연구 · 개발 · 생산에 수십억 불을 투자하였고, 그 결과 산업체와 연방정부가 협조하여 태양전지 연구 · 개발 비용을 분담하게 되었다. 현재 사용하는 태양전지 시스템은 햇빛을 전기로 변환하는 효율이 7~17% 정도이고, 신뢰성이 높아서 수명이 20년 또는 그 이상이 된다. 태양전지로 생산되는 전기의 가격은 15~20배 정도 감소했으며, 태양전지 모듈은 W당 약 $6 수준으로 kWh당 25~50¢ 정도의 비용으로 전기를 생산한다.

2.2.2 작동원리

햇빛을 전기로 변환하는 "광전효과"는 햇빛이 태양전지를 통과하며 발생하는 물리적 과정으로, 햇빛은 광자, 또는 태양에너지의 입자들로 구성된다. 광자들은 태양 스펙트럼에 걸쳐서 분포하며, 다양한 에너지 수준을 갖는 파장으로 나타난다. 그림 2-11은 태양전지의 작동원리를 도식적으로 나타내며, 태양전지는 반도체(주로 실리콘)로 구성된다. 태양전지에 햇빛(광자)이 입사되면 반사, 흡수 또는 통과되며, 그 중 흡수된 광자는 반도체를 구성하는 물질들과 상호작용을 한다. 광자에너지는 반도체의 원자 주변 전자에 전달되고, 전기회로에서 전류의 일부가 되는 원자와 결합된 전자는 자기위치로부터 탈출이 가능하게 된다. 전자가 자기위치를 이탈함에 따라 "정공(hole: 전자가 빠져 나간 것)"이 형성되며, 이러한 태양전지의 특별한 전기물성은 외부부하에 전류를 흐를 수 있게 한다.

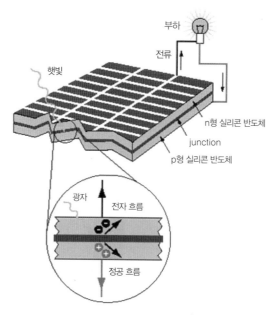

그림 2-11 태양전지의 작동원리[3]

태양전지 내부의 전기장을 형성하기 위하여 2개의 분리된 반도체를 적층하여, 접촉면에서 p/n junction
을 만든다. 그림 2-12는 p층과 n층을 나타내며, 2개의 층은 전기적으로 중성이다. n형 실리콘은 과도한
전자를, p형 실리콘은 과도한 정공을 갖기 때문에, 음극(−)과 양극(+)의 극성을 갖는다. p형과 n형 반도
체가 포개어 적층될 때, n형 재료의 과도한 전자는 p형으로 흐르고, 이러한 과정 동안 정공은 n형으로 흐
른다.(정공 이동의 개념은 액체의 기포와 같다. 실제로 이동하는 것은 액체이지만, 반대방향으로 이동하
는 것과 같이 기포의 이동을 표현하는 것이 더 쉽다.) 전자와 정공의 흐름으로 2개의 반도체는 junction의
표면에서 만나 전기장을 형성하며, 이러한 전기장은 전자를 반도체로부터 표면으로 연결시켜 전기회로가
가능하도록 한다. 동시에 정공은 유입 전자들을 기다리는 양극 표면을 향하여 반대방향으로 움직인다.

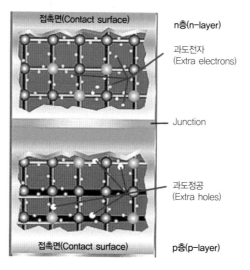

그림 2-12 n층과 p층의 반도체를 적층한 태양전지 내부[3]

2.2.3 셀(cell)과 배열(array)

그림 2-13은 태양전지 시스템의 단위를 나타내며, 셀, 모듈, 배열을 각각 표시한다. 태양전지 셀은 태양전지 시스템의 기본단위로, 대규모 용도의 충분한 전원공급이 어렵다. 셀 개개의 크기는 1~10cm 정도로, 1개의 셀은 1~2 W의 전력을 생산한다. 여러 개의 셀을 연결하여 구성된 모듈(module)은 출력을 증가시킬 수 있다. 비정질 실리콘(amorphous silicon)과 카드뮴 텔루라이드(cadmium telluride: CdTe)와 같은 박막 물질은 직접적으로 모듈로 제작 가능하며 태양전지 셀보다 효과적이다. 이들 2개의 실리콘 모듈은 각각 50W의 전력을 생산할 수 있으며, 12V 배터리 저장장치를 사용하여 가로등의 전원을 공급한다. 모듈은 여러 개로 서로 연결되어 더 큰 unit인 배열을 만들어 대규모의 전원을 생산할 수 있으며, 배열은 수 MW의 전기를 공급하는데 사용된다. 이러한 방법으로 필요한 전력 양에 따라 태양전지 시스템을 구성할 수 있다. 모듈 또는 배열 그 자체로는 태양전지 시스템을 구성할 수 없다. 햇빛에 지지할 수 있는 구조물과 특별한 용도에 적용 가능하도록 모듈 또는 배열에 의해 생산된 직류전기를 송배전할 수 있는 부품 등이 필요하다. 이러한 구조물과 부품들은 2.6절에서 설명할 것이다.

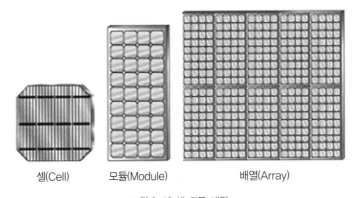

셀(Cell)   모듈(Module)   배열(Array)

그림 2-13 셀, 모듈, 배열

2.3 태양전지 재료

태양전지는 원자 수준에서 태양광에너지를 직접 전기로 변환시키는 반도체화합물 소자로, 대부분의 반도체들은 광전효과(photovoltaic effect)를 갖는다. 태양전지의 종류는 소재에 따라 실리콘계, 화합물 반도체, tandem형의 세 가지로 크게 구분된다. 대량생산용 태양전지 반도체는 주로 실리콘(Si)과 갈륨아세나이드(GaAs)로, 그 중 실리콘이 가장 많이 활용되고 있으나, 최근에는 카드뮴 텔루라이드(CdTe)와 카파인듐다이셀러나이드(CuInSe2: CIS) 반도체들도 이용되고 있다. 실리콘 태양전지는 결정 상태에 따라 결정질 실리콘(crystalline silicon)과 비정질 실리콘(amorphous silicon)으로 나누며, 다시 결정질 실리콘은 단결정 실리콘(single-crystalline silicon)과 다결정 실리콘(polycrystalline silicon)으로 분류된다. 이 세 가지 종류가 국내외의 태양전지 시장에서 대부분을 차지하며, 단결정 실리콘(그림 2-14)이 가장 비싸고, 다결정, 비정질 순으로 가격이 저렴하다. 표 2-1은 지금까지 개발되었거나, 현재 개발 중인 태양전지 종류들에 대한 효율을 정리한 것이다. 현재, 단결정 실리콘과 다결정 실리콘 태양전지들의 두께는 0.3~0.5mm로 제작되는데, 이러한 정도의 두께는 기계적 강도를 만족시킴은 물론, 태양전지의 표면에 입사되는 일사량을 충분히 흡수할 수 있다. 비정질 실리콘 태양전지는 빛에너지의 흡수율이 더 우수하기 때문에 수 마이크론 두께로 제작이 가능하나, 장시간 사용 시에는 점차 퇴화가 빨라져 효율이 감소하는 단점이 있다.

그림 2-14 단결정 실리콘 태양전지

표 2-1 다양한 태양전지들의 효율[33]

태양전지의 종류		재료	셀의 변환 효율(%)	모듈의 변환 효율(%)
실리콘 태양전지	결정계 (1세대)	단결정 Si	15 ~ 24	10 ~ 14
		다결정 Si	10 ~ 17	9 ~ 12
	Amorphous(비정질)계	Amorphous, SiC, SiGe	8 ~ 13	6 ~ 9
화합물 반도체 태양전지 (2세대)	이원계	GaAs, InP CdS, CdTe	18 ~ 30(GaAs) 10 ~ 12(기타)	–
	삼원계	CuInSe2	10 ~ 12	
유기반도체 태양전지 (3세대-연료감응형)		메로시아닌	1 이하	–
집광형 태양전지(4세대)		GaAs	18 ~ 30(GaAs)	–

그림 2-15는 태양전지의 구조를 나타낸다. 태양전지의 가장 중요한 부분은 전자가 생성되는 반도체 층으로, 이러한 반도체 층을 만들기에 적절한 재료들이 많이 있으나, 모든 형태의 태양전지와 그 적용에 대한 이상적인 재료는 없다. 또 태양전지는 상부의 금속격자(metallic grid) 또는 반도체로부터 전자를 수집하고 외부부하(external load)로 전달하는 전면전극(front contact)과 전기회로를 완성하는 후면전극

(back contact) 층으로 구성된다. 그리고 셀 상부에는 셀을 밀봉하고 바람이 유입되지 않게 하는 덮개유리(cover glass), 투명접착제(transparent adhesive), 셀로 유입 또는 유출되는 빛의 반사를 방지하기 위한 반사방지막(anti-reflective coating)이 있다.

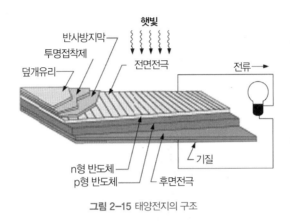

그림 2-15 태양전지의 구조

2.3.1 밴드 갭(band gap) 에너지

태양빛의 광자가 태양전지에 입사하면 어떤 수준의 에너지를 갖는 광자는 원자결합으로부터 전기를 만들 수 있도록 전자를 자유롭게 한다. Band gap에너지로 알려져 있는 이러한 수준의 에너지는 공유결합으로부터 전자를 제거하고 전기회로의 부분이 되도록 허용하는데 필요한 에너지 양으로 정의된다. 다양한 태양전지 재료는 다양한 특성에너지 band gap을 갖기 때문에, band gap 보다 큰 광자에너지는 자유전자를 만들기 위하여 흡수될 수 있고, band gap 에너지 보다 작은 광자에너지는 재료를 통과하거나 열을 생성한다. 광자에너지는 적어도 한 개의 광자가 전자로 자유롭게 되도록 band gap 에너지만큼 높아야 한다. 하지만, band gap 에너지보다 높은 광자에너지는 전자를 자유롭게 하는 열과 같은 별도의 에너지를 소비한다. 따라서 태양전지가 광자 에너지를 최대화하기 위하여 약간의 수정을 통하여 반도체의 분자구조를 조정하는 것이 중요하다. 결국, 효율적인 태양전지를 얻는 중요한 열쇠는 가능한 많은 양의 햇빛을 전기로 변환하는 것이다. 효율적인 태양전지 반도체는 band gap 에너지가 1~1.6eV이다.(eV는 전자가 진공상태에서 1 V의 potential을 통하여 흐를 때 전자가 획득하는 에너지와 같다.) 이러한 수준의 에너지는 별도의 열 발생 없이 전자를 자유롭게 하는데 적당하다. 결정 실리콘의 band gap 에너지는 1.1eV이며, eV로 측정되는 빛의 광자에너지는 빛의 파장에 따라서 변한다. 적외선으로부터 자외선까지의 햇빛 전체 스펙트럼은 약 0.5eV에서 2.9eV의 영역에 있으며, 적색 빛의 에너지는 1.7eV, 청색 빛의 에너지는 2.7eV이다. 햇빛에너지는 band gap 이하 또는 과잉 에너지를 운반해야 하기 때문에, 햇빛에너지의 55%가 태양전지에 의하여 사용될 수 없다. 그림 2-16은 다양한 특성에너지 band gap을 갖는 태양전지 재료를 나타낸다.

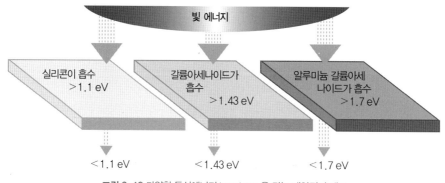

빛 에너지

| 실리콘이 흡수 >1.1 eV | 갈륨아세나이드가 흡수 >1.43 eV | 알루미늄 갈륨아세 나이드가 흡수 >1.7 eV |

<1.1 eV   <1.43 eV   <1.7 eV

그림 2-16 다양한 특성에너지 band gap을 갖는 태양전지 재료

2.3.2 실리콘

실리콘은 지구상에서 산소 다음으로 보편화된 물질이어서 가장 일반적인 상업용 태양전지 재료로 사용된다. 하지만, 태양전지로 유용하게 사용되려면 실리콘은 99.9999%의 순도로 정제되어야 한다. 단결정 실리콘에서 전체구조는 동일한 결정 또는 단결정에서부터 성장하기 때문에 재료의 분자구조는 균일하며, 이러한 균일성은 물질을 통하여 효율적으로 전자를 전달하는데 이상적이다. 그러나 단결정 실리콘은 순도가 높고 결정의 결함 밀도가 낮은 재료를 사용하기 때문에 효율은 높지만(약 24%) 고가이다. 효율적인 태양전지 셀을 만들기 위하여 실리콘은 n-type과 p-type으로 만들어져 흡수제로 사용된다. 반면에 다결정 실리콘은 여러 개의 작은 결정 또는 경계를 제공하는 그레인(grain)으로 구성된다. 이러한 경계는 전자의 흐름을 방해하고 정공들의 재결합을 촉진시켜 전지의 출력을 감소시킨다. 하지만 다결정 실리콘은 단결정 실리콘보다 생산비가 적게 들기 때문에 그레인 경계의 효과를 최소화하는 방법에 관하여 연구 중이다. 그림 2-17은 원자의 질서 배열에서 교란이 없는 구조적으로 균일한 단결정 실리콘과 여러 개의 결정 또는 그레인으로 구성된 다결정 실리콘을 도식적으로 나타낸다. 다결정 실리콘의 그레인 또는 경계의 접촉면에서 원자의 질서는 붕괴되며, 전자는 전기회로에 기여하는 것 보다 정공에서 재결합된다. 다결정 실리콘은 저급한 재료와 저렴한 생산 공정으로 인하여 가격 면에서 경쟁력은 있으나 효율은 약 18%이다.

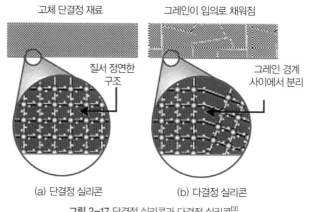

고체 단결정 재료   그레인이 임의로 채워짐

질서 정연한 구조   그레인 경계 사이에서 분리

(a) 단결정 실리콘   (b) 다결정 실리콘

그림 2-17 단결정 실리콘과 다결정 실리콘[3]

실리콘의 가장 작은 결정은 성공적으로 태양전지를 만들 수 있으며, 다결정 실리콘(polycrystalline)의 연구개발 목표는 효율적 가격으로 태양전지 용도의 적절한 재료를 만드는 것이다. 다결정 재료는 사람의 머리카락 두께 정도 또는 다결정 재료 결정 크기의 1/1000되는 다수의 단결정 실리콘을 포함한다.

2.3.3 비정질 실리콘

보통 유리와 같은 비정질 실리콘(그림 2-18)은 원자가 어떤 특별한 규칙으로 배열되지 않은 재료이다. 결정구조를 형성하는 것이 아니고, 다수의 구조적이고 결합적인 결함을 내포한다. 비정질 실리콘은 손목시계나 계산기와 같이 저 전력이 필요한 태양전지 장치에 통상적으로 사용된다. 비정질 실리콘은 단결정 실리콘 보다 40배 이상 태양복사를 흡수하기 때문에, 약 1μm 두께의 막이 사용 가능한 태양에너지의 90%를 흡수할 수 있다. 이러한 것이 가격을 낮출 수 있는 중요한 인자 중의 하나이다. 또 비정질 실리콘은 낮은 온도에서 생산 가능하며 플라스틱, 유리, 금속과 같은 저가의 기질로 적층될 수 있다. 이러한 특성으로 비정질 실리콘이 선도적인 박막(thin-film) 태양전지 재료가 되고 있다. 그러나 효율은 높지 않아 10~12%이고, 재료의 가공기술과 장치 설계의 발전을 위한 연구가 더욱 필요하다.

그림 2-18 비정질 실리콘 태양전지

그림 2-19와 같은 비정질 실리콘의 불규칙한 구조 특성은 매달림 결합(dangling bond)과 같은 편차를 일으킨다. 이러한 결합은 전자가 전기회로로 기여하는 것 보다 정공의 재결합을 위한 장소로 제공되며, 이런 재료는 결합이 전기의 흐름을 제한하기 때문에 전자장치로 채택할 수 없다. 그러나 비정질 실리콘은 "수소화합(hydrogenation)" 이라는 과정을 통하여 작은 양의 수소를 함유하는 방법으로 적층하면, 수소 원자는 다수의 매달림 결합에 화학적으로 결합된다. 근본적으로는 매달림 결합이 제거되고 전자가 비정질 실리콘을 통하여 이동하는 것이 가능하게 된다.

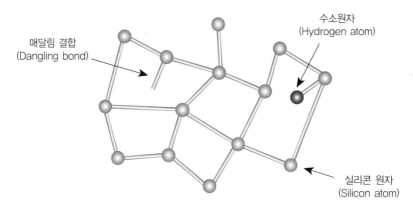

그림 2-19 매달림 결합을 갖는 비정질 실리콘의 불규칙한 구조[3]

비정질 실리콘의 특성으로 인하여 셀은 ultra-thin(0.008μm) p-type 상부 층, 두꺼운(0.5~1μm) 내부 층, 아주 얇은(0.02μm) n-type 하부 층으로 설계된다. 상부 층은 상대적으로 투명하며 너무 얇게 만들어져서 대부분의 입사광이 바로 투과되어 내부 층에서 자유전자를 만든다. 비정질 실리콘이 첨가된 p층과 n층은 그 층 내에서 전자의 운동을 유발하기 위하여 전체의 내부 영역을 통과하는 전기장을 생성한다. 그림 2-20은 일반적인 비정질 실리콘 셀을 나타내며, p-i-n 설계를 채택하여 내부 층이 p층과 n층 사이에 끼워져 있다.

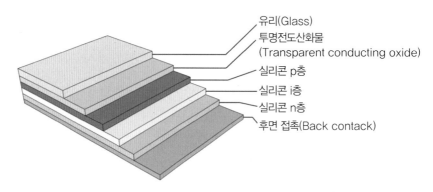

그림 2-20 p-i-n 설계를 채택한 일반적인 비정질 실리콘 셀[3]

2.3.4 다결정 박막(Polycrystalline Thin Film)

단결정 실리콘의 단점은 그 제조과정이 복잡하고 제조에너지가 크다는 것이다. 이러한 결점을 극복하기 위한 다결정 박막장치(그림 2-21)는 아주 작은 반도체 재료를 필요로 하고 쉽게 제작할 수 있는 장점이 있다. 단결정 실리콘에서 필요한 결정 잉곳의 성장, 조각, 취급 보다 필요한 재료의 얇은 층을 일련으로 적층하는 것이다. 다양한 적층 기술이 적용 가능하며, 단결정 실리콘에서 필요로 하는 잉곳 성장 기술보다 잠재적으로 가격이 저렴하다. 장점으로는 이러한 적층 과정이 쉽게 확장될 수 있어 2inch×2inch 실험실 셀을 만들기 위하여 사용되는 기술이 2feet×5feet 모듈을 만드는데 사용될 수 있다.

그림 2-21 다결정 실리콘 태양전지

비정질 실리콘과 유사하게, 층들은 유리 또는 유연한 플라스틱 판과 같은 다양한 저가의 기질들에 적층시킬 수 있다. 단결정 셀은 개개로 모듈에 연결해야 하지만, 박막장치는 한 개의 unit으로 튼튼한 구조로 만들 수 있다. 층 위의 층은 유리 초기질(superstate) 위에 반사방지막, 전도 산화물의 반도체 재료, 후면전극 등의 순서로 적층된다. 대부분의 단결정 셀과는 달리 일반적인 박막장치는 상부에 전기전극용 금속 그리드를 사용하지 않으며, 투명한 전도 산화물(주석산화물)의 박판을 사용한다. 분리된 반사방지막은 장치의 상부에 사용될 수 있으며 투명한 전도 산화물은 투명도가 높고 전기를 잘 전도한다. 다결정 박막 셀은 반도체 재료의 작은 결정 그레인들로 구성된다. 다결정 박막 셀에 사용되는 재료는 실리콘의 성질과는 다른 물성을 갖으며, 2개의 다른 반도체 재료사이의 접촉면에서 전기장을 생성한다. 이러한 접촉면의 형태를 이종접합(heterojunction)이라 한다. 그림 2-22는 이종접합 구조를 갖는 다결정 박막 셀을 보여준다. 상부 층은 하부 반도체 층과 다른 반도체 재료로 구성된다. n-type 상부 층은 모든 빛을 흡수 층인 p-type으로 통과시키는 "창(window)"이다. "ohmic contact"는 기질에 전기연결을 잘 할 수 있도록 사용된다.

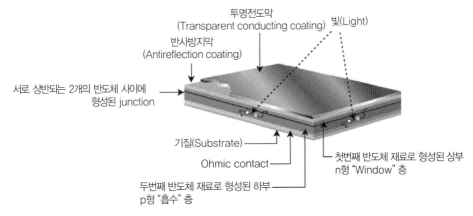

그림 2-22 이종접합 구조를 갖는 다결정 박막 셀

일반적인 다결정 박막은 상부에 "창"이라 불리는 0.1μm 이하의 대단히 얇은 층을 갖는다. 창 층의 역할은 스펙트럼의 고 에너지 끝 부분으로부터 빛 에너지를 흡수하는 것이다. 또 창 층은 아주 얇아서 유용한 빛이 접촉면을 통하여 흡수 층으로 보내지도록 2.8eV 이상의 충분한 band gap 폭을 갖는다. 창 아래의 흡수 층은 보통 p-type으로 발라져 있으며, 적당한 band gap에 높은 전류와 고전압을 제공하도록 흡수성(광자를 흡수하는 능력)이 커야 하며 일반적으로 1~2μm 두께를 유지한다.

재료

다결정 박막 카파인듐다이셀러나이드(CIS: CuInSe2) 태양전지는 유용한 빛의 99%를 흡수하는 큰 흡수율을 갖으며, p-n 이종접합 구조를 기본으로 한다. 몰리브덴(Mo)으로 코팅한 유리기판 위에 p-type 반도체인 CIS층을 증착하고, 그 위에 n-type 황화카드뮴(CdS)을 주로 화학적 용액성장법(chemical bath deposition: CBD 또는 "dip-coating")으로 입히고 투명전극 층인 산화망간(ZnO)을 스퍼터링법으로 증착한 후 금속전극을 입힌다. CIS 층은 진공증착 또는 금속막을 증착한 후, selenization 공정을 거치는 2단계 방법으로 만들어진다. CIS 장치의 창 층에 사용되는 가장 일반적인 재료는 황화카드뮴(CdS)으로, 가끔 아연이 투과성을 향상시키기 위하여 첨가된다. 소량의 갈륨(Ga)을 흡수하는 CIS 층에 첨가하여 band gap(보통 1eV 로부터)을 증가시킴으로 전압과 장치의 효율을 향상시킨다.

카드뮴텔러라이드(CdTe)는 이론적으로 이상적인 다결정 박막재료로, band gap이 1.44eV 근처에서 대단히 높은 흡수율을 갖는다. 또, 전기적 특성과 광학적 특성이 태양전지 재료로 적합하고, 물질의 합성이 용이하다. CdTe는 주로 합금이 없는 태양전지 장치에 사용되지만, 아연과 수은, 다른 구성분자들과 물성의 변화에 따라 쉽게 합금이 된다. CIS와 같이 CdTe 필름은 저가의 기술로 제작될 수 있으며, CdTe층의 합성방법으로는 근접승화법(closed-spaced sublimation: CSS), 진공증착법, 전착법, screen printing, 분무 열분해법(spray pyrolysis), metallorganic chemical vapor deposition(MOCVD) 등이 있다. CdTe층의 합성방법에 상관없이 화학양론비에 맞는 막을 형성하고 CdCl$_2$ 용제를 표면에 입힌 후 400℃ 정도에서 열처리하면 대략 10%의 효율을 쉽게 얻을 수 있다. CdTe 전지 기술은 "초기질(superstate)" 구조가 제안되고 마지막으로 화학적용액 성장법으로 CdS를 입히는 공정이 제안되었을 때 전지의 효율이 획기적으로 증가되었다. 그림 2-23은 CdTe 태양전지 모듈을 나타낸다.

그림 2-23 CdTe 태양전지 모듈

CIS와 같이, 가장 좋은 CdTe 셀은 얇은 창 층으로서 작용하는 CdS(황화카드뮴)을 이종접합(hetero juction) 경계면에서 사용한다. 주석산화물(tin oxide)은 투명한 전도산화물(transparent conducting oxide)과 반사방지막으로 사용된다. CdS의 한 가지 문제는 p-type의 CdS 막이 전기에 대한 높은 저항력 때문에 많은 내부손실이 유발되는 경향이 있다는 것이다. 일반적인 CdTe 셀에서 본질적으로 접촉문제를 해결하려면, 그림 2-24와 같이 n-type CdS 층과 p-type ZnTe 층 사이에 CdTe의 고유층을 삽입하는 n-i-p 구조를 사용하는 것이다.

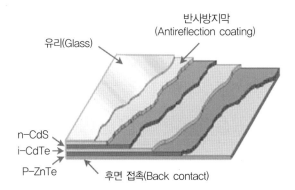

그림 2-24 CdTe 셀에서 사용하는 n-i-p 구조(n-type CdS 층: CdTe 고유층: p-type ZnTe 층)

2.3.5 갈륨아세나이드(Gallium Arsenide: GaAs)

GaAs 태양전지는 다양한 태양전지 재료 중에 가장 높은 효율을 달성하였고, 현재 우주용으로 상용화에 성공하였다. GaAs는 최적의 band gap(1.45 eV) 및 높은 광흡수계수와 가장 높은 이론 효율값(39%) 등의 장점과 In, Al 등과 쉽게 합금을 형성하여 band gap을 조절할 수 있다는 특성을 갖는다. GaAs는 갈륨(Ga)과 아세닉(As)의 2가지 성분이 혼합된 반도체 혼합물이다. 갈륨은 알루미늄이나 아연 등 금속의 제련 시 생성되는 부차적 생산물로 금보다 희귀하다. 아세닉은 드물지 않지만, 독성이 있다. 태양전지에서 GaAs의 사용은 빛을 방출하는 다이오드, 레이져, 다른 광전자 장치 등의 사용 목적으로 공동 개발되고 있다. GaAs는 다 접합(multi-junction)과 다른 이유들로 고효율 태양전지 적용에 특별히 적합하다.

❶ GaAs의 band gap은 1.43 eV로, 단일 접합(single-junction) 태양전지 셀에 이상적이다.

❷ GaAs의 흡수성은 대단히 높아서 태양 빛을 흡수하기 위하여 수 마이크론 두께의 셀만 필요하다.(결정 실리콘은 두께가 100μm 또는 그 이상의 층이 요구된다.)

❸ 실리콘 셀과는 달리, GaAs 셀은 상대적으로 열에 덜 민감하다.(셀의 온도는 특별히 집중형(concentrator)에 상당히 높다.)

❹ GaAs의 보조적 특성을 갖는 알루미늄, 인(phosphorus), 안티몬(antimony), 인듐 등을 사용하여 만들어진 GaAs 합금은 셀 설계 시 상당한 유연성을 갖는다.

❺ GaAs는 복사 손상에 저항력이 있고 고효율이기 때문에 우주 적용에 바람직하다.

GaAs와 태양전지 셀 재료로서 합금 등의 가장 큰 장점은 설계 선택사양이 다양한 영역에 걸쳐 가능한 것이다. GaAs 기저의 셀은 전자와 정공의 생성과 수집을 엄밀하게 제어할 수 있다. 따라서 셀 설계자에게 약간 다른 조성의 층들을 갖도록 허용하여 효율이 이론적인 수준에 접근하게 된다. 가장 일반적인 GaAs 셀 구조는 대단히 얇은 알루미늄 GaAs 창 층을 사용하는 것으로, 얇은 층은 전자와 정공을 접촉점에서 전기장에 밀접하여 생성하도록 허용한다. GaAs 셀의 단점은 단결정 GaAs 기질의 높은 가격으로, 높은 집중도 하에서 풍부한 전력을 생산할 수 있는 집중형 시스템에 주로 사용된다. 이러한 형상으로 GaAs 셀을 만드는 가격은 저렴하여 경쟁력이 있으며, 모듈의 효율은 25~30% 정도 도달할 수 있어 시스템의 나머지 비용을 감소할 수 있다. 지상에서 사용하는 가격 경쟁력이 있는 GaAs 고효율 셀은 그림 2-25와 같은 집중형 시스템에 더 적절하다. 현재 단일접합으로 28.7%가, GaAs/GaSb 중첩전지로는 34.2%가 기록이다. 단점으로는 소재의 가격이 매우 높아 상용화가 어려우며, As의 유해성이 지적되고 있다.

그림 2-25 GaAs의 고효율 셀

현재 저가의 기저물에 GaAs 셀을 제조하는 방법, 제거 및 재사용이 가능한 GaAs 기저물 위에 GaAs 셀을 성장 시키는 방법, CIS와 CdTe의 박막 제작방법과 비슷한 GaAs 박막 제작방법 등, GaAs 장치 가격을 감소할 수 있는 방법에 관하여 연구하고 있다.

표 2-2는 지금까지 설명한 태양전지의 종류를 요약하여 정리한 것이다.

표 2-2 태양전지의 종류 요약

	의 미	특징		성능	가격	물질
		장점	단점			
단결정	원자가 배열되어 있는 방향이 균일한 물질	▪ 순도 높음 ▪ 결정 결함 낮음	고가	높은 효율 (24%)	고가	Si, GaAs
다결정	원자가 규칙적으로 배열되어 있으나 배열방향이 서로 다른 여러 부분으로 구성되어 있는 물질	▪ 비교적 순도가 낮음. ▪ 비용이 적게드는 생산 방법	효율이 낮으며 불균일	중간 효율 (19%)	중저가	Si, CuInSe₂, CdTe

	의미	특징		성능	가격	물질
		장점	단점			
비정질	분자가 무작위로 배열되어 규칙이 없는 경우	▪ 대면적 전지를 균일하고 저렴하게 제작 가능. ▪ 유연성 있는 기판 위에 제작가능	효율이 낮고 시간에 따라 더욱 낮아지는 현상을 보임	낮은 효율 (12%)	저가	Si

2.3.6 다접합 셀(multi-junction cells)

대부분의 일반적인 태양전지 장치는 단일접합, 또는 경계를 사용하여 태양전지 셀과 같은 반도체 내에서 전기장을 형성한다. 단일접합 태양전지 셀에서, 셀 재료의 band gap보다 에너지가 같거나 큰 광자는 전기회로에서 전자를 자유롭게 한다. 즉, 단일접합 셀의 광전 응답은 태양 스펙트럼의 에너지가 흡수 재료의 band gap 이상이고, 낮은 에너지 광자가 사용되지 않은 부분에 한정된다. 이러한 한계를 극복할 수 있는 방법은 전압의 생성을 위하여 한 개의 band gap 보다 많거나, 한 개의 접합보다 많은 두 개 이상의 다른 셀을 사용하는 것이다. 이것을 다접합(multi-junction), "cascade", "tandem" 셀이라 부른다. 다접합 셀은 빛의 더 많은 에너지 스펙트럼을 전기로 변환할 수 있기 때문에 높은 전체 변환효율을 달성할 수 있다. 그림 2-26의 다접합 셀은 개개의 단일접합 셀을 band gap(Eg)의 내림차순으로 쌓은 것이다. 상부의 셀은 고 에너지 광자를 획득하고 나머지 광자를 통과시켜 낮은 band gap 셀에 의해 다시 흡수시킨다.

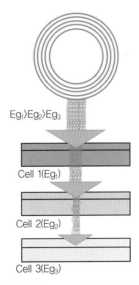

$Eg_1 \rangle Eg_2 \rangle Eg_3$

Cell 1(Eg_1)

Cell 2(Eg_2)

Cell 3(Eg_3)

그림 2-26 개개의 단일접합 셀을 band gap(Eg)의 내림차순으로 쌓은 다접합 셀

일반적인 다접합 태양전지 셀은 에너지 band gap이 다른 개개의 단일접합 셀들이 각각 band gap이 다른 셀의 상부에 위치한다. 햇빛은 상부에 위치한 band gap이 큰 재료에 입사하여 가장 높은 에너지의 광자가 흡수된다. 첫 번째 셀에서 흡수되지 않은 광자는 두 번째 셀로 계속해서 입사되어 태양복사의 고 에

너지 부분이 셀에 의해 흡수한다. 현재 다접합 셀에 관한 많은 연구는 요소 셀의 하나 또는 전체로 사용될 GaAs에 집중되어 있으며, 집중된 햇빛에서 약 35%의 효율에 도달한다. 다접합 장치에 사용가능한 또 다른 재료들인 비정질 실리콘과 CIS에 관한 연구도 수행되고 있다. 그림 2–27의 다접합 셀은 GaInP₂의 상부 셀, 셀 사이의 전자 흐름을 돕기 위한 "tunnel junction", GaAs의 하부 셀로 구성된다.

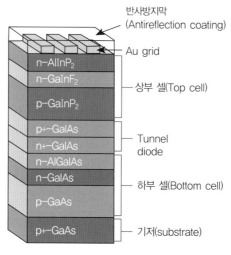

그림 2–27 다접합 셀

예제 2–2

실리콘 band gap 에너지 1.1 eV에 해당되는 빛의 파장을 결정하라.

풀이

광자(photon)의 에너지는 다음과 같다.

$$E = hf$$

여기서 h는 Planck 상수($= 6.625 \times 10^{-34} J\,sec$)이고, f는 주파수이다. 그리고 주파수와 파장(λ), 빛의 속도(C)는 다음의 식으로 표현된다.

$$\lambda = \frac{C}{f}$$

두 식을 결합하여 파장에 대하여 나타내면

$$\lambda = \frac{hC}{E}$$
$$= (6.625 \times 10^{-34} J\sec)(3 \times 10^{8} m/\sec)\left(\frac{1}{1.1eV}\right)\left(\frac{1eV}{1.6 \times 10^{-19} J}\right)$$
$$= 1.1293 \times 10^{-6} m = 1.13 \mu m$$

따라서, 파장이 1.12 인 빛은 실리콘의 가수(valence) 전자(electron)를 제거하기 위하여 충분한 에너지를 갖는다.

2.3.7 유기 태양전지(organic solar cell)

태양전지는 구성하는 물질에 따라 실리콘, 화합물 반도체와 같은 무기소재로 이루어진 무기 태양전지, 나노 결정 산화물 입자 표면에 염료가 흡착된 염료감응형 태양전지(dye−sensitized solar cell), 그리고 유기물질로 이루어진 유기 태양전지로 나눌 수 있다. 또한 태양전지의 셀 구조에 따라서 반도체 p−n 접합형과 반도체/액체 광전기화학형(photoelectrochemical) 태양전지로 분류된다. 유기 태양전지는 p−n 접합형과 유사하며(그림 2−28), 염료감응형 태양전지는 광전기화학형에 속한다. 유기 태양전지는 투명전극과 양극사이에 p−형과 n−형 유기반도체 재료를 광활성층으로 이용하기 때문에 유기재료의 특성상 분자구조를 자유자재로 변형할 수 있다는 장점이 있다. 따라서 고효율 신규 재료의 개발 가능성이 매우 높고, 이를 통해 보다 우수한 효율의 유기태양전지를 제조할 수 있을 것으로 기대되어 그 관심이 커지고 있다. 또, 유기 태양전지는 단순한 소자구조로 인해 제조공정이 간단하고 모듈화가 용이하며, 단위소자와 모듈간의 에너지 손실이 적고 흡광계수가 높아서 100nm의 얇은 두께의 박막에서도 50% 이상의 빛을 흡수할 수 있는 장점이 있다. 구부리기 쉬운 기판을 이용한 roll−to−roll 공정을 구현하게 되면, 기존의 무기 태양전지에서는 상상할 수 없는 획기적인 원가절감이 가능할 것으로 기대되어 최근 대기업들도 기술개발에 참여가 가시화되고 있다. 그러나 현재까지 유기태양전지는 에너지변환효율이 낮은 단점이 있다. 그림 2−29는 책의 한 면 크기와 같이 작은 유연한 태양전지 모듈을 나타낸다.

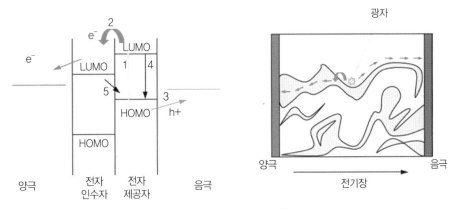

그림 2−28 유기 태양전지의 설명

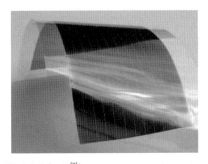

그림 2−29 책 한 면 크기의 작고 유연한 태양전지 모듈[8](Credit: Copyright Fraunhofer Institute for Solar Energy Systems)

2.3.8 염료감응형 태양전지(DSSC: dye-sensitized solar cell)

반도체 접합 태양전지와는 달리 광합성 원리를 이용한 고효율의 광전기화학적 태양전지인 염료감응형 태양전지가 1991년 스위스 Gratzel 그룹에서 발명되었다[11, 12]. 염료감응형 태양전지는 저가로 생산이 가능하도록 유기(organic)와 무기(non-organic) 성분의 조합으로 만들어진다. 그림 2-30은 염료감응형 태양전지의 작동원리 및 셀 구조를 도식적으로 나타낸 것이다. 염료감응형 태양전지의 기본적인 요소는 나노구조의 재료로, 주위와 잘 연결된 약 20나노미터 직경의 TiO_2 나노입자로 구성된다. TiO_2의 표면은 저항이 커서 연속적으로 전자를 전달하기 때문에 선호되는 재료이다. 그러나 자외선의 태양광자 중 아주 작은 일부만 흡수한다. 반도체 표면에 부착된 염료분자는 태양광의 많은 부분을 획득하는데 사용된다. 주요 염료분자는 Ruthenium 금속 원자 한 개와 요구되는 물성들(넓은 흡수 범위, 빠른 전자 주입, 안정성)을 제공하는 한 개의 대형 유기 구조로 구성된다. 표면에 염료 분자가 화학적으로 흡착된 n-형 나노입자 반도체 산화물 전극에 태양 빛의 가시광선이 흡수되면 염료분자는 전자-정공(hole) 쌍을 생성하며, 전자는 반도체 산화물의 전도띠로 주입된다. 반도체 산화물 전극으로 주입된 전자는 나노입자간 계면을 통하여 투명 전도성막으로 전달되어 전류를 발생 시키게 된다. 염료 분자에 생성된 정공은 산화-환원 전해질에 의해 전자를 받아 다시 환원되어 염료감응 태양전지 작동 과정이 완성 된다.

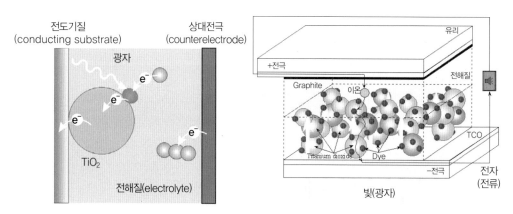

그림 2-30 염료감응형 태양전지의 작동원리 및 셀 구조

염료감응형 태양전지의 최대변환효율은 현재 약 11%로 비정질 실리콘 태양전지에 버금가며, 점성용매를 사용하여 장시간의 안정성을 향상시키고 있다. 또한, 종이처럼 얇고 신축성이 좋아 활용도가 높은 데다 스테인리스 스틸 등을 이용해 제조 원가도 크게 낮출 수 있다. 그림 2-31은 한국전자통신연구원(ETRI: Electronics and Telecommunications Research Institute)이 개발한 염료감응형 태양전지의 실물사진으로, ETRI는 지난 2000년부터 염료감응 태양전지 개발에 나서 2005년에는 2세대 태양전지 기술로 종이처럼 얇고 쉽게 휘어지는 '플렉시블 연료감응 태양전지'의 원천기술을 확보했으며, 현재 $1cm^2$당 7.4mW의 전력을 낼 수 있는 태양전지 소재 및 공정기술까지 개발해 놓은 상태이다. ETRI는 리비아 과학연구부 산하 신재생에너지연구소(REWDRC) 및 국내 원자력·신재생 전문기업 코네스와 공동으로 5년 간 1500만달러를 투입해 연료감응 태양전지 모듈 패널에 대한 공동연구와 상용화 기술을 개발했다.

그림 2-31 ETRI가 개발한 염료감응형 태양전지

2.3.9 전기전극(electrical contact)

태양전지 셀에서 전기전극은 작동 중인 반도체와 외부 부하를 연결하는 가장 기본적인 부분이다. 후면전극(back contact)은 상대적으로 단순하여 보통 알루미늄 또는 몰리브덴 금속 층으로 구성된 반면에, 태양을 바라보고 있는 전면전극(front contact)은 복잡해서, 햇빛이 있을 때 셀의 모든 표면에서 전류를 생성한다. 셀 모서리에 위치한 전극은 그 형상 때문에 상부 층에 과도한 전기저항이 발생하여 적절하지 않다. 따라서 전극은 대부분의 전류를 수집할 수 있도록 전체표면을 교차해서 설치해야 하며, 보통 이러한 것이 금속 격자(grid)이다. 셀 상부에 큰 격자를 위치하면 햇빛으로 작동 중인 셀의 부분에 그림자가 생겨서 셀의 변환효율을 감소시킨다. 그러므로 격자를 설계할 때, 그림자에 의한 영향과 전기저항 손실의 균형을 맞추어야 한다. 격자를 설계하는 일반적인 방법은 셀 표면의 모든 부분을 포함할 수 있도록 표면전체에 걸쳐 얇고 길게 뻗으며 전도성을 갖추도록 하는 것이다. 격자의 가느다란 부분은 전도를 잘할 수 있도록 두꺼워야 하지만, 입사되는 빛을 방해하지 않도록 얇아야 한다. 즉 격자는 표면의 약 3~5% 정도만 그림자가 있도록 저항손실을 작게 유지해야 한다. 그림 2-32는 셀 상부 표면의 격자 분포를 나타낸다. 격자는 얇으며 전도성이 있도록 셀의 표면 모든 부분에 걸쳐 길게 뻗어있다.

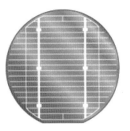

그림 2-32 셀 상부 표면의 격자

비용이 많이 드는 격자의 제작은 태양전지 성능에 영향을 미친다. 상부 표면의 격자는 마스크(mask)를 통하여 금속 기체를 적층하거나 screen-printing 방법으로 칠하여 만든다. 격자의 질을 높이기 위한 다른 제작방법으로는 고가의 사진석판술(photolithography)이 선호되며, 현재 출판법과 같이 사진으로

이미지를 전달하여 만든다. 격자 전극의 다른 방법은 이산화주석(SnO_2)과 같은 투명전도산화물(TCO: transparent conducting oxide)을 사용한다. 유입되는 빛이 거의 눈에 보이지 않는 투명전도산화물의 장점은 반도체로부터 외부회로에 좋은 전기연결체가 된다는 것이다. 투명전도산화물은 비정질 실리콘과 CdTe와 같은 박막을 적층할 때 사용하는 유리 "초기질(superstrate)" 제작과정에 대단히 유용하다. 이러한 공정에서, 투명전도산화물은 일반적으로 반도체 층 전에 유리 초기질 위 박막으로 적층된다. 이 층들이 적층된 후, 실제로 셀 하부에 위치하는 금속 전극이 수반된다. 같은 방법으로 셀은 상부로부터 하부로 실제로는 거꾸로 장착된다. 그러나 이러한 제작기술은 어떤 셀 설계에 대해 금속 격자나 투명전도산화물이 최적이라고 할 수 없으며, 반도체의 판 저항(sheet resistance)도 중요하게 고려해야 한다. 결정 실리콘에서 반도체는 충전된 전자를 금속 격자의 길게 뻗어진 부분까지 도달하도록 충분히 운반한다. 금속은 투명전도산화물 보다 전기를 잘 전도하며, 투명전도산화물과 연관된 음영손실 보다 적다. 반면에, 비정질 실리콘은 수평방향으로 전도도가 나쁘기 때문에 표면의 모든 조각에 걸쳐서 투명전도산화물을 사용하는 것이 좋다. 그림 2-33은 반도체 재료인 결정 실리콘과 비정질 실리콘의 전자이동을 도식적으로 나타낸다. 결정실리콘(a)에서 수평방향의 전자 이동은 격자 전극이 선호되는 금속 격자의 쭉 뻗은 부분에 도달할 수 있도록 충분하다. 비정질 실리콘(b)는 수평방향으로 전도성이 아주 나쁘기 때문에 전체표면에 걸쳐 투명전도산화물 층을 사용해야 한다.

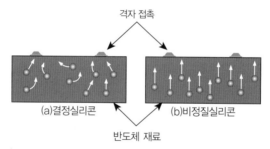

그림 2-33 반도체 재료인 결정 실리콘과 비정질 실리콘의 전자이동

2.4 태양전지 성능

2.4.1 태양전지 성능: 셀

태양전지 셀의 성능특성을 표시하기 위하여 전류와 전압, 양자 효율을 측정한다. 이러한 결과를 기본으로 성능향상을 위하여 재료 조성을 변경하거나 층의 두께를 수정하는 등 셀을 재설계 할 수 있다. 전류와 전압을 나타내는 I-V 곡선에서 결정되는 중요한 값들은 단락전류(short-circuit current), 개방전압(open-circuit voltage), 최대출력(maximum power), 충전인자(fill factor), 변환효율(conversion efficiency) 등이다. 변환효율에 영향을 미치는 인자들과 양자효율(quantum efficiency)에 관하여 설명하기로 한다.

(1) 전류-전압의 측정

셀이 생산하는 전력을 예측하기 위하여 태양전지의 성능을 측정한다. 전류-전압의 관계를 나타내는 I-V 곡선(그림 2-34)은 태양전지 장치의 전기적 특성을 나타내는 척도이다. 셀의 온도를 유지하고 부하저항을 변화하며 생산된 전류를 측정하는 I-V 곡선은 일정수준의 빛에 노출시켜 구한다. I-V 곡선에서 수직축은 전류를, 수평축은 전압을 나타내며, 실제의 I-V 곡선은 2개의 중요한 점을 통과한다.

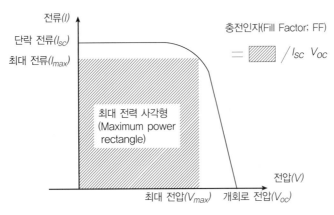

그림 2-34 태양전지의 전기적 특성을 나타내는 I-V 곡선

단락전류(I_{sc})는 셀의 양단자와 음단자가 단락되었을 때, 단자들 사이의 전압이 0이고, 이에 연관된 부하저항이 0일 때, 생산되는 전류이다. 태양전지 양 단을 단락(short)한 상태, 즉 외부저항이 없는 상태에서 빛에 노출되었을 때 흐르는 전류를 말한다. 따라서 전류는 최대 전류가 나올 수 있는 단락상태에서 측정한다.

개방전압(V_{oc})은 하나의 "전원"이 출력할 수 있는 최대의 전압이다. 즉, 회로가 구성이 되면, 태양전지처럼 출력이 약한 소자는 구성된 회로로 인해 전압과 전류를 빼앗기기 때문에 회로를 구성하여 측정할 경우, 전압과 전류가 약해진다. 그래서, 전압이 최대로 나올 수 있는 조건으로 개방전압을 측정한다. 즉, 회로가 개방된 조건, 전류가 0, 이에 연관된 부하저항이 무한대일 때, 양단자와 음단자를 교차하는 전압이다. 태양전지에 아무것도 연결하지 않은 상태에서 빛에 노출되었을 때, 태양전지의 양 단에 발생하는 전압을 말한다.

셀은 전압과 전류의 넓은 영역에 걸쳐 작동된다. 부하저항이 0(단락)으로부터 무한대(개방회로)까지 변화함에 따라, 셀이 최대출력을 제공하는 점으로 최고효율을 결정할 수 있다. I-V 곡선 상에서 **최대출력점(maximum power point: P_{max})**은 전압과 전류의 곱이 최대인 곳에서 나타난다. 단락회로에서는 전압이, 개방회로에서는 전류가 없으므로, 출력은 발생하지 않는다. 따라서 최대출력점은 이들 두 점 사이에서 찾을 수 있으며, 전력곡선 상의 한 점 만이 존재한다. 이러한 점은 빛을 전기로 변환하는 태양장치의 최대효율을 나타낸다. I-V 곡선에서 직사각형으로 표현되는 **충전인자(fill factor)**는 최대출력점에서 최대전압(V_{max})과 개방전압(V_{oc}), 최대전류(I_{max})와 단락전류(I_{sc})가 어울리는 정도를 나타내며, 다음과 같은 식으로 정의된다.

$$FF = \frac{I_{max} V_{max}}{I_{sc} V_{oc}}$$ (2.1)

충전인자의 백분율이 높아짐에 따라 곡선은 정사각형이 된다.

표 2-3은 60W급 태양전지 모듈의 기술적 사양을 정리한 것으로, 표준시험조건(STC: standard test condition) 즉, 일사량이 1,000W/m², 대기질량 AM1.5, 온도 25℃에서 측정한 값이다.

표 2-3 60W급 태양전지 모듈의 SPEC[13]

항목	기호	단위	값
최대전력	P_{max}	W	60
최대전압	V_{max}	V	18.2
최대전류	I_{max}	A	3.35
개방전압	V_{oc}	V	21.9
단락전류	I_{sc}	A	3.5

변환효율

태양전지의 성능을 나타내는 변환효율(η)은 입사된 빛에너지가 어느 정도의 비율로 전기에너지로 변환될 수 있는 가를 의미하며 다음과 같은 식으로 정의된다.

$$\eta = \frac{P_{output}}{P_{input}} = \frac{I_{max} V_{max}}{P_{input}} = \frac{I_{sc} V_{oc} FF}{P_{input}}$$ (2.2)

여기서, η는 변환효율, P_{input}은 태양전지에 입사되는 태양에너지 입력, P_{output}은 전기에너지 출력, FF는 충전인자, I_{max}는 최대전류, V_{max}는 최대전압, I_{sc}는 단락전류, V_{oc}는 개방전압 등을 각각 나타낸다. 변환효율은 입사하는 햇빛에너지의 강도 차이와는 별로 관계가 없지만, 입사하는 에너지가 변화하면 그에 따라 출력도 변화한다. 화석연료 같은 기존의 에너지원과 태양전지 에너지를 비교함에 있어 효율의 증가는 필수적이기 때문에, 태양전지 장치를 고려 시 매우 중요하다. 고효율 태양전지 1개가 저효율 태양전지 2개와 같은 양의 에너지를 공급할 수 있다면, 에너지 비용은 감소될 것이다. 초기의 태양전지 장치는 빛에너지를 전기에너지로 변환하는 효율이 약 1~2% 이었으나, 현재의 태양전지 장치는 7~17% 정도이다. 태양전지 제작 가격도 매해 감소되어, 현재의 태양전지 시스템은 초기 태양전지 시스템 가격보다 훨씬 저렴하게 전기를 생산한다.

변환효율에 영향을 미치는 인자들

태양전지 셀에 도달하는 많은 햇빛에너지는 전기로 변환되기 전에 소실된다. 태양전지 셀 재료의 특성으로 인하여 셀의 효율이 제한받기 때문에, 적절한 재료의 선정이나 셀을 잘 설계함으로 셀의 효율을 향상시킬 수 있다. 변환효율에 영향을 미치는 인자들에는 빛의 파장, 전자와 정공의 재결합, 자연저항, 온도, 반사, 전기저항 등이 있으며, 이에 대해 간략히 설명한다.

① 빛의 파장

빛은 다양한 파장을 갖는 광자로 구성된다. 빛이 태양전지 셀에 입사하면, 광자의 일부는 반사되어 셀로 침투하지 못한다. 재료를 통과한 광자의 일부는 흡수되어 열을 발생하고, 일부는 전자와 정공인 충전운반체를 생산하기 위하여 원자 결합으로부터 전자를 분리하는 에너지로 이용된다. 태양전지 소자를 자세히 설명할 때 언급된 용어인 band gap은 원자 결합에서 전자를 자유롭게 하기 위하여 필요한 최소 에너지양으로, 이러한 에너지는 반도체 재료에 따라 다르다. 태양전지 셀의 효율이 100%가 아닌 주요한 이유는 햇빛이 전체 스펙트럼에 걸쳐 반응할 수 없다는 것이다. 재료의 band gap 보다 적은 에너지를 갖는 광자는 흡수되지 않아 입사되는 에너지의 약 25% 정도가 소모된다. Band gap 이상의 광자에너지 함유량은 과잉분이 소모되어 열이나 빛으로 재 방출되며, 추가적인 손실이 약 30% 정도 된다. 따라서 셀 재료에서 햇빛의 비효율적인 상호작용은 최초 햇빛에너지의 약 55%를 소모한다.

② 전자와 정공의 재결합

태양전지 셀에서 전자와 정공들의 충전운반체는 회로로 유입하여 전류를 만들기 전에 우연히 재결합할 수 있다. 직접적인 재결합은 빛이 전자와 정공을 생성하여 불규칙하게 서로 마주치거나 재결합하는 일부 재료에서 심각한 문제가 된다. 다른 재료에서 간접적인 재결합은 전자나 정공이 결정구조에서 결점이나 불순물과 결합하거나, 재결합하기 쉬운 경계면 또는 표면에서 마주칠 때 발생한다.

③ 자연저항

셀에서 전자의 흐름에 대한 자연적인 저항은 셀의 효율을 감소시킨다. 이러한 손실들은 다음과 같은 3가지 영역에서 주로 나타난다. 태양전지 재료 본체, 장치의 상부에 있는 얇은 층, 셀과 외부회로로 연결되는 전기전극 사이의 접촉면 등에서 발생한다.

④ 온도

태양전지 셀은 재료의 물성에 의해 결정되는 것과 같이 저온에서 최상으로 작동한다. 모든 셀의 재료는 작동온도가 높아짐에 따라 효율이 감소한다. 셀에 입사하는 빛에너지의 많은 부분이 열로 변하기 때문에 셀의 재료를 작동온도에 맞추거나 계속해서 셀을 냉각해야 한다.

⑤ 반사

셀의 표면으로부터 반사되는 빛의 양을 최소화함으로 셀의 효율은 증가될 수 있다. 표면처리를 하지 않은 실리콘은 입사되는 빛의 30% 이상을 반사한다. 반사방지막 기술은 빛의 흡수를 최적화 시키며, 통상적으로 특별한 코팅을 셀의 상부 층에 적용한다. 단일 반사방지막은 1 파장 길이에서만 반사를 효율적으로 감소시킨다. 넓은 파장 영역에 걸쳐 좋은 결과를 얻으려면 여러 개의 반사방지막을 적용해야 하다. 반사를 줄이는 또 다른 방법은 반사된 빛이 빠져나가기 전에 두 번째 표면에 부딪히도록 셀의 상부 표면을 만듦에 따라 빛이 흡수될 확률이 증가된다. 전면을 반사방지 목적의 피라미드 형상으로 만들면 입사되는 모든 빛은 굽어져 셀의 매끄러운 후면에 각을 갖고 입사된다. 이러한 형상은 빛을 완전히 흡수될 때까지 셀 내부에서 전후로 반사시킨다.

⑥ 전기저항

전기접촉이 크면 전기저항을 최소화 할 수 있지만, 셀을 덮는 대형의 부전도 금속전극은 입사되는 많은 빛을 방해한다. 따라서 저항에 의한 손실과 그늘에 의한 손실을 비교하여 균형을 맞추어야 한다. 일반적으로 상부 표면 전극은 셀의 표면에 걸쳐 분포되는 여러 개의 얇고 전도성이 있는 가느다란 격자로 설계된다. 그러나 온도나 습도의 변화로 저항이 저하되는 셀에서 전기전극을 잘 유지하도록 격자를 생산하는 것은 어려운 일이다. 셀의 후면 전극은 단순하여 금속 층으로 되어 있다. 전기전극의 기타 설계는 셀의 후면에 위치한 모든 것을 포함하거나 전체 셀을 지나는 투명전도 산화물의 얇은 층이 적층된 박막도 취급한다.

(2) 양자효율 측정

양자효율은 태양전지에 의해 수집된 충전운반체 수와 태양전지에 입사하는 에너지인 광자 수의 비로 표현된다. 따라서 양자효율은 셀에 입사되는 햇빛 스펙트럼에서 다양한 파장에 대한 태양전지 반응에 연관되며, 파장 또는 에너지의 함수이다. 임의의 파장에서 모든 광자가 흡수되고, 그 결과 소수의 운반체 (p-type 재료에서 전자)가 획득되면 특별한 파장에서 양자효율은 1의 값을 갖는다. Band gap 이하에서 에너지를 갖는 광자의 양자효율은 0이다. 측정된 파장의 전체 스펙트럼에 걸쳐 양자효율의 값이 상수일 때, 양자효율은 이상적으로 정사각형의 모양을 갖는다. 하지만 대부분의 태양전지 셀의 양자효율은 충전운반체가 외부회로로 이동 할 수 없는 곳에서 재결합으로 인하여 감소된다. 수집확률(collection probability)에 영향을 미치는 동일한 메카니즘이 양자효율에도 영향을 미친다. 예로, 전면(front surface)을 수정하면 표면(surface)근처에서 생성되는 운반체에 영향을 미칠 수 있다. 높은 에너지를 갖는 파란 빛은 표면에 대단히 근접하여 흡수되며, 전면에서 고려할 만한 재결합은 양자효율의 파란색 부분에 영향을 미칠 것이다. 유사하게, 낮은 에너지를 갖는 녹색 빛은 태양전지의 대부분에서 흡수되고, 낮은 확산파장은 태양전지 대부분의 수집확률에 영향을 미쳐서 스펙트럼의 녹색 부분에서 양자효율을 감소시킨다. 양자효율은 단일 파장의 생성 프로파일 때문에 수집확률로 볼 수 있고, 장치 두께에 걸쳐 적분되며 입사하는 광자의 수를 표준으로 한다. 보통 태양전지 셀에서 2가지 종류의 양자효율이 고려된다.

외부 양자효율은 셀을 통과하거나 반사되는 빛과 같은 광학적 손실 영향을 포함한다. 하지만 반사되거나 통과된 빛을 잃은 후에 남은 빛의 양자효율을 고찰하는 것도 유용한 일이다.

내부 양자효율은 빛이 셀을 통하여 전파되지 않거나 셀로부터 반사되지 않은 효율에 근거한다. 이러한 셀은 충전운반체(전자와 정공)와 전류를 생성할 수 있다. 태양광 장치의 통과와 반사를 측정함에 따라, 외부 양자효율 곡선은 내부 양자효율 곡선으로부터 획득되어 수정될 수 있다.

2.4.2 태양전지 성능: 모듈

(1) 성능 등급

최고출력(W_p: peak watt)은 상대적으로 높은 수준의 빛, 적당한 공기질량, 낮은 소자의 온도를 갖는 실험실 조건하에서 측정되는 태양전지 셀 모듈의 최대출력 등급으로 결정된다. 이러한 조건들은 실제적인 환경을 고려한 것이 아니므로, 셀의 표준작동온도(NOCT: normal operating cell temperature) 등급이라는 방법을 사용한다. 먼저 모듈을 특정한 주위온도로 평형이 되게 한 후, 최대출력을 셀의 상시작동온도(nominal operating cell temperature)에서 측정한다. 셀의 표준작동온도 등급은 최고출력 등급 보다 출력 값이 낮지만, 더 실제적인 값이다. 두 가지 방법 모두 실제작동조건 하에서 태양전지 모듈의 성능을 잘 나타내지 못한다. 최고 햇빛 시간 보다 하루 온종일을 고려하는 AMPM 표준 방법은 실제 사용자의 필요에 맞추어 햇빛의 수준, 주위온도, 공기질량의 관점에서 표준태양지구평균일(standard solar global-average day) 또는 실제지구평균(practical global average)을 기본으로 한다. 태양전지 배열은 일정한 조건 하에서 정해진 전기량을 제공하도록 설계된다. 보통 배열의 성능을 결정할 때 고려되는 인자들로는 태양전지 소자의 전기성능 특성, 배열의 설계, 조립과 연관된 저하인자 결정, 태양전지 작동온도로 변환, 배열의 전기출력 용량 계산 등이 있다. 필요한 전기량은 아래에 기술되는 성능 척도 중의 하나 또는 조합으로 정의될 수 있다.

전력출력(W)은 전력조절기에서 유용한 출력으로 최고출력 또는 하루 중 생산된 평균출력으로 정의한다.

에너지출력(Wh)은 특정시간 동안 생산된 에너지의 양을 나타내며, 태양전지배열의 단면적 단위 당 출력(Wh/m^2), 배열의 질량 단위당 출력(Wh/kg), 배열의 가격 단위당 출력(Wh/$) 등으로 표시한다.

변환효율은 배열의 에너지 출력을 햇빛의 에너지 입력으로 나눈 값의 백분율로 정의한다.

변환효율은 출력효율이라고도 하며 배열로부터의 전력출력을 햇빛의 전력입력으로 나눈 값으로, 백분율로 정의한다. 일반적으로 전력은 W의 단위로, 에너지는 Wh의 단위로 표기한다. 태양전지 시스템의 성능과 품질을 보증하기 위하여 IEEE(Institute of Electrical and Electronics Engineers)와 ASTM(American Society for Testing and Materials) 등과 같은 다양한 그룹들이 태양전지 시스템의 표준화와 성능측정에 관하여 활동 중이다.

2.4.3 태양전지 성능: 시스템

태양전지 시스템의 신뢰성은 시스템의 가격과 이러한 기술을 사용하려는 소비자에게 중요한 요소이다. 태양전지 셀 자체는 고체상태 장치로 이동부가 없어서 신뢰도가 높으며 수명이 길다. 태양전지의 신뢰성은 보통 셀만이 아니라, 모듈과 시스템에 연관된다. 신뢰성을 측정하는 한 방법은 특별한 부품의 고장률이다. 태양전지 셀의 고장은 주로 셀의 균열, 개회로나 단락의 결과로 인한 연결고장, 전극저항의 증가 등이다. 모듈 수준의 고장은 유리파손, 전기절연의 파손, 캡슐 안에 있는 재료가 얇은 층으로 갈라지는 파손 등이다. 누전이 허용되는 회로 설계는 전체 모듈에서 부분적인 고장의 영향을 제어하려고 회로에서 여러 가지 과잉 특성으로 나타나며, 배열에서 나오는 전력을 저하한다. 이러한 저하는 모듈을 분지(branch) 회로라 불리는 다수의 병렬 태양전지 네트워크로 분할하여 제어될 수 있다. 이러한 설계 유형은 셀이 깨지거나 회로의 고장으로 인한 모듈의 손실을 향상 할 수 있다. 우회하는 다이오드나 교정 측정은 국부적인 셀의 고온점 영향을 완화시킬 수 있다. 전체 모듈의 교체는 태양전지 배열의 고장을 해결하기 위한 최종적인 선택이다. 현재 부품들의 고장률은 셀의 상호연결, 직렬 및 병렬 연결, 우회 다이오드 등으로 완화시킬 수 있기 때문에 상당히 낮으며, 태양전지 시스템은 높은 신뢰성을 갖출 수 있다.

2.5 태양전지 시스템

2.5.1 평판시스템(flat-plate system)

평판집전장치(flat-plate collector)는 일반적으로 강체의 평면에 장착된 많은 셀의 단면적을 사용한다. 이러한 셀은 햇빛이 통과하며 주위 환경으로부터 보호될 수 있도록 투명한 덮개에 의해 쌓여 있다. 그림 2-35는 일반적인 평판 모듈의 구성을 나타내며, 후면에 구조적인 지지가 가능한 금속기판, 유리, 또는 플라스틱의 기질; 셀 보호를 위하여 캡슐 안에 든 물질; 플라스틱 또는 유리를 채택한 투명한 덮개를 사용한다.

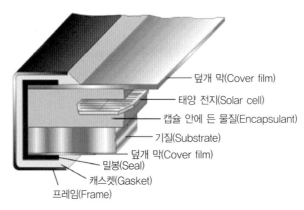

그림 2-35 일반적인 평판 모듈 설계

평판집전장치는 집중형 집전장치(concentrator collector)와 비교하여 여러 가지 장점이 있다. 설계와 제작이 간단하며, 특별한 광학장치나 특별히 설계된 집전장치, 또한 태양을 정확하게 추적할 장착 구조물 등이 필요하지 않다. 일반적으로 강체와 평판 표면에 설치되어 있는 대량의 셀을 포함하는 평판집전장치는 직접광과 구름, 지표면, 물체로부터 반사되는 확산광 등의 모든 햇빛에 사용 가능하다. 평판시스템의 단점은 대량의 셀을 사용하기 때문에, 작은 집중형 집전장치가 생산하는 같은 양의 전력을 생산하려면 태양전지 재료 면적이 넓어야 한다. 태양전지 시스템의 셀은 고가의 부품이므로 대형 면적의 셀을 사용하는 경제적이지 못하며, 특히 소규모 적용 시 상대적으로 대형인 평판집전장치가 필요하기 때문에 경제적으로 곤란한 문제가 된다. 그림 2-36은 브라질 호수에 전원을 공급하는 부교용 철주에 사용된 2개의 평판집전장치의 사진을 보여준다.

그림 2-36 브라질 호수에 전원을 공급하는 부교용 철주에 사용된 2개의 평판집전장치

2.5.2 집중형 시스템(concentrator system)

태양전지 배열의 성능은 여러 가지 방법으로 향상시킬 수 있다. 한 방법은 돋보기를 사용하는 것과 유사하게, 햇빛을 렌즈로 모아 집중시키는 광학을 채택하여 태양전지 소자에 입사하는 햇빛의 강도(intensity)를 증가시키는 것이다. 그림 2-37은 일반적인 기본 집중형 unit으로, 빛을 집중하는 렌즈, cell 부품, 하우징 단위, cell에 입사 중심을 비켜난 빛 광선을 반사시키는 2차 집중기(concentrator), 집중된 햇빛에 의해 생성된 과도한 열을 소산시키는 메카니즘, 다양한 접촉과 접착제 등으로 구성된다. 그림의 모듈은 2×6 matrix에 12개의 cell unit을 사용한다. 이러한 기본적인 unit은 필요한 모듈을 생산하기 위하여 다른 형상과도 조합되어 사용될 수 있다.

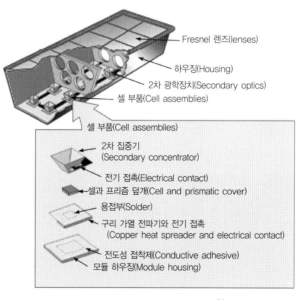

Fresnel 렌즈(lenses)
하우징(Housing)
2차 광학장치(Secondary optics)
셀 부품(Cell assemblies)

셀 부품(Cell assemblies)
2차 집중기 (Secondary concentrator)
전기 접촉(Electrical contact)
셀과 프리즘 덮개(Cell and prismatic cover)
용접부(Solder)
구리 가열 전파기와 전기 접촉 (Copper heat spreader and electrical contact)
전도성 접착제(Conductive adhesive)
모듈 하우징(Module housing)

그림 2-37 일반적인 기본 집중형 unit[3]

집중형을 선택하는 주된 이유는 태양전지가 단면적 기준으로 시스템에서 가장 고가이므로, 태양전지 재료의 면적을 감소시키려는 것이다. 집중기는 플라스틱 렌즈, 금속 하우징 등과 같은 상대적으로 비싸지 않은 재료를 사용하여 태양에너지를 넓은 면적에 걸쳐 획득한 후, 태양전지가 위치한 작은 면적에 집중시킨다. 태양전지가 획득하는 햇빛 양의 집중도로 정의되는 집중비(concentration ratio)는 이러한 방법을 효과적으로 측정할 수 있게 한다. 출력을 증가시키면서 태양전지 셀의 크기 또는 개수를 감소시키는 집중기는 집중된 빛 하에서 셀의 효율을 증가시키는 부차적인 장점이 있다. 셀 효율은 셀의 설계와 재료에 따라 크게 의존된다. 넓은 면적을 갖으며 고효율의 셀을 생산하는 것은 적은 면적의 셀을 생산하는 것 보다 어렵기 때문에, 작은 개개의 셀을 사용할 수 있다는 것이 집중기의 또 다른 장점이 된다. 반면에, 집중기를 사용하는 단점들도 있다. 예를 들면, 필요한 집중형 광학장치는 평판 모듈의 단순한 덮개보다 상당히 고가이며, 대부분의 집중기는 하루 종일, 또는 연중 효과적으로 태양을 추적해야 한다. 따라서 높은 집중비는 고가의 추적 메카니즘과 고정용 구조물의 평판시스템 보다 더 엄밀한 제어장치를 요구한다. 과도한 복사가 집중되어 열을 발생시킬 때 셀의 작동온도는 증가하기 때문에, 높은 집중비는 특별한 문제가 된다. 온도가 증가함에 따라 셀의 효율은 감소하고, 높은 온도는 태양전지 소자의 안정성을 위협한다. 따라서 태양전지 소자는 온도가 낮게 유지되어야 한다. 그림 2-38은 California 주 북부지역의 Utility-Scale에 적용되는 태양전지 시스템 프로젝트의 일부로, 태양전지 추적 집중형 배열을 갖는다.

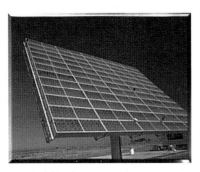

그림 2-38 태양전지 추적 집중형 배열

2.6 태양전지 시스템의 구조물과 부품들

완벽한 태양전지 시스템은 3개의 부 시스템으로 구성되며, 햇빛을 직류로 변환하는 태양전지 장치(전지, 모듈, 배열 등), 부하가 있거나 광전을 사용하기 위한 적용, 광전을 부하에 적절히 적용할 수 있도록 제3의 부 시스템이 필요하다. 이러한 제3의 부 시스템을 일반적으로 BOS(balance of system)라고 한다. 그림 2-39는 태양전지 시스템에 의해 생성된 전기를 최종부하에 연결한 결선도를 나타내며, 독립전원형과 계통연계형으로 구분된다. 독립전원형은 배터리 저장장치를 이용하여 밤낮으로 직류를 공급하지만, 계통연계형의 가정에서는 태양전지가 낮 동안 전기를 생산하여 인버터를 통하여 교류로 변환시킨다. 이러한 계통연계형은 낮 동안 잉여전기를 전력망을 통하여 전력회사에 판매할 수 있으며, 밤이나 흐린 날에는 전력회사로부터 전력망을 통하여 전기를 공급 받을 수 있다.

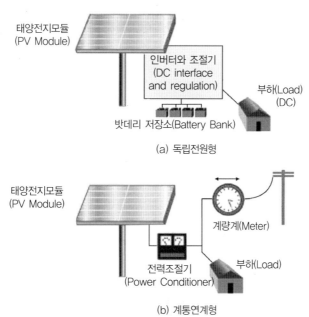

태양전지모듈
(PV Module)

인버터와 조절기
(DC interface
and regulation)

부하(Load)
(DC)

밧데리 저장소(Battery Bank)

(a) 독립전원형

태양전지모듈
(PV Module)

계량계(Meter)

전력조절기
(Power Conditioner)

부하(Load)

(b) 계통연계형

그림 2-39 태양전지 시스템으로 생산한 전기를 최종부하에 연결한 결선도 (a) 독립전원형 (b) 계통연계형

일반적으로 BOS는 태양전지 배열 또는 모듈을 지지하는 구조물과 직류를 필요한 교류부하에 적절한 형태나 크기로 변환하거나 조절하는 전력조절기로 구성된다. 필요한 경우, BOS는 태양전지로 생산된 전기를 구름이 있는 날이나 밤에 사용하기 위하여 배터리 같은 저장장치를 포함한다.

2.6.1 장착구조물

태양전지 배열은 바람, 비, 우박 등 나쁜 조건에 대해 견딜 수 있도록 안정하고 내구성이 있는 구조물로 장착되어야 한다. 때때로, 장착 구조물은 태양을 추적할 수 있도록 설계된다. 고정용 구조물은 보통 평판시스템(flat-plate system)에 사용되며, 태양전지 배열을 장소의 위도, 부하의 요구조건과 햇빛의 유용성에 의해 결정되는 고정각(fixed angle)에 맞추어 기울인다. 그림 2-40은 고정용 장착 구조물의 선택 사양 중에 장착된 랙을 나타내며, 다용도이고 상대적으로 단순한 구조물과 설비가 요구됨으로 지상 또는 경사진 지붕에 쉽게 설치 가능하다.

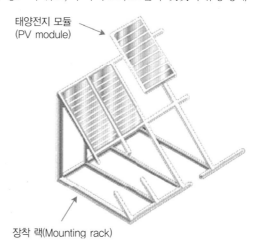

태양전지 모듈
(PV module)

장착 랙(Mounting rack)

그림 2-40 고정용 장착 구조물의 선택 사양 중에 장착된 랙

2.6.2 추적 구조물(tracking structure)

일반적으로 2가지 종류의 추적 구조물은 일축과 이축으로 구분된다. 일축 추적장치는 낮 동안 태양이 동쪽에서 서쪽으로 움직이는 것을 추적하며, 평판시스템과 일부의 집중형 시스템에 사용한다. 이축 장치는 주로 태양전지 집중형 시스템에 사용하며, 태양의 낮 동안 진로와 북반구와 남반구 사이의 계절 진로도 추적한다. 이러한 복잡한 시스템은 고가이며 더 많은 유지·보수가 필요하다. 그림 2-41의 집중형 시스템은 집중인자를 높게 하여 태양을 추적하는 메카니즘이 필요하며, 이러한 특별한 시스템은 강화 콘크리트 다리, 시스템의 중간부에 위치하는 태양 센서, 이축으로 추적할 수 있는 구동 메카니즘으로 구성된다.

그림 2-41 이축 추적구조물

2.6.3 전력조절기(power conditioner)

전력조절기는 생산한 전기를 특별한 부하 요구조건에 만족하도록 조절하는 장치로, 이러한 장치들은 대부분 표준형이지만 부하의 특성과 성능을 조화시키기 위해 중요하다. 전력조절기는 전기출력을 최대화하기 위하여 전류와 전압을 제한하고, 직류를 교류로 변환한 후, 변환된 교류전류를 기존 전력망에 송전한다. 또 보수나 점검 시, 안전을 위하여 기존 전력망과 수리하는 사람을 보호하는 기능들을 수행해야 한다. 전력조절기의 요구조건은 일반적으로 시스템의 적용과 조합에 의존한다. 직류적용은 전력조절기가 출력을 최대화 하도록, 전류와 전압의 일정수준에서 출력을 제어하는 조절장치(regulator)에 의해 수행된다. 교류적용 시 전력조절기는 태양전지 배열에 의해 발전된 직류를 교류로 변환하는 인버터를 포함한다. 그림 2-42는 전력조절기를 사용하는 PV 시스템을 나타낸다.

그림 2-42 전력조절기를 사용하는 PV 시스템

2.6.4 저장장치

태양전지 시스템이 완전하려면 햇빛이 있는 낮뿐만 아니라, 야간이나 흐린 날에도 전기가 필요하다. 따라서 기존 전력망과 연결이 없으면 배터리 보조 시스템과 같은 저장장치가 필요하다. 배터리는 재생 시 약 80%정도만 에너지변환이 가능하기 때문에 태양전지 시스템의 효율을 감소시키는 단점이 있다. 또, 전체 시스템의 비용을 상승시키며 매 5년에서 10년마다 교체해야 한다. 따라서 배터리 설치 공간의 필요, 안전 문제, 주기적인 보수가 요구된다. 그림 2-43은 태양전지 시스템의 직류전기를 저장하는 대형 배터리 저장소를 나타낸다. 태양전지와 같이 배터리는 직류장치로, 직접적인 직류부하에 적합하다. 하지만, 배터리는 전력조절기로서도 사용되므로 태양전지 배열이 최적의 전기 출력에서 작동되도록 한다.

그림 2-43 배터리 저장소

2.6.5 충전 제어장치

인버터는 태양전지 시스템이 생산한 직류전기를 교류전기로 변환하고, 충전 제어장치는 과충전이나 과도한 방전으로부터 전기 저장장치인 배터리를 보호한다. 대부분의 배터리는 전해질의 손실을 야기하거나 배터리 극판에 피해를 주는 과충전과 과도한 방전으로부터 보호되어야 한다. 보호장치로는 대개 시스템의 전압을 유지하는 충전제어기를 사용하고, 대부분의 충전제어기는 야간에 배터리 팩으로부터 흐르는 전류를 차단하는 메카니즘을 갖는다.

Ah class(최대전력점에서 전압과 전류가 각각 0.493V, 5.13A) 태양전지 셀을 12V, 120W의 출력을 공급하려고 배치한다. 규격을 만족하도록 배열을 제안하라.

풀이

Ah class 태양전지 셀은 최대전력점에서 전압과 전류가 각각 0.493V, 5.13A이다. 이 조건에서 각 셀은 2.53W를 제공한다. 120W의 출력을 제공하기 위하여 필요한 셀의 개수는

$$셀의 개수 = \frac{120W}{2.53W/셀} = 47.4셀$$

정확한 전압 12V를 제공하기 위하여 필요한 직렬연결 셀의 개수는

$$직렬연결 셀의 개수 = \frac{12V}{0.493V/셀} = 24.3셀$$

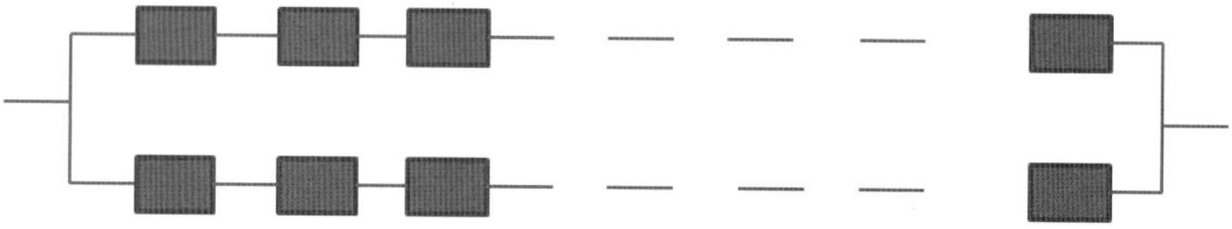

그림 2–44 예제 2–3의 셀 배열 형상

Solar PV 시스템을 운영하기 위하여 하루에 10kWh를 4일 동안 저장하고 회수에 필요한 East Penn Deka 배터리 (1,275Ah, 12V)는 몇 개가 필요한가?

풀이

배터리는 전기를 저장하고 회수하는데 사용한다.

$$에너지 용량 = \left(\frac{10kWh}{1day}\right) \times 4day = 40kWh = 40,000Wh$$

방전깊이(depth of discharge)는 최대용량(full capacity)에서 충전된 에너지와 배터리 손상없이 추출할 수 있는 에너지 양을 %로 지정하는 것으로, 배터리 수명에 영향을 미친다. 방전깊이가 50%라고 하면, 배터리 저장용량은 $80kWh$가 되어야 한다. East Penn Deka 배터리 1 set는

$1,275Ah \cdot 12V = 15,300AhV = 15.3kWh$를 저장한다.

따라서 배터리의 set 수는

$$개수 = \frac{80kWh}{15.3kWh/set} = 5.3sets$$

solar PV 시스템을 운영 시 저장 규격을 만족하기 위하여 6개의 배터리 set이 필요하다.

2.7 태양전지의 장점

태양전지발전은 디젤발전기, 배터리, 기존의 전력원 보다 장점들이 있다. 다음과 같은 장점들로 인하여 태양전지가 일상 생활의 전원으로 선정되는 경우가 점진적으로 늘어나고 있다.

2.7.1 신뢰도가 높음

태양전지는 보수비용이 극히 비싸거나 보수 자체가 불가능한 장소인 우주에서 사용하려고 처음에 개발되었다. 태양전지는 가상적으로 보수가 필요 없는 장 시간 주기 동안 신뢰적으로 작동되기 때문에, 지구의 궤도를 따라 회전하는 거의 모든 통신위성의 전원용으로 사용하고 있다.

2.7.2 유지비용이 적음

태양전지는 햇빛으로부터 전기를 만들기 때문에 연료는 공짜이며 이동부가 없어서 유지비가 거의 필요 없다. 효율적인 태양전지 시스템은 산 정상의 통신기지국, 바다의 위치 부표, 또는 전력망에서 멀리 떨어져 있는 외딴집 등에 전원을 공급하는데 이상적이다.

2.7.3 환경친화적

태양전지는 빛을 직접 전기로 바꿀 수 있으므로 일반적인 발전시스템과는 달리 석탄, 석유 등의 화석연료를 연소시켜 발전기를 구동할 필요가 없다. 따라서 환경을 오염시키는 배기가스와 유해물질이 발생하지 않고 소음이 없다. 온실가스 감축과 지구 환경 보존에 대한 관심이 많아짐에 따라, 태양전지와 같은 청정 에너지는 더욱 중요하게 될 것이다.

2.7.4 모듈화

태양전지 시스템은 에너지 요구조건에 따라 다양한 크기로 시공될 수 있으며, 에너지 수요가 변함에 따라 확대하거나 이동할 수 있다. 주택 소유자는 에너지 사용과 재정적인 재원이 증가함에 따라 매 수년 동안 태양전지 모듈을 덧붙일 수 있다. 목장 주는 가축들이 다른 들판으로 이동함에 따라 가축들에게 물을 공급할 수 있도록 태양전지 양수 시스템을 장착한 이동 트레일러를 사용할 수 있다.

2.7.5 시공비용이 적음

기존의 발전시스템은 발전소와 전기를 사용하는 장소가 멀리 떨어져 있어 송전이 필요했지만, 태양전지 시스템은 전기를 소비하는 장소에 설치할 수 있다. 따라서 태양전지 시스템은 시공비용이 적게 들며, 시공 기간도 짧은 장점이 있다.

2.8 적용

태양전지를 이용하여 생산한 전기는 대도시 뿐 아니라, 고립된 지역에 거주하는 사람들에게 공급된다. 우주 프로그램에서 최초로 사용된 태양전지 시스템은 전기를 발생시켜 양수, 조명, 배터리 충전, 기존의 전력망 등에 전기를 공급한다.

2.8.1 단순 태양전지 시스템

햇빛 있는 날은 태양전지를 이용하여 전기를 생산하기에 좋은 날이다. 단순 태양전지 시스템으로 생산된 직류전기는 식수용 양수펌프나 공기를 냉각하는 환기용 송풍기에 전원을 공급한다. 그림 2-45는 인도 여성이 태양전지로부터 전원을 공급받아 구동하는 펌프로 양수하는 사진이다. 단순 태양전지 시스템은 특별한 분야에 다음과 같은 장점이 있다. 에너지가 필요한 장소와 시간에 따라 에너지를 생산하며 복잡한 전선과 제어시스템 등이 필요하지 않다. 500W 이하의 출력과 68kg이하의 무게를 갖는 소형시스템은 운반하고 설치하는 것이 용이하며 설치시간은 몇 시간 이내이다. 펌프와 송풍기는 주기적인 보수가 요구되지만 태양전지 모듈은 가끔 육안검사와 세척만이 필요하다.

그림 2-45 태양전지로 구동하는 펌프로부터 양수하는 모습(사진: Central Electronics, Ltd.)

2.8.2 태양전지 시스템과 배터리 저장장치

전기에너지 저장 방법은 태양전지 시스템을 밤이나 낮이나, 비가 오나 햇볕이 있으나 신뢰할 수 있는 전력원으로 가능하게 한다. 배터리 저장장치와 태양전지 시스템은 전 세계에 전등, 센서, 녹음장비, 스위치, 가전기기, 전화기, TV, 심지어 전기공구 등의 전원을 공급하는데 사용된다. 그림 2-46은 가장 단순한 가로등용 태양전지와 배터리 시스템으로, 태양전지 판넬은 낮 동안 전기를 생산하고 배터리는 밤에 사용할 목적으로 전기를 저장한다.

그림 2-46 가장 단순한 가로등용 태양전지와 배터리 시스템

태양전지와 배터리 시스템은 직류 또는 교류 장비에 전원을 공급하도록 설계할 수 있다. 기존의 교류 장비를 사용하려면 배터리와 부하 사이에 인버터라 불리는 전력조절기를 첨가하면 된다. 직류를 교류로 변환할 때, 에너지가 손실되지만 인버터는 태양전지로 생성된 직류전기를 가전제품, 전등, 컴퓨터에 교류전기로 변환하여 공급한다. 태양전지와 배터리 시스템은 태양전지 모듈, 배터리, 부하에 순서대로 연결되어 작동한다. 낮 시간 동안, 태양전지 모듈은 배터리를 충전하고, 배터리는 필요할 때면 언제나 부하에 전기를 공급한다. 충전조절기라 불리는 단순한 전기장치는 배터리 충전을 적절히 조절하며 과충전 또는 완전방전되는 것을 보호하여 수명을 연장하도록 한다. 배터리는 태양전지 시스템을 여러 상황에 맞게 사용할 수 있도록 하며 약간의 보수가 필요하다. 태양전지 시스템에 사용되는 배터리는 자동차의 배터리와 유사하지만, 저장된 에너지를 매일 사용할 수 있는 골프카트 용 "deep cycling" 배터리이다. 태양전지의 전기 저장 장치 용도로 설계된 배터리는 취급 및 저장에 주의가 필요하며 자동차용 배터리와 같은 위험에 노출된다. 밀봉되지 않은 배터리의 액체는 주기적으로 점검해야 하며, 극한 기후조건으로부터 보호되어야 한다. 배터리를 겸비한 태양발전 시스템은 필요할 때면 언제나 전기를 공급한다. 일몰 후 또는 흐린 날에 사용 가능한 전기의 양은 태양전지 모듈의 출력과 배터리 저장소의 특성에 의하여 결정된다. 모듈과 배터리의 크기는 시스템의 비용을 증가시키기 때문에 최적의 시스템 크기를 결정하기 위하여 에너지 사용에 관하여 고려해야 한다. 설계가 잘 된 시스템은 사용자의 요구를 충족할 수 있도록 비용과 사양을 균형 있게 맞출 수 있으며, 변경이나 필요에 따라 확장 가능하게 한다.

2.8.3 태양전지와 전기발전기

태양전지 시스템 단독으로만 공급 가능한 전기의 양보다 더 많은 전기공급이 간헐적으로 필요할 때, 태양전지와 전기발전기는 부하에 맞추어 전기를 공급할 있도록 효과적으로 운영된다. 낮 시간 동안, 태양전지 모듈은 낮에 필요한 에너지를 공급하고 배터리를 충전한다. 배터리 작동 수준이 낮을 때, 엔진발전기는 최대동력 모드로 작동하며, 충전될 때까지 연료 효율적 모드로 작동된다. 그림 2-47은 휴대용 태양전지/프로판 시스템으로, California 주 남부의 California State University 사막 연구센터에 전기를 제공한다. 이 시설은 기존 전력망에서 멀리 떨어져 있지만, 식당, 기계 가공실, 강의실, 실험실, 75명이 수용 가능한 기숙사로 구성된다.

그림 2-47 휴대용 태양전지/프로판 시스템(사진: Southern California Edison)

다양한 종류의 전기발전기를 함께 이용하는 시스템은 각각의 장점을 포괄한다. 밤이나 흐린 날에 전기가 필요할 때, 엔진발전기는 항상 전기를 생산할 수 있기 때문에 낮 시간 동안만 전기를 생산할 수 있는 태양전지 모듈을 보완하는 예비품이다. 반면에 태양전지는 조용하고, 저렴하며 공해를 일으키지 않는다. 태양전지와 발전기를 함께 사용하면 시스템의 초기투자비를 줄일 수 있다. 다른 발전장치를 함께 사용하지 않으면, 밤에 필요한 전기량을 충분히 공급하도록 태양전지와 배터리 저장장치가 커져야 한다. 하지만, 예비수단으로 엔진발전기를 장착하면, 약간 작은 태양전지 모듈과 배터리로도 가능하다. 발전기를 포함하는 태양전지 시스템의 설계는 더 복잡하지만 여전히 작동하기 쉬우며, 전자 조절장치는 이러한 장치들을 자동으로 작동 가능하게 한다. 이 조절장치는 교류 또는 직류 부하에 공급하도록 자동으로 발전기 스위치를 셋팅할 수 있다. 또 엔진발전기 외에, 풍력발전기 등과 같이 사용함으로 하이브리드 전력시스템을 구축할 수 있다.

2.8.4 계통연계형 태양전지 시스템

계통연계형 태양전지 시스템은 기존전력망으로부터 필요한 에너지를 공급 받을 수 있으며, 역으로 남는 에너지를 제공할 수 있다. 그림 2-48은 Florida 주의 남부에 위치한 전기자동차 정거장으로, 지붕이 기존 전력망과 연결되어 있으며, 태양전지 시스템이 전기자동차를 충전한다. 전기자동차의 충전이 필요하지 않을 때, 태양전지모듈로부터 생산된 전기는 기존 전력망에 송전된다. 에너지 분야의 선각자인 일부 집주인들은 태양전지 시스템을 기존 전력망에 연결하여 사용한다. 집주인들은 이 시스템이 매달 전기회사로부터 구매하는 전기의 양을 감소시키고, 또 태양전지가 연료를 소비하지 않으며 공해를 유발하지 않는다는 사실을 선호한다. 전력망과 연결된 태양전지 시스템의 소유자는 매달 전기를 구매할 수도 있고 판매할 수도 있다. 태양전지 시스템으로 생산된 전기는 현장에서 사용되고 계량기를 통하여 기존 전력망에 송전할 수 있기 때문이다. 가정 또는 사업체에서 태양전지 시스템이 만들어 내는 전기보다 더 많은 양을 필요로 하는 저녁 때, 그 차이만큼 전력망으로부터 자동적으로 전기를 공급 받는다. 가정 또는 사업체에서 태양전지 시스템이 만들어 내는 전기보다 덜 필요할 때, 과도한 전기는 전기회사로 보내져 판매된다. 매달 말에, 판매한 전기의 거래대금은 구매한 전기의 비용에서 차감하여 정산된다. 1978년에 제정된 공공전기 규제 정책법(PURPA: Public Utilities Regulatory Policy Act)에 의하면, 전기회사는 태양전지 시스템의 소유자 또는 다른 독립적인 전기 생산자로부터 전기를 매입해야 한다. 증명된 기존의 전기 등급 인버터는 태양전지 시스템에서 생산된 직류전기를 전력망에 연계되도록 전기의 전압과 주파수를 완전히 조절하여 교류전기로 변환하며 전기 안전과 전기 질의 요구조건을 만족시킨다. 전력망과 문제가 발생할 때, 인버터의 안전 스위치는 자동적으로 전력망에서 태양전지 시스템을 분리시킨다. 안전 단락은 전선이 결선 되었을 것이라고 예측하는 전선 보수원을 태양전지 시스템에서 유입되는 전기충격으로부터 보호한다. 공공전기 규제 정책법 하에서, 전기회사들은 요금체계를 수립하여 전력망과 연결된 태양전지 시스템을 더 경제적으로 만들었다. 기존 전력망과 연결된 태양전지 시스템의 설치비용은 30년 동안 생산될 전기의 양에 의해 나눠지며, 태양전지 시스템에서 생산된 전기는 기존 전력망에 의해 공급된 전기보다 항상 비싸다. 따라서 일부 전기회사들은 하루 중 시간에 따라 전기가격을 책정하며, 미국의 일부지역에서는 전기가격의 최고치를 태양전지 시스템에서 생산한 에너지 가격과 거의 같게 한다. 태양전지 시스템의 전기출력과 최고가격의 시간 사이에 연계가 많아짐에 따라 시스템은 더 효과적으로 전기가격을 감소시킬 수 있을 것이다.

그림 2-48 지붕이 전력망과 연결된 태양전지 시스템으로 재충전되는 전기자동차 정거장(사진: University of South Florida)

그림 2-49는 울산시 울주군 서생면 나사리 "해돋이 마을"의 한 주택 지붕에 설치한 태양전지와 태양열 온수급탕시스템을 보여준다. 이 집은 3kW 규모(월 20~36kWh 생산)의 태양전지 시스템과 250L의 물을 60~90℃까지 가열할 수 있는 태양열 온수급탕 시스템을 갖추고 있다. 정부가 2004년부터 추진 해온 "그린빌리지 10만 호 건설사업"에 일환으로 울산시에 처음 등장한 태양광 발전소 마을의 모습으로, 가구당 태양전지 발전시스템의 설치비 3,700만원 중 각 가구가 약 5%에 해당하는 185만원을, 나머지는 정부와 지자체가 각각 분담했다. 이 지역의 입지조건은 해안가이기 때문에 일조량이 많고, 주택전체가 남향이며, 옥상이 넓어서 대형 집열판 설치가 가능하다. 또한 한반도에서 해가 가장 일찍 뜨는 간절곶을 낀 관광지여서 주민 대다수가 펜션 · 민박집을 운영하고 있다. 이곳이 공해없는 그린빌리지로 알려지면서 펜션 이용자

가 늘어나고 있다. 기존의 전력망을 통하여 햇빛이 있는 낮에 태양전지로부터 생산한 잉여전기를 한국전력으로 송전하고, 밤에 사용한 전기로부터 차감함으로 전기사용료를 정산한다. 울주군 관계자에 의하면 "전기료와 온수비용 절감을 합하면 가구당 월 9~15만원의 절약이 기대된다"고 한다.

그림 2-49 해돋이 마을의 태양광 및 태양열 주택(사진: 중앙일보)

2.8.5 공공 전기(Public Utility)

대량으로 태양전지 배열이 설치된 대형 태양전지 전기발전소는 공공 전기에 유용하다. 전기회사는 태양전지 배열을 쉽게 설치할 수 있고 전력망에 연결할 수 있기 때문에, 기존의 전기발전소를 만드는 것 보다 태양전지 발전소를 빨리 건설할 수 있다. 전기회사는 송전선에서 대부분 필요한 위치에 기존의 전기발전소를 설치하는 것 보다 태양전지 배열을 설치하는 것이 쉽기 때문에 태양전지 발전소를 필요한 곳에 위치시킬 수 있다. 태양전지 발전소는 전기수요가 증가함에 따라 확장할 수 있으며, 조용히 전기를 발생하는 동안 연료를 소비하지 않고, 공해나 물을 오염시키지 않는다. 그림 2-50은 Sacramento Municipal Utility District(SMUD)의 2MW 태양전지 전기발전소 사진으로, Sacramento 지역의 660 가정에 충분한 전력을 공급한다. 1600개의 태양전지 모듈은 8,094m^2 면적으로 California 주의 햇빛이 잘 드는 들판에 위치한다. SMUD가 청정에너지 기술을 이용함에 따라 근처의 원자력발전소가 폐쇄되었다.

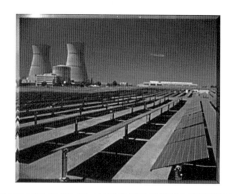

그림 2-50 Sacramento Municipal Utility District의 2MW급 태양전지 전기발전소(사진: W. Gretz, NREL)

현재의 전기요금 체계 하에서 태양전지로 생산된 전기는 기존의 발전소에서 만들어진 전기보다 여전히 고가이지만, 감독기관은 저렴한 가격으로 전기를 공급하도록 요구한다. 태양전지 시스템은 낮 시간 동안에만 전기를 생산할 수 있으며 날씨에 의해 출력이 변화된다. 따라서 전기를 계획하며 감독하는 기관은 기존의 발전소를 취급하는 것과는 다르게 태양전지 전기발전소를 취급해야 한다. 그림 2-51은 공공전기를 생산하는 계통연계형 태양전지 발전 시스템을 나타낸다.

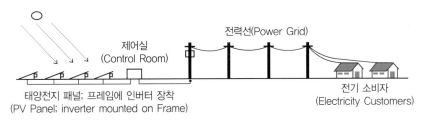

그림 2-51 공공전기를 생산하는 계통연계형 태양전지 발전 시스템

공공 전기: 태양전지의 틈새시장

생산단가가 높음에도 불구하고, 태양전지로 생산된 공공 전기가 증가하고 있다. 미국 에너지부(DOE), 전기연구소(EPRI: Electric Power Research Institute), 일부 전기회사들이 공동으로 공공규모의 전기 적용을 위한 태양전지 프로젝트(PVUSA: Potovoltaics for Utility-Scale Applications)를 수행하였다. 이 프로젝트는 공공규모 태양전지 시스템을 위하여 미국의 각각 다른 지역에서 세 개의 파일롯 시험 기지를 운영하였다. 이 파일롯 프로젝트는 새롭게 개발된 태양전지 기술을 공공 전기에 사용 가능하도록 시험하며, 태양전지 시스템의 가치가 높은 지역에서 기존 전력망에 계통연계하는 것을 연구하였다. 1997년도에 California Energy Commission이 PVUSA를 매입하였고 2003년도에 재 활성화하였다. Davis에 있는 PVUSA 태양전지 시스템은 도시를 위해 전력 생성하고 있다. 전기가 필요한 지역에 태양전지 시스템을 건설함으로 기존 전력망을 통하여 장거리 전기 송전 시 발생하는 에너지 손실을 방지한다. 태양전지 시스템이 수요자 부근에 위치할 때, 기존 전력망을 이용하여 태양전지 시스템을 더 가치 있게 만든다. 태양전지 시스템은 인구가 급격히 증가하는 지역에 공급하도록 공공전기의 분산 시스템이 위치한 장소에 설치될 수 있다. 이러한 지역에 위치한 태양전지 시스템은 전력선과 서비스 영역이 증가함에 따른 공공전기를 사용하지 않아도 된다. 전력변전소와 같은 분산전원 근처에 태양전지 시스템을 설치하는 것은 전력변전소의 장비에 과부하가 되는 것을 방지할 수 있다.

2.8.6 하이브리드 시스템

하이브리드 시스템은 정해진 시설이나 지역마을에 필요한 에너지를 만족시킬 수 있도록 다양한 전기생산 방법과 저장장치를 결합시킨 것이다. 태양전지 시스템, 엔진 발전기, 풍력 발전기, 소수력 발전소 등의 조합으로 구성되며 지정학적, 시간적인 특성을 충족할 수 있어야 한다. 이러한 시스템은 통신기지국, 군사

시설, 시골마을 등과 같은 원격지의 적용에 이상적이다. 그림 2-52는 태양전지 배열, 풍력터빈, 발전기를 포함하는 하이브리드 전력 시스템을 나타낸다.

그림 2-52 태양전지 배열, 풍력터빈, 발전기를 포함하는 하이브리드 전력시스템(사진: Ed Linton, New World Power Company)

하이브리드 전력시스템 개발을 위하여 기본적으로 에너지 요구조건과 자원의 이용 가능성을 알아야한다. 에너지 계획자들은 계획된 에너지 사용 뿐 아니라, 그 지역의 태양에너지, 풍력, 다른 잠재적인 에너지원에 관해 조사해야 한다. 즉 하이브리드 시스템은 그 시설 또는 지역마을의 요구조건을 최상으로 만족하도록 설계되어야 한다.

2.8.7 수송용

(1) 비행체

미우주항공국(NASA)의 태양광 동력 무인항공기인 Helios는 로켓 추진기관을 사용하지 않으며 29km 고도까지 비행하는 세계신기록을 수립하였다. 그림 2-53은 하와이 섬 근처에서 태양 동력으로 최초의 비행 시험을 성공한 Helios의 prototype 사진이다.

그림 2-53 하와이 섬 근처에서 태양 동력으로 최초의 비행 시험을 성공한 Helios의 prototype
(사진: NASA의 Dryden Flight Research Center)

2000년에 일본 국가우주개발청(NASDA: National Space Development Agency)은 위성을 기본으로 하는 태양전지 동력 시스템을 개발한다고 발표하였다. 대형 태양전지 패널을 갖는 위성은 레이져 기술을 사용하여 태양전지 동력을 약 12mile의 고도에 위치한 우주선에 공급하고 우주선은 이 동력을 지구로 송전한다. 2002년, NASA는 태양전지 동력과 원격으로 조정되는 항공기인 Pathfinder Plus의 비행시험에 성공했으며, 이 항공기를 원격통신 기술에 사용할 고고도 플랫폼과, 커피 경작자에게 제공할 항공사진시스템으로 사용하려고 한다. 경량이며 태양전지 동력과 원격으로 비행하는 Pathfinder Plus는 태양전지 기술이 장시간과 고고도에서 얼마나 사용 가능한지를 입증하였다. 이 항공기는 과학적인 탐사와 영상임무를 띠고 수 주일 또는 수 개월 동안 체공할 수 있다. 태양전지 배열은 전기모터, 항공전자, 통신, 다른 전자시스템에 전력을 공급하기 위하여 상부 날개 표면의 대부분을 덮고 있다. 비상 배터리 시스템은 2~5시간 동안 전력을 제공할 수 있으며, 해가 진 후 잠시 비행할 수 있다.

(2) 화성 탐사 차량

지구와 우주에서 수 십년 사용한 태양전지로 동력을 얻는 Sojourner가 1997년 화성탐사에서 처음으로 공개되었다. 고효율 태양전지 셀은 Sojourner 차량의 상부에 위치하여 화성의 정오에 16W를 발생하며 하루 임무를 수행하기에 충분하다. 그림 2-54는 화성탐사를 수행하는 Sojourner 차량의 사진이다.

그림 2-54 태양전지 셀로 동력을 얻는 화성탐사 장치인 Sojourner 차량

(3) 연료전지

California 주 운송국인 Sunline(그림 2-55)은 모든 차량에 신기술인 수소 연료전지를 장착하고 주유와 유지·보수 시설을 확충했다. 그 시설에서 태양전지 동력으로 물을 전기 분해하여 수소를 생산하며 천연가스를 개질한다. 연료전지 버스는 아직 상용화가 되지 않았으나, 실증 프로젝트가 계속하여 수행되고 있다.

그림 2-55 태양전지 동력으로 물을 전기 분해하여 수소를 생산하며 천연가스를 개질하는 연료전지 버스
(사진: California Transit Agency, Sunline)

(4) 태양광 자동차

1987년에 GM의 태양전지 차인 Sunraycer(그림 2-56)가 호주대륙을 횡단하는 세계 태양광 자동차 경주대회(World Solar Challenge Race across Austria)에 참여하여 우승했다. 표면적 $8m^2$ 위에 8,600개의 태양전지 셀로 햇빛을 전기로 변환하여 동력을 얻는 공기역학적인 이 차량은 3,100km 이상의 거리를 주행했다. 주행속도는 67km/h로, 경주하는 동안 모터에 공급되는 평균 전기출력은 약 1,000W이다. 경주 시 이른 새벽과 늦은 시간, 그리고 필요 시 가속용으로 은-아연(silver-zinc)의 충전 배터리를 사용했다. 전속력으로 달리면 110km/h를 초과하며, 운전자를 제외한 차량의 무게는 177kg이다. 현재 Washington D.C.의 Smithsonian Museum에 전시되어 있다.

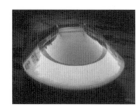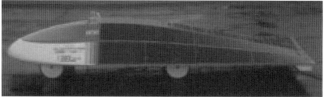

그림 2-56 GM의 태양전지 차인 SUNRAYCER

2007년 세계 태양광 자동차 경주대회에 4회 연속하여 우승한 독일 Delft 공대의 Nuna4 태양광 자동차(그림 2-57)의 크기는 472×168×110cm, 운전자를 제외한 차량중량은 202kg으로, 새로 고안된 것은 가장 경량화된 구조이었다[14]. 평균 90km/h의 속도로 경주구간을 주행하였으며, 자세한 사양은 표 2-4에 정리되어 있다.

그림 2-57 Stewart 고속도로에서 주행하고 있는 Nuna4 태양광 자동차

표 2-4 Nuna4의 기술 사양

제원	4.72m(L) X 1.68m(W) X 1.10m(H)
무게(운전자 제외)	202kg
바퀴 수	3개
태양전지 개수	2,318셀(GaAs 3중 접합)
태양전지 표면적	6m²(2007년 새로운 규칙에 의한 최대면적)
태양전자 효율	26% 이상
최대속도	142km/h
엔진	차륜 일체형 직접구동 전기엔진(효율 97~99%)
배터리	30kg 리튬-이온 폴리머 배터리
차체	탄소섬유와 Twaron 합성섬유 / 통합된 복합재 운전자 보호 rollcage
전륜 현가장치	알루미늄과 탄소섬유의 더블 위시본/ 탄소섬유 쇼바
후륜현가장치	탄소섬유의 수평 포크/알루미늄 연결점
타이어	Michelin Solar 래디얼 16"(경주용 타이어)
구름저항	보통차의 10배 이하
공기저항	보통차의 6배 이하
번호판	ZZ-78-61

2008년 북미주 태양광 자동차 경주대회(NASC: North American Solar Challenge)는 미국 에너지부(DOE: Department of Energy), 국립재생에너지연구소(NREL: National Renewable Energy(Laboratory), 캐나다 천연자원부(Natural Resources Canada)의 후원으로 개최되었다[15]. 이 대회는 태양광 자동차를 설계, 제작한 후, 행사 기간 중 북미대륙을 횡단하여 주행을 하는 경기로, 구간 내 주행시간이 승패를 좌우한다. 주행 구간은 미국 Texas 주 Plano시에서 Canada Alberta 주 Calgary시까지이며, 2,500mile을 주행해야 한다. 그림 2-58은 NASC2008에 우승한 University of Michigan의 Continuum 태양광 자동차의 모습으로 대회 주행 시의 모습과 2009년 북미 국제모터쇼(North American International Auto Show)에 전시된 사진이다. 이 자동차는 10일 동안 주행구간을 따라 운행하였고, 공상과학 영화에 출현하는 외계행성 우주선의 형상과 유사하다. 이 전에 채택하였던 실리콘 태양전지 보다 50% 더 많은 출력을 생산하는 GaAs 다접합 태양전지 셀을 이용하였으며, 태양전지에 추가로 햇빛을 비추는 포물선형의 거울 시스템을 채택하여 성능을 증대시켰다. 탄소 섬유 바디 상부 표면에 위치한 약 2,500개의 태양전지는 헤어 드라이어와 같은 동력을 생산한다. 이와 같은 크기의 동력은 경주 동안 50mile/hour를 거의 넘지 않았지만, 운전자를 포함하여 650파운드 무게의 자동차를 최고속도 87mile/hour로 추진하는데 충분하였다. 자동차를 구동하는데 사용되지 않는 에너지는 구름이 있을 때 전기모터에 전기를 공급하도록 5kW 리튬-폴리머 배터리에 저장한다. 대형 세발자전거와 같이 Continuum

은 3개의 바퀴로 주행한다. 전륜은 조향하고 휠 일체형 전기모터로 자동차를 구동하며, 모터는 회생 제동 (regenerative) 브레이크가 가능하다. 또 다른 혁신적인 기술로는 이전 자동차에서는 운전자가 누운 자세로 운전하였지만, 지금은 앉은 자세로 운전한다. 그러나 여전히 공조와 환기시스템이 없는 것이 단점이다.

그림 2-58 NASC2008에 우승한 University of Michigan의 Continuum 태양광 자동차

Continuum은 주문품인 현가장치, 특이하게 설계된 디스크 브레이크, 20인치 저마찰 태양 래이디얼 타이어 등 특색이 있다. 에너지 소비를 줄이는데 필요한 공기역학적 향상을 위하여 태양광 자동차인 Continuum은 다양한 기술적인 혁신을 채택하였다. 태양광 자동차팀은 전산유체역학(CFD: Computational Fluid Dynamics)을 이용하여 도로 위에서 주행하는 최적의 공기역학적 자동차 형상을 만들었다. 이러한 기술에 힘입어 자동차 바퀴가 회전 가능하도록 열고 닫을 수 있는 좁은 유리창의 유선형 구조를 포함하며 삼륜차의 개발로 작은 항력계수를 보다 줄일 수 있게 되었다.

2019년도에 Lightyear의 첫 번째 프로토 타입인 Lightyear One 태양광 자동차를 선보였다. 현재 개발 중이지만 이 자동차는 주로 태양 전지와 전기를 사용한다. 태양 전지를 사용해서 자동차 지붕에 있는 태양 전지 패널에서 자동차 배터리를 12km/hour 범위를 달릴 수 있게 충전하는 것이 목표이다.

(5) 선박

태양전지 선박 SUN21은 7개월의 대장정으로 7,000해리(12,000km) 대서양을 횡단하여 2007년 5월 8일 New York 항구에 도착하였다[16]. 이 배는 12월 3일 Spain의 Chipionoa 항구를 출발하여 500여 년 전 Christopher Columbus가 신대륙을 찾아간 역사적 항로를 이용하였다. 이번 항해는 지구온난화의 원인인 화석연료를 대체할 수 있는 태양광에너지를 알리기 위하여 준비되었다. 그림 2-59는 태양전지 선박 SUN21의 항해 모습, 개념도 및 항해여정을 보여준다. 스위스에서 제작한 쌍동선은 지붕에 48개의 태양전지 패널을 설치하여 항해 중 태양에너지로부터 2,000kWh의 전기를 생산하여 전기모터에 전력을 공급하였고, 여분의 에너지는 배터리에 저장하여 항해하는 요트의 평균속도와 같이 평균 10~12km로 하루에 24시간 동안 항해할 수 있게 전원을 공급하였다. 2개의 작은 배를 널빤지로 연결한 이 선박의 길이는 14m이며, 5~6명이 승선할 수 있다. 최근 SUN21에 탑승한 승무원들은 태양전력을 이용하여 가장 빠르게 대서양을 완벽히 횡단하였다고 기네스북 세계기록에 수록되었다.

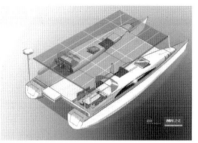

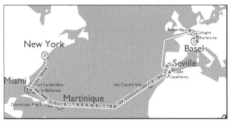

그림 2-59 태양전지 선박 SUN21의 항해 모습, 개념도 및 항해여정

2.9 태양광발전 기술 현황 및 전망

태양광 산업과 기술을 활성화시키는 중요한 근간은 세계 각국의 신재생에너지 정책이다. 미국, 독일, 일본, 프랑스, 중국 등 대부분의 국가들은 2020년까지 신재생에너지 사용 비중을 크게 늘리는 것을 공통적인 에너지 정책으로 제시하고 있다. 급성장하는 태양전지 발전분야는 2011년 말에 누적보급량 기준으로 67,400MW이며, 세계 전기수요의 0.5%를 담당하고 있다. 1년 동안 작동한 세계 태양광 용량은 800억kWh의 전기와 같은 양으로, 2천만 가정에 전기를 공급할 수 있다. 계통연계형 태양전지 세계 용량은 2007년에 7.6GW, 2008년 16GW, 2009년 23GW, 2010년 40GW로 증가하였다.[17] 이러한 시설은 지상(농장이나 목초지 등)에 설치되거나 건물 벽면 또는 지붕(건물과 통합된 태양전지)에 설치된다. 그림 2-60은 지역별 태양전지 생산량[18]을 나타내며, 2015년 기준 태양전지 생산량은 중국, 아시아, 미국, 유럽의 순위이다. 5년 이전인 2010년 기준 태양전지 생산량은 중국, 유럽, 일본, 미국의 순위이고, 2010년 누적 기준 태양전지 발전 설치량은 독일, 일본, 미국이 압도적인 우위로 점유하고 있다[19,20]. 2000년대 초반부터 태양전지 발전 설치량의 급격한 증가로 일본을 추월하여 가장 선두에 선 독일에는 2010년 누적량 기준으로 17.4GW가 보급되어 있다. 중국과 유럽에 이어 연간 태양전지 생산량이 3위인 일본은, 태양전지 발전 설치량의 선두자리를 유럽에 내 주었지만, 2010년 현재 약 3.62GW 정도가 보급되었다. 1990년대 초반까지만 해도 미국은 세계시장을 지배하였으나, 독일과 일본에 비하여 자국시장이 약하여 수출에 의존하였고, 독일의 성장에 따라 유럽시장이 감소되어서 독일과 일본에 이어 세 번째 순위가 되었다. 2011년 연간 태양전지 생산량이 약 2,900MW인 중국은 독일을 제치고 세계 1위인 태양전지 생산국가로 도약하였다. 이 국가들은 태양광과 관련된 기술과 정책들을 수행한 결과 태양전지 기술이 향상되었으며, 태양전지 모듈 가격의 인하 및 변환효율이 증가되었고, 보급도 활발히 증가추세를 보이고 있다.

2000-2015년 연간 세계 태양전지 생산량의 진화

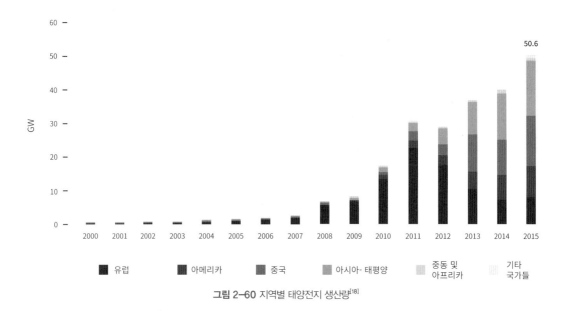

그림 2-60 지역별 태양전지 생산량[18]

유럽태양광산업협회(EPIA: European Photovoltaic Industry Association)와 그린피스(Greenpeace) 의 태양광 발전 선행 시나리오에 의하면 2030년에 1,864GW의 태양광 시스템은 세계 전역에 걸쳐 약 2,646 TW의 전기를 생산할 수 있을 것이라고 예측한다. 이러한 전기는 에너지사용 효율 향상과 더불어 세계 인구의 14% 정도가 필요한 양이다.

2.9.1 일본

수요와 공급 측면에서 세계 태양광 시장을 선도하고 있는 일본은 1974년 Sunshine Project를 시작으로 태양광발전 기술 개발을 위한 프로그램들을 착수하였고, 1980년에는 신에너지개발기구(NEDO)를 설립하였다. 1993년에는 태양광발전기술연구조합(PVTEC)을 결성하였으며, 1997년에는 신재생에너지법을 제정하여 정부, 에너지 소비자, 공급자, 제조자들이 신에너지를 도입, 확대 적용하도록 하였다. 최근 몇 년 사이에 주택용 태양광발전 시스템이 매우 활성화되고 있는 이유는 실제 거주가능 면적이 적고 땅값이 비싼 일본의 특성상 건물의 지붕에 태양광을 설치하는 것이 경제적이기 때문이다. 일본은 지난 New Sunshine Project의 평가를 기본으로 NEDO, METI(경제산업성), PVTEC, JPEA(태양광연구회) 등이 공동으로 2030년까지의 장기적인 로드맵을 작성하였다. 각각의 태양전지 모듈 기술별로 목표 가격을 설정하였고, 그에 따른 설치비용 및 전력가격을 예측하였다. 2020년까지 23~35GW, 2030년까지 53~85GW의 누적 태양전지 용량을 달성한다는 목표를 설정하였다. 모듈 제조가격은 전체 시스템의 가격뿐 아니라, 시스템의 보급 활성화에 영향을 주기 때문에 이 로드맵에서는 모듈비용 저감에 관한 계획도 함께 수립하였다.

2.9.2 미국

1972년부터 에너지부(DOE) 주관으로, 지상용 태양광발전 시스템의 실용화를 위하여 국립재생에너지연구소와 Sandia 국립연구소(Sandia National Laboratory: SNR)가 태양광산업에 중요한 역할을 담당하고 있다. 미국의 태양광 시장은 독립전원형 시스템이 주도해 왔지만, 시장의 활성화 정책으로 계통연계형 시스템의 보급이 증대되고 있다. 1997년에 시작된 "Million Solar Roofs Program"은 2010년까지 약 3,000MW의 전력을 공급할 계획을 갖고 있다. 기술, 자금, 지원 등 모든 부분에 많은 잠재력을 갖고 있는 미국의 태양전지산업은 계속해서 성장할 것이라고 전망되고 있다. 특히, 최근에 수립한 "Solar America Initiative[21]"는 에너지부의 노력으로 태양에너지 선행기술 개발을 가속화시키기 위한 프로젝트이다. 목표로는 태양전지로 생산한 전기 가격을 낮추어 기존의 에너지원의 전기를 가격경쟁력에서 추월하여 2015년까지 전력망에 연계한다는 것이다. 2015년에는 태양전지로 백만에서 이백만 가정에 충분한 전기인 5~10GW를 기존의 전력망에 공급하며, 연간 일천만 톤의 CO_2를 감축하며 태양전지 산업에 30,000개의 새로운 일자리를 창출하였다. 2014년부터는 25개 도시와 협력하여 지속 가능한 지역 태양광 시장을 개발하도록 돕고있다. 또, 국내 태양전지 기술을 확보하여 태양전지와 같은 분산에너지를 공급하며, 국가 전력 포트폴리오의 다양화를 통하여 전력망의 신뢰도를 향상시키며, 미국의 집중된 중앙전력 인프라의 정지 시 영향을 줄이기 위한 것이 부수적인 효과이다. 또한 부가적으로 중요한 환경적 장점을 가져오며, 화석연료, 원자력, 천연가스 생산을 회피함으로 물의 소비를 감소할 수 있다. 로드맵의 단계적인 시나리오 내용으로는 적정한 가격에 양질의 제품과 서비스를 제공하며, 주거용이나 상업용 발전 또는 건물 통합형으로 태양전지를 적용 시 필요한 기술 제품들을 개발한다는 것이다. 그리고 계속해서 진행되어야 할 장기적인 과제에는 효율적인 생산라인 구축, 생산성 향상을 위한 기술개발, 미래의 에너지 수요에 대응하기 위한 차세대 태양전지 기술 및 제품개발 등이 있다.

2.9.3 유럽

독일에서 1990년까지 설치된 태양광발전 시스템은 1.5MW이었지만, 1997년에는 34MW로 크게 증가하였다. 2000년에는 "Renewable Energy Sources Act"가 도입되었으며, 1999년 1월에 시작된 "100,000 Rooftops Solar Power Programme"은 연 1.9% 이율의 연화차관(soft loan) 프로그램으로 2003년 말까지 300MW의 태양전지 전력설비를 설치하였다. 유럽공동체(EU)는 2030년까지 유럽 전체 에너지의 32%, 전력의 10%를 재생에너지로 점유하는 목표를 세움에 따라, European Renewable Grid Directive 에서 각각의 목표를 설정했다. 2018년도 기준으로 유럽연합이 11GW의 태양전지 시스템 설비를 조성하였다[36].

2.9.4 한국

1987년 국회에서 대체에너지 기본법이 통과함에 따라 1990년대 초반부터 태양광발전 기술이 본격적으로 시작되었으나, IMF 경제위기와 예산확보의 어려움으로 선진국과 기술격차가 심화되었다. 정부는 2002

년 12월에 "제2차 국가에너지 기본계획"을 확정하여 2002년부터 2011년까지 국내 에너지 정책방향을 제시하였다. 2012년부터 본격적으로 시행되는 신재생에너지 공급 의무화제도(RPS: Renewable Portfolio Standard)에 의하면 발전설비용량이 500MW 이상인 발전사업자(한국전력과 한국수력원자력을 포함한 6개 발전회사, 지역난방공사, 수자원공사, 포스코파워, K-파워, GS EPS, GS파워, MPC 율촌 등)는 태양광, 풍력, 수소 연료전지 등의 산업화를 위해서 발전량의 일정비율을 신재생에너지로 공급해야 한다. 이들 13개 사는 자신이 공급하는 에너지의 일정율을 신재생에너지로 공급·판매해야 하며, 관련시설을 외부에서 조달하거나 생산한 전기량에 따라 신재생에너지 인증서(REC: Renewable Energy Certificate)를 구매하는 방법으로 공급의무량을 채울 수 있다. 도입 첫해인 2012년에는 2%를 꼭 맞추어야 하고, 10년 후인 2022년에는 이 비율을 10%까지 늘리도록 의무화하고 있다. 2000년 대 초반까지는 전력선이 도달할 수 없는 도서벽지(그림 2-61, 그림 2-62)에 태양광발전 시스템이 제한적으로 사용되었으나, 2008년에는 LG 자회사인 LG 솔라에너지가 태안에 14MW급 국내 최대의 태양광발전소를 준공하여(그림 2-63) 상용발전을 시작하는 등 민간 대기업의 참여가 두드러지게 되었다. 전라남도 신안의 동양태양광발전소는 동양고속건설산업이 2008년 11월 준공한 세계 최대 추적식 태양광발전소로 24MW급이다(그림 2-64). 세계 휴대폰 시장을 석권하고 있는 삼성전자와 LG전자는 휴대폰 뒷면에 태양광 패널을 장착하여 햇빛을 이용해 휴대폰 배터리를 충전할 수 있는 신제품을 Spain에서 열리는 "Mobile World Congress(MWC) 2009"에서 공개하였다(그림 2-65). 태양광 폰의 충전 대비 사용시간이 짧기 때문에 본격적으로 상용화까지는 시간이 더 필요하지만, 관련 기술이 빠르게 개발되고 있고 노트북컴퓨터 MP3 등 각종 모바일 디바이스에 적용하는 등 확장성이 무궁무진해 2차전지 수준의 사용시간을 확보하는 것은 시간문제라는 분석이다. 특히 휴대폰이 이동식 소형 발전소(Mobile Power Station)가 돼 각종 모바일 기기의 분산형 발전소(Smart Grid) 구실을 할 것이라는 전망도 나오고 있다. 최근 Nokero가 태양광 핸드폰 충전기를 개발하였고 그 외로 많은 학자들이 태양광 충전기에 관하여 연구 중이다. 태양광 국내 1위업체인 현대중공업이 KCC와 공동설립한 KAM에서 연간 3,00톤 규모의 다결정실리콘 시제품을 생산하고 있으며, 2010년에는 100MW 규모의 잉곳, 웨이퍼, 태양전지, 모듈, 발전시스템까지 일괄생산 체제를 갖추며, 생산설비를 2배로 증설하고 있고, 웅진에너지, LG전자 및 신성홀딩스 등도 생산설비를 증설하고 있으나, 주로 실리콘 전지에만 국한하고 있는 실정이다.

그림 2-61 전남 여수 화정 하화도의 60kWp 태양광 시설

그림 2-62 제주도 남제주군 마라도의 7.6kWp 유인등대용 태양광 시설

그림 2-63 충남 태안군 원북면 방갈리 일대의 14MW급 태양광발전소

그림 2-64 세계 최대 추적식 태양광발전소인 전남 신안의 24MW급 동양태양광발전소

그림 2-65 태양광으로 충전하는 휴대폰

태양광산업은 "태양광 골드러시"라고 부를 정도로 글로벌 대기업들이 미래성장사업으로 삼아 집중적으로 투자해 온 분야로, 각국 정부는 막대한 보조금을 지급하며 태양광산업을 지원하였다. 기업들의 집중 투자와 각국 정부의 부양책에 힘입어 태양광산업은 최근 5년간 연평균 43%씩 고속으로 성장하였다. 태양광 완제품인 모듈 제조업체의 생산능력은 2010년에 비해 50% 이상 급증했는데, 시장은 정작 10% 성장에 그쳤다. 갑작스럽게 수요가 위축되면서 기업들의 실적도 악화되고 있다. 태양광 모듈 가격은 2010년 말 W 당 1.74달러에서 2011년 말 0.98달러로 44% 하락했다. 유럽 재정위기로 촉발된 태양광 업체의 위기는 현재 진행 중이다. 독일, 스페인, 이탈리아 등 세계 최대 태양광 수요 국가에서 태양광발전 예산을 삭감했음에도 중국에 기반을 둔 태양광 모듈 생산업체들이 공격적으로 생산능력을 확장하면서 글로벌 공급과잉이 빚어졌다. 태양광산업이 침체돼 있는 것으로 보이지만 태양광 모듈 수량 기준으로는 여전히 증가하는 성장산업으로, 유럽 경제위기가 극복되던 2015년 시점 이후부터 시장이 다시 활황이 되고 있다.

2.9.5 에너지 저장

현재 태양광산업은 경제적인 태양열 전지 배치 달성을 위해 저비용과 확장성을 목표로 에너지 저장 기술을 연구, 개발하고 있다. 기후변화 완화에 태양에너지 기여도를 높이기 위해 환경적인 초점을 맞추며 지구에 풍부한 물질을 사용하여 박막 기술을 개발하고 있다.

[1] J. K. B. Bishop and W. B. Rossow, "Spatial and temporal variability of global surface solar irradiance," J. Geophys. Res. 96, 16839(1991).

[2] International Satellite Cloud Climatology Project(ISCCP), http://isccp.giss.nasa.gov/

[3] US DOE, http://www.eere.energy.gov/solar/photovoltaics.html

[4] 신재생에너지 자원지도 종합관리 시스템, http://kredc.kier.re.kr/

[5] 조덕기, 강용혁, "국내 법선면 직달일사량 자원조사," 한국태양에너지학회 논문집, Vol. 28, No. 1, pp. 51–56, 2008

[6] NASA Glenn Research Center, http://www.grc.nasa.gov/WWW/PAO/PAIS/fs06grc.htm

[7] 한국과학기술연구원 태양전지연구센터 http://dssc.kist.re.kr/

[8] Science Daily,
http://www.sciencedaily.com/releases/2008/02/080206154631.htm

[9] 윤성철, "플렉서블 유기 태양전지의 현황과 전망," EP&C 전자부품 News, 2008년 10월호, 38쪽

[10] Earth Policy, http://www.earth-policy.org/Indicators/Solar/2007.htm

[11] Group of Advanced Materials and Energy, Universitat Jaume I, http://www.elp.uji.es/juan_home/research/solar_cells.htm

[12] B. O' Regan, and M. Grätzel, "Dye-sensitized solar cells(DSC)," Nature, Vol. 353, pp. 737, 1991

[13] Solar Center, http://www.solarcenter.co.kr

[14] Australian World Solar Challenge, http://www.wsc.org.au

[15] American Solar Challenge Formula, http://www.americansolarchallenge.org/

[16] TransAtlantic 21, http://www.transatlantic21.org/

[17] REN21(Renewable Energy Policy Network for 21st Century),
Renewables 2011 Global Status Report, http://www.ren21.net.

[18] Global Market Outlook For Solar Power 2016–2020, http://www.solareb2b.it/wp-content/uploads/2016/06/SPE_GMO2016_full_version.pdf.

[19] EurObserv'ER202: Photovoltaic Barometer

[20] IEA, Trends in Photovoltaic Application, Preliminary Statistical Data, Report IEA-PVPS T1-20:2011

[21] US DOE, http://www1.eere.energy.gov/solar/solar_america/about.html

[22] Mukund R. Patel, Wind and Solar Power Systems, CRC Press, 1999

[23] 구와노 유키노리, 태양전지란 무엇인가 ?, 아카데미서적, 1998

[24] Morisuke Hasiguti, 태양광 자동차, 도서출판 에드텍, 1996

[25] 유권종, 박경은, "미래의 에너지, 태양광발전 기술의 현황과 전망," 기계저널, pp. 41–47, Vol. 43, No. 10, 2003

[26] AeroVironment, http://www.aerovironment.com

[27] Green Learning Canada, Renewable Energy, http://www.re-energy.ca/t_solarelectricity.shtml

[28] Hinrich, Kleinbach, Energy; Its Use and the Environment, Third Edition, Harcourt, 2002

[29] International Energy Agency, http://www.iea-pvps.org

[30] 이태규, "21세기 대체가능한 신재생에너지 기술탐색", 한국에너지기술연구원, 2000. 9. 21

[31] 산업자원부/에너지관리공단, "대체에너지의 이해", 2001.5

[32] IEA, Photovoltaic Power System Programme Annual Report 2007.

[33] EERE, Solar America Initiative, A Plan for the Integrated Research, Development, and Market Transformation of Solar Energy Technologies, SETP-2006-0010, Feb. 5, 2007.

[34] 최동배, "박막태양전지 및 미래 태양에너지 발전방향," 기계저널, pp. 28–33, Vol. 50, No. 9, 2010

[35] Green Rhino Energy, http://www.greenrhinoenergy.com/

[36] EUR-Lex, http://data.europa.eu/eli/dir/2018/2001/oj

PART A _ 개념문제

01. 태양에서 방출하는 에너지 중 몇 퍼센트가 지표면에 도달하는가?

02. 태양상수(solar constant)에 관하여 설명하시오.

03. 미국에서 태양복사량이 가장높은 지역들을 나열하시오. 그 지역들의 공통점을 간단히 서술하시오.

04. 태양전지의 작동원리를 설명하시오.

05. 태양전지 시스템은 셀, 모듈, 배열로 표시된다. 각각을 간단히 서술하시오.

06. 태양전지 재료를 나열하시오.

07. 밴드 갭(band gap) 에너지는 무엇인가?

08. "태양전지의 효율이 15%이다"라는 의미는 무엇인가?

09. 다결정 박막셀의 구조를 설명하시오.

10. 갈륨아세나이드의 장점들을 설명하시오.

11. 태양전지 시스템으로 생산된 전기를 최종부하에 연결되어 사용하는 방법에 따라, 독립전원형과 계통연계형으로 구분한다. 각각을 설명하시오.

12. 태양전지의 장점을 기술하시오.

13. 태양전지가 언제부터 우주 프로그램에 큰 일부가 되었는지 설명하시오.

14. 태양전지의 적용을 나열하시오.

PART B _ 계산문제

15. 빛의 주파수가 4.2×10^{13}Hz이다. 빛의 파장을 계산하라.

16. GaAs(갈륨아세나이드) band gap 에너지 1.43eV에 해당되는 빛의 파장을 계산하라.

17. 태양으로부터 지구표면으로 입사되는 에너지 flux는 약 1,400W/m²=1.4kW/m²이다. 지구의 반경은 6,400km, 지구표면의 면적이 1.3×10^{14}m²라면, 이때 입사하는 동력의 양은 얼마인가?

18. 0.5V에서 2A의 최대출력을 갖는 상용 solar cell의 가격은 $30이다. kW당 PV(태양전지) 발전소의 가격은 얼마인가?

19. 세계인구 60억 명에게 1인당 1kW를 공급하기 위하여 필요한 태양전지의 면적은 얼마인가? 이때 태양전지의 효율은 10%, 평균 입사량은 1000W/m²이다. 또 태양전지는 결정 실리콘의 두께가 200μm(200x10⁻⁶m)일 때, 필요한 실리콘 재료의 최소 질량은 얼마인가? (실리콘의 밀도는 2330kg/m³이다.)

20. 햇빛을 전기에너지로 변환하는 태양전지를 사용하여 "태양광농장"설치에 관한 사업을 계획하고 있다. 태양전지의 효율이 10%라면, 1,000MW의 출력을 생산하기 위하여 필요한 땅의 면적은 얼마인가? 평균입사량을 500W/m²으로 가정하라.

21. 상용화된 태양전지 모듈은 3V, 0.1A의 출력을 갖으며, 그 크기는 5cm×8cm이다. 40W의 출력을 제공하려면 얼마나 넓은 면적의 배열이 필요한가?

22. Solar PV 시스템을 운영하기 위해 하루에 15kWh를 7일 동안 저장과 회수에 필요한 배터리 저장용량을 계산하라.

23. 솔라센터 SCM 60 E 모델의 태양전지는, 최대출력 60W, 최대전압 17.6V, 최대전류 3.41A, 개방전압(V_{oc}) 21.7V, 단락전류(I_{sc}) 3.73A의 사양을 갖고 있다. 그림 2–66의 IV 곡선으로부터 충전인자(fill factor)를 계산하라.

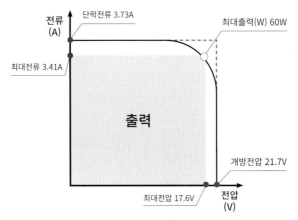

그림 2–66 SCM 60 E 모델의 I–V 곡선

24. 문제 2.23에 태양전지에 입사되는 태양에너지가 540W이면, 변환효율이 얼마인가?

25. 태양전지가 15%의 효율로 전기를 생산한다. 열기관으로 전기발전기를 구동하는 효율은 80%이다. 전체 효율이 태양전지와 같으려면 열기관의 효율은 얼마인가?

26. 태양복사에너지를 전기출력으로 변환하는 장치를 만들려고 한다. 복사량이 0.1W/cm^{2}이고, 태양에너지를 전기에너지로 변환하는 효율이 1%라고 할 때, 1,000W의 전기출력을 생산하기 위하여 필요한 태양전지의 면적을 구하라.

27. 20,000W를 생산하는 태양전지로 전원을 제공받는 Skylab 우주 위성이 작동하고 있다. 태양전지의 에너지 변환 효율이 15%이고, 유용한 태양전력이 1,400W/m^{2}이라면, 이 때 필요한 태양전지 면적을 계산하라.

28. 현재 구입한 태양전지의 변환효율이 14%이고, 최대전류 5.5A, 최대전압 40V이면, 태양전지에 입사되는 태양에너지가 얼마인가?

29. 체적 60m^{3}의 물을 5m 높이로 8시간 동안 펌프를 사용하여 양수하려고 한다. 이때 물의 밀도는 1,000kg/m^{3}이다. 펌프에 필요한 전기에너지는 얼마인가? 펌프의 효율이 60%일 때, 40W 태양전지 배열 몇 개가 필요한가?

30. 문제 2.29의 40W 태양전지가 당 $240이면 펌프에 필요한 전기에너지를 공급할려면 총 비용이 얼마인가?

31. 집 근처에 10V, 150W의 출력을 공급하려고 한다. Ah class(최대전력점에서 접압, 전류 각각 0.493V, 5.13A) 태양전지 셀을 배치할려고 할 때 규격을 만족하도록 배열을 제안하라.

32. 지상에 30cm×30cm 크기의 종이를 펼치면, 태양복사로부터 받는 평균 에너지는 65W이다. 미국의 면적을 대략 3,000mile의 길이와 1,000mile의 폭으로 가정하고, 이 면적의 1% 정도에 햇빛이 입사된다면 태양복사량은 얼마인가?

33. 문제 2.32의 태양복사량이 1%의 효율로 전기에너지로 변환된다면, 1988년 680,000MW(6.8×10^{11}W)의 전기발전용량과 비교하라.

34. 30℃에서 작동하는 $2cm^2$ 태양전지의 전압은 최대전력에서 0.7V이다. 전류밀도가 $1.8 \times 10^{-7}A/m^2$일 때, 태양전지의 출력을 계산하라.

03

태양열 발전
Solar Thermal Power

태양 복사에너지를 흡수하여 열에너지로 변화시켜 이용하거나, 복사광선을 고밀도로 집광해서 열발전장치를 통해 전기를 발생하는 태양열 발전시스템은 집열온도에 따라 중고온 또는 저온으로 구분한다. 저온분야는 상업용 또는 주거용 건물에 냉난방 및 급탕에 이용되며, 중고온분야는 산업공정열 및 열발전 등에 이용된다. 햇빛이 물체에 닿으면 분자운동이 활발하게 일어나 열에너지로 변환되며, 태양에너지 밀도는 상당히 낮기 때문에 중고온의 열에너지로 이용하려면 햇볕을 집중시켜 에너지 밀도를 높여야 한다. 집중된 빛은 집열기에서 열에너지로 변환되고, 이 열에너지로 고압의 증기를 발생시켜 터빈을 구동하여 전기발전기로부터 전기를 생산하는 방식을 태양열 발전이라고 한다. 2장에서는 태양광 발전을 다루었고, 3장에서는 태양열 발전에 관하여 고찰하기로 한다.

3.1 집중형 태양열 발전(Concentrating Solar Power: CSP)

집중형 태양열 발전소는 다양한 거울 형상을 이용하여 태양에너지를 고온의 열로 변환시켜 전력을 생산하며, 변환된 열의 일부는 기존의 증기발생기로도 흘러간다. 이러한 발전소는 태양에너지를 모아서 열로 변환시키는 부분과 열에너지를 전기로 변환하는 부분으로 구성된다. 집중형 태양열 발전시스템은 마을의 전력용(10kW) 또는 계통연계형(~100MW)으로 이용될 수 있는 규모이다. 구름이 있는 낮이나 밤 동안에 일부 시스템은 열 저장장치를 사용하며, 어떤 시스템은 천연가스를 이용하여 전력을 공급하는 하이브리드 발전소로 운영된다. 태양-전기에너지의 변환 효율이 증가함에 따라, 집중형 태양열 발전소는 미국의 남서부지역, 세계의 열대지역 및 아열대지역에 재생에너지의 일환으로 관심을 받고 있다.

집중형 태양열 발전 시스템은 태양에너지를 획득하는 방법에 따라 구유형(trough) 시스템, 타워형(power tower) 시스템, 접시형 엔진(dish-engine) 시스템,의 3가지 종류가 있다. 집중형 태양열 발전소는 상대적으로 저비용으로 첨두부하(peak demand) 시, 전력을 공급할 수 있기 때문에, 분산에너지 원으로 주요한 역할을 할 수 있다. 그림 3-1은 Nevada 주 Boulder 시 근처에 위치한 Nevada Solar One 프로젝트의 구유형 시스템의 단면을 나타내는 사진으로, 이 시설은 약 300에이커(acre)에 이르며, 76개의 거울배열(mirror array)을 포함한다. 운전 중, 태양에너지는 열의 형태로 리시버 관(receiver tube) 오일에 집중된 후, 전기를 생산하기 위한 동력블록(power block)으로 보내진다. 그림 3-2는 분산발전원으로 실증평가되고 있는 집중형 태양열 발전소로, 4개의 Infinia 접시형/스털링 시스템으로 구성되며, 전기를 생산하기 위하여 가스 또는 석탄 대신 햇빛을 이용하는 전기발전기이다. 집중장치인 접시는 시스템의 주요부품으로, 태양으로부터 직접적으로 오는 에너지를 획득하여 작은 면적에 집중 시킨다. 열 리시버는 태양에너지의 집중된 빛을 흡수한 후, 열로 변환시켜 엔진이나 발전기에 열을 전달한다.

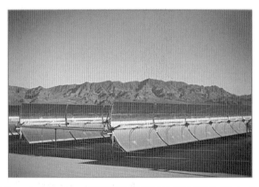

그림 3-1 Nevada Solar One 프로젝트의 구유형 시스템의 단면(사진: Acciona Solar)

그림 3-2 4개의 Infinia 접시형/스털링 시스템으로 구성된 집중형 태양열 발전소(사진: Infinia Corporation)

그림 3-3은 미국 전지역에 걸쳐 연간 직접 입사되는 태양복사량을 나타내며, 미국 남서부지역은 집중형 태양열 발전 시스템에 사용 가능한 태양자원이 풍부하다. 따라서 미국에서 필요한 전력을 모두 공급하려면 Nevada 주의 약 9%에 해당하는 면적에서 구유형 시스템(parabolic trough system)을 사용하면 가능하다. 집중형 태양열 발전소에 의해 생산되는 전력량은 햇빛 중 직접광의 양에 의존한다. 집중형 태양전지 집광기와 같이 이러한 기술은 확산광 태양복사(diffuse solar radiation) 보다 직접광 햇빛(direct-beam sunlight)만 이용 가능하다. 지구상에서 집중형 태양열 발전 기술의 최적 개발조건을 갖고 있는 미

국의 남서부 지역에는 거대한 냉방부하로 인하여 전기수요와 태양자원 사이에 강력한 연관관계가 있다. 사실 태양전기 발전시스템(Solar Electric Generating System) 발전소는 Southern California Edison 사의 첨두부하 시간에 거의 100% 작동한다.

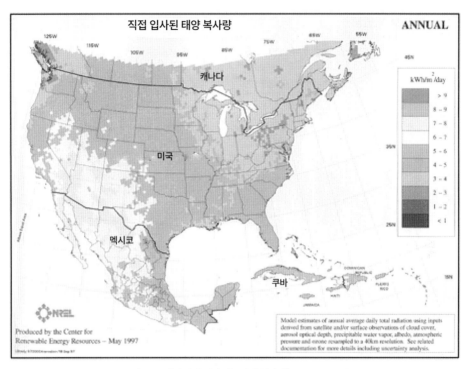

그림 3-3 연간 직접 입사되는 태양 복사량(Source: NREL)

그림 3-4는 우리나라의 전국 연평균 1일 법선면 직달일사량 자원분포도[2]를 나타낸 것으로, 전국이 하루에 2.67kWh/m² 정도의 법선면 직달일사를 받는 것으로 나타났다. 포항분지 일원이 일사량이 매우 높으며(3.0kWh/m² 이상), 진주분지, 김해평야, 청주, 대전, 영주분지, 광주지역 등이 평균 이상의 비교적 일사량이 높은 지역(2.8~3.0kWh/m²)으로 분류된다.

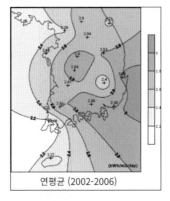

연평균 (2002-2006)

그림 3-4 전국 연평균 1일 법선면 직달일사량 자원분포도[2]

3.1.1 구유형(Trough) 시스템

그림 3-5는 구유형 시스템의 구조를 나타내며, 태양에너지는 포물선형 곡선과 홈통 형상의 반사판 위에 곡면 내부의 초점 중심선을 따라 위치한 리시버(receiver) 관에 집중된다. 이러한 에너지는 관을 따라 흐르는 오일을 가열하고, 오일에 전달된 열에너지는 기존의 증기발전기에서 전기를 발생하는데 사용된다. 그림 3-6은 태양열/Rankine 구유형 시스템의 구성도이다. 집열부는 남북 축을 따라 정렬된 평행 열에 위치한 많은 홈통들로 구성된다. 이러한 형상은 낮 동안 태양열이 연속적으로 흡수관에 집중되도록 하며, 단일 축 홈통은 태양을 동에서 서로 추적 가능하게 한다. 개개의 홈통 시스템은 현재 80MW의 전기를 생산할 수 있다. 홈통 설계는 고온 상에서 열전달 유체를 갖는 열저장 장치를 포함하기 때문에, 저녁시간에 몇 시간 동안 전기 생산을 가능하게 한다. 현재, 모든 구유형 발전소는 태양복사량이 낮은 기간 동안 태양 출력을 보조하기 위하여 화석연료를 사용하는 하이브리드 시스템으로 운영된다. 일반적으로 천연가스 연소열 또는 증기 보일러/재열기(reheater)가 사용되고, 구유형 시스템은 기존 석탄 연소방식의 발전소와도 연계될 수 있다.

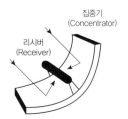

그림 3-5 구유형 시스템 구조

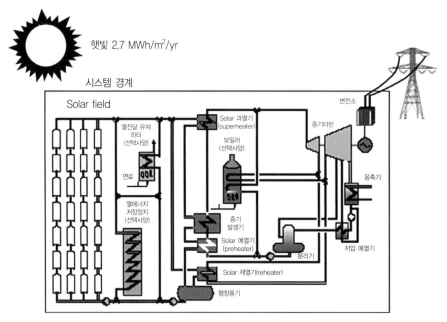

그림 3-6 태양열/Rankine 구유형 시스템의 구성도

1912년 미국인 기술자 Frank Shuman은 최초로 대형규모의 태양열 발전소를 Egypt, Cairo시에 설치하여 운영하였다. 그의 임무는 Nile강 수로에 물을 공급하는 것으로, 증기 생산용으로 흑색 금속파이프에 햇빛을 집중시키려고 구유형 시스템을 사용하였다. 시스템의 최고출력(peak output)은 50kW, 전체 집열기 면적은 1,207m²이었다. 시스템으로부터 최대출력(maximum output)을 계산하여 출력이 적절한 것인지 판단하라.

풀이

Egypt, Cairo시의 6월 중 최대 일사량을 1,200W/m²이라고 하면, 집열기 표면의 최대 일사량은 1,207m² × 1,200W/m² = 1,576kW이다. 태양에너지 모두가 증기의 열에너지로 변환되어 온도가 100℃된다고 가정하자. 이 열에너지를 유용한 기계적 에너지(물을 공급하는 펌프를 구동)로 변환하는 것은 열기관을 통해서 가능하다. 주위 외기온도를 20℃라고 가정하면, 최대효율(Carnot 효율)은

$$\eta_{th} = 1 - \frac{T_L}{T_H} = 1 - \frac{(100 + 273) - (20 + 273)K}{(100 + 273)K} = \frac{80K}{373K} = 0.21$$

최대 유용한 일 출력은 1,576kW × 0.21 = 330kW가 된다. 따라서 50kW의 출력은 가능하다(최근의 태양열 발전소는 전기 생산용으로 사용한다).

3.1.2 타워형(Power Tower) 시스템

타워형 시스템은 기존 전력망에 전기를 공급하기 위하여 햇빛을 청정전기로 변환한다. 그림 3-7은 타워형 시스템 구조를 나타낸다. 이 기술은 대형의 헬리오스탯(heliostats)이라는 태양추적거울(sun-tracking mirrors)을 대량으로 사용하여 타워 상부에 위치한 리시버에 햇빛을 집중시킨다. 리시버에서 가열된 열전달유체는 열교환기를 통과하여 고온증기를 발생시키고, 이 고온증기는 터빈발전기를 구동하여 전기를 생산한다. 초기 타워형 시스템에서는 물과 증기를 열전달유체로 사용하였으나, 현재는 열전달과 에너지 저장 능력이 좋은 용융질산염(molten nitrate salt)을 사용한다. 그림 3-8은 용융염으로 전기를 생산하는 타워형 태양열 발전소의 구성도로, 상업용 발전소는 50~200MW의 전기를 생산할 수 있는 규모가 되어야 한다. 타워형 시스템은 특별히 첨두부하 등, 국가에너지 수요를 충족시킬 수 있는 대규모의 분산에너지원으로 공급 가능하며, 다른 태양에너지 기술처럼, 햇빛이 연료이고 온실가스를 배출하지 않는다. 또 타워형 시스템은 태양에너지 기술 중에 효율적으로 태양에너지를 저장하며 밤이나 흐린 날 등 전기를 필요로 할 때, 전기를 기존 전력망으로부터 공급 또는 제공할 수 있는 능력 면에서 독특하다. 12시간 용량의 저장장치를 갖는 단일 100MW 타워형 시스템은 50,000 가정에 충분히 전기를 공급하기 위하여 1,000에이커의 땅이 필요하다. 햇볕이 풍부한 미국 남서부는 태양자원이 유용한 수백만 에이커의 부지가 있어, 미국 북서부에 위치한 수력발전소 규모와 동등하게 태양열로 전기를 생산하기 쉽다. 타워형 태양열 발전소로 성공적인 2개의 대규모 실증플랜트는 다음과 같다. 10MW Solar One 발전소는 California 주

Barstow 시 Mojave 사막에 위치하며, 1982년부터 1988년까지 작동하는 동안 3천8백만kWh의 전기를 생산하였다.

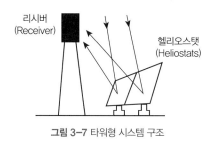

그림 3-7 타워형 시스템 구조

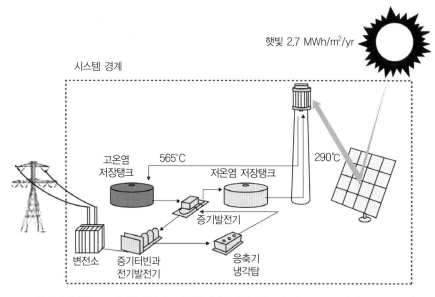

그림 3-8 용융염으로 전기를 생산하는 타워형 태양열 발전소의 구성도(Solar Two 발전소의 기본형상)

그림 3-9는 Solar One 발전소를 개선한 Solar Two 발전소 전경이며, 열전달과 저장장치용으로 용융염의 장점을 입증하였다. 고효율 용융염 에너지 저장장치를 사용한 Solar Two 발전소는 태양에너지를 효율적으로 획득하고 흐린 날이나 밤 동안 연속적으로 전기를 생산할 수 있다. 흐린 날로 인하여 작동이 중단되기 전에 하루 내내, 거의 연속적으로 1주일 동안 기존 전력망에 전기를 공급하기도 했다. Solar Two 발전소의 성공적인 운영 경험으로 타워형 시스템이 전 세계의 관심을 받게 되었다. 미국 건설업체인 Bechtel과 Boeing을 중심으로 구성된 국제 컨소시움은 스페인, 이집트, 모로코, 이탈리아에 타워형 발전소를 확산시키기 위하여 결성되었다. 세계 최초의 상업용 타워형 발전소는 Solar Two 발전소의 4배 용량인 40MW급 규모로, 하루 24시간 가동하여 15MW 터빈을 구동하며, 저장장치를 갖도록 계획되고 있다. 이 프로젝트의 일환으로 Spain에서 15MW급 Solar Tres 타워형 발전소가 건설 중에 있으며, 최근에 11MW PS10 타워형 태양열 발전소가 준공되었다(그림 3-10). South Africa에서는 4,000~5,000 개의 heliostat 거울(거울 한 개의 단면적은 140m²)을 갖는 태양열 발전소가 계획 중에 있으며, 입지로는

Upington 지역이 선정되었다. BrightSource Energy 사는 태양열로 생산된 전력의 구매 협약을 2008년 3월에 Pacific Gas & Electric Company와 체결하여 900MW까지 구매한다고 약속을 받았으며, 현재 Southern California에 태양열 전력발전소를 개발 중에 있다. 또한 2008년 6월에는 Israel의 Negev 사막에 태양에너지개발센터(Solar Energy Development Center: SEDC)를 개소하였다. 이 지역은 Rotem 산업공단에 위치하며, 1,600개 이상의 heliostat으로 햇빛을 추적하며 60m 높이의 타워에 햇빛을 반사한다. 집중된 에너지는 타워 상부에 위치한 보일러를 550℃까지 가열하는데 사용되며, 발생된 증기는 관을 통해 터빈으로 전달되어 전기를 생산한다.

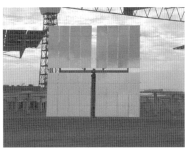

그림 3-9 타워형 시스템인 Solar Two 태양열 발전소 전경(Source: U.S. Department of Energy)

그림 3-10 Spain의 11MW PS10 태양열 발전소

3.1.3 태양열 접시형-엔진(Dish-Engine) 시스템

접시형-엔진 시스템은 접시형태의 집중기에 도달하는 태양열을 반사/집중하여 모이는 곳에 외연기관인 스털링 엔진을 설치하여 직접 전기를 생산하는 방식이다. 이 시스템의 주요 부품은 태양열 집중기와 전력 변환 유닛으로, 시스템의 설명과 작동원리는 다음과 같다.

(1) 접시형

그림 3-11은 태양열 접시형 발전기를 나타내며, 집중기와 리시버로 구성된다. 집중기인 접시는 태양열 시스템의 기본 부품으로, 태양으로부터 직접 입사되는 태양에너지를 획득하여 작은 면적에 집중시킨다. 합해진 태양광선은 접시에 입사되는 모든 햇빛의 에너지를 더 효과적으로 사용하기 위하여 작은 면적에 집중시킨다. 입사되는 햇빛의 92%를 반사시키는 유리 거울은 상대적으로 저가이며, 외부환경에서 청결하게 유지되고 내구성이 높기 때문에 태양열 집중기의 반사 표면에 적절하다. 접시형 구조는 태양광선을 열 리시버로 반사하기 위하여 태양을 연속적으로 추적해야 한다. 그림 3-12는 차세대 25kW급 접시형-스털링엔진 시스템을 나타낸다.

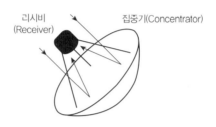

그림 3-11 태양열 접시형 발전기

그림 3-12 차세대 25kW급 접시형-스털링엔진 시스템(사진: Boeing/Sterling Energy System)

(2) 전력변환 유닛

열 리시버와 엔진/발전기를 포함하는 전력변환 유닛의 열 리시버는 접시와 엔진/발전기의 접속장치로, 태양에너지의 집중된 광선을 흡수하여 열로 변환하고 그 열을 엔진/발전기에 전달한다. 열 리시버는 엔진의 작동유체와 열전달 매체인 수소 또는 헬륨의 냉각유체가 들어있는 여러 개의 관들로 구성된다. 열을 엔진에 전달하기 위하여 중간 유체의 비등과 응축을 이용하는 히트파이프도 열 리시버의 대안으로 가능하다. 그림 3-13은 미국 남서부의 인디언들을 위하여 WG Associates이 개발한 10kW 급 물 펌프 구동용의 고급 접시형 시스템을 보여준다.

그림 3-13 10kW급 물 펌프 구동용 고급 접시형 시스템

(3) 엔진/발전기

열 리시버로부터 열을 운송하여 전기를 생산하는데 사용하는 엔진/발전기 시스템은 일반적으로 스털링 엔진을 열기관으로 채택한다. 스털링 엔진은 햇빛과 같은 외부열원으로부터 제공되는 열로 피스톤을 움직여 자동차의 내연기관과 비슷하게 기계적인 출력을 만든다. 엔진 크랭크축의 회전 형태인 기계적일은 발전기를 구동하고 전기를 생산하는데 사용된다. 그림 3-14는 Arizona 주 Phoenix 시의 Salt River 지역에서 작동 중인 25kW급 Dish-Sterling System을 보여준다. 스털링 엔진 뿐만 아니라 마이크로터빈과 집중형 태양전지도 미래의 동력전환 유닛 기술로 가능할 것이라 생각된다. 제트엔진과 유사하며 그 크기가 훨씬 작아 전기발전기를 구동하는데 사용될 수 있는 마이크로터빈은 현재 분산발전 시스템용으로 제작 중이며 접시형-엔진 시스템에도 사용 가능할 것이다. 그림 3-15는 소형 태양전지-접시 변환 시스템으로, 태양열을 이용하는 발전시스템은 아니지만, 접시형 시스템과 유사하다. 여기서 태양전지 변환 시스템은 실제 엔진이 아니며 햇빛을 전기로 직접 변환시키는 반도체 배열이다. 그림 3-16은 접시형/엔진 시스템 구성도를, 그림 3-17은 New Mexico 주, Albuquerque 시의 Sandia 국립연구소에서 실험하고 있는 접시형/스털링 엔진 유닛을 각각 나타낸다.

그림 3-14 25kW급 접시형-스털링 시스템(사진: Science Application International Corporation/STM Power Inc.)

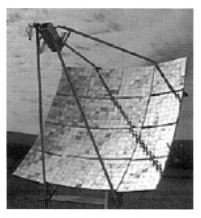

그림 3-15 소형 태양전자-접시 변환 시스템(사진: Concentrating Technologies, LLC)

햇빛 2.7 MWh/m^2/yr

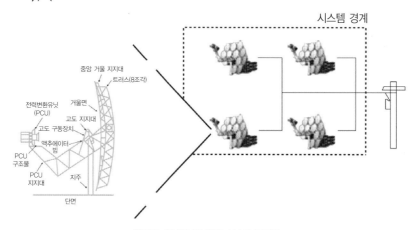

그림 3-16 접시형/엔진 시스템 구성도

그림 3-17 접시형/스털링 엔진 유닛(사진: Sandia National Laboratories)

3.1.4 집중형 태양열 기술의 가격

그림 3-18은 집중형 태양열 기술의 가격을 나타내는 그래프로, 현재 10MW 이상의 대규모 전기발전용으로 사용되며 가장 저렴한 태양전기를 공급한다. 현재의 기술은 W당 $2~3 으로, 태양열의 비용은 kWh당 9~12¢이다. 새로운 혁신적 하이브리드 시스템은 기존의 천연가스 복합사이클 또는 석탄 화력과 대형의 집중형 태양열 발전소가 조합된 것으로 W당 $1.5까지 비용을 감축하여 kWh 당 8¢이하로 태양열의 가격을 감축시킬 수 있을 것이다. 표 3-1은 태양열 발전 시스템 기술의 비교표로, 3가지의 집중형 기술인 구유형 시스템, 타워형 시스템, 접시형/엔진 시스템을 태양열의 강도인 농도, 고온부 작동온도, 열역학적 사이클 효율로 평가하였다. 그 중에서, 접시형/엔진 시스템이 가장 우수하다는 것을 알 수 있다.

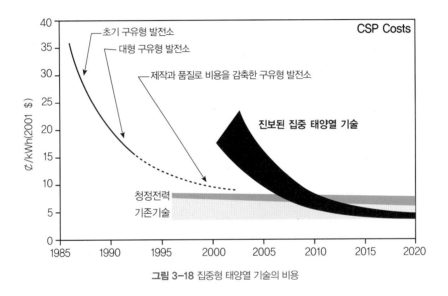

그림 3-18 집중형 태양열 기술의 비용

표 3-1 태양열 발전 시스템의 기술 비교

기술	태양농도(× 태양)	고온부 작동온도(℃)	열역학적 사이클 효율
구유형 시스템	100	300~500	낮음
타워형 시스템	1000	500~1000	중간
접시형/엔진 시스템	3000	800~1200	높음

3.2 태양열 난방(Solar Heating)

태양열 에너지의 저온적용 분야에는 온수, 급탕, 공간의 냉·난방을 포함한다. 건물은 햇볕의 장점을 획득하도록 설계되며, 건물의 태양열 난방 등으로 투자비를 회수 할 수 있다. 태양열 난방은 건물의 설계 시에 고려되기도 하고, 기존 건물의 개량에도 적용된다. 건물의 공간난방을 위하여 공기를 가열하거나 온수를 공급하는데 사용되는 태양열 난방은 단순히 대형 유리창을 사용하여 더 많은 빛과 열을 유입시키는 수동적인 방법과, 송풍기와 같은 기계장치가 햇빛으로부터 얻는 열을 증가시키는 능동적인 방법으로 구분한다. 그림 3-19는 태양열 시스템으로 가열된 온수를 사용하는 주택을, 그림 3-20은 기존 전력망과 전기료가 필요 없는 태양전지(열) 주택을 각각 보여준다. 이 태양열 주택은 능동적 태양열 시스템(14개의 태양전지 패널, 24V의 전기가 충전제어기를 통해 배터리 저장소에 공급, 20개의 6V 220Ah 배터리가 직렬로 4개, 병렬로 5개 연결되어 1,100Ah로 공급, 변환센터가 배터리 저장소에 연결, 프로판 보조 발전기 작동)과 수동적 태양열 시스템(12개의 6 평방 feet 남측면 유리창, 22개의 1×2feet 개폐가능 유리창, 보조열원으로 장작을 연료로 사용하는 난로, 절전용 초소형 형광등)을 사용한다. 그림 3-21은 태양으로부터 많은 열을 획득하기 위하여 남측 면에 대형 판유리를 설치한 Colorado주 Golden 시에 위치한 Sponslor-Miller 주택의 사진이며, 그림 3-22는 1.4kW 태양전지 시스템, 능동적, 수동적 태양열 난방, 온수 시스템 등의 태양에너지 시스템을 설치한 가정을 보여준다.

그림 3-19 태양열 시스템으로 가열된 온수를 사용하는 주택(Source: Industrial Solar Technology, NREL/PIX 12964)

그림 3-20 기존 전력망과 전기료가 필요 없는 태양전지(열) 주택

그림 3-21 남측 면에 대형 판유리를 설치한 Sponslor-Miller 주택

그림 3-22 4개의 태양에너지 시스템을 설치한 가정(1.4kW 태양전지 시스템, 능동적, 수동적 태양열 난방, 온수 시스템)

태양열 냉난방 시스템은 집열기로 얻은 태양열을 냉방기의 구동열원으로 사용하거나 직접적인 난방 또는
온수·급탕에 사용한다. 그림 3-23은 태양열 난방 시스템 개요를 나타내며, 집열, 저장, 분배, 운송, 제
어, 보조열원 등이 주요 구성요소이다.

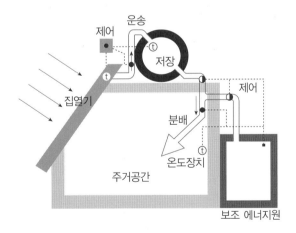

그림 3-23 태양열 난방 시스템 개요

입사되는 일사를 집열기(collector) 표면에 흡수시켜 열에너지로 변환시키는 역할을 하는 집열기는, 집열 전에 태양에너지를 모으는 방식에 따라 집광형(집중형)과 비집광형(비집중형)으로 나눈다. 그림 3-24는 집열기의 일종인 평판집열기의 구조와 열전달을 도식적으로 나타내며, 집열기는 일반적으로 덮개, 흡수 체, 에너지 순환장치, 절연체로 구성된다. 투명한 유리나 플라스틱을 사용하는 덮개는 열흡수면의 복사와 대류에 의한 열손실을 최소화한다. 유리나 플라스틱은 단파장인 태양복사선에 대해 높은 투과율을 갖으 며, 장파장인 지구복사에 대해서는 높은 흡수율을 갖기 때문에 태양열을 감금하는 역할을 한다. 집열기는 태양광선에 수직인 경우 가장 효율적으로, 햇빛이 집열기에 입사하는 각도가 30° 보다 작을 때 반사에 의 한 손실이 집열되는 열보다 많다. 흡수체로는 일사 흡수율이 높고 방사율이 낮은 재료를 사용하며, 열매체 로는 가스를, 액체를 사용하는 경우에는 열전도율이 큰 것을 사용한다. 현재는 흡수표면의 열흡수율을 높 이기 위하여 페인트나 선택 흡수막 코팅을 한다. 낮 동안에 남는 열을 저장하는 축열장치는 벽돌, 온수 저 장탱크, 화학 상변화물질, 배터리 등으로 다양하다. 분배장치는 집열기 및 축열장치로부터 공급된 열을 주 택 내 각 소비처에 분배하는 장치로, 덕트나 배관으로 온풍이나 온수를 공급한다. 집열기와 축열장치로부 터 열을 운반하는 액체순환시스템을 갖춘 운송장치는 집열기와 축열장치 사이를 흐르는 열매체의 조절 기 능도 갖고 있다. 액체·가스 시스템에서는 덕트, 펌프, 밸브, 배관, 송풍기 등으로 구성된다. 제어장치는 시스템이 효율적으로 잘 작동될 수 있도록 작동상태를 감지, 평가, 제어함으로 시스템을 보호한다. 즉 각 부분에서 온도를 감지 후, 밸브를 ON/OFF 제어하여 적정한 온도를 유지한다. 태양열 시스템의 고장이나 기후적으로 작동시킬 수 없는 상황에도 주택의 에너지를 공급하기 위하여 보조열원이 필요하다. 풍력시스 템, 가스공급설비, 디젤 엔진 등의 보조열원이 태양열 시스템과 연계되어 사용된다.

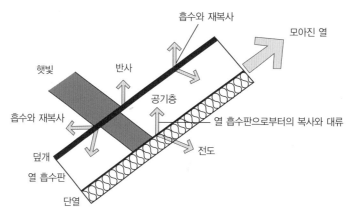

그림 3-24 평판형 집열기의 구조와 열전달

3.3 수동적 태양열 난방(Passive Solar Heating)

수동적 태양열 난방은 부차적인 다른 기계적 장치의 보조 없이, 태양이 모든 일을 하는 방식이다. 공간 난방 시, 수동적 태양열 난방 설계는 태양으로부터 따뜻한 기운을 얻기 위하여 남측 면 유리창과 마루 또는 벽의 재료를 가능한 큰 것을 사용하여 낮 동안 열기를 흡수하고, 열이 필요한 밤에는 그 열기를 방출한다. 건물의 남쪽은 낮 동안 햇빛을 받기 때문에 대형 유리창을 많이 사용하는 수동적 태양열 난방형으로 설계되며, 난방비용의 50% 정도를 감소시킬 수 있다. 지역기후와 상관없이 그 방향은 남쪽을 향하지만, 기후에 따라 방법은 다르다. 추운 지역에서 남측 유리창은 태양열이 추위에 대해 단열되도록 설계하고, 열대 또는 온대 기후에서는 열이 잘 배출되도록 한다. 수동적 태양열 설계방법에는 직접획득(direct gain), 간접획득(indirect gain), 고립획득(isolated gain)등이 있다. 가장 단순한 직접획득 방법은 햇볕이 직접 건물로 입사하여 타일이나 콘크리트 같은 재료를 덥히고 열에너지를 저장한 후 천천히 방출한다. 간접획득은 열을 유지, 저장, 방출하는 재료가 태양과 거주 공간 사이에 위치하는 것을 제외하고 직접획득과 유사한 방식을 사용한다. 주요 거주 공간으로부터 고립되어 있는 고립획득은 썬룸(sunroom)이 집에 부착되어 있으며, 썬룸으로부터 더운 공기가 집의 다른 부분까지 자연적으로 흐른다. 그림 3-25는 Arizona 주 Tuscon 시의 표준 주택으로, 지붕에는 감춰진 태양열 온수히터와 반사되는 창문 덮개 및 차양으로 구성되는 능동적/수동적 태양열 기술이 적용되었다.

그림 3-25 능동적/수동적 태양열 기술을 적용한 표준 주택

3.3.1 직접획득형

직접획득은 태양열을 간섭 없이 사용하며 같은 공간에서 열을 획득, 저장, 분배한다. 햇빛은 유리창을 통과하며, 통과한 열은 실내 바닥이나 내벽에 저장된다. 겨울에는 햇볕에 직접 노출되었을 때 바닥이나 내벽이 태양열을 흡수하고 찬 밤에는 바닥이나 내벽이 공간으로 열을 복사한다. 여름에는 그 반대로 작동한다. 바닥이나 내벽은 햇볕을 직접 받지 않고 실내에서 열을 흡수하고 실내온도를 차게 유지하도록 돕는다. 가장 효율적인 축열부(thermal mass)는 직접적인 햇빛이 없을 때 열을 보유할 수 있도록 촘촘하고 무거운 물질로 구성되며, 거주공간의 구조체를 축열체로 이용한다. 축열부는 평평하며 어두운 색의 콘크리트,

돌, 벽돌로 만들어진 내벽 또는 실내 바닥, 어두운 색의 원통, 탱크, 물이 차 있는 드럼, 바위 용기 등이 될 수 있다. 여름에는 태양열의 차단을 위하여 적정길이의 차양을 설치함으로 냉방을 구현할 수 있다. 그림 3-26은 직접획득형 태양열 주택을 도식적으로 설명하며 이 방식을 채택한 Colorado 주 주택의 사진을 나타낸다.

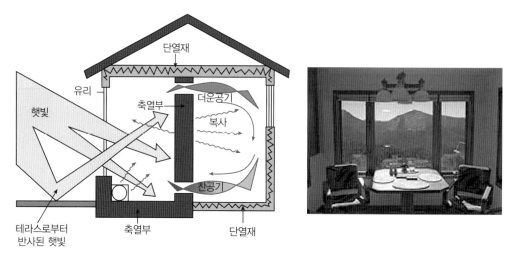

그림 3-26 직접획득형 태양열 시스템과 주택

3.3.2 간접획득형

간접획득은 직접획득 시스템과 같은 재료와 설계원리를 사용하지만, 태양과 난방 공간 사이에 바위나 액체를 담은 축열부를 포함한다. 태양열은 유리창을 통과한 후 획득되어 유리창과 두꺼운 벽돌 벽 사이의 좁은 공간에 위치하며, 이렇게 가열된 공기는 상승하여 벽의 상부에 위치한 통기구를 통하여 실내로 분배된다. 찬 공기는 벽의 하부에 위치한 통기구로 이동하며, 가열된 공기는 대류에 의해 실내로 순환된다. 축열부는 계속해서 열을 흡수하고 일몰 후 실내로 열을 복사하기 위해 저장한다. 밤에 따뜻한 공기가 빠져나가지 못하도록 통기구에 통풍조절장치를 설치할 수 있으며, 하절기에는 이러한 과정이 역으로 작동한다. 축열부는 실내에서 열을 흡수하는 동안 온도를 차게 유지시키도록 햇빛의 직접 받는 것을 방해한다. 이러한 간접획득 시스템은 일반적으로 능동적 태양 시스템과 연계된 평판형 집열기(flat-plate collector)를 사용할 수 있다. 집열기는 열의 자연대류(따뜻한 공기는 상승하며 차가운 공기는 하강)를 이용하려고 항상 축열부 저장탱크 또는 용기 아래에 설치된다. 햇빛은 집열기에 의해 흡수되고 열은 축열부로 전달된다. 집열기와 축열부의 공기가 따뜻해지면 공기는 상승하고 배관과 통기구를 통하여 거주공간으로 유입되고, 공기가 차가워지면 다시 가열되기 위하여 회수관으로 돌아간다. 이러한 시스템을 열사이폰(thermosiphon)이라 한다. 축열벽형(Trombe wall)도 1956년 건축가인 Jacques Michel과 과학자인 Felix Trombe에 의해 개발된 간접획득 시스템이다. 축열벽형은 30~40cm 두께를 갖는 검정색 면의 벽돌 또는 남측면의 콘크리트 벽을 태양열 집열기로 작동시킨다. 모든 간접획득 시스템과 같이 벽은 공기가 있는 공간에 의해 판유리로부터 분리되어 있다. 하루 종일 실내에 따뜻한 공기를 유지하고, 열이 축열부를 통하여 완전히 지나가려면 6~8시간 소요됨으로, 벽의 복사열은 밤에도 실내를 따뜻하게 한다. 그림 3-27은 간접획득형 태양열 시스템을 도식적으로 나타낸 것이다.

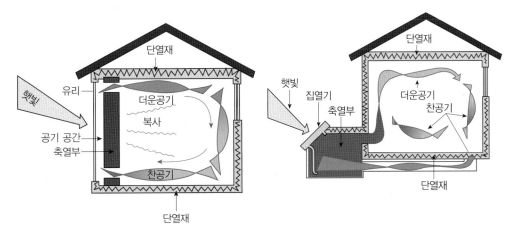

그림 3-27 간접획득형 태양열 시스템

3.3.3 고립획득형

직접획득형과 간접획득형이 조합된 시스템인 고립획득형 또는 부착온실형(attached greenhouse)은 햇빛이 비치는 공간에서 다른 근접한 방으로 열이 이동되는 대류에 주로 의존한다. 햇빛으로 직접 난방 하는 공간은 집의 다른 부분으로부터 분리되어 있다. 19세기에는 이런 공간을 보통 가옥에 부속된 온실, 후에 일광욕실(solarium)로 알려져 있으며, 현재에는 부착온실 또는 썬룸으로 부른다. 이러한 공간의 기원은 로마시대로 거슬러 올라가며 겨울에 황제의 채소를 경작하는데 사용했다고 한다. 썬룸은 고립획득형 태양열 시스템의 용도로 많이 사용하며, 새로운 집의 일부분으로 또는 기존 집의 부속공간으로 시공될 수 있다. 썬룸은 유리창이 많기 때문에 높은 열획득과 열손실을 수반하며, 열손실과 열획득에 의한 온도변화는 축열부와 낮은 방사 유리창으로 보완될 수 있다. 축열부는 벽돌마루, 벽돌 벽, 물탱크 등으로 구성되고, 집으로 열의 분배는 천장, 마루의 통기구, 유리창, 문, 팬을 통하여 이루어진다. 썬룸의 온도변화에 과도하게 영향을 받지 않고 집안이 쾌적하도록 문 또는 유리창으로 썬룸을 격리한다. 썬룸은 온실과 비슷하지만, 온실은 식물을 재배하기 위하여 설계되고, 썬룸은 가정에 난방과 미적인 환경을 제공하기 위하여 설계된다. 부착온실은 건물의 다른 부분보다 온도가 높기 때문에, 집 난방을 위한 대류현상이 따뜻한 공기를 순환시킨다. 온실에서는 여름동안 과도한 열을 배출시키기 위하여 작동 가능한 유리창 또는 통기구가 필요하다. 부착온실의 종류와 유리창의 개수, 크기에 따라 내부차양이 필요하기도 하다. 부착온실은 집의 난방을 보조하기 위하여 사용될 수 있으나, 소규모 보조열원이 여전히 필요하다. 단순하고 신뢰성 있는 썬룸의 설계는 천장유리가 없는 공간에 수직 창을 설치하는 것으로, 식물재배를 위하여 천장과 경사유리 등의 온실설계 요소들은 효율적인 썬룸에 역효과를 낳는다. 온실 경작 시 발생하는 습기가 포함된 몰드, 곰팡이, 곤충,

먼지는 쾌적한 거실공간과 상충된다. 과열을 피하려고 적절한 크기의 돌출부(overhang)가 수직 창에 그늘을 만들 수는 있지만, 경사유리에 차양을 만들기는 어렵다. 그림 3-28은 열을 저장한 후에 필요 시 열을 방출하기 위하여 열저장 벽돌 축열부를 사용하는 부착온실형 주택의 내부사진을 보여준다.

그림 3-28 열저장 벽돌축열부를 사용하는 부착온실형 주택의 내부사진

3.4 능동적 태양열 난방(Active Solar Heating)

능동적 태양열 난방시스템은 수동적 태양열 난방시스템의 개념과 유사하지만, 태양열을 증대하는 면에서 다르다. 송풍기나 펌프와 같은 기계적 장치를 사용하는 능동적 태양열 난방시스템은 수동적 태양열 난방시스템 단독 보다 공간 난방을 많이 할 수 있다. 능동적 태양열 난방시스템에서, 가열된 물은 펌프를 통하여 시스템 전체로 이동함으로 시스템의 효율을 증가시키거나, 가열된 공기는 송풍기로 태양열을 전달하거나 분배한다. 능동적 시스템은 일반적으로 햇볕이 없을 때 열을 공급하기 위한 에너지 저장장치를 갖는다. 태양열 집열기는 능동적 태양에너지 시스템의 중심으로, 집열기가 햇빛 에너지를 흡수하여 열에너지로 변환시킨다. 이러한 열에너지는 주거용 또는 상업용으로 온수를 공급하거나 공간의 냉난방, 화석연료를 사용하는 다른 곳에도 적용된다. 능동적 태양난방 시스템은 태양열 집열기의 열전달 매체가 공기 또는 액체에 따라 다음과 같은 기본적인 형태로 구분된다. 액체시스템은 수냉(hydronic) 집열기 내의 물 또는 부동액을 가열하고, 공기시스템은 공기집열기 내의 공기를 가열한다. 두 시스템 모두 태양복사를 획득하고 흡수하여 분배될 태양열을 내부 공간 또는 저장장치로 직접 전달한다. 시스템이 적절한 공간난방을 제공할 수 없을 때, 보조 또는 대체시스템이 추가적인 열을 공급한다. 저장장치가 포함된 액체시스템이 공기시스템 보다 주로 사용된다. 능동적 태양열 시스템의 다양한 형태를 살펴보면 다음과 같다.

중온 태양열 집열기(medium-temperature solar collector)는 공간난방에 사용되며 간접 태양열 난방과 같은 방법으로 작동되지만, 넓은 집열기 면적과 대형 저장장치가 요구되며 복잡한 제어시스템이 필요하다. 이 집열기는 태양열 난방을 공급하기 위하여 배치되며, 일반적으로 주거용 난방 또는 복합 난방과 온수 요구조건에 30~70% 정도를 공급한다. 능동적 공간 난방 시스템은 더 복잡한 설계, 시공, 유지, 보수가 필요하다.

태양열 공정 난방시스템(solar process heating system)은 상업용, 산업용, 공공단체의 건물에 다량의 온수와 공간난방의 요구를 만족시키기 위하여 설계된다. 일반적인 시스템은 수천 평방미터 면적으로 지상에 설치된 집열기, 펌프, 열교환기, 제어장치, 대형 저장탱크 등으로 구성된다. 태양열 공정 난방시스템은 목욕, 요리, 세탁, 공간 난방의 용도로 학교, 군부대, 사무실, 감옥과 같은 시설을 운영하는 미국의 연방정부와 주정부의 틈새시장에 성공적으로 적용되고 있다.

능동적 태양열 냉방시스템을 사용하는 **냉방과 냉동**은 집열된 태양열을 일 년 내내 사용할 수 있다. 따라서 태양열 설치로 인한 비용의 효율성과 에너지 기여도를 증가시킨다. 이러한 시스템은 건물 냉방부하의 30~60%를 담당하는 크기로 만들어진다. 그림 3-29의 태양열 구동 흡수식 냉방시스템(solar absorption cooling system)은 능동적 냉각기술 사양을 채택하며, 현재 잠재력이 큰 것처럼 보인다. 흡수제인 이중 혼합물(LiBr 수용액, LiCl 수용액 또는 NH_3 수용액 등)의 냉매를 분리하기 위하여 태양열 집열기에서 획득한 열에너지를 사용한다. 냉매는 사이클을 계속해서 수행하도록 재 흡수된 후에 냉각효과를 얻기 위하여 응축, 교축, 증발된다. 흡수식 시스템은 전기로 압축기를 구동하는 증기압축식 냉동사이클과는 달리 저온의 저렴한 열에너지를 이용하기 때문에, 태양열 에너지 뿐 아니라 지열에너지, 열병합발전소 또는 공정 플랜트의 폐열 등 다양한 종류의 열원을 사용할 수 있다. 흡수식 냉각시스템의 높은 온도 요구조건 때문에 다음 절에서 설명될 진공관(evacuated-tube) 또는 집광형 집열기가 사용된다.

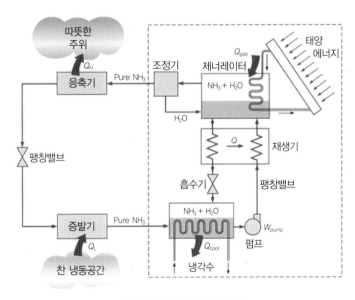

그림 3-29 태양열 흡수식 사이클

3.5 태양열 집열기(Solar Collector)

태양열 집열기는 태양열 난방시스템의 중요한 요소로, 특별한 온도조건과 최종용도에 따라 기후조건을 만족하도록 설계한다. 태양열 집열기의 종류는 평판형 집열기(flat-plate collector), 진공관식 집열기 (evacuated-tube collector), 집광형 집열기(concentrating collector), 배출 공기 집열기(transpired air collector)등이 있다. 일반적으로 93℃ 이하의 온도가 필요한 주거용과 상업용 건물은 평판형 집열기 또는 배출 공기 집열기를 사용하며, 93℃ 이상의 온도가 필요한 곳에서는 진공관식 집열기 또는 집광형 집열기를 사용한다.

3.5.1 평판형 집열기

그림 3-30의 평판형 집열기는 주거용 온수와 공간 난방용으로 설치되는 가장 일반적인 집열기로, 조립 및 설치 관리에 소용되는 비용이 저렴하고 건물 형태와 잘 조화할 수 있는 구조로 되어 있다. 전형적인 평판형 집열기는 유리 또는 플라스틱 덮개를 한 절연 금속 상자와 짙은 색 흡수판(absorber plate)으로 구성된다. 이러한 집열기는 82℃ 이하 액체 또는 공기를 가열한다.

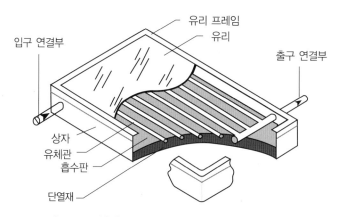

그림 3-30 주거용 온수와 공간 난방용으로 설치되는 평판형 집열기

그림 3-31은 평판형 집열기에서 태양열 복사의 에너지 흐름을 도식화한 것으로, 평판형 집열기의 흡수기는 햇빛의 복사열로 가열되고, 표면의 배관 시스템을 통하여 흐르는 매체로 열이 전달된다. 가장 일반적인 매체는 물과 기름이다. 단열된 하우징에 부착된 흡수기는 열전도와 복사에 의해 야기되는 손실을 최소화한다. 흡수기 주위에서 일어나는 손실은 다음과 같은 다양한 효과 때문이다.

- 스크린 표면에서 반사

- 복사열이 스크린을 통과할 때 일어나는 흡수

- 뒷면 커버와 전면 스크린을 통과하여 탈출하는 복사열

- 집열기 전면에서의 대류

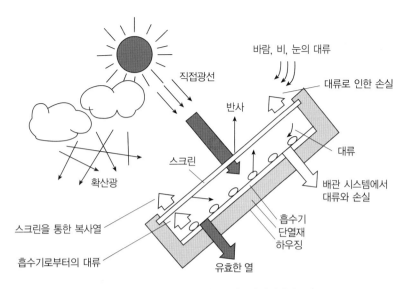

그림 3-31 평판형 집열기에서 태양열 복사의 에너지 흐름

흡수기 주위의 손실은 고가의 절연재료와 흡수 및 반사가 낮은 스크린을 사용함으로 감소된다. 흡수기로부터의 복사열이 전면 스크린을 통과하는 것을 제한하기 위하여 이중 유리창을 사용한다. 반사와 흡수 등의 광학적인 손실은 온도에 무관하고 재료의 물성에 의해서만 결정된다. 열손실(Q_V)은 흡수기와 주위 사이의 온도 차이에 의해 증가한다.

$$Q_V = kA_k(T_A - T_U) \qquad (3.1)$$

여기서, k는 비열손실 [W/m²K]로, 최신기술의 흡수기 형태는 2.5~3.8, A_k는 집열기 면적 [m²], T_A는 흡수기 온도, T_U는 주위온도이다. 유효 열출력(Q_N)은 다음과 같이 계산할 수 있다.

$$Q_N = Q_A - Q_V \qquad (3.2)$$

$Q_A(=\alpha \tau EA_k)$는 흡수기에 의해 생성된 열을 나타내며, α는 흡수계수, τ는 덮개의 전달계수, E는 태양복사 강도 [W/m²]이다.

최대 열출력을 얻기 위하여 흡수기는 다음과 같은 수준을 만족해야 한다.

- 흡수계수가 높아야 한다
- 흡수기로부터 매체로의 열전도가 높아야 한다
- 흡수기로부터 주위로의 복사열이 낮아야 한다

(1) 개방 유하식 집열기

이 집열기는 짙은색의 금속판과 투명 덮개 판을 이용한 현장 조립식 집열기의 대표적인 형태이다. 그림 3-32는 개방 유하식 집열기를 나타낸다. 집열기 상부 배관에 난 작은 구멍으로부터 물이 중력에 의해 하부로 흐르며 태양열을 흡수하여 하부의 배수통으로 모여 온수저장 장치로 운반된다. 이 구조에서는 열흡수판으로 개방된 공간에서 발생하는 수증기로 인하여 열효율이 감소한다. 따라서 흘러내리는 물이 윗면 금속판에 접촉되어 증발될 수 있는 공간을 없애기 위하여 두 장의 금속을 가까이 포개어, 그 속에 물이 가득하게 흘려서 열효율을 증가시킨다. 단점으로는 이 집열기의 구조 특성상 동결의 위험과 고온을 얻기 어렵다는 것이다.

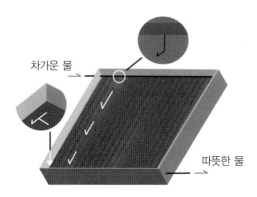

그림 3-32 개방 유하식 집열기

(2) 액체식 평판형 집열기(liquid flat-plate collector)

그림 3-33은 액체식 평판형 집열기를 나타내며, 열운송 매체로 물이나 부동액을 사용한다. 태양으로부터 입사되는 태양 복사에너지가 관 또는 흡수판을 통과하는 찬 액체를 가열한 후, 가열된 액체는 펌프에 의해 저장탱크로 운송되어 축열장치에 전달된다. 가장 간단한 액체 시스템은 가정용 물을 사용하여 집열기를 직접 통과시켜 가열된 후 집으로 흘려보낸다. 동결, 부식, 누수 등으로 나타나는 열의 집열과 운송장치의 효율에 관한 문제가 단점이다. 이러한 문제는 물과 부동액의 혼합물 또는 오일을 사용하거나, 집열기를 사용하지 않는 동안 열매체의 별도 관리가 가능한 시스템을 설계하여 해결할 수 있다.

그림 3-33 액체식 평판형 집열기

(3) 공기식 집열기

그림 3-34는 공간 난방용 공기식 집열기를 나타내며, 집열기와 축열장치 사이의 열을 운반하는 매체로 공기 또는 가스를 이용한다. 주로 공간 난방용으로 사용하는 공기식 집열기의 흡수판은 금속판(metal sheet), 스크린 층, 또는 비금속이 될 수 있고, 공기는 자연대류 또는 송풍기에 의하여 흡수기를 통과한다. 장점으로는 액체식 평판형 집열기에서 발생하는 동결 문제를 해결할 수 있고 유지비가 적게 든다. 또, 집열기에서 가열된 공기는 직접 거주 공간 또는 축열장치로 운송될 수 있어서 열전달 매체가 별도로 필요하지 않다. 그러나 공기는 액체보다 열전달계수가 훨씬 작기 때문에, 액체식 평판형 집열기의 흡수기 보다 공기식 집열기의 흡수기로부터 추출할 수 있는 열이 작다는 단점을 갖고 있다.

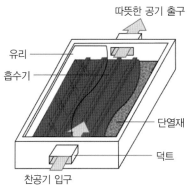

그림 3-34 공간 난방용 공기식 집열기

(4) 수영장 난방시스템(swimming pool heating system)

액체식 평판형 집열기를 사용하는 수영장 난방 시스템은 기존의 필터 시스템이 물을 태양열 집열기로 양수하며, 획득된 열을 수영장으로 보낸다. 수영장 태양열 집열기는 주위온도 보다 약간 높게 작동하기 때문에, 이 시스템은 일반적으로 저렴하여 유리를 사용하지 않는 플라스틱 재료의 저온 집열기를 사용한다. 그림 3-35는 유리 덮개를 사용하지 않는 수영장 난방용 태양열 집열기의 구조와 Oregon 주의 콘도단지 내 수영장을 나타낸다. 유리덮개의 태양열 집열기는 실내 수영장, 고온욕조, 찬 기후에서 스파를 제외하고는 수영장 난방에 사용되지 않는다. 유리덮개를 사용하지 않는 구리 또는 구리-알루미늄 태양열 집열기 등이 사용되기도 한다.

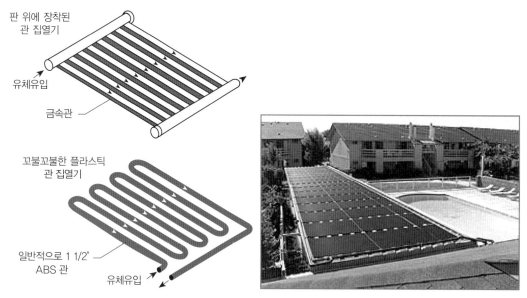

그림 3-35 유리덮개를 사용하지 않는 수영장 난방용 태양열 집열기와 콘도단지 내의 수영장

3.5.2 진공관식 집열기

진공관식 집열기는 평판형 집열기 보다 고온에서 효율적이다. 그림 3-36은 고온에서 효율이 높은 진공관식 집열기를 나타낸다. 햇빛이 외부 유리관을 통과하여 에너지가 열로 변환되는 흡수기에 도달하며, 이러한 열은 흡수기를 통과하는 액체에 전달된다. 집열기는 선택적인 코팅을 한 흡수기를 포함하는 평행한 투명유리관의 배열로 구성된다. 관형 흡수기도 사용되지만, 일반적인 흡수기는 핀-관(fin-tube) 설계로 되어 있다. 여기서 핀은 흡수기 표면과 열전달율을 증가시킨다. 그림 3-37은 진공관식 집열기가 장착된 주택의 지붕으로, Rhode Island School of Design's Solar Decathlon 경기대회에 출품된 것이다.

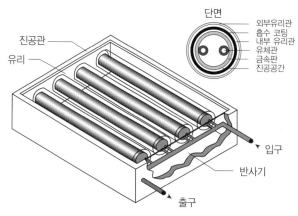

그림 3-36 고온에서 효율이 높은 진공관식 집열기

그림 3-37 진공관식 집열기가 장착된 주택의 지붕

진공관을 제작 시, 2개의 관 사이를 추기하여 진공을 형성한다. 열전도나 대류를 유발하는 공기가 없기 때문에, 대류와 전도에 의한 열손실이 제거됨으로 진공관식 집열기는 고온에서 효율적이며, 특히 직접광과 확산광 복사 상황에서 성능이 좋다. 진공관식 집열기는 고온을 획득할 수 있어서 대부분의 상업용과 산업용에 적절하지만, 평판형 집열기와 비교하면 상당히 고가이다.

3.5.3 집중형(집광형) 집열기

집중형(집광형) 집열기는 곡면의 반사판이나 다점 표적용(multi-point target) 반사판을 곡선이나 한 점(면)의 작은 표면에 일사를 집중시키기 위해 사용된다. 리시버라고 불리는 흡수기에 집중된 햇빛은 보통 태양 강도의 60배 정도 된다. 이러한 집열기는 태양 복사열의 대부분을 직접 일사에 의해 얻게 되므로 구름 낀 날이나 흐린 날에는 작동할 수 없고, 비교적 맑은 날이 많은 지역에 유리하다. 평판형 집열기에 비해 고온 획득이 가능하기 때문에, 주로 상업용과 산업용으로 사용된다. 평판형 집열기 보다 반사면의 유지 · 관리상의 문제가 있고, 비용이 많이 든다.

(1) 선형 집중형(집광형) 집열기

그림 3-38은 선형 집중형(집광형) 집열기의 사진으로, 파이프 또는 튜브형 흡수체에 일사를 모으기 위하여 한 방향으로 만곡된 반사판을 갖는 형태의 집열기이다. 파이프를 통해 순환되는 유체는 열흡수체로부터 열을 전달받아 직접 사용되거나 축열장치로 운반된다. 흡수체는 일반적으로 투명한 재료로 표면을 덮어 열손실을 막고, 외부의 충격 및 오염으로부터 보호한다. 열매체는 집열기 작동온도 이상의 비등점을 갖는 물질로, 동결되지 않고 장비를 부식시키지 않아야 한다. 이러한 집열기는 주로 난방이나 냉동, 공기조화, 농작물 건조, 해수의 탈염, 태양전지 패널의 열효율 향상을 위해 사용된다.

그림 3-38 선형 집중형(집광형) 집열기

(2) 구유형 집열기

구유형 시스템은 3.1절의 (1)에 자세하게 설명되어 있다. 그림 3-39의 구유형 집열기는 평판 집열기와 진공관식 집열기 보다 더 높은 고온을 획득하기 위하여 반사면의 초점 선을 따라 지나가는 배관에 햇빛을 집중시키는 구유형 반사판을 사용한다. 이러한 시스템은 하루 종일 햇빛을 집중시킬 수 있도록 구유형 반사판 유지 기능을 갖는 추적기인 기계제어시스템을 포함한다. 구유형 집중 시스템은 고온수와 증기를 공급할 수 있고, 일반적으로 상업용과 산업용에 사용한다.

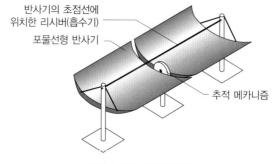

그림 3-39 구유형 집열기

(3) 혼합형 포물선 집중형 집열기(compound parabolic concentrating collector: CPCC)

혼합형 포물선 집중형 집열기는 구유형 집열기와 유사하게 리시버에 태양에너지를 집중시키기 위하여 거울 표면을 사용하고, 중간정도의 집중과 적정한 고온을 획득한다. 구유형 집열기와는 달리 햇빛을 직접 모으거나 확산시키며, 자동 태양추적시스템을 필요로 하지 않는다. 고온이 필요한 상업용에 적용 가능성을 검토하고 있다.

(4) 반구형 집중형 집열기

태양열 접시형 시스템은 3.1절의 (3)에 자세히 설명되어 있다. 그림 3-40은 반구형 집중형 집열기의 사용예를 보여주며, 표면적에 일사를 모으기 위해 접시형태나 반구형의 반사판 집열기를 갖는다. 접시형 또는 반구형 집열기의 초점에 위치한 흡수체는 태양열을 흡수하고 이곳을 통과하는 유체를 가열하여 축열조로 운반시킨다. 이 흡수체는 반구형의 집열기에 고정되고 반사판이 태양을 따라 움직이게 하여 항상 흡수체에 에너지가 모이도록 한다. 이러한 집열기는 고온이 필요로 하는 곳에 유리하다.

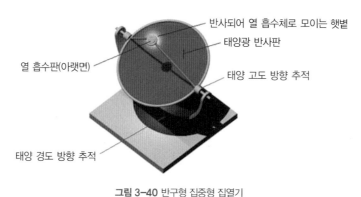

그림 3-40 반구형 집중형 집열기

▐3.5.4▌ 배출 공기 집열기

짙은 색의 구멍이 뚫린 금속으로 구성된 배출 공기 집열기는 햇빛이 금속을 가열하고, 금속으로 가열된 공기는 송풍기에 의해 금속 구멍을 통하여 주위에 배출된다. 그림 3-41은 배출 공기 집열기의 개념도를 나타내며, 흡입공기는 다공성 흡수판과, 흡수기와 건물의 남측 벽 사이의 공간을 통과하면서 가열된다. 이러한 기술은 예열 환기 공기와 농작물 건조에 사용된다. 배출 공기 집열기는 70% 이상의 효율을 달성했으며, 유리나 단열이 필요하지 않다. 따라서 배출 공기 집열기는 제작 비용이 저렴하여 태양열 기술 중 가격 경쟁력이 높으며, R&D Magazine에 의해 1995년 100대 중요한 기술 혁신으로 선정되었다. 그림 3-42는 Colorado 주 Silverthorn 시의 BigHorn Home Improvement Center에 설치된 배출 공기 집열기의 사진으로, 태양에너지를 흡수하여 가열된 공기를 공급한다.

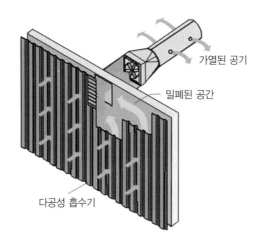

그림 3-41 배출 공기 집열기의 개념도

그림 3-42 BigHorn Home Improvement Center에 설치된 배출 공기 집열기

3.6 주거용과 상업용 온수(Residential and Commercial Water Heating)

건물에 재생에너지 기술을 적용하는 가장 효과적인 방법 중의 하나는 태양열 온수를 사용하는 것이다. 태양열 온수의 일반적인 시스템은 기존 온수 필요량의 2/3 정도를 감소할 수 있고, 물을 가열하기 위한 화석연료 또는 전기 비용을 최소화하여 관련된 환경 영향을 감축할 수 있다. 건물용 태양열 온수 시스템은 태양열 집열기와 저장탱크의 2가지 주요 부분으로 구성되어 있다. 태양열 온수 시스템에 사용하는 가장 일반적인 집열기는 평판형 집열기로, 햇볕으로 집열기 내부의 물이나 열전달 유체를 가열한다. 가열된 물은 필요할 때 사용될 수 있도록 저장탱크에 저장되고, 기존 시스템은 추가의 열을 공급할 수 있도록 함께 사용된다. 저장탱크로는 표준 온수기가 될 수 있고, 일반적으로 크며 단열이 잘되어야 한다. 물 이외의 다른 유체를 사용하는 시스템은 보통 탱크내의 배관 코일을 통과시켜 물을 가열하며, 배관은 고온의 열전달 유체로 채워져 있다. 그림 3-43은 태양열 온수 펌프와 탱크를 사용하는 곳의 예를 나타낸다. 태양열 온수 시스템은 능동적 또는 수동적으로 사용가능하지만, 가장 일반적인 것은 능동적 시스템이다.

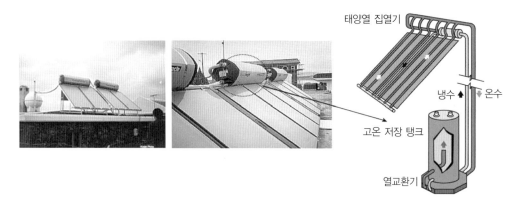

그림 3-43 태양열 온수 펌프와 탱크

3.6.1 능동적 시스템(Active System)

능동적 시스템은 집열기를 통과하는 물 또는 다른 열전달 유체를 순환하기 위하여 전기펌프, 밸브, 제어기를 사용한다. 능동적 시스템은 다음과 같은 3가지 종류가 있다.

직접 시스템(direct system)은 집열기를 통과하는 물을 순환시키기 위하여 펌프를 사용한다. 이러한 시스템은 오랜 기간동안 동결되지 않아야 하고, 물의 성분 중에 경질 또는 산성물이 없는 지역에 적절하다.

간접 시스템(indirect system)은 집열기를 통과하는 글리콜과 부동액의 혼합물과 같은 열전달 유체를 양수한다. 열교환기는 유체로부터 탱크 내에 저장되어 이동할 수 있는 물로 열을 전달한다. 그림 3-44는 능동적, 간접시스템인 밀폐회로 태양열 온수기 구조를 나타내며, 동결온도의 기후에서 보통 사용한다.

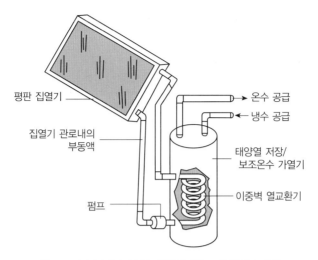

그림 3-44 능동적이며 간접시스템인 밀폐회로 태양열 온수기 구조

배수 시스템(drainback system)은 간접 시스템의 종류로, 집열기를 통과하는 물을 순환시키기 위하여 펌프를 사용한다. 펌프가 정지하면 집열기 루프의 물을 저장탱크로 배출시키는 배수시스템은 추운 기후에 적절하다.

3.6.2 수동적 시스템(Passive System)

펌프를 사용하지 않는 온수 시스템으로, 물을 가열하는 태양열 집열기와 온수를 저장할 수 있는 저장 탱크로 구성된다. 수동적 태양열 시스템은 집열기로부터 태양열을 분배하기 위하여 팬이나 블로어 같은 기계적 장치를 사용하지 않으며, 중력과 물이 가열됨에 따라 자연적으로 순환되는 자연대류에 의존한다. 이러한 현상은 물 또는 열전달 유체가 시스템의 전체로 이동 가능하게 한다. 전기 부품을 사용하지 않기 때문에 수동적 시스템은 능동적 시스템 보다 일반적으로 신뢰성이 높으며 유지·보수하기가 쉽고, 수명이 길다.

(1) 배치 태양열 히터(batch solar heater)

전체 집열 저장 집열기(integral collector storage collector) 또는 breadbox 물 히터라고도 불리는 배치 태양열 히터의 구조는 그림 3-45와 같으며, 집열기와 저장탱크가 태양면의 유리창을 갖는 절연박스 내에 위치한다. 집열기에 비추는 태양 볕은 저장탱크에 입사되어 물을 직접 가열한다. 추운 기후에서는 집열기의 동결 피해 방지를 위하여 이중 유리 또는 선택적 표면을 사용하거나, 물을 배출시킨다. 춥지 않은 기후에서, 공급관과 회수관의 동결방지를 위하여 절연체의 시공과 유지·보수가 필요하다. 아울러 이러한 지역에서는 가정용 온수 용도로 신뢰성이 있으며 경제적인 선택이 될 수 있다.

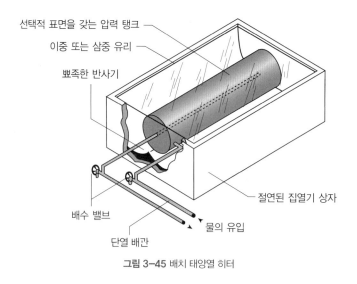

선택적 표면을 갖는 압력 탱크

이중 또는 삼중 유리

뾰족한 반사기

절연된 집열기 상자

배수 밸브

단열 배관

물의 유입

그림 3-45 배치 태양열 히터

(2) 열사이폰 시스템(thermosiphon system)

그림 3-46은 열사이폰 태양열 시스템을 사용하는 집의 구조를 나타내며, 집열기, 단열 저장탱크, 보조히터로 구성된다. 열사이폰 시스템은 집열기를 통과한 물이 집열기 상부에 위치한 탱크로 이동되는, 즉 온수가 상승하여 순환되는 자연대류에 의존한다. 태양열 집열기에서 물이 가열되면 가벼워져 상승함에 따라 자연적으로 상부에 위치한 탱크에 도달한다. 반면에, 탱크내의 찬물은 파이프를 통하여 집열기 하부로 하강하여 전체 시스템을 순환한다. 열사이폰 시스템은 특별히 새로 짓는 집에 경제적이고 신뢰성이 높다.

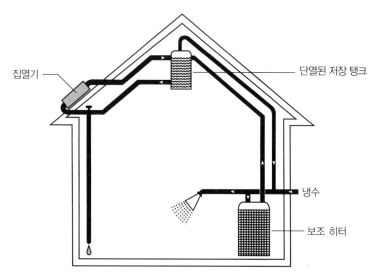

집열기

단열된 저장 탱크

냉수

보조 히터

그림 3-46 열사이폰 태양열 시스템

3.7 태양조명(Solar Lighting)

20 세기 초, 햇빛은 낮 동안 건물 내부조명에 주로 사용되었으나, 전등의 가격, 편리성, 성능 개선에 의해 건물 내부조명의 주요한 사용 방법에서 제외되었다. 하지만, 렌즈 집열기, 반사 빛-파이프, 광섬유 다발 등의 진보된 기술을 통하여 내부 조명의 용도로 햇빛을 직접 사용하려는 시도가 있었다. 가장 최신 기술인 하이브리드 태양조명(hybrid solar lighting)은 햇빛을 모아 광섬유를 통과시켜 전기조명과 조합되는 건물의 조명설비에 전달한다. 센서는 태양 빛의 이용 가능 정도를 기초로 실내에서 전기 조명을 조절하여 지속적인 조명 수준을 유지시킨다. 이러한 새로운 개념의 차세대 태양 조명은 전기와 태양열을 함께 사용한다. 하이브리드 태양조명은 햇빛을 직접 조명 기구로 보내며, 에너지 변환이 필요하지 않아서 이러한 과정은 아주 효율적이다. 2000년대에 미국 에너지부와 Oak Ridge National Laboratory, 여러 산업체들과 협동으로 이러한 시스템이 개발·시험되었다. 그림 3-47은 NREL의 태양 에너지 연구시설(Solar Energy Research Facility: SERF)의 사진으로, 낮 동안 남쪽에 조명 선반을 사용하여 동쪽과 서쪽에 눈부심을 최소화하기 위한 작은 정사각형 창문을 갖고 있다.

그림 3-47 NREL의 태양 에너지 연구시설(Solar Energy Research Facility: SERF)

그림 3-48은 Oak Ridge National Laboratory에서 수행하고 있는 태양 하이브리드 조명 시스템의 개념도로, 완전히 새로운 개념이며, 햇빛의 열을 사용하여 건물 조명을 하는 고도의 효율적인 에너지 방법이다. 하이브리드 태양조명이라 불리는 이러한 새로운 기술은 내부 공간 조명과 전기를 동시에 발생하기 위하여 햇빛을 사용한다. 하이브리드 태양조명은 자연형태의 햇빛을 사용하고, 특별히 상업용 건물에서 가장 전기를 많이 사용하는 조명에 필요한 에너지 공급을 목표로 한다. 전기조명은 미국에서 상업용으로 소비되는 모든 전기의 1/3 이상으로 추산된다. 하이브리드 태양조명은 현재 연구·개발 중으로, 자연 상태의 모든 스펙트럼 햇빛을 광케이블로 집중하고 동시에 낭비되는 적외선을 전기로 변환하는 특별히 설계된 집열기를 사용한다. 광케이블은 모든 스펙트럼의 햇빛을 건물 전체의 조명기구로 전달한다. 또, 하이브리드 태양조명은 기존 태양기술 보다 더 효율적으로 햇빛을 전기로 변환한다. 태양조명과 전력시스템에서, 지붕에 설치된 집열기는 햇빛을 모으고 광케이블을 통하여 건물 내부의 하이브리드 조명기구로 분배한다. 또한, 이 시스템은 부가적인 조명 또는 다른 용도의 전기를 생산한다. 그림 3-49는 태양 하이브리드 조명

시스템에 사용하는 광섬유 사진으로, 유연한 광섬유가 효율적으로 햇빛을 건물에 보내며 자연광을 다수의 하이브리드 조명설비에 전송한다.

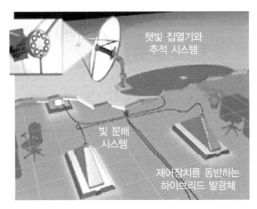

그림 3-48 태양 하이브리드 조명 시스템의 개념도

그림 3-49는 태양 하이브리드 조명 시스템에 사용하는 광섬유

하이브리드 태양조명 시스템은 현재 2개의 적용을 제안했다. 첫째, 상업용 건물에서 많은 부분의 전기를 사용하는 전기조명을 대신하기 위한 시스템으로 개발되고 있다. 그림 3-50은 상용 건물시스템에 적용을 위한 외형을 나타낸다. 둘째, 새로운 하이브리드 태양광생성반응기(photobioreactor)를 하이브리드 태양조명의 주요 부품으로 사용할 가능성에 관하여 연구를 수행 중이다. 태양광생성반응기는 광에너지를 반응기에 공급하기 위하여 다양한 빛의 원천과 혼합하는 생물반응기이다. 그림 3-51은 하이브리드 태양광생성반응기를 나타내며, 광생성반응기는 발전소에서 배출되는 이산화탄소로부터 광합성 근간의 생화학 과정을 통하여 탄소를 분리하거나, 미세조류를 경작하여 바이오디젤을 생산할 수 있는 방법도 연구하고 있다.

그림 3-50 상용 건물에 적용을 위한 하이브리드 태양 조명 시스템

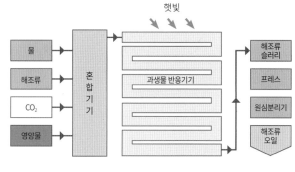

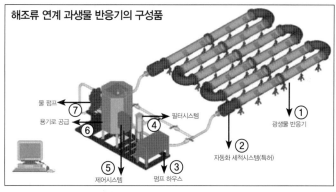

그림 3-51 하이브리드 태양광 생성반응기(photobioreactor)

3.8 태양열 조리기(Solar Cooker)

18세기 초에 유럽과 인도에서 최초로 성공적인 태양열 조리기를 사용했다. 태양열 조리기 또는 태양열 오븐은 밀폐된 내부에서 획득된 태양에너지를 흡수하여 열로 변환한다. 이렇게 흡수된 열은 여러 종류의 음식을 요리하거나 굽는데 사용되며, 태양열 조리기에서 온도는 200℃ 이상 획득 가능하다. 태양열 조리기는 상자형 오븐, 집중형 또는 반사형 조리기, 태양증기 요리기 등의 다양한 형상과 크기로 존재한다. 태양열 조리기의 설계는 계속 변화하지만, 모든 조리기는 단열된 부분의 형상에서 열을 가두며, 햇볕이 실제로 음식에 입사한다는 사실을 기본으로 한다.

3.8.1 상자형 태양열 조리기(box-type solar cooker)

그림 3-52는 상자형 태양열 조리기의 사진이며, 검은 내부와 잘 단열된 상자, 음식을 넣어두는 흑색 그릇으로 구성된다. 상자의 덮개는 2개의 패널인 유리창으로 이루어지며, 태양복사를 상자로 유입시키고 누출하는 열을 방지한다. 내부에 거울 뚜껑을 첨가하여 열려있을 때 입사하는 복사를 강화하고, 닫혀 있을 때 상자의 단열을 향상시키기 위하여 조절 가능하다.

그림 3-52 상자형 태양열 조리기

상자형 태양열 조리기의 장점은 다음과 같다.

- 태양복사를 직접적으로 확산시키는데 사용한다.
- 한 번에 여러 용기를 가열할 수 있다.
- 가볍고 운반 가능하다.
- 취급하고 작동하기 쉽다.
- 태양을 추적할 필요가 없다.
- 보통의 온도에서 뒤섞을 필요가 없다.
- 저녁까지 음식을 따뜻하게 유지할 수 있다.
- 지역적으로 유용한 재료를 사용하여 상자를 만들고 보수하는 것이 쉽다.
- 다른 종류의 태양열 조리기와 비교하면 상대적으로 저렴하다.

상자형 태양열 조리기의 단점은 다음과 같다.

- 요리는 햇빛이 있는 주간 시간으로 제한된다.
- 보통의 온도에서 요리시간이 길다.
- 유리 덮개가 고려할만한 열손실을 유발한다.
- 이러한 요리기는 튀기거나 굽는데 사용할 수 없다.

단순한 구조와 상대적으로 저렴한 가격, 취급하기 간단하며 작동이 쉽기 때문에 상자형 태양열 조리기는 태양열 조리기 중에서 가장 많이 사용된다. 상자형 태양열 조리기는 제작방법에 따라 대량생산, 수공, 자체조립 등으로 분류하며, 넓고 낮은 상자형, 또 점토로 만든 고정된 형태의 트렁크형상 등이 있다. 또한 사용하는 지역에 따라 열대와 아열대 지역의 수평 커버 또는 온대 지역의 경사진 커버를 포함한다. 5명 가족의 표준모델은 창(window) 면적이 약 $0.25m^2$ 이고, 대형판은 $1m^2$, 그 이상은 시장에서 구할 수 있다.

(1) 제작

내부 상자에 흡수된 열이 조리기 그릇 하부 면적에 잘 전도해야 함으로 좋은 열전도체인 알루미늄이 최적의 재료이다. 요리과정 동안 내부에서 발생하는 고온과 습한 조건으로 인하여, 얇은 철판 상자나 아연도금은 견딜 수 없지만, 알루미늄은 부식방지에도 좋다. 금속부를 내부 상자의 상부 림 주위 외부에 위치할 수 없으며 열 브리지도 피해야 한다. 단열 재료는 유리, 광질면(rock wool), 땅콩, 코코넛, 쌀, 옥수수 등의 가공 잔류물과 같은 천연재료 들로 구성되며, 사용되는 재료는 건조시켜 사용한다. 커버는 하나 또는 두 개의 창유리와 그 사이의 공기층으로 구성되며, 유리와 유리 사이의 간극은 대개 10~20mm이다. 최근 실험에 의하면, 투명한 재료의 벌집형(honeycomb) 구조가 내부공간과 작은 수직 공간을 나눔으로 많은 조리기의 열손실을 감소할 수 있고, 효율이 증가한다는 것을 보여준다. 내부 커버 유리는 열응력에 상당히 노출되어 있으므로 안전유리가 주로 사용되거나, 유리 두께가 약 3mm인 보통의 창문유리 2개가 사용되기도 한다. 상자형 태양열 조리기의 외부 커버 또는 뚜껑은 입사하는 햇빛 복사를 증폭시키기 위한 반사경의 기능을 한다. 반사면은 일반 유리거울(무겁고, 비싸며 깨지기 쉽지만 쉽게 구할 수 있음), 반사 코팅을 한 플라스틱 판(저렴하지만 내구성이 나쁘며 구하기가 어려움), 깨지지 않는 금속유리로 구성된다. 긴급한 상황에서는 담배 갑에 사용되는 포일도 이러한 역할을 한다. 태양열 조리기의 외부상자는 나무, 유리강화플라스틱(glass-reinforced plastic: GRP) 또는 금속으로 만든다. 유리강화플라스틱은 가벼우며, 저렴하고, 날씨에 잘 견디는 능력이 있지만, 연속적으로 사용하기에는 안정성이 충분하지 않다. 나무는 더 안정하고, 무거우며 날씨에 견디는 능력이 적다. 나무 지주를 한 알루미늄 금속 케이스는 최상의 마감 상태이며 기계적인 충격이나 날씨 영향에 따라 적당히 안정하다. 알루미늄을 입힌 나무상자는 가장 안정하지만, 비싸며, 무겁고 만드는데 시간이 많이 소요된다. 입사면적이 $0.25m^2$인 보통의 상자형 태양열 조리기 용량은 4kg 정도의 음식 또는 5인 가족을 먹일 수 있는 양에 해당한다. 상자형 태양열 조리기 내부는 최대온도가 열대지방에서 맑은 날에 150에 이르며, 주위온도를 기준으로 120의 열헤드(thermal head)를 갖는다. 음식이 함유하는 물은 100℃ 이상 가열되지 않기 때문에, 음식을 요리 중인 조리기의 내부온도는 낮다. 태양열 조리기의 내부 온도는 그릇이 그 내부에 있을 때 급격히 떨어진다. 중요한 사실은 요리시간이 길어도 온도가 100℃ 이하로 유지된다는 것이다. 하지만 100의 끓는 온도가 대부분의 야채와 곡물에 해당하는 것은 아니다. 상자형 태양열 조리기의 평균 요리시간은 좋은 입사조건과 적절한 부피로 채워져 있을 때 1~3시간 사이이다. 얇은 벽의 알루미늄 그릇은 스테인레스 스틸 그릇 보다 요리시간이 짧다. 요리시간은 다음과 같은 인자에 의해 영향을 받는다.

- 요리시간은 강한 입사에 의해 단축된다.

- 높은 주위의 온도는 요리시간을 단축한다.

- 그릇에 담겨진 작은 부피는 요리시간을 단축한다.

3.8.2 반사형 조리기(reflector cooker)

그림 3-53은 반사형 태양열 조리기의 사용하는 예를 나타내며, 포물선형 반사기와 조리기의 중심점에 위치하는 요리 그릇을 지탱하는 홀더로 구성된다. 조리기가 태양과 적절히 일직선으로 맞추어 질 때, 태양에너지는 반사기로부터 반사되어 초점에서 모아져 그릇을 가열한다. 반사기는 단단한 축의 포물면이며, 금속판 또는 반사형 포일의 재료가 사용된다. 반사면은 처리된 알루미늄, 거울상태로 마감된 금속 또는 플라스틱판으로 이루어지며, 포물면의 내부에 접합된 많은 편평한 거울로 구성된다. 원하는 초점 길이에 따라 반사기는 깊은 사발의 형태이며, 완전히 그릇을 삼키는 모양(짧은 초점길이, 바람으로부터 보호되는 그릇)이다. 모든 반사형 조리기는 직접 입사만 이용하고 온종일 햇빛을 추적해야 한다. 이러한 추적 요구조건으로 인하여 추적장치는 지지대와 조절 메카니즘의 안정성, 자연에 의존하며 취급하기가 복잡하다.

그림 3-53 반사형 태양열 조리기

반사형 태양열 조리기의 장점은 다음과 같다.

- 고온을 얻을 수 있는 능력과 그에 따른 요리시간이 짧다.

- 상대적으로 저렴한 버전이 가능하다.

- 굽는 용도로 사용 가능하다.

위에서 기술한 장점에도 불구하고 반사형 태양열 조리기의 단점은 다음과 같다.

- 초점길이에 의존하여 조리기는 매 15분마다 태양과 다시 일직선으로 맞추어야 한다.

- 직접 입사만 사용되며 확산 복사는 이용되지 않는다.

- 분산된 구름은 높은 열손실을 유발한다.

- 취급과 작동이 쉽지 않으며, 연습과 작동원리를 이해해야 한다.

- 반사된 복사는 눈을 보이지 않게 하여 조리기의 초점에서 그릇을 조작할 때 화상으로 인한 부상 위험이 있다.

- 요리는 햇빛이 있는 낮 시간으로 제한된다.

- 요리사는 뜨거운 태양아래 서 있어야 한다.(단, 고정 초점 요리기는 제외)

- 효율은 순간적인 바람 조건에 심각하게 의존한다.

- 한 낮이나 오후에 요리된 음식은 저녁에는 차게 된다.

조리기를 취급 시 복잡하며, 요리사가 태양아래 서 있어야 하기 때문에, 반사형 조리기를 채택 시 장해물이 된다. 그러나 중국에서는 음식을 조리하는데 필요한 전력과 온도가 요구되는 곳에서, 편심축 반사형 조리기가 보급되고 다량으로 채택되었다.

3.8.3 열출력(thermal output)

태양열 조리기의 열출력은 입사 수준(insolation level), 일반적으로 $0.25 \sim 2m^2$인 조리기의 유효집열면적(effective collecting area), $20 \sim 50\%$인 열효율에 의해 결정된다. 표 3–2는 상자형과 반사형 태양열 조리기를 비교한 것으로, 면적, 효율, 동력출력, 물 1L를 요리 시 필요한 시간을 나타낸다.

표 3–2 상자형과 반사형 태양열 조리기의 비교

	면적 [m²]	보통효율 [%]	850W/m²의 입사 시 출력 [W]	물 1L를 요리 시 필요한 시간
반사형 조리기	1.25	30	320	17 분
상자형 조리기	0.25	40	85	64 분

반사형 조리기는 상자형 조리기 보다 더 넓은 집열기 면적이 필요하다. 따라서 짧은 시간에 더 많은 물을 끓이고, 음식을 요리하거나 비교할 만한 양을 가공하는 더 높은 동력 출력을 생성할 수 있다. 반면에 요리 그릇이 주위 대기의 냉각 효과에 완전히 노출되기 때문에 열효율은 상당히 낮다. 열대와 아열대 지방의 나라들에서 일 년의 대부분인 쾌청한 날씨와 보통 하루의 입사량 경향을 계산할 수 있다. 지구 복사가 $1,000W/m^2$에 도달하는 하루의 중간에서, 열출력 수준은 조리기의 종류와 크기에 의존하는 $50 \sim 350W$가 현실적이다. 입사량은 아침과 오후 시간에 자연적으로 낮으며 태양추적에 의해 완전히 보정될 수 없다.

비교방법:

건조한 나무 1kg을 1시간 연소시키면 대략 5,000W에 조리장치의 열효율(개발도상국에서 사용하는 삼석화로: 15%, 개량된 조리형 풍로: $25 \sim 30\%$)을 곱한 값이다. 따라서 요리 그릇에 도달하는 열출력의 양은

750~1,500W 사이에 있다. 입사량은 구름이 끼거나 우기에 급격히 떨어진다. 직접 복사의 부족은 반사형 조리기를 쓸 수 없게 하고, 상자형 조리기는 음식을 따뜻하게 유지시키는 것 외에는 별로 소용이 없다. 태양열 조리의 약점은 어떠한 장치를 사용하던지 구름이 끼거나 비가 오는 날(제3세계에서 일 년에 2~4개월)에는 나무나 분뇨의 연소 또는 가스 나 케로젠 연료의 요리기와 같은 기존의 방법으로 요리해야 한다는 것이다.

3.8.4 태양복사

태양열 조리기의 적용을 위한 가장 중요한 조건은 적절한 입사량과 낮 동안 또는 일 년 동안 연속적인 자연환경이다. 태양열 복사의 기간과 강도는 태양열 조리기의 사용을 늘리며, 연속적인 규칙적 기간을 만족시켜야 한다. 중앙 유럽에서 햇빛이 있는 여름날 태양에너지로 요리를 할 때, 최소 입사량이 매년 1,500kWh/m²(하루 평균의 입사량: 하루당 4kWh/m²) 정도가 태양열 조리기에 유용하다. 그러나 이러한 연간 데이터가 때때로 오류를 줄 수 있다. 태양열 요리의 근본적인 조건은 신뢰할 만한 여름기후, 즉 규칙적으로 구름이 없는 날을 근본적으로 예측한 결과에 따른다. 태양에너지의 공급은 제3계의 열대지역에서도 나라마다 대체로 변화한다. 따라서 항상 이용 가능할 수 없지만 지역적인 데이터를 참고로 한다. India의 대부분 지역은 태양복사량이 태양에너지 사용 용도로 상당히 좋은 곳이다. 하루의 지구 복사량에 대한 연간 평균은 하루당 5~7kWh/m²로, 지역에 따라 변한다. 대부분의 지역에서, 장마철 동안 최소 입사량에 도달하고, 12월과 1월 동안 다시 약해진다. Kenya의 기후와 입사량은 태양열 조리기의 사용에 적당하다. Kenya는 적도와 가까워 열대기후를 갖는다. Nairobi에서 하루의 입사량은 7월에는 3.5kWh/m², 2월에는 6.5kWh/m²으로 변동하나, Lodwar 같은 Kenya의 다른 지역에서는 6~6.5kWh/m² 정도로 균일하여 실용적이다. Nairobi의 태양 입사량은 6월에서 8월을 제외한 연간 아홉 달 동안 적절하다. 반면에 기존의 요리기구는 구름이 끼거나 흐린 날에 사용해야 한다. 그러나 Lodwar 지역에서는 일 년 내내 사용 가능하다.

3.8.5 개발도상국에서의 태양열 조리기

태양열 조리기의 목적은 에너지 위기에 직면한 지구에서 에너지를 절약하기 위한 방법을 제공하는 것이다. 가난한 사람들의 에너지 위기는 나무 땔감의 부족을 초래하며, 국가 에너지 위기는 국가 지출 균형에 영향을 미친다. 태양열 조리기는 이러한 어려움의 해결에 도움을 줄 수 있다. 다른 나라와 비교하여 개발도상국은 작은 양의 에너지를 소비한다. 1982년의 India는 자본 당 에너지 소비율이 7,325 GJ로 세계에서 가장 낮았지만, 국가의 에너지 소비율은 GNP의 증가로 인하여 거의 2배 가까이 증가했다. 이것은 대부분의 개발도상국에서 같은 현상으로 나타난다. 개발도상국의 많은 가난한 사람들은 에너지 필요량의 대부분을 전통적이고 지역적으로 유용한 에너지 원천이나 육체적인 노동력인 비상업용 방법으로 대신한다. 그들은 상업용 에너지를 살 여유가 없기 때문에 생활여건이 악화되고, 그에 따라 가난한 사람들이 사용하는 연료가 상대적으로 부족하다. 태양열 조리기를 보급하기 위한 대상은 제3세계의 대다수의 가난한 사람들로, 태양열 조리기는 그 나라의 시골 사람들에게도 혜택이 될 것이다.

3.8.6 요리에너지 양

하루의 연료 사용량은 요리해야 할 음식 종류와 따뜻한 음식의 수에 따라 변한다. 일반적인 개발도상국에서 각각의 주민은 매해 1톤의 장작을 연소 시킨다. India에서 평균 가정은 대략 하루에 3~7kg의 나무가 필요하지만, 서늘한 지역에서는 하루 필요한 장작량이 겨울에는 20kg, 여름에는 14kg 사이에서 변동한다. 말리의 남부지역에서, 평균 15명이 있는 가정은 매일 15kg의 나무를 연소 시킨다. Pakistan의 Afghanistan 난민 캠프에서 수행된 조사에 의하면, 하루 장작 필요량이 가정 당 10kg 이상으로 알려졌다. 보통 가정에서 사용되는 나무의 절반 이상이 굽는데 사용되며, 나머지는 요리하는데 사용된다. 물론 겨울에는 난방용으로 더 많은 양의 나무가 필요하다. 필요한 조리에너지의 양이 극도로 변화한다는 사실에도 불구하고, 태양열 조리기의 사용으로 많은 조리에너지가 절약된다. 요리하는데 필요한 불이 여전히 장작에 의해 공급되기 때문에, 태양열 조리기의 주요 기능은 장작 소비량을 감소하는데 도움이 된다. 그러나 케로젠, 가스병 또는 전기와 비교하면 장작이 꽤 저렴하다는 것이 문제이다. 사람들이 직접 사용하거나 팔려는 목적으로 나무 벌채가 증가하며 조절이 되지 않기 때문에, 살림벌채, 사막화, 침식, 지하수 수위의 퇴각 등의 주요 원인이 되며 장기적으로 생태학적 균형에 악영향을 미친다. Pakistan의 부족한 자원과 Kenya의 만연하는 살림벌채 등이 그러한 가능성을 잘 설명하고 있다. 대부분의 태양열 조리기의 실제 생산비용에 관한 데이터는 거의 없다. 이러한 태양열 조리기의 대부분은 시제품 수준으로, 연속생산에 필요한 기술적인 성숙이 아직 완성되지 않았기 때문에 적절한 정보는 찾기가 어렵다. 제3세계에서는 외환 부족 때문에 지역적인 고유한 재료로 만들어지는 태양열 조리기의 선호도가 높다. 하지만, 대부분의 시골 가정에서 장작은 공짜로 가져올 수 있고 농부들은 돈을 거의 벌지 못하기 때문에, 태양열 조리기를 구매하는 비용은 여전히 비싸다는 것이 문제이다. 대체로 태양열 조리기는 잘해야 국가에너지 정책에 약간 기여할 수 있지만, 가난한 사람들의 생활 여건을 상당히 향상시키고 그들이 갖고 있는 에너지 위기를 극복하도록 돕는데 기여 할 수 있을 것이다.

예제 3-2

요리에 필요한 유용한 열에너지률을 150W라고 가정하면, 이러한 복사에너지를 획득하기 위하여 필요한 반사기를 포함하는 태양열 조리기의 면적은 얼마인가?

풀이

태양열 조리기의 효율이 20%이고, 직접일사량의 85%를 획득한다고 가정하여 집열기 면적을 계산할 수 있다. 정오의 일사량을 900W/m²이라고 가정하면, 직접일사량은 900×0.85 = 765W/m²이다.

조리기에 필요한 에너지 150W는 직접일사량, 효율, 획득면적의 곱과 같다.

$$(열조리기기에 필요한 열에너지) = (획득된 태양에너지)$$
$$(765W/m^2)(0.2)A = 150W$$
$$A = 0.98m^2$$

3.9 태양연못(Solar Ponds)

태양연못은 태양에너지를 집열하고 저장하는 물이 본체로, 일종의 태양열 집열체이다. 기존의 태양열 시스템과 비교하여 값싸게 저온 열에너지를 얻을 수 있다는 생각으로 수십 년 전부터 여러 나라가 연구를 진행하고 있다. 태양에너지는 태양에 노출된 물의 본체를 덥히지만, 열을 가두어 사용하는 방법이 없으면 그 물은 열을 잃는다. 태양연못은 물이나 공기가 가열되면 가벼워져 상승한다는 단순한 원리로 작동한다. 태양에 의해 가열된 물은 팽창되어 밀도가 낮아지므로 상승하고, 표면에 도달한 물은 대류 또는 증발을 통하여 공기로 열을 방출한다. 무거운 찬물은 따뜻한 물을 대체하기 위하여 하강하며 물을 혼합하고 열을 소산시키는 자연대류 순환을 만든다. 일반적인 연못에서는 햇빛이 물을 가열하고 연못 내의 가열된 물은 상승하여 상부에 도달하고 열이 대기로 손실된다. 결국 연못의 물은 대기 온도와 같게 된다. 태양연못은 깊이가 2~3m, 넓이가 수천 m²인 연못의 바닥에 농도가 높은 소금물을 담아, 대류를 억제하면 표면수의 온도는 낮아지고 바닥의 온도는 높아짐에 따라 이 열에너지 또는 온도차를 이용하는 것이다. 즉, 연못 속에 소금물을 넣어 태양열로 가열된 물이 소금의 농도 차이에 의해 층이 형성되게 하여 축열을 하는 방식으로, 이 물의 온도는 약 80℃가 된다.

그림 3-54는 태양연못의 개념도를 나타내며, 소금물의 밀도에 따라 세 개의 층(layer)으로 구분된다. 밀도가 0~5%인 상부대류층(upper convection zone: UCZ), 밀도가 포화상태인 20% 정도까지 깊이에 걸쳐 구배(gradient)된 비대류층(non-convective zone: NCZ)인 중간층 과 포화된 하부대류층(lower convection zone: LCZ)으로 구성된다. 표면층 또는 상부대류층인 상부는 대기 온도와 같으며 소금의 함유는 거의 없다. 연못의 표면층이 대류작용을 하는 것은 외부 현상에 노출되기 때문에 바람이나, 비 또는 눈이 올 때 혼합현상과 물결현상으로 불안정한 상태가 일어난다. 표면층이 두꺼워지면 전체 시스템의 깊이에 영향을 주어 일사에너지의 침투율과 시스템의 효율저하를 야기한다. 하부대류층에 도달하는 햇빛에 의하여 온도구배(temperature gradient)를 형성하지만, 이 온도구배는 소금물 밀도구배의 안정조건을 초과하기 때문에 자연스럽게 대류가 발생한다. 또한 하부층은 바로 위에 형성된 비대류층으로 인하여 외부, 즉 상단으로부터 열적으로 차단되기 때문에 열저장층(storage layer)이라고도 한다. 저장층은 태양에너지를 흡수하여 70~85℃ 열원을 제공하게 되며, 깊이 등을 조절하여 효과적으로 운영이 가능하도록 한다. 상부층과 하부층 사이의 중요한 구배영역인 비대류층에서는 소금 함유량이 깊이가 증가함에 따라 증가하여 염도 또는 밀도 구배를 만든다. 이러한 영역에서 특별한 층을 생각하면, 상부층의 물은 염분이 작아서 가볍기 때문에 상승할 수 없고, 하부층의 물은 높은 염분으로 무겁기 때문에 하강할 수 없다. 이러한 구배 층은 햇빛이 하부 영역에 도달하도록 허용하는 투명한 단열체로 작동한다. 획득된 태양에너지는 저장영역에서 뜨거운 염수의 형태로 연못으로부터 회수된다. 이렇게 세 개의 층으로 구분된 태양연못은 층별로 온도분포가 다르게 형성된다. 즉 상부대류층과 하부대류층은 전체 깊이(두께)에서 일정하지만, 대류작용이 없는 중간층인 비대류층에서는 깊이에 따라 밀도와 온도가 계층화되어 구배를 이룬다.

태양연못은 공정 가열, 물의 담수화, 냉동, 건조, 전력생산 등의 다양한 적용에 사용 가능하며, 저가의 소금, 해수의 공급이 용이, 물의 급·배수가 쉬움, 높은 태양입사량, 저가의 토지 이용 등의 입지 조건이 좋은 장소에 건설하는 것이 경제적이다. India의 해안가인 Tamil Nadu, Gujarat, Andhra Pradesh, Orissa 등이 태양연못에 적절한 지역이다.

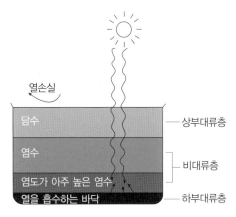

그림 3-54 태양연못의 개념도

태양연못의 2가지 종류는 연못 내에서 발생하는 대류를 방지하기 위하여 열손실을 감소시키는 비대류 연못(nonconvecting pond)과 연못 표면에서 증발 방해에 의한 열손실을 감소시키는 대류 연못(convecting pond)으로 구분된다.

3.9.1 비대류 연못

비대류 연못은 염분 구배 연못(solar gradient pond)과 막 연못(membrane pond)의 2가지 형태로 나누어진다. 염분 구배 연못은 농도가 변화하는 3가지의 독특한 염수(물과 소금의 혼합물) 층을 갖는다. 염수의 밀도는 소금농도에 따라 증가하므로, 가장 농도가 진한 층은 바닥에 형성되고, 농도가 엷은 층은 표면에 위치한다. 일반적으로 사용되는 소금은 염화나트륨과 염화마그네슘이다. 보통 짙은 색 재료는 부틸기를 함유하는 고무 라이닝을 사용하며, 짙은 색의 라이닝은 태양복사의 흡수를 증대하고 주위 토양과 지하수를 소금으로부터 보호한다. 햇빛이 연못에 입사함에 따라 물과 라이닝이 태양복사를 흡수한다. 그 결과 연못 바닥 근처의 물은 93.3℃ 정도로 가열된다. 모든 층들이 약간 열을 저장하지만 바닥 층은 대부분을 저장한다. 물의 온도가 상승함에 따라 바닥 층은 상부 층보다 밀도가 높게 되어 대류를 억제한다. 외부 열교환기 또는 증발기를 통해 염수를 퍼내어 이 바닥 층의 열을 제거한다. 열을 제거하는 다른 방법은 연못 바닥에 위치한 열교환기를 통해 열전달유체를 길어 올려 그 유체의 열을 제거하는 것이다. 비대류 연못의 다른 형태인 막 연못은 물리적으로 얇고 투명한 막으로 된 분리된 층에 의하여 대류를 억제한다. 염분 구배 연못과 같이 열은 바닥 층으로부터 제거된다.

3.9.2 대류 연못

대류 연못으로 잘 연구된 예는 얇은 태양 연못이다. 이 연못은 대류가 허용되나 증발이 방해되는 대형 가방에 들어있는 순수한 물로 구성된다. 흑색의 바닥을 갖는 가방은 발포성 단열재가 아래에 있고, 2가지 종류의 유리창(플라스틱 또는 유리)이 상부에 있다. 낮 동안 햇빛은 가방 내의 물을 가열한다. 밤에는 열손실을 최소화하기 위하여 고온수가 대형 열저장 탱크로 양수된다. 고온수를 저장탱크로 양수할 때 과도한 열손실은 얇은 태양연못 개발의 한계이다. 대류 연못의 다른 형태는 깊고 염분이 없는 연못이다. 이러한 대류 연못은 얇은 태양 연못과는 다르고, 물을 저장장치로 유출입하게 양수할 필요가 없다. 이중 유리는 깊고 소금기 없는 연못을 덮는다. 밤이나 태양에너지가 없을 때, 유리 상부에 위치하는 단열은 열손실을 감소시킨다.

3.9.3 적용

태양연못의 적용은 마을, 주거용, 상업용 난방, 저온 산업용과 농업용 공정 열, 고온의 산업공정용 예열, 전기발전 등이다. 또한 연못으로부터 추출된 열이 흡수식냉동기를 구동하여 냉방에 사용된다.

El Paso 태양연못

1983년에 University of Texas at El Paso(UTEP)가 시작한 El Paso 태양연못 프로젝트는 연구·개발·실증과제로, 음식 통조림공장의 땅에 0.8에이커 규모의 염수 구배(salt gradient) 태양연못을 건설하였다. 태양연못의 최초 적용은 통조림 공장 작동에 필요한 열을 생산하는 것으로, 1986년 5월부터 열을 생산하고 있다. 1986년 7월에 Organic Rankine 사이클 열기관을 시스템에 증설한 후, 9월에는 미국 최초로 전기를 생산하여 전력망에 연계되는 태양연못이 되었으며, 생산된 70kW 전력을 Bruce Food Corporation의 첨두부하 시 공급하였다. 1987년 5월 24단 낙하액막(falling-film) 저온 담수화장비를 첨가했으며, 6월에는 하루에 16,000L의 담수를 생산했다. 1992년에는 XR-5 라이너의 파손으로 인하여 작동이 중지되었다. 이 태양연못은 지구합성물 진흙 라이너 시스템으로 다시 건설되어 1995년 봄에 다시 작동하게 되었다. 이 시스템은 약 86℃에서 작동하고 약 300kW의 열에너지를 공급한다. 이 프로젝트는 밤이나 장기간의 흐린 날씨에도 작동되는 태양연못의 주요한 장점을 입증했다. 미국에서 수행한 실증 프로젝트로는, Ohio 주 Miamisburg 시에서 염분 구배 연못을 사용하여 휴양소 건물과 수영장의 열을 공급하였으며, Tennessee Valley Authority는 다양한 목적으로 여러 개의 얇은 태양연못을 건설하고, 유사한 프로젝트를 보조했다.

그림 3-55 El Paso 태양연못[17]

Beit Ha'aravah 태양연못

전기생산 용도로 운영된 최대 태양연못은 Israel(지금 Palestine의 West Bank)에 건설된 Beit Ha'aravah 연못(그림 3-56)으로 1988년까지 작동되었다. 이 대규모 태양연못은 250,000m² 면적으로 거대한 양의 에너지를 저장했다. 태양연못의 개척자인 Ormat Corporation은 그림 3-57과 같이 연못의 고온수로 유기화합물(organic) 유체를 증기로 변환하여 전기를 생산하는 5MW급 저온터빈을 개발·제작하였다. 이 장치에 채택한 유기랭킨사이클(Organic Rankine Cycle: ORC) 시스템은 낮은 열원을 이용하여 비등점이 낮은 유기화합물을 작동유체로 사용하여 증발과 응축을 통하여 동력(전기)을 생산할 수 있는 장치이다. 상대적으로 저온에서 동력을 생산하는 시스템은 소형이어야 하고, 열역학적 효율은 대략 1%가 최적이다. 따라서 이 태양연못은 평균 570kW의 전력을 생산할 것이라고 예측되어, 5MW 터빈은 가망이 없는 것처럼 보였다. 그러나 다른 태양에너지 이용기술과 비교하면 태양연못은 독특하게 부착된(built-in) 저장 용량이 특징이다. 연못의 온도가 얕은 깊이에서 정상상태에 도달하려면 수 주일이 걸리고, 그 후에는 연간 기준으로 상시 570kW를 초과하지 않는 범위에서 에너지를 계속 공급한다. 사실 매일 아침과 저녁의 첨두부하 기간 동안 수 시간에 걸쳐 거대한 에너지 출력을 생산할 수 있다. 유용성을 발휘하면 태양연못은 하루 동안 태양에너지를 흡수하고 이른 아침이나 늦은 오후 시간에만 작동할 수 있다. Ormat 유기화합물 유체 터빈은 전체가 밀봉된 유닛이기 때문에 저온열원이 있으며, 전기동력이 필요한 모든 환경에서 장시간의 수명을 갖는 것으로 판명되었다.

그림 3-56 Beit Ha'aravah 태양연못

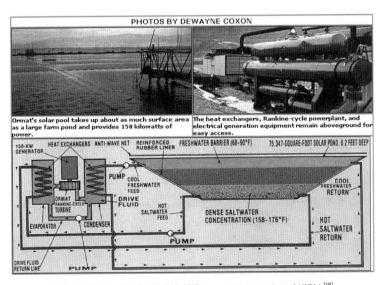

그림 3-57 Ormat의 유기랭킨사이클(Organic Rankine Cycle) 발전소[18]

현재 Israel은 150kW의 태양연못이 있으며, 집열부와 저장탱크는 사용하지 않는다. 연못은 농후한 소금물로 채워져 있다. 연못 하부의 소금물 밀도는 혼합을 발생하는 대류과정을 방해한다. 그 결과 하부의 고온층은 열교환기를 통하여 양수된다. 이것이 Ormat 터빈에 의해 개발된 것이다. 사해(Dead Sea)의 남쪽에는 소형 태양연못 전기발전소가 위치하여 저렴하며 자연적으로 발생하는 이러한 현상이 안전하고 신뢰성 있는 에너지생산을 가능하게 한다. Rankine 사이클 터빈의 Israel 제작사인 Ormat 터빈은 연못 소금물에 저장된 열을 모아 사용하는 시스템을 개발하였다. 이 시스템은 150kW의 전기를 생산한다. 인공 태양연못의 넓이는 75,347ft², 깊이는 8feet 이다. 태양연못은 Israel에서 많이 상용화되고 있는데, 사해의 물을 끌어들여 사막지역의 수평방 km의 규모로 온도차를 이용하여 발전할 계획을 세웠다. 이미 5,000kW 발전소가 가동 중이며, 200만kW급의 발전소도 건설 가능하다고 한다. 이 태양연못은 하절기에 태양열을 축열하고, 동절기에 저장된 열을 이용하여 난방 및 높은 하부층 온도와 낮은 상부층 온도 차이로부터 저온터빈을 구동하여 발전할 수 있다는 특징이 있다.

Pyramid Hill 태양연못

그림 3-58은 Australia의 Pyramid Hill(Victoria의 Kerang 부근)의 태양연못 사진으로, 고온수 형태의 에너지는 연못 바닥에 놓여있는 배관 내 신선한 물의 순환으로 추출된다. 연못 벽까지 이어진 배관 그물은 염분을 함유하는 연못물에 의해 가열된 연못 바닥으로 신선한 물을 순환시킨다. 표면의 플라스틱 고리는 바람에 의한 순환 영향을 감소시키는데 사용한다.

그림 3-58 Pyramid Hill(Victoria의 Kerang 부근)의 태양연못

Bhuj의 태양연못

그림 3-59의 Bhuj 태양연못은 연구·개발·실증 프로젝트로, India의 비전통 에너지원천부(Ministry of Non-Conventional Energy Resources) 국가 태양연못 프로그램(National Solar Pond Programme)으로 1987년에 시작하여 1993년에 완공하였다. Gujarat Energy Development Agency, GDDC(Gujarat Dairy Development Corporation), TERI(Tata Energy Research Institute) 등이 공동으로 Bhuj의 Kutch Diary에 6,000m²의 연못을 건설하였으며, TERI는 Bhuj 태양연못의 제작, 운영, 유지, 보수를 담당했다. 태양연못은 100m 길이, 60m 폭, 3.5m의 깊이를 갖고 있다. 염수의 침투를 방지하기 위하여 지역적으로 이용할 수 있는 재료를 사용하였으며, 특별히 개발된 안감 받히기 방법을 채택했다. 연못은 밀도가 높은 소금물을 만들기 위하여 물과 4,000톤의 일반 소금으로 혼합하였다. 염도 구배가 잘 이루어지고 고온 염수의 흡입과 배출을 확산하는 파도 억제 그물(wave suppression net), 즉 샘플 플랫폼도 설치되었다. 이 태양연못은 세계 최대 규모로 정지 시 최대 99.8℃의 온도까지 도달하였다. 연못

하부에서 추출한 고온의 염수는 양수되어 쉘-튜브(shell & tube) 열교환기에서 70℃로 물을 가열하고, 가열된 물은 Kutch Diary 공장의 예열보일러 및 청소와 세척에 사용되었다. 태양연못의 실증프로젝트는 공장에 하루 80,000L의 고온수를 공급하여 성공적으로 입증되어, 1993년 9월부터 2000년까지 우유가공소에 공정 열을 충분히 공급하였으나, GDDC의 심각한 경제적 손실과 Bhuj 지진으로 현재 운영되지 않고 있다.

그림 3-59 India Bhuj의 태양연못[19]

3.9.4 타당성

태양연못은 저렴한 소금, 평평한 땅, 물의 접근성이 좋은 곳에 경제적으로 건설될 수 있다. 태양연못의 염수로부터 토양의 오염 방지 같은 환경적인 인자도 중요하다. 이러한 이유와 현재 값싼 화석연료의 사용 때문에 미국에서 태양연못 개발이 제한되고 있다. 미국에서 태양열 연못의 가장 큰 잠재적인 시장은 산업용 공정 열 분야가 될 수 있다.

––––––––––––– 예제 3-3 –––––––––––––

태양 연못은 거대한 양의 물에 저장된 태양열 에너지를 발전에 사용한다. 태양열 발전소의 효율이 4%이고, 출력이 350W일 때, 필요한 태양에너지 수집률(kJ/h)를 구하라.

––––––––––––– 풀이 –––––––––––––

태양에너지 수집률 또는 발전소에 공급된 열률은 열효율 관계식으로부터 구할 수 있다.

$$\dot{Q}_H = \frac{\dot{W}_{net}}{\eta_{th}} = \left(\frac{350kW}{0.04}\right)\left(\frac{3600s}{1h}\right) = 3.15 \times 10^7 kJ/h$$

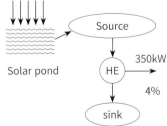

그림 3-60 예제 3-3 태양연못

3.10 국내외 기술 및 시장동향

세계에서 가장 보급이 많이 된 기술인 태양열 온수/난방 기술은 2010년 기준 누적보급량이 9천5백만 가정에 온수와 난방을 공급할 수 있는 규모인 총 195.8GW에 해당한다[23]. 중국이 세계시장의 60%를 점유하고 있고, 유럽이 18%, 미국과 캐나다가 8.2%, 중국을 제외한 아시아가 4.8%를 점유하고 있다. 태양열 온수/난방 기술은 주로 가정에 사용되었으나, 국가별 새로운 정책과 의무사항으로 인하여 산업용과 상업용이 점점 증가하고 있는 추세이다. 또한 산업용과 상업용 건물의 태양열 냉방에도 관심이 많아져 유럽 특히 독일에서 다수의 대형 시스템($100 \sim 150m^2$)이 운영되고 있다. 한국의 태양열설비 산업은 국내 신재생에너지원 중 가장 먼저 도입되어 신재생에너지분야를 선도하던 에너지원이었으나, 1998년 IMF 경제위기 시점을 정점으로 성숙기로 진입하지 못한 상태이다. 국내 저온분야의 경우 집열효율이 높고, 생산단가가 낮은 온수·급탕 및 난방에 가장 많은 기술개발이 진행되어 상용화되었으며, 시장 형성도 이 분야에 집중되어 있다[24].

집중형 태양열 발전소는 10kW~200MW까지 청정하고 신뢰성 있는 전기를 공급한다. 최초의 상용 태양열 발전소는 1980년대에 건설되었으며, 중고온 태양열 분야인 집중형 태양열 발전 시장은 1990년부터 2004년까지 변화가 거의 없었다. 상업용 발전소 규모의 새로운 계획이 Israel, Portugal, Spain, 미국에서 시작됨에 따라 관심이 다시 생기고, 기술 발전과 투자가 수반되었다. 2006~2007년 동안 3개의 발전소, 즉 64MW급 포물선형 홈통발전소가 Nevada 주에, 1MW급 홈통발전소가 Arizona 주에, 11MW급 중앙리시버발전소가 Spain에 각각 완공되었다. 2007년에는 세계 전체로 20개의 새로운 집중형 태양열 발전소가 건설 중이거나 계획 중, 또는 타당성평가 중에 있었다. 모로코에서는 510MW의 태양열 발전소가 2018년부터 운영 중이다. Spain에서는 2007년 말까지 3개의 50MW급 홈통발전소를 완공하였고, 15개의 50MW급 발전소 건설이 2013년까지 완공하였다. 세계에 보급용량은 2030년에 1000TWh, 2050년에 4380TWh 이상일 것이라고 예상한다[25]. 미국은 California 주와 Florida 주의 전기를 공급하기 위하여 적어도 8개의 새로운 프로젝트를 계획하여 완공하였고, 전체 용량은 2,000MW 이상이다. 미국에서는 280~392MW의 태양열 발전소들이 2014년부터 운영 중이다. 미국의 태양에너지발전시스템(Solar Energy Generating System: SEGS) 프로젝트와 같은 집중형 태양열 발전소의 에너지단가는 12~14¢/kWh이다. 2015년까지 프로젝트가 진행 중인 것을 포함하여 세계 총 태양열 발전 용량은 약 5GW였다. 국내의 고온 태양열분야는 국제공동으로 1MW급 태양열 발전 기술 개발과 태양연료 생산 연구를 진행하고 있다. 대성그룹과 (주)대구도시가스는 대한민국 지식경제부가 추진하는 '200kW급 타워형 태양열 발전시스템 개발' 사업에 참여하여 대구시의 $23,000m^2$ 부지에 직경 2m인 heliostat 450개, heliostat으로부터 반사된 태양열을 흡수하는 흡수기와 200kW급 발전시스템이 설치된 높이 50m의 타워형 상업 태양열 발전소를 2011년 6월 국내 최초로 준공하였다(그림 3-61).

그림 3-61 국내 최초의 타워형 태양열 발전소(대구시 북구 서변동)

[1] 신재생에너지 자원지도 종합관리 시스템, http://kredc.kier.re.kr/

[2] 조덕기, 강용혁, "국내 법선면 직달일사량 자원조사," 한국태양에너지학회 논문집, Vol. 28, No. 1, pp. 51-56, 2008

[3] US DOE, http://www1.eere.energy.gov/solar/solar_heating.html

[4] US DOE, National Renewable Energy Laboratory, http://www.nrel.gov/csp/troughnet/solar_field.html

[5] US DOE, http://www.eere.energy.gov/de/thermally_activated/tech_basics.html

[6] Stanford A. Klein and Douglas T. Reindl, "Solar Refrigeration," Building for the Future: A Supplement to ASHRAE Journal, Vol. 47, No. 9, s26-s30, September 2005

[7] US DOE, http://www1.eere.energy.gov/solar/sl_basics.html

[8] http://eng.anarchopedia.org/solar_power

[9] http://www.fae.sk/Dieret/Solar/solar.html

[10] http://www.energylan.sandia.gov/sunlab

[11] http://www.kier.re.kr/kor/ener/03_new_energy/read.jsp

[12] http://www.solarcookers.org/basics/how.html

[13] http://solarcooking.org/

[14] http://www.rmit.edu.au/browse;ID=905wa9169827

[15] http://www.green-trust.org/solarpond.htm

[16] Solar Pond, http://en.wikipedia.org/wiki/Solar_pond

[17] http://windenergy7.com/turbines/?p=7

[18] http://www.jewishvirtuallibrary.org/jsource/Environment/Solar.html

[19] http://www.teriin.org/tech_solarponds.php

[20] http://edugreen.teri.res.in/explore/renew/pond.htm.

[21] REN21(Renewable Energy Policy Network for 21st Century),
Renewables 2011 Global Status Report, http://www.ren21.net

[22] http://en.wikipedia.org/wiki/Solar_energy

[23] Werner Weiss and Franz Mauthner, "Solar Heat Worldwide – Markets and Contribution to the Energy Supply 2010,"
International Energy Agency, 2012 Edition.

[24] 강용혁, "국내 신재생에너지 현황 및 전망," 대한기계학회 충청지부 2008년도 추계학술대회 학술 강연회, 2008. 10. 23.

[25] ESTELA(European Solar Thermal Electricity Association), http://www.estelasolar.org/figures–facts/.

PART A _ 개념문제

01. 태양광과 태양열을 구분하여 설명하시오.

02. 태양에너지를 획득하는 방식에 따라 집중형 태양열 발전시스템을 분류하시오.

03. 집중형 태양열 발전 시스템의 태양에너지를 획득하는 방법 3가지의 구조를 그려서 설명하시요.

04. 헬리오스탯(helio-stat)은 무엇인가?

05. 태양열 난방시스템을 그림을 그려서 간단히 설명하시오.

06. 수동적 태양열 난방시스템(passive solar heating system)과 능동적 태양열 난방시스템(active solar heating system)을 구분하시오.

07. 수동적 태양열 난방시스템의 3가지 형태에 대하여 간략히 기술하시오.

08. 능동적 태양열 난방시스템의 다양한 형태들을 설명하시오.

09. 태양열 구동 흡수식 냉방시스템에 흡수제인 이중 혼합물로 쓰이는 용액을 나열하시오.

10. 태양열 집열기의 종류를 나열하시오.

11. 평판형 집열기의 흡수기 주위에 손실의 원인들을 설명하시오.

12. 기존의 평판형 집열기보다 집중형 집열기의 장점은 무엇인가?

13. 태양열 조리기의 장점과 단점을 설명하시오.

14. 태양연못의 작동원리를 설명하시오.

15. 유기랭킨사이클(Organic Rankine Cycle: ORC)에 관하여 설명하시오.

PART B _ 계산문제

16. 하루에 물 500L를 10℃에서 55℃까지 가열하는데 필요한 집열기의 크기를 결정하라. 집열기를 설치하려는 곳의 태양에너지 입사량은 하루에 19,259kJ/m²이고, 평판집열기의 효율은 50%이다.

17. 라면을 요리하기 위해 필요한 유용한 열에너지률이 100W이면, 복사에너지를 획득하기 위해 필요한 반사기를 포함하는 태양열 조리기의 면적은 얼마인가?

18. 태양에너지를 저장하는 태양연못은 전기를 발생하는데 사용한다. 이러한 태양발전소의 효율이 3%이고 순수한 출력이 100kW일 때, 필요한 태양에너지 획득율(kJ/h)의 평균값을 결정하라.

19. 거대한 양의 물이 저장된 태양열 에너지를 발전에 쓰인다. 태양열 발전소의 효율이 5%이고 필요한 태양에너지 수집률이 5.15x107kJ/h이면, 출력이 얼마인지 계산하라.

20. 태양에너지는 환경적으로 매력이 있을 뿐 아니라 경제적이기도 하다. 전기건조기의 전력등급은 5,000W이고 하루에 1시간 정도 사용한다. 집의 뒷뜰에 있는 빨래줄을 이용하여 옷들을 건조하면, 한 달에 얼마만큼의 돈을 절약할 수 있나? 전기요금은 kWh당 9¢라고 가정한다.

21. 태양열 집열기로부터 최대온도 100℃를 획득하여, 10℃ 환경에서 작동하는 열기관 사이클이 이 에너지를 사용한다. 최대 효율은 얼마인가? 초점을 집중시키는 집중형 집열기로 이 집열기를 다시 설계하여 최대온도가 300℃에 이를 때, 최대 효율은 얼마인가 ?

22. 태양열 집열기의 열손실은 흡수기의 주위 사이의 온도 차이랑 연관되어있다. 비열손실(k)이 3.2W/m²K, 집열기 면적 400m², 흡수기 온도 423K, 주위온도가 368K이다. 이 경우 열손실을 계산하라.

23. 문제 3.22에서 흡수기에 의해 생성된 열을 계산하라. 흡수계수는 0.4, 덮개의 전달계수 0.5, 태양복사강도 600W/m²이다.

24. 문제 3.22 & 3.23에 관한 유효 열출력을 구하라.

25. 어떤 열기관은 0.2kW/m²의 태양열을 흡수하여 열전달 매체를 450K까지 가열하는 태양열 집열기를 사용한다. 획득된 에너지는 열기관을 구동한 후 40℃의 상태에서 열로 배출된다. 열기관이 2.5kW의 일을 만들려면, 태양열 집열기의 최소 면적은 얼마인가?

26. 태양복사량은 850W/m²이고, 핫도그 태양열조리기의 반사 표면에 입사하는 에너지의 20%가 집열된다. 240W의 요리기가 필요하다면, 필요한 집열기의 최소면적을 계산하라.

27. 계란 태양열조리기의 반사 표면에 입사하는 에너지 15%가 집열되고 200W의 요리기가 필요하다. 집열기의 면적이 0.1m²이면 태양복사량을 계산하라.

28. 그림 3–62와 같이 얇은 금속판의 뒷쪽은 단열되어 있고, 앞쪽은 태양복사를 받고 있다. 태양복사에 대하여 판의 노출된 표면의 흡수율은 0.6이다. 태양의 복사에너지가 700W/m²으로 판에 입사되고, 주위의 공기온도는 25℃이다. 판에 흡수되는 태양에너지와 대류에 의해 손실되는 열이 같을 때, 판의 표면온도는 얼마인가? 단, 대류열전달 계수는 50W/m² · ℃이고, 복사에 의한 열손실은 무시한다.

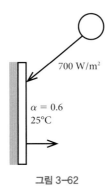

700 W/m²

$\alpha = 0.6$
25°C

그림 3–62

29. 문제 3.28에서 주위의 공기온도가 30℃이고 다른 조건들은 똑같으면 판의 표면온도가 얼마인가?

30. 태양에너지로 작동하는 2개의 발전소가 있다. 하나의 발전소는 80℃의 태양열 연못에서 에너지를 공급받으며, 다른 발전소는 물의 온도를 600℃까지 올리는 집중형 집열기에 의해 공급받는다. 어느 발전소의 열효율이 더 높은가? 그 이유를 설명하라.

31. 밀폐 Rankine 사이클로 작동하는 태양연못발전소는 작동유체로 R–134a를 사용한다. 순수한 출력이 50kW일 때, 필요한 R–134a의 질량유량과 이 사이클의 온도와 압력을 명기하라. 또 이러한 수준의 연속적인 출력을 생산하기 위하여 필요한 태양연못의 표면적을 계산하라. 정오쯤 태양연못에 입사하는 태양에너지양은 500W/m²이고, 태양연못은 저장영역에서 입사되는 태양에너지의 15%를 저장할 수 있다.

32. 태양연못 발전소는 작동유체로 유기액체인 알콜을 사용하여 연못의 상부 부분과 하부 부분 사이에서 작동한다. 연못 표면에서 물의 온도는 35℃, 바닥은 80℃이다. 이러한 발전소가 갖는 최대 열효율을 계산하라.

33. 문제 3.32의 태양연못 발전소의 최대 열효율이 20%이고 연못 표면에서 물의 온도가 35℃일 때 바닥의 온도를 계산하라.

34. 태양열 난방 시스템을 고려하기 위하여 다음과 같은 계산을 한다. 아래의 표에서 빈칸을 채워라.

표 3-3 태양열 난방시스템의 예비계산표

거주자 수	3
유입되는 냉수 온도	30℃
온수 온도	57℃
사용율	20gallon/(person day)
집열기 효율	65%
이용할 수 있는 평균 에너지	1,200Btu/(ft² day)
온수용으로 이용할 수 있는 열에너지	
물의 가열을 위하여 필요한 열에너지	
필요한 집열기 면적	
집열기의 시공비용($30/ft²)	

04

풍력에너지
Wind Energy

태양에너지의 한 형태인 바람은, 태양에 의한 대기의 불균일한 가열, 지구표면의 불규칙성, 지구의 자전과 공전으로 인하여 발생한다. 바람의 방향은 지구의 지형, 강이나 바다, 식물 등에 의해 변화한다. 인류는 이러한 바람의 흐름 또는 운동에너지를 항해, 연 날리기, 전기발전 등의 다양한 목적으로 이용한다. 풍력에너지 또는 풍력발전의 용어는 바람을 이용하여 기계적인 동력 또는 전기를 생산하는 과정을 잘 표현한 것으로, 풍력터빈은 바람의 운동에너지를 기계적인 동력으로 변환한다. 이 기계적인 동력은 곡식의 제분, 물의 양수 같은 특별한 용도 또는 전기로 변환시키는 발전기에 사용된다. 즉, 공기의 흐름이 갖고 있는 운동에너지의 공기역학적인 특성을 이용하여 풍력터빈의 회전자(rotor)를 회전시켜 기계적 에너지로 변환시키고, 회전자는 발전기와 결합된 축을 회전시켜 전기를 생산한다. 풍력으로 생산된 전기는 전력망을 통하여 수요자인 가정, 사업장, 학교 등에 송전된다. 그림 4-1은 미국 California 주 San Bernadino 산에 설치된 4,000기 이상의 풍력터빈으로 구성된 풍력터빈 발전단지를 나타내며, 인근의 Palm Springs 시와 Coachella Valley 전체에 전원을 충분히 공급할 수 있다.

그림 4-1 미국 California 주 San Bernadino 산에 설치된 풍력터빈 발전단지

4.1 바람

조력 및 지열에너지를 제외한 모든 재생에너지와 화석연료 에너지는 궁극적으로 태양이 근원으로, 지구는 1.74×10^{17}W의 태양에너지를 공급 받는다. 태양으로부터 오는 에너지의 약 1~2% 정도가 바람 에너지로 변환되며, 이것은 지구상의 모든 식물에 의하여 바이오매스(biomass)로 변환되는 에너지의 약 50~100 배 이상이 된다.

4.1.1 온도 차이에 의한 공기 순환

적도지역은 지구의 다른 지역 보다 태양에 의해 더 가열된다. 그림 4-2는 NASA 위성인 NOAA-7이 1984년 7월에 촬영한 바다 표면온도의 적외선 사진으로, 더운 지역은 따뜻한 색인 빨간색, 주황색, 노란색으로 표시되었다. 더운 공기는 찬 공기보다 가볍기 때문에 약 10km 고도까지 하늘로 상승해서 북쪽과 남쪽으로 퍼진다. 지구가 회전하지 않으면 공기는 단순히 북극과 남극에 도달한 후, 하강하여 적도로 돌아온다. 즉 온도 차이에 의한 대류현상으로 공기가 순환한다.

그림 4-2 바다 표면온도의 적외선 사진(NASA 위성인 NOAA-7이 1984년 7월에 촬영)

4.1.2 Coriolis 힘

지구는 자전하기 때문에 지상의 위치로부터 바라보면 북반구에서 움직임은 오른쪽으로 치우치며, 남반구에서는 왼쪽으로 굽어진다. 이러한 외관적인 치우침은 프랑스 수학자 Gustave Gaspard Coriolis(1792-1843) 후에 명명된 Coriolis 힘으로 알려져 있다. 북반구에서 움직이는 입자가 오른쪽으로 치우친다는 것은 관측자에게는 명확하지 않다.

4.1.3 지구의 바람

적도로부터 상승한 바람은 대기의 상층부에서 북쪽과 남쪽으로 이동한다. 북반구와 남반구의 위도 30°주위에서, Coriolis 힘은 공기가 더 멀리 이동하는 것을 막는다. 이러한 위도에서 공기가 다시 하강함에 따라 고압지역이 존재한다. 적도로부터 바람이 상승함에 따라 북쪽과 남쪽으로부터 바람을 끌어들이는 하층부에 근접한 저압지역이 존재한다. 또 극 지역에서는 공기의 냉각으로 인하여 고압지역이 나타난다. 표 4-1은 Coriolis 힘의 굽힘력으로 인하여 위도에 따른 지배적인 바람방향을 정리한 것으로, 다음과 같은 일반적인 결과가 존재한다.

표 4-1 지배적인 바람방향

위도	북위 90~60°	북위 60~30°	북위 30~0°	남위 0~30°	남위 30~60°	남위 60~90°
방향	북동	남서	북동	남동	북서	남동

그림 4-3은 NASA 위성인 GOES-8이 촬영한 지구의 사진으로, 대기의 크기가 전체적으로 과대하게 표시되었다. 실제 대기는 두께가 10km 정도로, 지구 직경의 1/1200이다. 이러한 대기의 부분은 엄밀하게는 대류권으로 알려져 있으며 모든 날씨와 온실효과가 이곳에서 나타난다. 지배적 바람방향에 대하여 장애물이 없는 곳에 풍력터빈을 설치해야 하기 때문에, 지배적 바람방향은 풍력터빈의 설치장소에 중요한 인자가 된다.

그림 4-3 NASA 위성인 GOES-8이 촬영한 지구의 사진

4.1.4 지구 자전에 의한 바람(Geostrophic Wind)

(1) 대류권(Troposphere)

지구의 직경은 12,000km이며, 매우 얇은 층의 대기로 둘러 쌓여있다. 약 11km 고도까지 확장되어 있는 대류권에서 모든 기후와 온실효과가 일어난다.

(2) 지구 자전에 의한 바람

(3)에서 설명된 지구의 자전에 기인한 지구 바람은 온도 차이에 의해서 크게 유도되며, 압력의 차이는 지구 표면에서 별로 영향을 주지 못한다. 지구 자전에 의한 바람은 지표로부터 1,000m 고도에서 발견되며 바람의 속도는 기상 풍선(weather balloon)을 사용하여 측정될 수 있다.

(3) 표면 바람(surface wind)

바람은 고도 100m까지 지표에 의해 많은 영향을 받는다. 바람은 지구표면의 높낮이와 장애물에 의해 감속되며, 표면 근처에서 바람의 방향은 지구 자전에 의한 바람의 방향과 약간 다르다. 풍력에너지를 취급하려면 표면 바람과 그 바람으로부터 유용 가능한 에너지를 어떻게 계산하는지에 관심을 가져야 한다.

4.1.5 국부적 바람

정해진 지역의 지배하고 있는 바람을 결정할 때 지구의 바람이 중요하지만, 국부적인 기후 조건이 바람 방향에 가장 영향을 많이 줄 수 있다. 국부적인 바람은 항상 대규모의 바람에 겹쳐서 증폭되기 때문에, 바람 방향은 전체적, 국부적 효과의 합에 의해 영향을 받는다. 대규모의 바람이 약하다면, 국부적 바람이 바람의 형태를 지배할 수 있다.

(1) 해풍

육지는 낮 동안 바다보다 빨리 태양에 의해 가열된다. 가열된 공기는 상승하여 바다로 흐르고 지표면에는 낮은 압력이 생겨서 바다로부터 찬 공기를 흡인하는데, 이것을 해풍이라고 한다. 해질 무렵에는 육지와 바다의 온도가 같아져서 바람이 불지 않는 조용한 기간이 존재한다. 밤에는 바람이 낮과는 반대로 분다. 밤에는 육지와 바다의 온도차이가 작기 때문에 육풍은 일반적으로 낮은 속도이다. 육지가 바다보다 더 빨리 가열되거나 냉각되기 때문에, 동남아시아의 장마는 실제로 해풍과 육풍이 대규모 형태로, 또한 계절에 따라 바람의 방향이 변화한다.

(2) 산바람(Mountain Wind)

산악 지역은 다양한 방향의 바람이 존재하며, 남쪽 면 언덕(남반구에서는 북쪽 면)에서 생기는 계곡 바람이 그 한 예이다. 그림 4-4는 산바람의 방향을 도식적으로 나타낸다. 언덕과 그 주위의 공기가 가열될 때, 공기 밀도는 감소함으로 공기는 계곡표면을 따라 정상까지 상승한다. 밤에는 바람의 방향이 바뀌어 경사면을 따라 하강한다. 계곡의 바닥이 경사지면, 협곡(canyon) 바람과 같이 공기는 계속해서 하강하거나 상승한다. 산에서 바람이 불어가는 쪽의 흐름은 상당히 강하며, 유럽 알프스산맥의 Foehn, 록키산맥의 Chinook, 안데스산맥의 Zonda 등이 그 예이다. 다른 지역적인 바람은 프랑스 남부의 건조하고 찬 바람, 즉 프랑스의 Rhone 계곡에서 지중해로 부는 바람, 사하라 사막에서 지중해로 부는 바람 등이 있다.

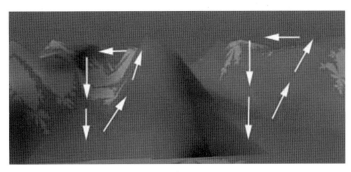

그림 4-4 산바람 방향의 도식적인 표현

4.1.6 바람 에너지

풍력터빈은 바람의 힘을 회전자 블레이드(rotor blade)에 작용하는 토크(회전력)로 변환하여 입력동력을 얻는다. 바람이 회전자에 전달하는 에너지의 크기는 공기의 밀도, 회전자 면적, 바람의 속도에 의존한다.

(1) 공기밀도

움직이는 물체의 운동에너지는 그 물체의 질량에 비례한다. 바람에서의 운동에너지는 공기의 밀도, 즉 단위체적당 질량에 의존한다. 즉 "무거운" 공기는 터빈이 더 많은 에너지를 획득하게 한다. 대기압, 15℃에서의 공기는 1,225kg/m³의 밀도를 가지며 습도가 증가함에 따라 밀도는 약간 감소한다. 또 공기는 온도가 낮을 때가 높을 때 보다 밀도가 크다. 산에서와 같이 고도가 높을 때, 공기의 압력은 낮아지며 따라서 밀도도 낮아진다.

(2) 회전자 면적

일반적으로 1,000kW급 풍력터빈에서 회전자의 직경은 54m, 회전자의 면적은 2,300m²이다. 회전자의 면적은 풍력터빈이 바람으로부터 얼마나 많은 에너지를 획득할 수 있는지를 결정한다. 회전자의 면적은 회전자 직경의 제곱에 따라 증가하기 때문에, 터빈의 직경이 2배 증가하면 그에 따라 4배의 에너지를 더 획득할 수 있다.

4.1.7 바람을 굴절시키는 풍력터빈

풍력터빈은 실제로 바람이 회전자 표면에 도달하기도 전에 바람을 굴절시키므로, 풍력터빈으로부터 바람이 갖는 모든 에너지를 획득할 수 없다.

(1) 유선형 관(stream tube)

풍력터빈 회전자는 바람의 운동에너지를 획득해서 기계적 에너지로 변환시켜야 하기 때문에 바람을 감속시켜야 한다. 즉 바람은 회전자의 유입부에서 보다 유출부에서 더 감속해야 한다. 유입부로부터 후면으로 기운 회전자 면적에 유입되는 초당 공기의 양이 회전자 면적의 유출부 쪽으로 유출되는 초당 공기의 양과 같아야 하기 때문에, 공기는 회전자 평면의 후면에서 더 큰 단면적을 가져야 한다. 그림 4-5는 풍력터빈 회전자 주위를 가상의 유선형관으로 표현한 것으로, 바람은 풍력터빈의 우측에서 좌측으로 이동한다. 유선형 관에 유입된 공기의 속도(V_1)는 회전자를 지난 후에 바로 최종속도(V_2)로 감속 될 수 없으며, 속도가 거의 일정하게 될 때까지 회전자 뒤에서 점점 감소한다. 그림의 좌측과 같이 천천히 이동하는 바람은 넓은 체적을 점유한다.

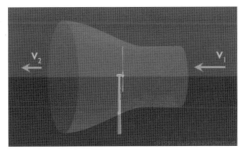

그림 4-5 바람이 우측에서 좌측으로 불어올 때, 바람의 운동에너지 일부를 획득하기 위한 장치(3개의 회전자 블레이드와 기타 기계적 장치).[11]

(2) 회전자 전방과 후방에서 공기 압력 분포

바람이 회전자의 우측으로부터 접근함에 따라 회전자는 바람에 대한 장애물로 작동하기 때문에 공기압력은 점차 증가하고, 공기압력은 회전자 평면(회전자 좌측) 뒤에서 즉시 감소한 후, 같은 면적에서 보통의 공기압력으로 점차 증가한다.

(3) 하류에서 일어나는 현상

더 하류로 내려가면 회전자 뒤의 저속 바람과 주위 면적(surrounding area)에서 고속으로 이동하는 바람은 혼합되어 난류를 일으킨다. 그러므로 회전자 뒤의 바람 그늘(wind shade)은 터빈으로부터 멀어짐에 따라 점점 사라진다.

4.1.8 바람의 동력

바람의 속도는 풍력터빈이 전기를 변환할 수 있는 에너지의 양에 관련되기 때문에 상당히 중요하다. 바람이 포함하는 에너지는 평균 바람 속도의 3승에 따라 변함으로, 바람의 속도가 2배 증가하면 에너지의 양은 8배 증가한다. 그림 4-6은 바람 속도에 대한 에너지 변화를 나타내는 그래프로, 바람의 속도가 8m/s일 때, 회전자 면적에 수직으로 작용하는 바람으로부터 얻을 수 있는 동력(초당 에너지 양)이 314W/m²이다. 또, 바람의 속도가 16m/s일 때, 동력은 8배가 큰 2,509W/m²이 된다.

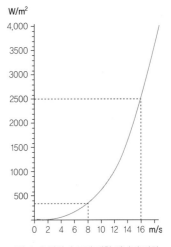

그림 4-6 바람 속도에 대한 에너지 변화

바람의 동력 공식

원의 단면적을 수직으로 통과하는 바람의 동력은 다음과 같다.

$$P = \frac{1}{2}\rho V^3 \pi r^2 \tag{4.1}$$

여기서, P는 바람의 동력 $[W]$, ρ는 공기의 밀도 $1.225[\text{kg/m}^3]$(해표면 위치에서 대기압, $15℃$), V는 바람의 속도 $[\text{m/s}]$, r은 회전자의 반경 $[\text{m}]$이다.

═══════════════════ 예제 4-1 ═══════════════════

블레이드 직경이 100m인 대형 풍력터빈이 풍속 8m/s인 지점에 설치되어 전기를 생산하는데 사용된다. 이 풍력터빈의 전체효율이 32%이고, 공기의 밀도는 1.25kg/m³일 때, 풍력터빈이 생산하는 전력을 구하라. 또한 24시간 동안 일정한 8m/s의 바람이 불 때, 생산된 전기에너지 양과 하루 동안의 수입을 계산하라. 전기단가는 $0.06/kWh로 가정하라.

─────────────────── 풀이 ───────────────────

$$\begin{aligned}
P_{total} &= \frac{1}{2}\rho V^3 \pi r^2 \\
&= \frac{1}{2}\left(1.25\frac{kg}{m^3}\right)\left(8\frac{m}{s}\right)^3 \pi\left[\frac{100m}{2}\right]^2 \\
&= 2.51 \times 10^6 \frac{kg \cdot m^2}{s^3} = 2.51MW
\end{aligned} \tag{식 (4-1)}$$

풍력터빈이 생산하는 전력(P_{elect})은

$$P_{elect} = \eta_{wind\ turbine}P_{total} = (0.32)(2.51MW) = 803.2kW$$

24시간 동안 일정한 8m/s의 바람이 불 때, 생산된 전기에너지 양은

$$(803.2kW)(24h) = 19,277kWh$$

하루 동안의 수입은

$$(19,277kWh)(\$0.06/kWh) = \$1,157$$

═══════════════════ 예제 4-2 ═══════════════════

바람의 속도가 48km/h에서 full load 용량을 획득할 수 있도록 설계된 풍력터빈이 있다. 블레이드 직경이 50m이다. 출력계수(power coefficient)가 0.48, 발전기 효율이 0.85일 때, 1atm, 25℃에서 정격출력(rated power)을 계산하라.

─────────────────── 풀이 ───────────────────

$$\begin{aligned}
P_{total} &= \frac{1}{2}\rho V^3 \pi r^2 \\
&= \frac{1}{2}\left(1.225\frac{kg}{m^3}\right)\pi\left[\left(\frac{48km}{h}\right)\left(\frac{1h}{3600s}\right)\left(\frac{1,000m}{1km}\right)\right]^3\left[\frac{50m}{2}\right]^2 \\
&= 2.85 \times 10^6 \frac{kg \cdot m^2}{s^3} = 2.85MW
\end{aligned} \tag{식 (4-2)}$$

출력계수는 바람의 최대동력으로부터 추출할 수 있는 터빈의 동력으로 정의되며, 출력계수에 발전기 효율을 곱하면 정격출력을 구할 수 있다.

$$P_{extracted} = \eta P_{total} = (0.48)(2.85MW) = 1.368MW$$
$$P_{rated} = \eta_{\geq \neq rator} P_{extracted} = (0.85)(1.368MW) = 1.163MW$$

예제 4-3

그림 4-7과 같이 풍력터빈은 블레이드를 통과하는 공기를 감속시켜 대형 유로를 채운다. 로터의 직경이 7m, 어떤 날의 바람속도는 10m/s, 대기압이 100kPa, 온도는 20℃ 이다. 풍력터빈 후단의 바람속도는 9m/s로 측정되었다. 공기를 비압축성 유체로 가정하여, 풍력터빈 후단의 유로 직경과 풍력터빈이 생산하는 출력을 계산하라.

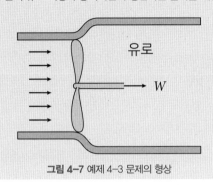
유로

W

그림 4-7 예제 4-3 문제의 형상

풀이

공기의 비체적은

$$v = \frac{RT}{P} = \frac{(0.287kPa \cdot m^3/kg \cdot K)(273+20)K}{100kPa} = 0.8409m^3/kg$$

로터 후단의 유로 직경은

$$A_1 V_1 = A_2 V_2$$
$$\frac{1}{4}\pi D_1^2 V_1 = \frac{1}{4}\pi D_2^2 V_2$$
$$D_2 = D_1\sqrt{\frac{V_1}{V_2}} = (7m)\sqrt{\frac{10m/s}{9m/s}} = 7.38m$$

풍력터빈을 통과하는 공기의 질량유량은

$$\dot{m} = \frac{A_1 V_1}{v} = \frac{\pi(7m)^2(10m/s)}{4(0.8409m^3/kg)} = 457.7kg/s$$

생산되는 출력은

$$\dot{W} = \dot{m}\frac{(V_1^2 - V_2^2)}{2} = (457.7kg/s)\frac{\{(10m/s)^2 - (9m/s)^2\}}{2}\left(\frac{1kJ/kg}{1000m^2/s^2}\right) = 4.35kW$$

4.2 풍력터빈

4.2.1 풍력터빈의 종류

풍력터빈 시스템의 회전자 축 방향에 따라 그림 4-8의 수직축 풍력터빈(vertical axis wind turbine: VAWT)과 그림 4-9의 수평축 풍력터빈(horizontal axis wind turbine: HAWT)으로 분류된다. 회전자 축이 지면에 대해 수직으로 회전하는 수직축 풍력터빈은 Savonius와 Darrieus의 2가지 종류가 있다. 위에서 보면 S 형상이며 마주보는 반원통형의 날개를 갖는 Savonius 터빈은 항력형태로, 상대적으로 저속에서 회전하며 높은 토크를 발생한다. 곡식의 제분, 물의 펌핑 등에 유용하지만, 회전속도가 낮기 때문에 전기 생산에는 적절하지 않다. 1920년대 프랑스 발명가에 의해 고안된 헬리콥터 형상의 Darrieus 터빈은 양력형태로, 항력장치보다 더 많은 에너지를 획득할 수 있다. 2~4개의 수직 대칭 익형 날개를 붙인 자이로밀(giromill) 터빈과 사이클로터빈(cycloturbine)은 Darrieus 터빈 형태의 변종이다. 수직축 풍력터빈은 운전 특성상 바람의 방향과 관계없기 때문에 바람 추적 장치인 요잉 운동장치가 필요 없어 구조가 간단하고 시스템 가격이 저렴하다. 그러나 수직축 풍력터빈은 수평축 풍력터빈에 비해 에너지 변환 효율이 현저히 낮고 회전자의 진동문제도 크기 때문에, 1980년대 후반까지는 연구개발이 활발했지만 대형화에 실패하여 상용화된 대용량 시스템은 전무하다. 그림 4-8은 Canada Quebec주 Cap Chat에 위치한 로터 직경이 100m인 4,200kW급 수직축 Darrieus 풍력터빈으로, 세계에서 가장 큰 풍력터빈이었으나 더 이상 운영되지 않고 있다. 수평축 풍력터빈은 회전자 축이 지면에 대해 수평으로 회전하고, 바람에너지를 최대로 얻기 위한 바람 추적 장치 등이 필요하여 시스템 구성이 복잡하다. 그러나 1891년 이래 현재까지 지속적으로 발전하여 가장 안정적인 고효율 풍력터빈으로 인정되었으며, 세계 풍력발전 시장의 대부분을 차지하고 있다. 수평축 풍력터빈은 일반적으로 블레이드가 2개(2엽)또는 3개(3엽)이며, 3엽 풍력터빈은 블레이드가 바람에 직면하는 "upwind"로 작동하고, 2엽 풍력터빈은 "downwind" 터빈이라고 한다. 미국 에너지부의 연구는 현재 가장 많이 사용되는 수평축 풍력터빈의 개발에 초점을 맞추고 있다. 그림 4-9는 수평축 풍력터빈의 사용 예를 나타낸다. 표 4-2는 수평축 풍력터빈과 수직축 풍력터빈의 장단점을 비교하여 정리한 것이다.

그림 4-8 로터 직경이 100m인 4,200kW급 수직축 Darrieus 풍력터빈

그림 4-9 수평축 풍력터빈

표 4-2 수평축 풍력터빈과 수직축 풍력터빈의 비교

	수평축	수직축
특징	회전자 축이 지면에 대해 수평으로 회전	회전자 축이 지면에 대해 수직으로 회전
장점	■ 효율이 높음 ■ 중대형에 적합	■ 풍향변화에 영향을 받지 않음 ■ 구조가 간단 ■ 시스템 가격이 낮음
단점	■ 시스템 구성이 복잡 ■ 시스템 가격이 높음	■ 효율이 낮음 ■ 회전자의 진동문제
종류	2엽식, 3엽식	항력타입, 양력타입

4.2.2 풍력터빈의 크기

전기발전용 풍력터빈은 그 크기가 50kW에서 수 MW 규모로 소형부터 대형에 걸쳐 존재한다. 대형 풍력터빈은 여러 기가 모여 함께 풍력발전단지에 위치하며 대규모의 전력을 전력계통에 공급한다. 그림 4-10의 3.6MW급 GE의 풍력터빈 모델인 3.6sl은 건설된 풍력장치 중 가장 큰 장치 중의 하나로, 기술적인 자세한 사양은 표 4-3에 정리되어 있다. 대형 풍력터빈은 효율적이며 가격 경쟁력이 높다. 50kW 이하의 단일 소형 터빈은 가정용, 원격 통신기지, 물의 양수 등에 사용되며, 때때로 디젤발전기, 배터리, 태양전지 시스템과 함께 사용된다. 이러한 시스템을 하이브리드 풍력시스템이라 부르며, 전력계통과 멀리 떨어져 있어 상용 전기혜택이 불가능한 지역에 사용된다.

그림 4-10 3.6MW급 GE의 풍력터빈[2]

표 4-3 3.6MW급 GE 풍력터빈 3.6 sl의 기술적 사양[2]

작동 데이터		로터	
정격용량	3,600kW	로터 블레이드 개수	3엽
최소 정지 풍속	3.5m/s	로터 직경	111m
최대 정지 풍속	17m/s	만곡 면적	9,677m^2
정격 풍속	14m/s	로터 속도(가변)	8.5~15.3rpm

4.2.3 풍력터빈의 내부 구조

그림 4-11은 3엽 수평축 풍력터빈의 내부구조를 나타내며, 주요 구성품은 다음과 같다.

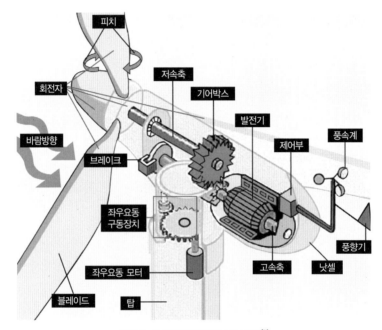

그림 4-11 3엽 풍력터빈의 내부 구조[3]

풍속계(anemometer)

바람의 속도를 측정하고 속도 데이터를 제어부로 송신한다.

블레이드(blade)

대부분의 터빈은 2개 또는 3개의 블레이드를 갖는다. 블레이드로 유입하는 공기는 블레이드의 양력과 회전력을 유발시킨다.

브레이크(brake)

긴급한 상황에서 회전자(rotor)를 멈추기 위하여 기계적, 전기적, 또는 수력학적으로 작용할 수 있는 디스크 브레이크를 사용한다.

제어부(controller)

제어부는 바람의 속도가 13~26km/h일 때 기계를 가동하고 약 104km/h에서 멈추게 한다. 풍력터빈은 발전기가 과열될 수 있기 때문에 104km/h 이상에서는 작동 될 수 없다.

기어박스(gear box)

기어는 저속축과 고속축을 연결하며, 블레이드 회전속도인 30~60rpm으로부터 대부분의 발전기가 전기를 생산하는 회전속도인 1200~1500rpm까지 증속시킨다. 기어박스는 풍력터빈시스템 가격 중에서 고가이며 무거운 부분 중의 하나이다. 기술자들은 저속 회전속도에서 구동 가능하며 기어박스가 필요하지 않는 직접구동 발전기를 개발하고 있는 중이다.

발전기(generator)

보통 사용되는 유도 발전기는 60Hz 교류전기를 생산한다.

고속축(high-speed shaft)

발전기를 구동한다.

저속축(low-speed shaft)

회전자가 약 30~60rpm에서 저속축을 회전시킨다.

낫셀(nacelle)

기어박스, 저속축, 고속축, 발전기, 제어부, 브레이크를 감싸고 있는 낫셀은 타워의 상부에 위치하며, 회전자가 부착되어 있다. 일부 낫셀의 크기는 기술자가 작업 중 내부에 서 있을 정도로 크다.

피치(pitch)

바람이 너무 강하거나 약해서 전기를 생산할 수 없을 때, 바람에 의해 회전자가 회전되는 것을 보호하도록 블레이드는 회전되거나 피치라는 경사각을 갖는다.

회전자(rotor)

블레이드와 허브 전체를 회전자라고 한다.

타워(tower)

타워는 강관 또는 강 격자로 구성된다. 바람의 속도는 지상으로부터 높이에 따라 증가하므로, 타워가 높으면 터빈이 더 많은 에너지를 획득하고 더 많은 전기를 생산할 수 있다.

바람방향(wind direction)

바람 방향에 정면으로 자동하는 upwind 터빈과, 바람으로부터 옆 방향, 즉 downwind로 작동하는 터빈이 있다.

풍향기(wind vane)

바람 방향을 측정하고 바람에 따라 터빈의 방향을 적절히 맞추기 위하여 좌우요동(yaw) 구동장치와 통신한다.

좌우요동 구동장치(yaw drive)

바람과 직면한 upwind 터빈에서 좌우요동 구동장치는 바람방향의 변화에 따라 회전자가 바람과 직면하도록 유지하는데 사용된다. Downwind 터빈은 좌우요동 구동장치를 필요로 하지 않으며 바람은 회전자의 downwind 방향으로 불어간다.

좌우요동 모터(yaw motor)

좌우요동 구동장치에 동력을 제공한다.

4.2.4 풍력터빈의 사용형태

풍력터빈은 운전형식에 따라 독립전원형(stand alone type)과 계통연계형(grid connection type)으로 분류한다. 그림 4-12는 독립전원형 풍력발전시스템의 전력공급 구성도를 나타낸 것으로, 생산된 전력을 사용자에게 직접 공급하는 방식이다. 또 저장장치인 배터리와 보조발전설비인 디젤발전기 또는 태양광 발전 등과 함께 복합적으로 사용되는 형태로, 기존 상용전력선이 없는 도서지역, 산간벽지의 전원공급과 등대나 통신장비의 전원용으로 활용되고 있다.

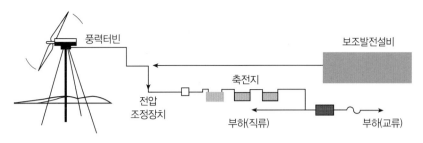

그림 4-12 독립전원형 풍력발전시스템의 전력공급 구성도

풍력에너지 이용이 급속히 증가함에 따라 기존 상용전력선에 풍력터빈을 병렬로 연결하여 운전하는 계통연계 방식은 시스템의 대형화 및 단지화가 가능해져 대규모의 풍력발전단지(wind farm 또는 wind park)로 육성되고 있다. 풍력터빈 1기의 용량이 1,500kW인 풍력발전기가 20기 설치된 30MW급 풍력발전단지는 기존 화력발전소를 대체하는 발전소가 되고 있다. 계통연계형 풍력터빈은 연계되는 전력계통의 조건에 따라 저전압, 중전압, 고전압으로 나누어져서 기존의 전력선에 연계되기 때문에, 변압기(transformer), 계통연계장치 등이 부가적으로 필요하다. 그림 4-13은 계통연계형 풍력발전시스템의 전력공급 구성도를 나타낸다.

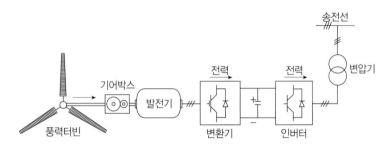

그림 4-13 계통연계형 풍력발전시스템의 전력공급 구성도

4.3 풍력에너지의 장단점

4.3.1 장점

풍력에너지는 바람을 사용하는 청정에너지원으로, 석탄 또는 천연가스 같은 화석연료를 사용하는 화력발전소처럼 공기를 오염시키지 않는다. 따라서 풍력터빈은 산성비의 원인이 되는 배기와 온실가스를 생성하지 않는다. 풍력에너지에 사용되는 바람은 고갈되지 않는 자원으로, 한 번 설치해 놓으면 유지·보수비용 외에는 별도의 비용이 발생하지 않는다. 또 풍력기술의 발달로 현재 발전단가는 석탄화력, 가스발전과 거의 비슷해졌다. 그림 4-14의 미국 California 주 에너지 위원회(energy commission)가 발간한 "에너지 현황보고서"에 의하면 kWh당 생산단가는 풍력 4~6¢, 석탄 4.8~5.5¢, 가스 3.9~4.4¢, 원자력

11.1~14.5¢, 수력 5.1~11.6¢로 나타났다. 다른 재생에너지인 태양열이나 태양광 보다는 최소한 절반 이상 싼 발전단가이다. 그림 4-15는 바람의 세기에 따른 풍력에너지의 비용을 나타낸 그래프로, 풍력에너지는 바람 자원과 정책자금에 따라 kWh당 4~6¢로, 현재 사용 가능한 저렴한 재생에너지 중의 하나이다. 풍력터빈은 농장 또는 목축장에 건설이 가능하기 때문에, 최적의 지역으로 알려져 있는 시골지역에 경제적인 장점이 있다. 또 풍력터빈은 토지의 일부분만 사용하기 때문에, 농장주와 목장주는 토지에서 계속하여 일할 수 있으며, 풍력발전소의 소유자는 농장주나 목장주에게 토지 사용에 관한 임대료를 지불한다.

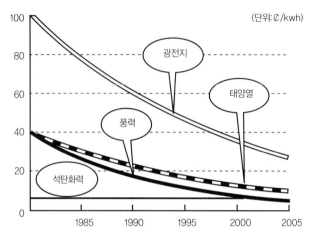

그림 4-14 에너지별 발전비용(출처: 미국 California 주 Energy Commission)

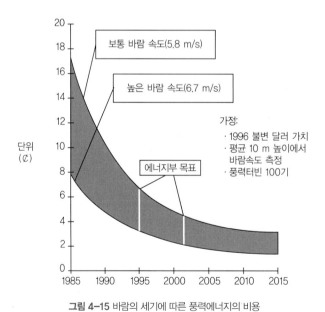

그림 4-15 바람의 세기에 따른 풍력에너지의 비용

4.3.2 단점

풍력은 기존 발전방식의 발전비용과 경쟁해야 한다. 바람이 풍부한 지역에 따라 풍력발전소는 가격 경쟁력이 있기도 하고 없기도 하다. 지난 10년 동안 풍력발전 비용은 급격히 감소하였지만, 화력발전소에 비하여 높은 초기투자비가 요구된다. 풍력발전의 약점으로는 연료인 바람이 간헐적이고 전기가 필요한 곳에 바람이 항상 불지 않는다는 것이다. 풍력은 배터리를 사용하지 않으면 저장될 수 없으며 모든 바람이 전기가 필요한 때를 맞추어서 이용될 수 없다. 바람이 많은 지역은 주로 전기가 필요한 도시로부터 멀리 떨어져 위치한다. 풍력발전소는 다른 기존의 발전소에 비해 상대적으로 환경에 관한 충격이 거의 없지만, 회전자 블레이드가 발생하는 소음, 시야(visual) 충격, 회전자의 조류충돌 등과 같은 문제를 극복해야 한다. 이러한 대부분의 문제들은 기술개발 또는 풍력발전소의 적절한 위치 선정을 통하여 해결되거나 감소되고 있다.

4.4 풍력에너지의 역사

초기의 기록된 역사 이래로 사람들은 풍력에너지를 사용해 왔다. 기원전 5000년에 풍력에너지는 나일강을 따라 배를 항해하는데 사용되었고, 기원전 200년경에 페르시아와 중동에서 갈대직물 날개를 한 수직축 풍차로 곡식을 제분한 반면, 중국에서는 단순 풍차로 물을 급수하였다. 풍력에너지를 사용하는 새로운 방법은 세계로 퍼져 나가게 되었으며, 11세기에 중동 사람들은 풍차를 이용하여 식량을 생산하였고, 독일인들은 풍차를 개량하여 호수와 라인강 삼각주의 배수 시에 적용하였다. 19세기 후반에 미국 개척자들이 이러한 기술을 신대륙에 도입하여, 농장과 목초지에 물을 급수하는데 사용하였다. 바람을 이용하여 전기를 생산하는 풍력발전기의 효시는 1891년 덴마크의 Poul La Cour가 개발한 풍력발전기로, 가정용과 산업용 전기를 생산하는데 이용되었다. 유럽에서 시작되어 미국으로 전파된 산업혁명은 풍차 사용의 쇠퇴를 가져왔다. 증기기관이 유럽의 급수 풍차를 대체하게 되었고, 1930년대에는 Rural Electrification Administration 프로그램이 미국 시골지역 대부분에 값싼 전기를 도입시키게 되었다. 그러나 산업화는 대형 풍차의 개발도 자극시켜서, 일반적으로 풍력터빈이라 부르는 기계장치가 1890년대 초기에 덴마크에서 나타났다. 그림 4-16은 1940년대에 제일 큰 풍력터빈인 Grandpa's Knob의 현판으로, Vermont 주 언덕의 정상에서 작동되기 시작했다. 이 터빈은 바람의 속도가 약 48km/h에서 1.25MW 정격으로, 제2차 세계대전 중 수개월 동안 지역 전기 공급 망에 전기를 공급했다.

그림 4-16 Grandpa's Knob의 현판

그림 4-17은 20세기 초에 사용된 Great Plains(미국과 캐나다 Rocky 산맥 동쪽의 대고원 지대)의 풍차로, 물을 급수하고 전기를 생산하기 위하여 사용되었다. 풍력에너지의 사용은 항상 화석연료 가격에 의해 요동쳤다. 제2차 세계대전 후 원유 가격이 하락했을 때, 풍력터빈의 관심은 쇠퇴하였고, 1970년대 원유 가격이 급상승 했을 때, 풍력터빈 발전은 세계적인 관심이 되었다. 1970년대 원유의 제한 공급에 따라 풍력터빈 기술의 연구·개발은 초기 지식을 정제하여 새로운 방법으로 유용한 동력을 얻는 방법을 도입하였다. 미국과 유럽에서 많은 터빈들이 이러한 방법들을 적용하여 전력계통에 전기를 공급하는 풍력발전단지(wind farm) 또는 풍력발전소로 발전되었다. 오늘날 수십 년간 작동하는 풍력발전소의 교훈과 계속되는 연구·개발에 따라 몇몇 지역에서 풍력으로 만드는 전기는 가격 면에서 기존 방식의 전기발전에 가까이 근접하게 되었다. 풍력에너지는 세계에서 가장 빠르게 성장하는 에너지원이며 산업용, 상업용, 가정용 전기를 공급하는 깨끗한 재생에너지로 수년 내에 실현 가능하게 될 것이다.

그림 4-17 20세기 초 Great Plains에서 사용된 풍차

4.5 풍력에너지의 자원 가능성

풍력발전에서 바람은 가장 중요한 요소로 지역적 조건에 크게 영향을 받는다. 우리나라는 해안선이 길어 세계에서도 풍력발전용 바람이 많은 나라 중의 하나로 꼽는다. 미국의 풍력전문가 폴 지프가 조사한 "세계 풍력발전 개황"에 따르면 연평균 풍속이 초속 5.6m 이상인 지역은 우리나라를 포함, 북미의 동북부 해안, 남미의 동단, 북구지역, 아시아의 동북구 해안, 일본, 히말라야 고산지역 등으로 나타났다. 그림 4-18은 50m 고도에서 최근 5년간 우리나라 연평균 풍력자원 지도로, 경제성 있는 바람의 세기가 초속 4m 이상인 것을 생각하면 제주도를 비롯하여 동, 서, 남해안 지역은 대부분 풍력발전의 적지인 셈이다.

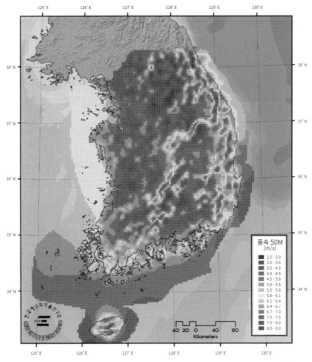

그림 4-18 50m 고도에서 최근 5년간 우리나라 연평균 풍력자원 지도[4]

미국 대륙의 6%에 해당하는 바람이 많은 지역은 미국의 현재 전기소비량의 1.5배 이상을 공급할 수 있는 잠재력이 있다. 그림 4-19는 미국의 연간 풍력 자원과 풍력 등급을 나타내는 지도로, 바람 자원의 예측은 바람 동력 등급으로 구분된다. 1등급부터 7등급에 걸쳐 표현되어 있는 각각의 등급은 평균 바람 동력 밀도 또는 지표로부터 특정한 높이에 등가 평균속도(equivalent mean speed)를 나타낸다. 4등급 이상으로 표시된 지역은 현재 개발된 최신 풍력터빈 기술로 적당하고, 3등급 지역은 미래 기술로 적절할 수 있으며, 2등급 지역은 한계이며, 1등급 지역은 풍력에너지 개발에 적정하지 않다.

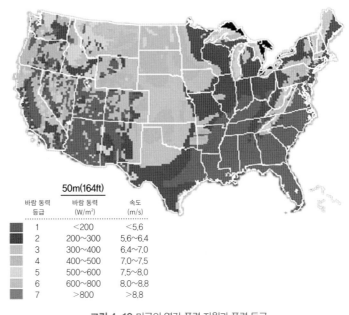

바람 동력 등급	바람 동력 (W/m²)	속도 (m/s)
1	<200	<5.6
2	200~300	5.6~6.4
3	300~400	6.4~7.0
4	400~500	7.0~7.5
5	500~600	7.5~8.0
6	600~800	8.0~8.8
7	>800	>8.8

그림 4-19 미국의 연간 풍력 자원과 풍력 등급

4.5.1 해외 풍력에너지 이용 현황

1990년대에 지구 온난화 현상으로 인한 환경문제와 자원의 고갈우려, 고유가 시대에 대한 대책으로 세계 각국은 자국의 여건에 맞는 지원육성 프로그램을 수립하여 풍력산업의 발전을 주도하기 위한 투자를 강화하고 있다. 그림 4-20은 세계 풍력에너지협회(World Wind Energy Association)가 집계하고 예측한 풍력발전의 세계 보급규모 및 전망에 관한 그래프이다. 2011년 말 기준, 세계 풍력발전 용량은 238GW이며, 2012년에는 전년도 보다 44GW 이상 증가하여 282GW 이였다. 세계 풍력에너지협회의 2010년 데이터에 의하면, 풍력산업체는 연간 430TWh의 전기를 생산할 수 있는 용량을 갖고 있으며, 이러한 규모는 세계 전기사용량의 2.5%에 해당한다[5]. 풍력을 많이 사용하는 국가에서 계통연계형 전기생산량 중 풍력이 점유하는 비율은, 덴마크가 약 28%(2011년), Portugal이 19%(2011년), Spain이 16%(2011년), Ireland가 14%(2010년), 독일이 8%(2011년) 정도이다. 미국은 풍력발전을 개척한 국가로, 1980년대와 1990년대에 설치된 용량이 세계 최대이었으나, 1997년에 독일의 설치용량이 미국을 추월하여 2008년까지 선두를 지켰으며, 중국은 2000년대 후반부터 급속히 성장하여 2010년부터는 세계 최대 자리를 차지하게 되었다. 풍력발전이 성장하고 있는 주요한 국가의 하나로, 최근 미국 풍력에너지협회(American Wind Energy Association)에 의하면 설치된 미국의 풍력에너지 용량은 46,919MW에 이르며, 평균 1,300백만 가정에 전기를 공급하기에 충분하다고 한다. Texas 주 Horse Hollow Wind Energy Center는 세계에서 가장 큰 풍력발전단지로, 735.5MW의 용량을 갖추고 있으며[6], GE Energy 사의 1.5MW 풍력터빈 291기와 Siemen 사의 2.3MW 풍력터빈 130기로 구성된다. 표 4-4는 세계 상위 10위국의 풍력발전 용량(2018년)[6] 현황을 정리한 것이다.

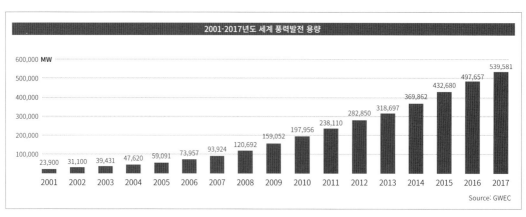

그림 4-20 풍력발전의 세계 보급규모[5]

표 4-4 세계 상위 10위국의 풍력발전 용량(2018년)[7] 현황

풍력발전 용량(2018년 말) 상위 10개국		
국가	풍력발전용량(MW)	세계 전체 중 비율(%)
중국	216,870	36.4
미국	96,363	16.2
독일	59,313	9.9
인도	35,017	5.9
스페인	23,494	3.9
영국	20,743	3.5
프랑스	15,313	2.6
브라질	14,490	2.4
캐나다	12,816	2.1
(기타)	(102,138)	(17.1)
세계 전체	596,556	100

4.5.2 국내 풍력에너지 이용 현황

우리나라는 2007년에 자체 생산한 750kW와 1.5MW급 풍력터빈이 국내시장에 출시되었고, 2~3MW 풍력터빈은 개발 중에 있으며 향 후 2~3년에 걸쳐 운용 시험 예정이다. 2017년 기준 우리나라의 전체 설치된 풍력발전 용량은 1143MW, 풍력을 이용한 전체 전기출력은 2169GWh, 국가 전기수요의 2.8%를 풍력이 담당하고 있다[8]. 풍력에너지는 제주도, 전남 무안, 경북 포항, 강원도 등에서 운용 중에 있으며, 국가주도로 중·대형급 풍력터빈의 블레이드, 기어장치, 발전기, 전력변환장치, 제어장치들의 개발이 진행되고 있다. 그림 4-21은 눈 덮인 한라산을 배경으로 서 있는 제주 행원풍력발전 시범단지의 사진으로, 풍차날개 하나는 최대 27m에 이른다. 1998년 8월부터 한국전력에 전력을 공급하기 시작하여 현재 15기, 전체발전용량 10MW를 갖추고 있으며, 거대한 풍력발전기가 한꺼번에 돌아가기 때문에 관광객들의 눈길을 끄는 관광명소가 되었다. 한국전력의 자회사인 한국남부발전(주)은 북제주군 한경면 해안에 21MW의 발전용량을 갖춘 "한경풍력발전단지"를 조성해 가동하고 있다. 또 2006년에 완공되어 운영 중인 대관령 강원풍력발전단지는 전체 98MW 규모로, 2,000kW급 풍력발전기 49기가 연간 244,400MWh의 전기를 생산하고 있으며, 2005년에 준공된 영덕풍력발전단지는 39.6MW규모로, 1,650kW급 풍력터빈 24기를 설치하여 연간 96,680MWh의 전기를 생산하고 있다. 국내 풍력발전의 자세한 운영현황은 표 4-5와 같으며, 2019년 6월 기준 101개소, 739기, 6384MW에 이른다[9].

그림 4-21 제주 행원풍력발전 시범단지

표 4-5 국내 풍력발전 운영현황[8]   2019년 7월 기준

번호	발전소	용량(kW)	사업자	설치위치
1	행원풍력	9,795	제주도	제주 행원
2	울릉도풍력	600	경상북도	경북 울릉
3	포항풍력	660	경상북도	경북 포항
4	전북풍력	7,900	전라북도	전북 군산
5	한경풍력	21,000	남부발전	제주 한경
6	대관령풍력	2,640	강원도	강원 평창
7	매봉산풍력	8,800	강원도	강원 태백
8	영덕풍력	39,600	영덕풍력	경북 영덕
9	강원풍력	98,000	강원풍력	강원 평창
10	신창풍력	1,700	제주도	제주 신창
11	양양풍력	3,000	중부발전	강원 양양
12	월정풍력	1,500	제주도	제주 월정
13	대기풍력	2,750	효성	강원 평창
14	고리풍력	750	한수원	부산 고리
15	태기산풍력	40,000	포스코건설	강원 횡성·평창
16	신안풍력	3,000	신안풍력	전남 신안
17	영양풍력	61,500	영양풍력	경북 영양
18	성산1 풍력	12,000	남부발전	제주 성산
19	성산2 풍력	8,000	남부발전	제주 성산

번호	발전소	용량(kW)	사업자	설치위치
20	삼달풍력	33,000	한신에너지	제주 성산
21	누에섬풍력	2,250	경기도	경기 안산
22	용대풍력	3,000	인제군	강원 인제
23	김영풍력	1,500	제주도	제주 구좌
24	월령풍력	2,000	제주도	제주 한림
25	현중풍력	1,650	울산	울산 방어진
26	새만금풍력	2,000	전북	전북 새만금
27	영흥풍력	22,000	남동발전	인천 영흥
28	영월풍력	2,250	강원도	강원 영월
29	시화-방아머리풍력	3,000	한국수자원공사	경기 안산
30	경포풍력	3,000	포스코플랜텍	포항 장기
31	가시리풍력	15,000	제주도	제주 표선
32	대명풍력	3,000	대명GEC	경남 양산
33	경인풍력	3,000	한국수자원공사	경기 경인아라뱃길
34	대불	750	영암군청	전남 영암
35	월정1	3,000	두산중공업	제주 월정리 앞바다
36	창죽	16,000	창죽풍력발전	강원 태백
37	가시리	15,000	제주에너지공사	제주 서귀포
38	월정2	2,000	한국에너지기술연구원	제주 월정리 앞바다
39	태백	16,000	태백풍력발전	강원 태백
40	가파도	500	한국남부발전	제주 가파도
41	경주	16,800	한국동서발전	경북 경주
42	영광지산	3,000	한국동서발전	전남 영광
43	영광	2,000	DMS	전남 영광
44	행원마을	2,000	행원풍력특성화마을	제주 구좌읍
45	신안(복합)	9,000	동양건설산업	전남 신안
46	영흥2	24,000	한국남동발전	인천 옹진
47	대관령2	2,000	강원도청	강원 평창
48	대명영암	40,000	대명GEC	전남 영암
49	호남	20,000	한국동서발전	전남 영광

번호	발전소	용량(kW)	사업자	설치위치
50	김녕(실증)	10,500	제주도청	제주 구좌읍
51	윈드밀양산	10,000	윈드밀파워	경남 양산
52	가사도	400	한국전력공사	전남 가사도
53	새만금가력	3,300	한국농어촌공사	전북 군산
54	대관령3	1,650	강원도청	강원 평창
55	전남(실증)1	2,300	전남테크노파크	전남 영광
56	SK가시리	30,000	SK D&D	제주 표선면
57	월정마을	3,000	월정풍력특성화마을	제주 구좌읍
58	영광백수	40,000	한국동서발전	전남 영광
59	동복북촌	30,000	제주에너지공사	제주 제주
60	감포댐	2,000	한국수자원공사	경북 경주
61	제주김녕	30,000	제주김녕풍력발전	제주 제주
62	제네시스	100	제네시스윈드	강원 홍천
63	GS영양	59,400	GS E&R	경북 영양
64	군산산단	4,950	윈드시너지	전북 군산
65	부안	1,650	디엔아이코퍼레이션	전북 부안
66	하장	3,300	하장풍력발전	강원 삼척
67	화순	16,000	한국서부발전	전남 화순
68	거창	14,000	대명GEC	경남 거창
69	평창	30,000	평창풍력발전	강원 평창
70	의령	18,750	유니슨	경남 의령
71	제주상명	21,000	한국중부발전	제주 한림
72	홍성모산도	2,000	한국농어촌공사	충남 홍성
73	여수금성	3,050	금성풍력발전	전남 여수
74	탐라(해상)	30,000	한국남동발전	제주 두모리 앞바다
75	고원	18,000	대명GEC	강원 태백
76	신안1	24,000	포스코에너지	전남 신안
77	GS천북	7,050	GS 파워	경북 경주
78	하장2	3,050	하장풍력발전	강원 삼척
79	영광약수	19,800	한국중부발전	전남 영광

번호	발전소	용량(kW)	사업자	설치위치
80	경주강동	7,050	경주산업단지	경북 경주
81	전남(실증) 2	3,000	전남테크노파크	전남 영광
82	군산(해상/실증)	3,000	두산중공업	전북 군산
83	어곡	2,000	한진산업	경남 양산
84	강릉대기리	26,000	효성	강원 강릉
85	신안2-1(천사)	18,000	신안그린에너지	전남 신안
86	대관령1	3,300	강원도청	강원 평창
87	대기1	2,350	대기풍력발전	강원 강릉
88	대기2	2,350	대기풍력발전	강원 강릉
89	하장3	4,600	하장풍력발전	강원 삼척
90	경주2	20,700	한국동서발전	경북 경주
91	영양무창	24,150	GS E&R	경북 영양
92	동복리마을	2,000	동북풍력특성화마을	제주 제주
93	노랑에너지	3,000	노랑에너지	전남 순천
94	포항신광	19,200	대명GEC	경북 포항
95	신안2-2	20,700	포스코에너지	전남 신안
96	삼천포	750	한국남동발전	경남 고성
97	노동풍력	2,300	대관령풍력	강원 평창
98	영광실증	750	전남테크노파크	전남 영광
99	정암	32,200	한국남부발전	강원 정선
100	하장4	2,300	하장충력발전	강원 삼척
101	영광(육.해상)	79,600	한국동서발전	전남 영광
합계	101개소, 739기, 6383.635MW			

2004년에 산업자원부(현 산업통상자원부)는 "제2차 신재생에너지 기술개발 및 이용·보급 기본계획"을 확정하여 풍력사업단을 구성하였다. 기술개발 강화, 실용화 기반 조성, 보급 활성화를 통하여, 풍력발전 설비용량을 2022년 27.5GW, 2030년 63.8GW의 목표로 추진하고 있다.

4.6 풍력에너지의 연구 · 개발

지난 20년에 걸쳐, 평균 풍력터빈의 정격용량은 그림 4-22에서 설명된 것과 같이 거의 선형적으로 성장하였다. 풍력터빈 설계자들은 최근의 설치된 기계가 가장 큰 풍력터빈이라고 예측하였지만, 매 5년 정도 주기로 풍력터빈의 새로운 세대가 등장하게 되었다. 풍력터빈 관련 기술이 발전함에 따라 풍력터빈의 크기는 선형적으로 증가하였고, 에너지 생애주기 가격(COE: life-cycle cost of energy)이 감축되었다. 터빈 가격을 낮추기 위하여 회전자, 블레이드, 타워, 능동제어, 드라이브시스템 등의 고가 부품에 많은 관심을 기울이고 있으며, 풍력터빈의 기본적인 연구·개발을 통하여 가격 경쟁력이 있는 장치 제작이 가능하게 될 것이다.

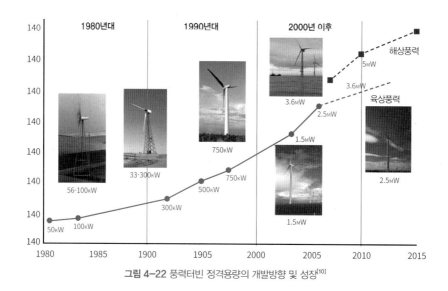

그림 4-22 풍력터빈 정격용량의 개발방향 및 성장[10]

4.6.1 회전자(rotor)

바람으로부터 에너지를 효과적으로 획득하기 위하여 회전자의 대형화 및 중량화가 가장 중요하다. 회전자 설계의 향상이 에너지 가격에 획기적인 영향을 미치기 때문에 새로운 익형(airfoil) 설계, 회전자가 유연하게 허브에 부착되는 방법, 블레이드의 생산 공정 향상 등에 관심을 기울이고 있다. 에너지획득 수단인 회전자의 향상이 첫째 목표로, 현재 회전자 설계의 새로운 방안은 제안되지 않았다. 그러나 좋은 재료의 사용, 같은 부하나 더 작은 부하용으로 넓은 면적을 스쳐갈 수 있도록 확장된 회전자를 제작하기 위한 혁신적인 제어가 주목할 만하다. 부하 수준을 감소시키거나 또는 부하 저항 설계를 감당하도록 개발하고 실험하는 두 가지의 접근방법이 있다. 첫 번째 방법으로는 중력과 난류 유발 부하를 줄이기 위하여 회전자 자체를 사용하는 것이다. 두 번째 방법은 능동적 제어로, 회전자 부하를 탐지하고 회전자로부터 터빈 구조물의 나머지에 부하를 전달하여 실제적으로 억제하는 것이다. 이러한 개선은 회전자를 대형으로 만들 수 있어서 시스템의 균형을 변화하지 않고 더 많은 에너지의 획득이 가능하다. 또한 정해진 용량에 대하여 에너지 획득을 향상시켜 용량인자(capacity factor)를 증대하게 된다. 여기서 용량인자는 다음과 같이 설명된다. 바람의 속도는 일정하지 않아서 풍력발전소의 연간 에너지 생산량은 현판상의 발전기 등급과 연간 총 시간을 곱한 것과 같지는 않다. 연간 실제생산량과 이론적인 최대생산량과의 비율을 용량인자라고 하며, 일반적인 값은 20~40%이다. 1MW 풍력터빈의 용량인자가 35%라고 하면, 8,760MWh($1 \times 24 \times 365$)의 전기를 생산할 수는 없고, 평균 0.35MW에 해당하는 3,066MWh($1 \times 0.35 \times 24 \times 365$)의 전기를 생산한 다. 또 다른 창의적인 혁신은 Idaho 주의 Boise에 위치한 Energy Limited Inc.이 제안하여 이미 소규모 에 평가된 변수직경 회전자(variable-diameter rotor)로, 용량인자를 획기적으로 향상시킬 수 있다. 이 러한 회전자는 저속바람에서 더 많은 에너지를 획득할 수 있도록 대형면적을 갖으며, 바람이 고속인 경우, 시스템을 보호할 수 있도록 회전자의 크기를 감소할 수 있는 시스템이다. 이러한 시스템은 과도한 중량의 증가없이 블레이드를 제작해야 하는 어려움 때문에 여전히 고난이도로 분류되지만, 용량인자를 획기적으 로 높일 수 있는 완전히 새로운 방법이다.

`4.6.2` 블레이드(blade)

긴 블레이드와 대형 회전자는 바람이 지나가는 면적이 크게 되어 에너지 획득을 증가시킨다. 그러나 단순 히 기본적인 설계의 변화없이 블레이드를 길게하면, 블레이드가 훨씬 무거워진다. 더구나 블레이드의 중 량과 모멘트 암이 길어져 구조적인 부하가 더 많이 증가한다. 블레이드 무게와 합성적인 중력 유발 부하는 높은 강도 대 무게 비를 갖는 첨단재료를 사용하여 제어할 수 있다. 탄소섬유와 같은 고성능 재료는 고가 이기 때문에 가격이 최소화되도록 설계 시에 한 번만 포함된다. 이렇게 새로 고안된 익형은 뛰어난 동력성 능을 유지하도록 보증되지만, 실제 규모의 운영환경에서는 아직 입증되지 않았다.

한 가지 개념은 블레이드 구조물을 직접 제작하여 부하를 감소하는 수동적인 방법이다. 복합재료의 특성 을 이용하여 블레이드의 구조적 물성을 맞추면, 블레이드 내부구조는 블레이드의 외부가 구부릴 수 있게 비틀어서 제작할 수 있다. 그림 4-23에서 설명된 "Flap-pitch" 또는 "bend-twist" 동조 방법은 블레이 드의 복합재료 층 내부에 위치한 유리섬유(fiberglass)와 탄소층에 적용되어 완성된다. 설계가 적절하면, 비틀림 변화는 블레이드의 과도한 받음각(angle of attack)을 변화시켜, 돌풍이 시작될 때 블레이드에 부 과되는 양력이 감소되며, 따라서 수동적으로는 피로부하가 감소된다. Flap-pitch 동조를 만들기 위한 또 다른 방법으로는 그림 4-24와 같은 곡면형상에서 블레이드를 제작하는 것으로, 공력 하중을 블레이드의 비틀림 작용에 적용하여 공력 하중의 요동에 대하여 받음각이 변화하는 것이다.

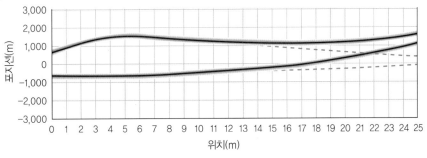

그림 4-23 곡면 기본 비틀림 동조

운송비용을 절약하기 위하여 설치장소에서 제작 및 단편 블레이드와 같은 개념을 연구하고 있다. 또한 단편 주형과 실제로 블레이드가 만들어져 주요 풍력터빈 설치장소에 근접한 임시건물로 이동하는 것이 가능할 수 있다.

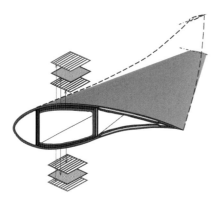

그림 4-24 비틀림-플랩 동조된 블레이드 설계(재료 근간의 비틀림 동조)

터빈 블레이드 용 익형의 특별한 설계는 터빈 성능을 상당히 향상시킨다. 익형은 비행기 날개 또는 터빈 블레이드의 단면 형상으로, 공기의 흐름을 비행기의 양력 또는 터빈 회전자를 회전시키는 힘으로 변환시킨다. 1984년 이래로 미국의 국립재생에너지연구소(National Renewable Energy Laboratory: NREL)는 특별한 크기의 터빈 블레이드 용 익형 군 7개를 만들었다[11, 12, 13]. 새로운 익형은 회전자를 정속으로 운전 시 30% 정도 에너지 획득을 증가할 수 있고, Z-40, AWT-26, AWT-27, AOC 15/50 풍력터빈 등에 사용하고 있다. 2엽 터빈 회전자는 3엽 터빈 회전자와 같은 양의 에너지를 획득 할 수 있고, 설치하는 비용도 절감할 수 있다. 그러나 2엽 터빈 회전자는 돌풍에 대응하도록 충분히 유연해야 하며 터빈에 충격이 가지 않도록 바람의 힘을 분산시켜야 한다. 국립풍력터빈연구소(National Wind Turbine Center: NWTC)는 유연한 2엽 터빈 회전자에 관하여 연구하고 있다. Sandia 국립연구소(Sandia National Laboratory: SNL)는 터빈 회전자의 가격을 감소하려고 산업체와 공동으로 터빈 블레이드 제작 공정에 관한 관심을 기울이고 있으며, 제작 공정 중 블레이드의 열처리 시간을 단축하며 다른 개선방법을 통하여 블레이드 제조비용의 약 25%를 감축하려고 한다. 유리섬유와 플라스틱 블레이드의 제작 공정을 향상시키기 위하여 산학연 협동으로 개발을 진행하고 있다.

4.6.3 능동제어(active control)

독립적인 블레이드 피치와 발전기 토크를 이용하는 능동제어는 타워 상부의 움직임, 동력 변동, 비대칭 로터하중, 블레이드 개개의 하중을 경감하는데 사용될 수 있다. 액추에이터(actuator)와 제어기(controller)는 대형 로터와 높은 타워를 가능하게 하여 대부분의 예상 하중을 감소시킨다. 연구원들은 부하 경감이 가능한 제어 알고리즘(algorithm)을 발표하였다. 제어시스템의 눈과 귀의 역할을 하는 센서는 높은 신뢰도와 적은 유지·보수 시스템을 계측하도록 충분한 수명이 요구된다. 또한 제어활동이 증가함에 따라 피치

메카니즘의 마모가 가속화되는 관계가 있다. 극적인 성능향상을 가능하게 하는 필수적인 기술적 혁신은 알지 못하는 것을 개발하는 문제가 아니고, 시제품의 시험과 실증을 통하여 적용을 확실히 입증함으로, 혁신의 위험을 완화하는 상당히 고된 일이다.

4.6.4 타워(tower)

현재까지 풍력발전기 설치의 평범한 요소 중의 하나인 타워에 관하여 기술혁신은 거의 없었다. 일반적으로 바람의 속도는 지상으로부터 높이에 따라 증가하며, 출력은 바람 속도의 3승에 비례한다. 즉, 타워의 높이를 높이면 터빈이 강한 바람에 노출되어 더 많은 전기를 생산하지만, 기존의 강철격자 또는 관형으로 만들어진 타워를 높게 만들기 위한 재료의 가격도 상승한다. 엔지니어가 타워를 제작 시, 강철의 사용량을 줄일 수 있는 방법을 만들어 낼 수 있다면, 풍력터빈은 현재 사용하는 고도보다 높은 곳에 설치할 수 있다. 타워에서 탄소섬유와 같은 강철 이외의 재료 사용에 관한 대안이 연구되고 있다. 이러한 연구를 통하여 재료비를 상당히 조정할 수 있다면 상당히 유용한 결과가 될 것이다. 타워의 움직임을 감소시키는 능동적인 제어는 별개의 가능한 기술일 수 있다. 일부 타워의 움직임을 제어하는 것은 이미 진행 중인 연구과제이다. 작동과 운영의 중요한 역할을 하는 새로운 타워의 건설기술은 시스템의 에너지 단가를 낮추는데 도움이 된다. 대략 4m 보다 큰 타워의 직경은 중대한 육상수송 비용을 유발한다. 공교롭게도 타워의 직경과 재료 요구조건은 타워의 설계 목표와 직접적으로 상반된다. 즉, 직경이 크면, 부하를 분산할 수 있고, 벽면이 얇으면 실제로 재료가 덜 필요하기 때문에 장점이 있다. 직경이 큰 타워에 대하여 설치장소에서 조립은 접합부분과 잠금장치의 개수가 늘어나, 잠금장치의 신뢰도와 부식에 대한 중요성 뿐 아니라 노동비용도 상승한다. 타워의 벽면 두께는 제한없이 줄일 수 없다. 엔지니어들은 좌굴(buckling)을 회피하도록 최소 조건을 유지해야 한다. 주름 골(corrugated)과 같은 새로운 타워의 벽면 기하학은 좌굴 제한조건을 경감하기 위하여 채택할 수 있으며, 높은 타워는 필연적으로 가격 상승을 동반한다. 높은 타워의 주요한 설계 영향은 타워 자체가 아니라 더 길고 더 가느다란 구조물의 상부에 위치한 대단히 질량이 큰 시스템의 동역학에 관한 문제이다. 타워의 상부 무게 감소는 유연한 시스템의 동역학을 향상시킨다. 높은 타워의 곤란한 문제는 블레이드 피치와 발전기 토크 제어를 사용하여 타워의 운동을 감소하는 스마트 제어기로 더 경감할 수 있다. 2가지 방법 모두 입증되었지만, 상용화에 적용된 것은 드문 일이다.

4.6.5 드라이브트레인(drive train: 기어박스, 발전기, 전력변환)

발전기 권선, 전력전자, 기어, 베어링, 그리고 전자장비에 관련된 손실은 각각으로는 상당히 작지만, 전체 시스템으로 합하여 보면 이러한 손실은 상당히 크다. 전력생산이 낮을 때, 고정 손실을 없애거나 감소하기 위한 개선은 용량인자를 증가하며 비용을 절감하는데 중요한 영향을 준다. 이러한 개선은 혁신적인 전력전자 설계와 대형 영구자석 발전기의 사용을 포함한다. 또한 직접구동 시스템은 기어손실을 제거하여 이러한 목표를 달성할 수 있다. 유지가 용이한 모듈형 대형발전 시스템의 개발은 전력곡선의 저속 부분 생산성이 향상되도록 오랜 시간이 걸리게 될 것이다. 현재 기어박스 신뢰성은 중요한 문제로, 기어박스의 교체에는 비용이 많이 든다. 한 가지 해결방법은 전체적으로 기어박스를 제거하는 직접구동 파워트 레인(power train)이다. 이러한 방법은 1990년대 독일의 Aurich시에 위치한 Enercon-GmbH사에 의해 성공적으로 적용되었으며 다른 터빈제작사들이 검토하고 있다. 또 다른 대안은 기어박스 단 수를 3단에서 2단 또는 1단으로 줄이면 부품 개수가 감소되어 신뢰도를 향상시킨다. 기본적인 기어박스 위상 기하학은 다음과 같이 향상될 수 있다. California 주 Carpinteria 시에 위치한 Clipper Windpower 사는 그림 4-25와 같이 4개의 발전기 사이에 기계적 동력을 분할하는 다축-구동-경로 기어박스(multiple-drive-path gearbox)를 개발하였다. 다축-구동-경로 설계는 기어박스의 무게와 크기를 줄이고, 근본적으로 구조물을 쉽게 하며 유지·보수의 필요를 경감하여 개개의 기어박스 요소의 하중을 감소함으로 신뢰성을 향상시킨다. 발전기 회전자에서 권선 회전자 대신에 희토류 산화물(rare-earth) 영구자석을 사용하면 여러 가지 장점이 있다. 높은 에너지 밀도는 구리권선과 관련된 상당한 무게를 제거할 수 있고, 절연 저하와 단락에 관련된 문제를 없앨 수 있으며 전기적 손실을 줄일 수 있다. 희토류 산화물 영구자석은 온도 상승을 해결할 수 없지만, 발전기 냉각신뢰도가 연관되어 필요한 요구조건인 영구적으로 자속 강도 저하없이 사용가능하다. 희토류 산화물 영구자석의 사용은 주된 재료의 양이 사용할 만큼 없기 때문에 잠재적인 관심사이다. 전력전자는 성능과 신뢰도 수준이 이미 향상되었지만, 중요한 개선의 기회는 아직 남아 있다. 시장에 진입하는 새로운 SiC 장치는 고온과 고 주파수에서 작동 가능하여 신뢰도의 향상과 가격을 낮춘다. 새로운 회로 위상기하학은 전력 질의 더 좋은 제어를 제공하고, 사용할 수 있는 고전압이 가능하며, 전체 전환효율을 증가시킨다. Conneticut 주, Walllingford 시의 Distributed Energy System 사(이전의 Northern Power System 사)는 영구자석 발전기의 변환가격과 손실을 낮추는 선행 표준 동력전자 시스템을 제작하였다. Oregon 주, Wilsonville 시의 Peregrine Power 사는 SiC 장치를 사용하면 전력 손실을 감소하며, 신뢰도를 향상시키고 부품의 크기를 줄일 수 있다고 결론을 내렸다. California 주, San Ramon 시의 BEW(Behnke, Erdman, and Whitaker) Engineering 사는 수 MW 터빈에 중전압 전력 시스템을 사용하면 전기손실 및 가격, 무게, 터빈 전기부품의 부피를 줄일 수 있다는 것을 보여준다. 풍력 발전의 장기적인 적용에서 극적인 변화는 풍력발전소가 공급하는 전기를 계통과 연계하는 것이다. 미래의 발전소는 주파수, 전압, 그리고 전압이 실시간으로 제어되며 조절되는 VAR(Volt-Amp-Reactive) 제어, 고장 대처 능력, 계통으로부터 전력제어능력의 분담을 수행하는 것 등이 지원되어야 한다. 발전소는 신속한 측정능력을 제공하고, 기존발전소의 기본적인 임무를 수행하도록 설계될 수 있다. 이러한 발전소는 대부분의 시간에서 최대전력 등급 이하로 작동되고, 계통 보조 시설과 획득한 에너지를 교환한다. 이러한 거래 비용은 기계설비의 초기투자비를 낮추거나, 에너지 손실의 보상 또는 2가지에 대하여 최적으로 조합이 가능하도록 계통 지원에 대한 비용을 지불하는 명시된 계약 등이 필요하다. 풍력발전소는 단순한 에너지 원으로부터 중요한 계통연계 지원을 제공하는 동력발전소로 변화가 될 수 있다.

그림 4-25 Clipper Windpower 사의 다축-구동-경로 기어박스(multiple-drive-path gearbox)

4.6.6 기본적인 공기역학 연구

풍력터빈 기술자들은 항공기를 설계하는 사람들이 모든 비용을 들여 회피하려고 하는 실속(stall)과 같은 기술을 사용한다. 실속은 익형 표면에서 공기의 흐름에 의한 박리(separation) 현상이 현저하게 커져서 익형으로의 기능이 저하되는 현상이다. 또, 풍력터빈 회전자 블레이드에서 원심력은 공기분자가 회전자 블레이드를 따라서 중심으로부터 팁까지 반지름 방향으로 공기의 흐름을 유발하기 때문에, 그 흐름으로 나타나는 3차원 유동장과 관련된 아주 복잡한 현상이 존재한다. 공기흐름에 관한 3차원 컴퓨터 모사는 항공 산업에서 많이 사용하기 때문에, 풍력터빈 연구자들은 이러한 문제들을 취급하기 위하여 새로운 컴퓨터 모사방법을 개발해야 한다. 전산유체역학(Computational Fluid Dynamics: CFD)은 풍력터빈에서 회전자 블레이드 주위의 공기흐름을 모사하는 방법 중의 하나이다. 그림 4-26은 CFD 상용 S/W인 Fluent로 계산한 NACA 0012 블레이드 주위의 정압분포를 나타낸다.

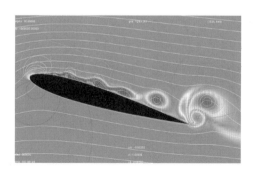

그림 4-26 NACA 0012 블레이드 주위의 공기흐름에 대한 컴퓨터 모사 결과[14]

4.6.7 공기역학적인 향상 장치

항공산업에서 사용하는 많은 기술들이 풍력터빈 회전자의 성능을 향상시키는데 점진적으로 적용되고 있다. 그림 4-27과 같이 작은 핀으로 구성되어 있는 와류 생성기(vortex generator)는 비행기 날개 표면에 부착되어 있으며, 0.01m 높이에 불과하다. 이 핀들은 왼쪽 또는 오른쪽으로 약간 삐뚤어져 있고, 날개 표면의 얇은 난류 공기 흐름을 생성한다. 핀의 간격은 난류 경계층이 날개의 후면 가장자리에서 자동적으로 소멸되어야 함으로 아주 정밀하다. 이러한 미세한 난류의 생성은 비행기 날개가 낮은 바람속도에서 실속에 걸리는 것을 방지한다. 풍력터빈 블레이드는 낮은 바람속도에서 형상이 두꺼운 블레이드의 뿌리에 근접한 부분이 실속에 걸리기 쉽다. 따라서 최근에는 회전자 블레이드를 1m 정도 늘이거나 뿌리 근처의 블레이드 후면을 따라서 와류 생성기들을 장착하기도 한다.

그림 4-27 비행기 날개에 장착된 와류 생성기[16]

4.6.8 해상(Offshore) 풍력터빈 기술

유럽은 북해(North Sea), 발틱해(Baltic Sea)에서 강력한 풍력자원과 바닷물의 깊이가 얕은 해양이 있으며, 인구집중 및 육지에서 개발하여 사용할 적절한 입지의 제한으로 인하여 2012년 기준, 해상 풍력발전 개발에서 우위를 차지하고 있다. 해상풍력발전단지는 내륙의 공간적 제약에서 벗어나 해상의 우수한 풍력자원을 이용하며, 난류의 수준이 낮아서 시스템의 수명을 증대할 수 있다. 그러나 해상구조물의 높은 설치비용으로 그동안 실용화되지 못했지만, 대형풍력터빈의 개발로 인하여 단위 풍력터빈의 용량이 대형화함에 따라 발전단가의 경쟁성이 확보되고 있는 실정이다. 덴마크 전력회사들의 경제성 분석에 의하면, 대당 1,500kW 풍력터빈을 사용한 Tuno 해상풍력발전단지의 경우 발전원가가 kWh당 6¢에서 3.8¢로 낮아질 것으로 전망되고 있다. 해외의 풍력터빈 제작사들은 해상풍력단지용 모델로 대형터빈을 개발 보급 중이며, Enercon, ABB, Lagerwey 사 등 많은 풍력터빈 제작사들이 해상풍력단지용 모델을 주력모델로 내세우고 있다. 덴마크, 네덜란드, 독일, 영국 등은 해안에서 수 km 떨어져 수심이 5~20m 바다 위에 풍력터빈을 설치하는 해상풍력발전단지를 설치하여 운영 중에 있다[15]. 그림 4-28은 2002년에 완공된 덴마크의 Horns Rev 최대 해상풍력발전단지의 전경을 나타내며, Jutland 해안에서 14~20km 떨어진 북해에 위치한다. 2MW 풍력터빈 80기가 모여 전체 풍력발전소의 용량 160MW를 구성하며, 세계 최초 해상 풍력발전소로, 덴마크의 150,000 가구에 전기를 공급한다. 2008년 10월 영국이 590MW의 용량을 설치하기 전까지 해상풍력분야에서 선두를 지켜왔다. 영국은 2020년까지 더 많은 해상풍력발전소를 건설하려는 계획을 갖고 있다. 또한 세계의 대부분 인구들이 해안선을 따라 집중되어 거주하기 때문에 해상풍력발전원은 송전 비용을 감소할 수 있다. 2007년 12월 21일, Princess Amalia 풍력발전소를 수출하여 독일 송전선에 최초로 연계시켜 해상풍력산업에 획기적인 사건으로 기록되었다. 120MW 풍력발전소의 건설비용은 3억8천3백만 유로로, 프로젝트 금융을 통하여 조달하였다. 이 프로젝트는 Vesta사 V802MW급 풍력터빈 60기로 구성되며, 각 터빈의 타워는 독일 해안선에서 약 23km 거리에 떨어진 18~23m 깊이에 단일파일 기초위에 설치되었다[16].

그림 4-28 2002년 완공된 덴마크의 Horns Rev 최대 해상풍력발전단지(사진: ELSAM A/S)

대형 풍력터빈 부품(타워, 나셀, 블레이드 등)을 운반하는 것은 배와 바지선이 트럭이나 기차보다 대형 하중을 쉽게 취급할 수 있기 때문에 육지보다 해상이 더 용이하다. 육상에서 대형물건을 실은 차량은 도로상의 한 지점에서 다른 지점으로 이동이 가능하도록 도로가 휘어지는 것을 걱정해야 하므로, 풍력터빈 블레이드의 최대길이를 고정해야 하지만, 해상에서는 이러한 제한은 없다. 해상풍력발전소의 건설 및 유지·보수 비용은 육상에 비해서는 고가이므로, 운영자가 대형으로 유용한 유닛을 설치하여 정해진 총 전력에 대하여 풍력터빈의 숫자를 감축해야 한다. 2012년 완공 예정인 Belgium의 Thorontonbank 풍력발전소는 세계에서 가장 큰 풍력터빈인 REpower 사의 5MW의 풍력터빈을 갖추고 있다(그림 4-29). 한국 산업통상자원부는 발전기와 증속기 등 핵심부품 국산화 및 보급화를 기본으로 전남 영광·부안 지역 해상에 100MW를 시작으로 2.5GW 서남해 해상풍력단지를 추진하고 있으며(그림 4-30), 한국전력기술의 제주해상풍력은 제주시 한림읍 수원리 앞바다에 2020년 준공을 목표로 해상풍력사업을 추진 중에 있다[17, 18].

그림 4-29 Belgium 북해에 위치한 REpower 사의 5M급 풍력터빈을 설치한 해상풍력발전소

그림 4-30 서남해 해상풍력단지 계획

[1] Danish Wind Industry Association(http://www.windpower.org/en/)

[2] GE Energy, Brochure of 3.6MW Offshore Series Wind Turbine

[3] US DOE, Energy Efficiency & Renewable Energy
(http://www.eere.energy.gov/basics/renewable_energy/wind_turbines.html)

[4] 기상청, 풍력자원지도(http://www.kma.go.kr/sfc/sfc_06_01.jsp)

[5] Global Wind Energy Council, Global Wind Statistics 2017, February 2018.

[6] The Inifinite Power of Texas(http://www.infinitepower.org/)

[7] Wind Energy International, Global Statistics 2018, https://library.wwindea.org/global-statistics-2018-preliminary/.

[8] 한국에너지공단 신재생에너지센터, 2017년 신재생에너지 보급통계.

[9] 한국풍력산업협회(http://www.kWeia.or.kr/)

[10] EERE, 20% Wind Energy by 2030 – Increasing Wind Energy's Contribution to US Electricity Supply, July 2008.

[11] 김두훈, 류지윤, 홍승기, "풍력발전시스템의 소개 및 이용 동향," 기계저널, pp. 51-57, Vol. 42, No. 2, 2002

[12] 전중환, "풍력발전 기술의 현황과 미래," 기계저널, pp. 28-33, Vol. 43, No. 10, 2003

[13] National Renewable Energy Laboratory, Photographic Information Exchange, http://www.nrel.gov/data/pix/searchpix.html

[14] http://www.fluent.com/solutions/examples/x174.htm

[15] World Wind Energy Association(http://www.world-wind-energy.info/)

[16] The European Wind Energy Association(http://www.ewea.org/)

[17] 이수갑, 국내 풍력에너지 현황 및 향후 전망, 한국풍력기술개발사업단, 2005

[18] 풍력핵심기술연구센터(http://wtrc.kims.re.kr/main/main.html)

PART A _ 개념문제

01. 풍력에너지를 간단히 설명하시오.

02. 바람이 부는 이유를 나열하시오.

03. Coriolis 힘에 대해여 설명하시오.

04. 풍력에너지에 지구의 바람 외 국부적 바람이 큰 영향을 준다. 국부적 바람에 대해서 설명하시오.

05. 산에 올라가면 공기의 밀도가 어떻게 변화되는지 설명하시오.

06. 풍력에너지의 장단점을 기술하시오.

07. 바람으로부터 추출할 수 있는 동력을 결성할 때, 숭요한 변수는 왜 바람의 속도인가?

08. 풍력터빈의 출력계수(power coefficient)는 무엇인가?

09. 왜 풍력터빈은 최대 출력계수에서 연속적으로 작동할 수 없는가?

10. 풍력터빈을 회전자 축방향에 따라 구분하고, 장단점을 논하시오.

11. 풍력터빈의 주요 구성품 중, 블레이드와 회전자에 관하여 설명하시오.

12. 블레이드에 바람이 지나가는 면적을 크게하며 부하를 감소하는 방법을 설명하시오.

13. 풍력터빈을 운전형식에 따라 구분하시오.

14. 전산유체역학(Computational Fluid Dyanmics: CFD)가 풍력터빈 연구에 어떻게 쓰이는지 설명하시오.

15. 풍력터빈의 용량인자(capacity factor)는 무엇인가?

16. 해상 풍력터빈은 무엇인가?

PART B _ 계산문제

17. 미국 풍력에너지의 성장률은 매해 22%로, 현재 필요한 전기의 5%를 공급하려면 언제쯤인가?

18. 풍속 7m/s인 지역이다. 이 지점에 대형 풍력터빈을 설치할 때 생산할수 있는 전력을 계산하라. 블레이드 직경이 90m, 전체효율이 30%, 공기의 밀도가 1.25kg/m³이다.

19. 문제 4.18 지역에 하루에 12시간 7m/s인 바람이 불고 전기단가를 $0.07/kWh라고 하면, 하루에 생산된 전기양과 수입을 계산하라.

20. 한 학교에서 전기요금으로 $0.09/kWh를 지불하고 있다. 전기요금을 줄이기 위하여 30kW 풍력터빈을 설치하였다. 이 풍력터빈이 연간 2,200시간 가동된다면, 연간 이 터빈에 의해 생산되는 전력량과 학교가 절약할 수 있는 돈을 계산하라.

21. 블레이드의 직경은 20ft이고, 바람의 속도는 15mile/h일 때, 풍력터빈에서 추출할 수 있는 최대출력은 얼마인가?

22. 최근 설계된 풍력터빈은 바람의 속도 50km/h에서 full load 용량을 획득할 수 있고 블레이드 직경이 53m이다. 1atm이고 25℃일 때 풍력터빈이 생산하는 전력을 구하라.

23. 문제 4.22 풍력터빈의 출력계수(power coefficient)가 0.4이고 발전기 효율이 0.8이면, 정격출력(rated power)을 계산하라.

24. 풍속이 10m/s일 때 풍력밀도는 풍속이 7.2m/s일 때 풍력밀도보다 얼마나 차이가 있는가?

25. 미우주항공국(NASA)에 의해 제작된 최초의 실험 풍력터빈은 직경이 38m인 블레이드를 사용하였고, 시험장소에서의 최대풍속은 8m/s였다. (a)이러한 조건하에서 유용 가능한 풍력을 결정하라. (b)이러한 조건하에서 전기출력이 100,000W일 때, 풍력을 전기로 변환하는 시스템의 효율은 얼마인가?

26. 문제 4.25에 시험장소의 최대풍속이 10m/s이면 풍력을 전기로 변환하는 시스템의 효율이 얼마나 바뀌는가?

27. 풍속이 30km/h의 바람에서 20rpm으로 회전하는 풍력터빈의 회전자 직경은 80m이다. 바람이 갖는 운동에 너지의 35%가 전력으로 변환된다고 할 때, (a)발생한 동력(kW) (b)날개 끝 속도(km/h) (c)생산된 전력을 $0.06/kWh로 소비자에게 공급한다면 매년 풍력터빈에 의해 발생하는 수입은 얼마인가? 이 때, 공기의 밀도는 1,225kg/m³이다.

28. 풍력으로 250W 전기를 발전하는 시골집을 가정하라. 시스템의 효율이 25%이고, 바람의 속도가 5m/s일 때, 프로펠러의 직경을 계산하라.

29. 새로운 주택에 500W 전기를 풍력으로 공급하려고 한다. 시스템의 효율이 20%이고, 바람의 속도가 7m/s이나 10m/s일 때, 프로펠러의 직경을 계산하고 비교하라.

30. 가정에 전기에너지를 공급하기 위하여 제안된 방법은 풍력발전기를 이용하여 물을 102m 깊이로부터 양수하는 가역 물펌프 터빈(reversible water pump-turbine)이 있다. 양수된 물은 바람이 없을 때에 사용하려고 탱크에 저장된다. 풍력발전기 축은 물펌프 터빈과 연결되어 있을 뿐 아니라, 전기발전기에 직접 연결되어 있다. 평균 가정에서 하루에 소비되는 전기량이 140kWh일 때, 다음을 결정하라. (a)3일 동안 바람이 없을 때, 물의 저장을 위하여 필요한 저장탱크의 크기(gallon) (b)탱크의 직경이 높이와 같다면 원통형 저장탱크의 제원. 물펌프 터빈과 발전기 유닛 사이의 기계에너지에서 전기에너지로의 변환효율은 60%로 가정하라.

31. 바람에 노출된 풍력터빈의 단면적 A를 통과하는 공기의 평균속도를 u라고 하면, $u = \frac{1}{2}(v_{out} + v_{in})$로 정의된다. 풍력터빈을 통과하는 평균 질량유량은 $\rho A u$이고, 여기서 ρ는 공기의 밀도(1.29kg/m³)이다.

   (a) 본문에서 유용한 풍력은 $\frac{1}{2}(\rho A u)v^2$이고, v는 관련된 속도이다. 왜 풍력터빈으로부터 추출할 수 있는 에너지의 식이 다음과 같은지 설명하라.

   $$P_{extracted} = \frac{1}{2}(\rho A u)(v_{in}^2 - v_{out}^2)$$

   (Q4.31-1)

   (b) v_{in}과 v_{out}의 관점에서 (a)의 결과를 설명하라.

   (c) v_{in}가 9m/s로 고정되어 있다고 가정하라. v_{out}과 $P_{extracted}/\rho A$의 관계를 그래프로 그리고, 추출동력이 최대일 때, v_{out}의 값을 결정하라.

   (d) 바람의 최대동력인 $\frac{1}{2}\rho A v_{in}^3$의 60%의 동력(정확한 값은 16/27)에 연관된 v_{out}을 증명하라.

지열에너지
Geothermal Energy

지열에너지는 "geo"라는 지구와 "thermal"이라는 열의 의미를 갖는 어원으로 지구의 열을 의미한다. 지열은 세계에서 제일 거대하며, 신뢰할 만한 환경친화적인 에너지 자원이다. 이러한 열에너지는 지각 판 (tectonic plate), 화산, 지진들에 원인이며, 열은 지각 판의 운동으로 인하여 지구의 고온 내부로부터 표면으로 흐른다. 지구의 온도는 깊이에 따라 점점 증가하며, 중심부에서는 4200℃ 이상이다. 이러한 열들의 근원은 약 45억 년 전 지구에서 인화하기 쉬운 가스의 형성 결과이고, 대부분은 방사성 동위원소인 우라늄(U^{238}, U^{235}), 토륨(Th^{232}), 칼륨(K^{40})의 소멸에 의해 발생된 것이다. 심층에 위치한 고온 지열에너지는 시추공을 통하여 지열수가 추출되거나 물을 인위적으로 주입하여 고온의 물이나 수증기를 생산한 후, 그 열에너지를 전기에너지로 변환하는 지열발전과 건물 내의 열을 지중으로 방출하고, 지중의 열을 공급하는 지열 냉난방시스템으로 주로 이용한다.

5.1 지열에 관한 기초지식

5.1.1 지구과학적 지식

그림 5-1은 지구 내부의 열을 도시적으로 나타낸 것으로, 지구의 중심은 6400km의 깊이에, 중심온도는 4200℃ 이상 일 것으로 추측되며, 깊이가 80~100km에서 650~1200℃로 감소한다[1]. 지하수의 순환과 1~5km 깊이에서 마그마가 지각으로 관입을 통하여 열이 지구표면에 도달한다. 갈라진 틈을 따라 지하수의 순환은 열을 얕은 깊이까지 보내며, 넓은 면적으로부터 열의 흐름을 모아 얕은 깊이의 유수지로 집중시키거나 온천으로 배출시킨다. 즉, 고온의 마그마는 주위의 지하수에 열을 전달하여 고온증기나 물의 형태로 온천과 간헐온천(geyser) 등의 지역 표면에 나타나게 한다. 지구표면에 근접한 이러한 열에너지는

지열에너지지원으로 사용될 수 있다. 지열에너지는 열과 전기로 변환될 수 있으며, 그 사용되는 기술에 따라 지열 열펌프, 직접 지열사용, 발전소의 3가지 영역으로 분류된다. 열은 자연적으로 온도가 높은 곳에서 낮은 곳으로 이동하기 때문에, 지구의 열은 지열구배를 따라서 중심부로부터 표면으로 흐르며, 약 42×10^{12}W의 열이 계속해서 공간으로 복사된다. 거대한 열의 공급은 지구 표면에 도달할 때 온도가 너무 낮기 때문에 실제적으로 획득될 수 없지만, 지열에너지는 집중된 지역에서만 사용 가능하다[2]. 이러한 지역은 지진과 화산활동에 관련되며, 지각으로 구성된 지각 판의 연결점에서 나타난다. 그림 5-2는 세계전역의 지각 판을 나타낸다. 낮은 등급의 지열원은 세계전역에 걸쳐 풍부하고 넓게 분포되어 있으며, 지각 판의 가장자리뿐만 아니라 미국의 멕시코만 해안, 중앙과 남부 유럽의 해안 등과 같은 세계전역의 깊은 침전물 구조분지에 위치한다.

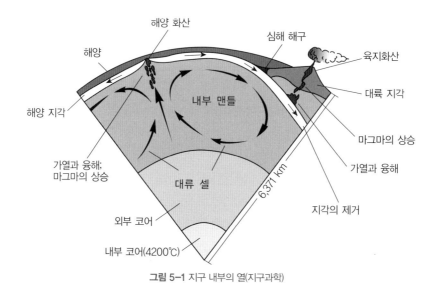

그림 5-1 지구 내부의 열(지구과학)

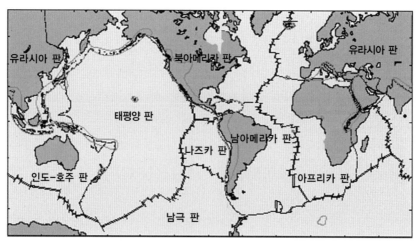

그림 5-2 세계전역의 지각 판

5.1.2 지열이용 현황

국제지열협회(International Geothermal Association: IGA)에 의하면, 2005년 24개국에 설치된 지열발전소 전기생산 용량은 8,933MW, 연간 지열 전기 생산량은 55,709GWh이었고, 2010년에는 지열발전소 전기생산 용량은 10,715MW, 연간 지열 전기 생산량은 67,246GWh로, 2005년 대비 20%가 증가하였다. 표 5-1은 2007년, 2010년, 2018년 사이에 세계에 설치된 지열발전소 전기생산 용량을 국가별로 정리한 것이다. 2018년 기준으로 지열발전소를 이용하여 전기를 생산하는 최대 생산국은 미국이며 지열발전소 80개의 3,591MW 전기생산 용량을 갖추고 있다. 세계에서 가장 큰 그룹의 지열발전소가 California 주 Geyser에 위치한다[3, 4, 5]. 필리핀, 인도네시아, 태국은 지열에너지를 주로 전기생산에 사용하며, 중국과 대만은 직접 지열적용을 주로 하며, 나머지는 전기생산에 사용한다. 설치된 발전소의 용량이 1,904MW로, 지열발전소 전기생산 용량이 2위인 필리핀은 태평양 판과 유라시안 판의 경계에 위치하기 때문에 풍부한 지열자원을 갖고 있다. 필리핀 최초의 지열발전소는 1979년에 가동을 시작하였고, 426MW 용량의 Mak Ban과 330MW 용량의 Tiwi에 가장 큰 발전소들이 존재한다. 이렇게 지열로 발전된 전기는 필리핀 전기생산량의 27%를 담당한다. 필리핀은 새로운 지역의 지열을 적극적으로 개발하기 때문에, 곧 세계에서 가장 큰 지열전기 생산국이 될 것이다. 지열에너지는 수산물 가공, 코코넛과 과일 건조 등에 직접 사용되고 있다. 1,197MW의 지열전기를 생산하는 인도네시아는 유라시안 판과 호주 판의 경계에 위치함으로 좋은 지열원을 갖고 있다. 1920년대 인도네시아 최초의 지열개발인 Kamojang 건조 증기원은 현재 140MW의 전기를 생산하며, 330MW의 용량을 갖는 Gunung Salak 지역에 가장 큰 발전소가 위치한다. 또한 고립된 지역에는 10MW급(35kW~1MW의 조합)의 초소형-지열(mini-geo) 발전소가 설치되었다. 또한 지열 증기와 고온수도 직접적으로 요리와 목욕에 사용된다. 뉴질랜드는 전체에너지 수요량의 10%를 지열원으로 생산하는 반면에 호주는 아주 작은 양만 지열에 의존한다.

표 5-1 세계에 설치된 지열발전소 전기생산 용량[3,4,5]

국가 \ 연도	2007년 용량(MW)	2010년 용량(MW)	2018년 용량(MW)	국가 전기생산 분담률
미국	2,687	3,086	3,591	0.3%
필리핀	1,969.7	1,904	1,868	27%
인도네시아	992	1,197	1,948	3.7%
멕시코	953	958	951	3%
이탈리아	810.5	843	944	1.5%
뉴질랜드	471.6	628	1,005	14.5%
아이슬란드	421.2	575	755	30%
일본	535.2	536	542	0.1%
이란	250	250		

국가 \ 연도	2007년 용량(MW)	2010년 용량(MW)	2018년 용량(MW)	국가 전기생산 분담률
엘살바도르	204.2	204		25%
케냐	128.8	167	676	51%
코스타리카	162.5	166		14%
니카라과	87.4	88		9.9%
러시아	79	82		
터키	38	82	1200	
파푸아 뉴기니	56	56		
과테말라	53	52		
포르투갈	23	29		
중국	27.8	24		
프랑스	14.7	16		
에티오피아	7.3	7.3		
독일	8.4	6.6		
오스트리아	1.1	1.4		
호주	0.2	1.1		
태국	0.3	0.3		
합계	9,981.9	10,959.7	14,369	

5.1.3 역사

인류는 지열에너지를 수 세기 동안 공간난방과 온수, 요리, 의료 목적의 목욕등과 같은 분야에 넓게 사용하여 왔다. 그림 5-3은 1904년 Italy의 Lardarello에 건설된 최초의 지열발전소로, 250kW의 용량으로 지열증기를 이용하여 전기를 발생하였다.

그림 5-3 1904년 Italy의 Lardarello에 건설된 최초의 지열발전소

그림 5-4는 두 번째의 지열발전소로 1950년대에 New Zealand에 세워졌으며, 그림 5-5는 1960년에 세계에서 가장 큰 규모의 지열전기발전소로 미국 California Geyser가 Pacific Gas & Electric 사에 의해 가동되었다. 최초의 터빈은 11MW의 순수출력을 생산하며, 30년 이상 성공적으로 가동하고 있다.

그림 5-4 New Zealand Wairakei에 위치한 지열발전소(Source: International Geothermal Association)

그림 5-5 세계에서 가장 큰 미국 북부 California의 Geyser 지열발전소(Source: Pacific Gas & Electric Co.)

5.2 지열원(Hydrothermal Resources)

지열원은 발전용으로 상용 개발된 지열수(hydrothermal fluid), 지구표면 하의 8~16km 깊이에 위치한 고온건조암(hot dry rock), 용해되지 않은 메탄을 함유한 지구의 압력으로 가압된 해수 또는 소금물(염화나트륨: geopressurized brines), 극한 고온의 용융암(molten rock) 상태인 마그마, 순환하는 지하열(ambient ground heat) 등의 다섯 가지 형태로 존재한다.

5.2.1 지열수

지열수 또는 고온수는 지구내부로부터 용융마그마의 지각에서 관입, 또는 단층을 통한 심부에 존재하는 물의 순환 결과로, 지표로부터 100m~4.5km 사이에 위치한 갈라진 틈 또는 다공성 바위에 형성된 고온수와 증기의 형태로 나타난다. 온도가 180~350℃ 사이의 고온지열원은 일반적으로 고온 용융 마그마에 의해 가열되며, 온도가 100~180℃ 사이의 저온지열원은 다음과 같은 과정에 의해 생성된다. 지열수는 온도와 압력에 따라 증기 또는 고온수의 형태로 나타난다. 고온자원은 전기발전에 사용되며 저온자원은 직접가열 적용(direct heat application)에 사용된다. 지열수의 근원은 그림 5-6과 같이 3개의 기본적인 요소로 구성되며, 열원(결정화된 마그마), 지하수를 함유한 침투성 지층(aquifer, 대수층), 대수층을 밀봉하는 불침투성(impermeable) 암반 등이다. 지열에너지는 대수층을 천공하여 고온수 또는 증기를 추출함으로 획득된다.

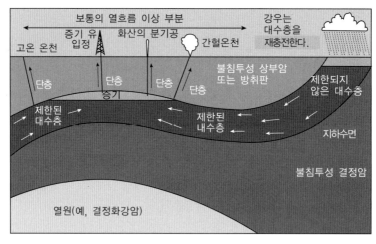

그림 5-6 지열장소의 기본적인 특성에 대한 단순화된 단면도(Image Adapted from Boyle, 1998)

5.2.2 지구의 압력으로 가압된 해수 또는 소금물(염화나트륨)

지구의 압력으로 가압된 지열원은 고압 환경하의 깊고 넓은 대수층에서 발견되는 메탄이 포화된 고온 소금물로 구성된다. 물과 메탄은 깊이 3~6km에서 퇴적암에 존재하며, 물의 온도는 90~200℃이다. 지구의 압력으로 가압된 지열원으로부터 획득할 수 있는 3가지 에너지의 형태는 열에너지, 고압의 수력에너지, 용해된 메탄가스의 연소로부터 얻는 화학에너지이다. 지구의 압력으로 가압된 저장소의 주요 지역은 멕시코만의 북부로 알려져 있다.

5.2.3 고온건조암

고온건조암은 지열수와 같은 방법으로 형성된 가열 지질층으로, 대수층과 같이 물을 함유하지 않으며 물을 표면으로 보내기 위하여 필요한 갈라진 틈이 존재하지도 않는다. 이러한 자원은 가상적으로 제한이 없으며, 지열수 자원보다 더 이용하기 쉽다.

5.2.4 마그마

가장 큰 지열원인 마그마는 3~10km 또는 심부에서 발견되는 용융암이기 때문에 사용이 쉽지 않다. 이러한 자원의 온도는 700~1200℃로 현재 잘 탐사되어 있지 않다.

5.3 지열발전소(Geothermal Power Plant)

대부분 전기를 생산하는 발전소의 공통점은 열을 전기로 변환하는 것으로 지열발전소도 예외는 아니다. 많은 발전소가 아직도 열원으로 화석연료를 사용하고 있는 반면에 지열발전소는 지표 하의 수 km에서 발견되는 깨끗하고 재생 가능한 물 또는 증기의 열 유수지를 열원으로 사용한다. 지열에너지는 유수지에 시추정(drilling well)을 설치하여 고온수 또는 증기를 유입시켜 전기생산을 위한 발전을 한다. 표 5-1에 의하면 현재 설치된 세계의 지열 전기생산 용량은 10GW 이상이다. 지열원을 사용하는 발전소의 형태는 유입정(production well)의 온도와 지열원에 의존하며, 건증기, 습증기, 바이너리 사이클 시스템이 있다. 지열전기는 필요에 따라 첨두부하 및 기저부하용으로 사용 가능하며, 많은 나라에서 지열전기는 기존에너지원과 경쟁하고 있다.

5.3.1 건증기발전소(Dry Steam Power Plant)

그림 5-7은 건증기발전소를 대략적으로 나타내며, 지열증기가 물과 혼합되지 않는 곳에 적절하다. 유입정을 대수층(aquifer)까지 시추하여 과열, 가압된 증기(180~350℃)를 표면까지 고속으로 끌어와 전기를 발생하도록 증기터빈을 통과시킨다. 단순한 증기발전소에서는 터빈으로부터 나오는 저압증기를 대기로 배출하지만, 일반적으로는 증기를 물로 변환시키기 위하여 증기를 응축기에 통과시킨다. 이것은 터빈의 효율을 증가시키고 증기를 대기에 직접 방출함에 따라 부수적으로 발생하는 환경문제를 회피할 수 있다. 버려지는 물은 배수정(injection well)을 통하여 지층으로 방출된다. 일반적으로 기존의 화석연료발전소에서 버려지는 열은 냉각탑을 통하여 배출되며, 에너지변환 효율은 약 30% 정도로 낮다. 건증기발전소의 효율과 경제성은 CO_2나 SO_2와 같은 비응축 가스의 존재에 의해 영향을 받는다. 이러한 가스의 압력은 터빈 효율을 감소시키며, 환경보호를 위하여 가스제거에 필요한 운영비용이 부가적으로 증가된다. 건증기발전소는 단순하고 가장 경제적인 기술로 널리 사용되고 있으며, 1904년 이탈리아에서 최초로 사용된 가장 오래된 발전소의 형태이다. 이 기술은 잘 개발되어 상용화되어 있으며, 일반적으로 unit당 35~120MW 규모이다. 미국과 이탈리아는 가장 큰 건증기 지열원을 갖고 있으나, 인도네시아, 일본, 멕시코에서도 발견되고 있다. 미국 California의 Geyser는 세계의 가장 큰 지열발전원으로, 설치된 용량만 약 1,360MW 이다.

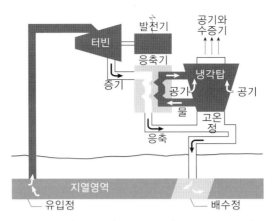

그림 5-7 건증기발전소(Image adapted from Boyle, 1998)

5.3.2 습증기발전소(Flash Steam Power Plant)

지열원이 액체형태로 존재하는 곳에서 사용되는 습증기기술은 그림 5-8과 같다. 지열원인 액체보다 훨씬 저압인 플래시탱크로 액체가 분무되면 액체는 급속히 증발되어 증기로 변한다. 액체에서 변환된 증기는 건증기 발전소와 같이 터빈에서 팽창되어 터빈을 구동하며, 발전기와 연결되어 전기를 생산한다. 지열수가 정(well) 내에서 증발되는 것을 방지하기 위하여, 정은 고압으로 유지된다. 대부분의 지열수는 증발되지 않으며, 이러한 유체는 지역 직접 열적용(local direct heat application)에 사용되거나 유수지에 재배출 된다. 탱크 내부에 남아있는 유체가 충분히 고온이면 압력강하가 증발을 더 많이 유도하여, 증기 변환이 가능한 제2탱크에 유입될 수 있도록 선택할 수 있다. 이 증기는 주 터빈으로부터 배기되는 증기와 합하여져 부가적인 전기를 생성하기 위하여 제2터빈 또는 주 터빈의 두 번째 단을 구동하는데 사용된다. 일반적으로 출력의 증가분이 20~25% 정도 획득되지만, 발전소 건설비용도 5% 정도 상승된다[6]. 습증기발전소의 크기는 10MW에서 55MW이지만, 필리핀이나 멕시코등의 일부 국가에서는 표준 규격으로 20MW를 사용한다.

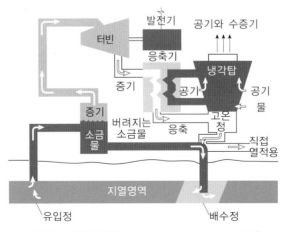

그림 5-8 습증기발전소(Image adapted from Boyle, 1998)

5.3.3 바이너리사이클발전소(Binary Cycle Power Plant)

그림 5-9의 바이너리사이클발전소는, 증기를 효율적으로 만들기 위하여 지열원의 온도가 충분히 높지 않은 중온수 또는 지열원이 화학적 불순물을 많이 함유하여 증발하지 못하는 곳에서 사용된다. 바이너리사이클 과정에서 지열수는 열교환기를 통과하여, 물보다 낮은 비등점을 갖는 유기혼합물인 이소부탄(isobutane) 또는 펜탄(pentane) 등의 제2유체를 기화시킨다. 기화된 제2유체는 전기를 생산하기 위하여 터빈에서 팽창되며, 팽창된 작동유체는 응축되어 다른 사이클에서 재사용된다. 모든 지열수는 밀폐사이클 시스템의 지하로 배출된다. 바이너리사이클발전소는 습증기발전소 보다 높은 효율을 달성할 수 있고, 낮은 온도의 열원을 사용할 수 있으며, 부식문제를 피할 수 있다. 하지만, 바이너리사이클발전소는 비용이 많이 들며, 발전소 출력의 대부분을 소비하는 대형펌프가 필요하다. 일반적으로 유닛의 크기는 1MW에서 3MW이며, 모듈 배열에 의해서 사용된다.

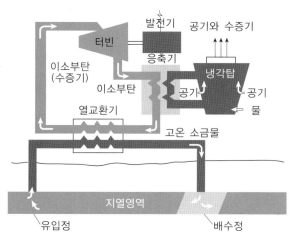

그림 5-9 바이너리사이클발전소(Image adapted from Boyle, 1998)

밀폐사이클에서 작동유체 증기는 전력을 생산하는 터빈/발전기 유닛을 회전시키고, 열교환기에서 다시 증발되기 전에 액체로 응축된다. 습증기발전소와 바이너리사이클발전소에서 존재하는 열을 고갈한 지열수는 유수지로 배출된다. 습증기발전소와 바이너리사이클발전소는 지열을 전기로 변환시킬 수 있는 가장 효율적인 일관된 장치로 결합될 수 있다. 이러한 하이브리드 발전소(hybrid power plant)에서, 유입정의 고온수는 처음에 증기로 증발되어 주 터빈/발전기 유닛을 회전하는데 사용되다. 습증기 사이클로부터 응축된 증기는 증발되지 않고 남아있던 물과 혼합되어 더 많은 전기를 생산하기 위하여 이중 유닛으로 보내진다. 일반적으로 지열전기발전소는 시간에 따라 95% 정도의 발전이 가능하며, 기본적으로 필요한 양에 따라 모듈로, 점차적으로 시공될 수 있다. 따라서 이러한 발전소의 건설은 상대적으로 빠르게 진행될 수 있다. 예로, 0.5~10MW 유닛은 반년 안에, 250MW 또는 그 이상의 용량에서는 발전소의 클러스터를 짓는데 약 1~2년 정도 소요된다.

예제 5-1

지열발전소는 150℃ 지열수를 열원으로 사용하여 8000kW의 정미동력을 생산한다. 지열수의 질량유량은 210kg/s이고, 90로 배수정(rejection well)에 유출된다. 주위의 온도가 25일 때, (a) 실제 열효율 (b) 최대 가능 열효율 (c) 발전소의 실제 열방출률을 계산하라.

풀이

물의 포화표(열역학 교과서)로부터,

$$T_{source,1} = 150°C, x_{source,1} = 0, h_{geo,1} = 632.18 kJ/kg$$
$$T_{source,2} = 90°C, x_{source,2} = 0, h_{geo,2} = 377.04 kJ/kg$$
$$T_{sink} = 25°C, x_{sink} = 104.83 kJ/kg$$

(a) 발전소에 공급되는 얼투입률은

$$\dot{Q}_{in} = \dot{m}_{geo,1}(h_{geo,1} - h_{geo,2}) = (210 kg/s)(632.18 - 377.04) kJ/kg = 53,580 kW$$

실제 열효율은

$$\eta_{th} = \frac{\dot{W}_{net}}{\dot{Q}_{in}} = \frac{8,000 kW}{53,580 kW} = 0.1493 = 14.9\%$$

(b) 최대 얼효율은 고온열원과 저온열원 사이에 작동하는 가역 열기관의 열효율과 같다.

$$\eta_{th,max} = 1 - \frac{T_L}{T_H} = 1 - \frac{(25+273)K}{(150+273)K} = 0.2955 = 29.6\%$$

(c) 열방출률은

$$\dot{Q}_{out} = \dot{Q}_{in} - \dot{W}_{net} = 53,580 - 8,000 = 45,580 kW$$

예제 5-2

그림 5-10은 습증기 지열발전소의 개념도와 상태번호가 표기되어 있다. 230℃의 포화액이 지열원으로 사용되며, 유입정으로부터 질량유량 230kg/s으로 추출되어, 500kPa의 압력으로 등엔탈피 기화과정을 거치면서 기화되고, 기액분리기에서 분리된 증기는 터빈으로 유입된다. 터빈을 나온 증기는 10kPa, 10%의 수분을 함유하며, 응축기로 유입하여, 응축된 후, 기액분리기에서 걸러진 액체와 함께 배수정으로 유출된다. 다음을 구하라 (a) 터빈을 통과하는 증기의 질량유량 (b) 터빈의 등엔트로피 효율 (c) 터빈의 출력 (d) 발전소의 열효율(터빈 출력일과 표준 주위조건에 연관된 지열수의 상대적 에너지의 비)

풀이

(a) 지열수의 상태량은 물의 포화표와 과열표(열역학 교과서)의 값을 사용한다.

$$T_1 = 230°C, x_1 = 0, h_1 = 990.14 \frac{kJ}{kg}$$
$$P_2 = 500 kPa, h_2 = h_1 = 990.14 \frac{kJ}{kg}$$

$$h_f = 640.09 \frac{kJ}{kg}, h_{fg} = 2108 \frac{kJ}{kg}$$

$$x_2 = \frac{h_2 - h_f}{h_{fg}} = \frac{(990.14 - 640.09)}{2108} = 0.1661$$

터빈을 통과하는 증기의 질량유량은

$$\dot{m}_3 = x_2 \dot{m}_1 = (0.1661)(230 kg/s) = 38.2 kg/s$$

(b) 터빈

$$P_3 = 500 kPa, x_3 = 1, h_3 = 2748.1 \frac{kJ}{kg}, s_3 = 6.8207 \frac{kJ}{kg} \cdot K$$

$$P_4 = 10 kPa, s_4 = s_3, h_{4s} = 2160.3 \frac{kJ}{kg}$$

$$h_f = 191.81 \frac{kJ}{kg}, h_{fg} = 2392.1 \frac{kJ}{kg}$$

$$P_4 = 10 kPa, x_4 = 0.9, h_4 = h_f + x_4 h_{fg} = 191.81 + (0.9)(2392.1) = 2344.7 \frac{kJ}{kg}$$

$$\eta_T = \frac{h_3 - h_4}{h_3 - h_{4s}} = \frac{(2748.1 - 2344.7)}{(2748.1 - 2160.3)} = 0.686$$

(c) 터빈 출력

$$\dot{W}_T = \dot{m}_3 (h_3 - h_4) = (38.2 kg/s)(2748.1 - 2344.7) kJ/kg = 15,410 kW$$

(d) 표준 주위온도에서 포화액의 상태량을 사용하면,

$$T_o = 25°C, x_0 = 0, h_0 = 104.83 kJ/kg$$

$$\dot{E}_{in} = \dot{m}_1 (h_1 - h_0) = (230 kJ/kg)(990.14 - 104.83) kJ/kg = 203,622 kW$$

$$\eta_{th} = \frac{\dot{W}_T}{\dot{E}_{in}} = \frac{15,410}{203,622} = 0.0757 = 7.6\%$$

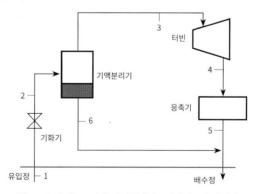

그림 5-10 예제 5-2 습증기 지역발전소의 개념도와 상태번호

5.4 지열원의 직접 이용

저온 또는 중온수(20~150℃)의 지열원은 주거용, 산업용, 상업용으로 직접 열을 공급한다. 이러한 열원은 가정, 사무실, 상업용 온실, 양어장, 음식제조시설, 금광산 작업공정등 다양한 적용에 사용된다. 가정과 상업용의 운영에서 지열에너지의 직접사용은 전통적인 연료의 사용보다 가격이 싸며, 화석연료와 비교하여 80% 정도 에너지 비용을 절약할 수 있다. 또한 환경 친화적이며 화석연료를 연소시킬 때 발생하는 공해와 비교하면 아주 작은 양의 공해를 배출한다. 그림 5-11은 Colorado 주의 지열난방 온실을, 그림 5-12는 Oregon 주의 Klamath Falls 시에 적용된 지역난방시스템을 각각 나타낸다. 그림 5-13은 경기도 용인시 수지구 동천동 래미안 이스트팰리스 단지의 눈이 내렸던 도로 모습이다. 이 지역에 설치된 465RT 규모 지중열시스템은 입주민 편의시설(골프, 헬스장)의 냉난방 지원 및 단지 내 경사진 도로 912m 구간의 결빙 방지를 위하여 온수를 흘려보낼 수 있는 관을 매설하였다.

그림 5-11 Colorado 주의 지열난방 온실

그림 5-12 Oregon 주의 Klamath Falls 시의 지역난방시스템

그림 5-13 경기도 용인시 수지구 동천동 래미안 이스트팰리스 단지의 465RT 규모 지중열시스템[12]

5.4.1 직접이용 열원

저온열원은 미국의 서부 주 전역에 걸쳐 존재하며 새로운 직접이용 적용에 큰 가능성을 갖고 있다. 서부 10개 주에 관한 최근조사에 의하면 9000개 이상의 열 우물(well)과 온천, 900개 이상의 저온, 중온 지열원 지역, 수 백 개의 직접이용 지역이 존재한다. 이 조사결과에 의하면, 50℃ 이상의 열원이 존재하는 271

개 지역 근처 8km 이내에 도시들이 위치하며, 단 기간 내에 직접이용이 가능하다. 이러한 열원은 건물 난방에 사용되고 있으며, 이 도시들은 연간 1천8백만 배럴의 석유를 대체할 수 있는 잠재력을 갖고 있다.

5.4.2 자원 개발

직접이용 시스템은 그림 5–14와 같이 3개의 주요 부품으로 구성된다. 생산시설인 유입정(production well)은 고온수를 표면으로 이동시키고, 기계시스템인 배관, 열교환기, 제어장치는 열을 공간 또는 과정에 분배하며, 폐기시스템인 배수정(injection well) 또는 저장연못(storage pond)에 냉각된 지열수를 배출한다.

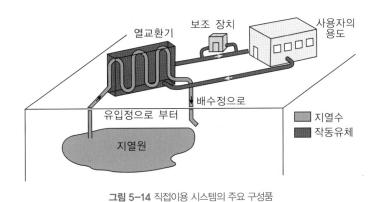

그림 5–14 직접이용 시스템의 주요 구성품

5.4.3 지역 및 공간 난방

저온 지열원의 주요 사용처는 지역 및 공간 난방, 온실, 양어장이다. 1996년 조사에 의하면, 이러한 적용은 매해 58억 MJ의 지열에너지를 사용하는 것으로, 160만 배럴의 석유에 상당한다. 미국에서는 수백 개의 개별 시스템과 120개의 운영시설 이상에서 지열에너지를 지역 및 공간 난방에 사용한다. 지역시스템은 한 개 또는 그 이상의 지열 유입정으로부터 일련의 배관 배열을 통하여 여러 개의 개별 집과 빌딩, 빌딩블록에 지열수를 분배한다. 공간난방은 구조물 당 한 개의 유입정을 사용한다. 두 형태 모두 지열 유입정과 분배 배관이 전통적인 난방시스템의 화석연료 연소 열원을 대체한다. 지열 지역난방시스템은 소비자가 천연가스 비용의 30~50% 정도를 절약할 수 있다. 그림 5–15는 1964년, Oregon 공대에 설치된 최초의 현대 지역난방시스템을 보여준다.

그림 5–15 1964년에 Oregon 공대에 설치된 최초의 현대 지역난방시스템[7]

5.4.4 온실과 양어장 시설

온실과 양어장 시설은 지열에너지를 농촌 산업에 적용하는 두 가지의 주요 사례로, 그림 5-16은 Colorado 주의 온실과 양어장에 지열의 직접이용을 나타낸다. 미국 8개의 서부 주에서 수 에이커를 덮는 38개의 온실은 채소, 꽃, 실내분재용 나무와 나무의 씨를 키우며, 28개의 양어장은 10개 주에서 운영 중이다. 대부분의 온실 운영자는 전통적인 에너지원에 비하여 지열원이 연료비의 80%를 절약하고, 이 비용은 전체 운영비의 5~8%에 해당한다고 평가한다. 지열원의 대부분이 상대적으로 시골에 위치함으로 깨끗한 대기, 적은 질병 문제, 깨끗한 물, 안정된 노동력, 낮은 세금 등의 장점을 갖는다.

그림 5-16 Colorado 주의 온실과 양어장에 지열의 직접이용 적용사례

5.4.5 산업용과 상업용

산업용도는 음식물 건조, 세탁소, 금광산, 우유살균, 온천 등으로, 그 중에 채소와 과일의 건조는 지열에너지의 가장 일반적인 적용처이다. 그림 5-17은 Nevada 주의 농작물 건조 시설에 지열을 적용한 사례를 보여준다. 초기에 지열에너지는 상업용도로 수영장과 온천에 사용되었으며, 1990년에는 218개의 휴양지에서 지열 고온수를 사용했다.

그림 5-17 Nevada 주의 농작물 건조 시설

5.5 지열열펌프(Geothermal Heat Pump)

지구–교환(GeoExchange) 열펌프, 지구–연결(earth–coupled) 열펌프, 지하열원(ground–source) 열펌프, 또는 수열원(water–source) 열펌프로 알려진 지열열펌프는 고효율의 재생에너지 기술로, 1940 년 대 후반부터 주거용과 상업용 건물 분야에 넓게 적용되고 있다. 지열열펌프는 온수뿐만 아니라 공간의 냉난방에도 사용되며, 화석연료를 연소 시켜서 생성되는 열 보다는 천연적으로 존재하는 열의 집중으로 작동한다는 장점이 있다. 지열열펌프는 외부의 공기온도 대신에 교환 매체로 지구의 일정한 온도를 사용 한다. 추운 날에 공기열원 열펌프는 1.75~2.5의 성능계수(COP: Coefficient of Performance) 나타내 지만, 지열열펌프는 제일 추운 겨울철의 밤에는 상당히 고성능인 3~6을 달성할 수 있다.

많은 국가들이 지역에 따라 계절의 극한온도가 여름철에는 혹서로부터 겨울철에는 0℃ 이하로 내려가지 만, 지구 표면의 지하 수 m 깊이에는 상대적으로 일정한 온도가 유지된다. 위도와 관련되어, 지하온도의 범위는 7~21℃ 사이에 존재한다. 지구 표면 아래의 지하는 상대적으로 연중 일정한 온도를 유지하기 때 문에, 동굴과 비슷하게 겨울에는 지표위의 공기보다 따뜻하며 여름에는 차갑다. 지열열펌프는 겨울에는 지구 또는 지하수에 저장되어 있는 열을 건물로, 여름에는 건물의 열을 지하에 전달하는 장점이 있다. 그 림 5–18은 지하가 겨울에 열원(heat source)이 되고 여름에 열침(heat sink)으로 작용하는 것을 보여준 다. 지열열펌프는 이러한 장점을 사용하여 지중 열교환기를 통하여 지구와 열을 교환한다. 다른 열펌프와 같이, 지열열펌프와 수열원 열펌프는 냉난방이 가능하며, 장치가 부착되어 있으면 가정에 온수공급이 가 능하다. 지열시스템의 일부 모델은 2속 압축기(two–speed compressor)와 가변송풍기를 채택하여 쾌 적성과 에너지 절약을 추구한다. 공기열원 열펌프와 비교하면, 상당히 조용하고, 수명이 길며, 유지 · 보 수가 거의 필요 없으며, 외기온도에 의존하지 않는다. 이중열원(dual–source) 열펌프는 지열열펌프와 공 기열원 열펌프를 결합한 것으로, 두 시스템을 최적으로 조합한 기기이다. 이중열원 열펌프는 공기열원 열 펌프 보다 고효율이지만, 지열열펌프 보다 효율적이지 않다. 이중열원 열펌프의 주요 장점으로는 단순 지 열 유닛 보다 시공비용이 적고 작동이 원활하다. 지열시스템의 설치비는 같은 냉난방 용량에서 공기열원 시스템 보다 비용이 몇 배 더 들지만, 이런 부가적인 비용은 5~10년 사이에 에너지 절약을 통하여 회수 된다. 내부 부품들의 시스템 수명은 25년, 지하회로의 수명은 50년 이상으로 평가된다. 매해 미국에서 약 50,000개의 지열열펌프가 설치되고 있다.

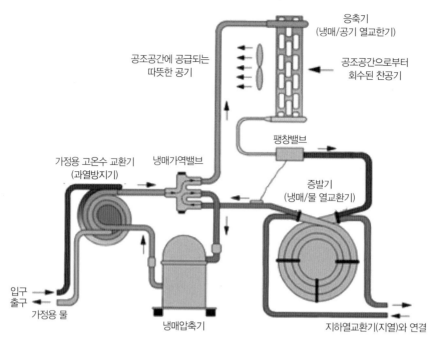

공조공간에 공급되는
따뜻한 공기

응축기
(냉매/공기 열교환기)

공조공간으로부터
회수된 찬공기

가정용 고온수 교환기
(과열방지기)

냉매가역밸브

팽창밸브

증발기
(냉매/물 열교환기)

입구
출구

가정용 물

냉매압축기

지하열교환기(지열)와 연결

그림 5-18 지열열펌프의 작동원리

그림 5-19는 Kentucky 주 Louisville 시의 세계 최대 열펌프 시스템을 사용하는 건물들의 사진을 보여
준다.

그림 5-19 Kentucky 주 Louisville 시의 세계 최대 열펌프 시스템을 사용하는 건물들

5.5.1 지열열펌프의 구성

그림 5-20은 지열열펌프의 구성도를 나타내며, 이 시스템은 지중열교환기 부분, 지열열펌프 부분, 지열열분배 부분의 주요 요소로 구성되며, 각 구성요소의 설명은 다음과 같다.

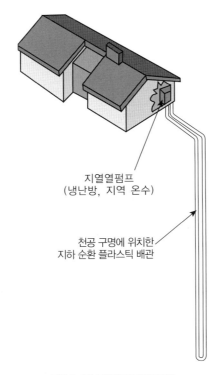

지열열펌프
(냉난방, 지역 온수)

천공 구멍에 위치한
지하 순환 플라스틱 배관

그림 5-20 지열열펌프의 구성도

지중열교환기(earth connection)

열원과 열침으로 지구를 이용하는 일련의 배관을 회로(loop)라 하며, 공기조화가 필요한 건물 근처의 지하에 매장된다. 회로는 수직 또는 수평으로 시공되며 유체(물 또는 물과 부동액의 혼합물)를 순환시켜 주위 공기가 토양의 온도와 비교하여 따뜻하거나 차가움에 따라 열을 주위 토양으로부터 흡수하거나 배출시킨다.

열펌프(heat pump)

난방을 위하여 열펌프는 지중열교환기를 통과한 유체로부터 열을 흡수하여 집중시켜 건물로 전달하며, 냉방 시의 과정은 역으로 진행된다. 그림 5-21은 College of Southern Idaho에 설치된 상업용 규모인 36RT 지열열펌프의 사진으로, 지구의 얕은 깊이에 위치한 상대적으로 일정한 온도를 이용하여 겨울에는 건물을 난방하고, 여름에는 냉방한다(주, 1RT: 0℃ 물 1000kg을 24시간 동안에 얼리는데 필요한 열제거율, 1RT = 13,898kJ/h = 3,861kW).

그림 5-21 College of Southern Idaho에 설치된 36 RT 지열열펌프(Image adapted from U. S. Department of Energy)

열분배(heat distribution)

일반적으로 기존의 배관이 지열열펌프로부터 발생하는 열 또는 찬 공기(cooled air)를 건물 전체로 분배하는데 사용된다.

주거용 온수(residential hot water)

지열열펌프가 작동할 때, 지열열펌프는 공조 공간의 냉난방뿐만 아니라 가정의 온수 공급에도 사용된다. 많은 주거용 시스템은 지열열펌프 압축기의 과도한 열을 가정 온수탱크에 전달하는 과열방지기(desuperheater)를 함께 장착한다. 과열방지기는 지열열펌프가 작동하지 않는 봄과 가을에 온수를 공급하지 않지만, 지열열펌프는 다른 온수공급 수단보다 효율이 더 좋기 때문에 제작자들은 별도의 열교환기를 사용하여 가구의 온수 필요량을 충족하게 공급한다. 이러한 유닛은 경쟁시스템과 같이 온수를 빠르게 공급할 수 있기 때문에 그 가격도 효과적이다.

5.5.2 지열열펌프 시스템의 유형

지중열교환 회로 시스템은 4가지의 기본적인 유형이 있으며, 수평, 수직, 연못/호수 형태의 3종류 밀폐회로 시스템과 개방회로 시스템으로 구분된다. 이러한 유형의 선정은 설치 지역의 기후, 토양조건, 사용가능한 토지, 설치비용에 의존한다. 4가지 방법 모두 주거용과 상업용 건물에 사용 가능하다.

수평형 밀폐회로 시스템(horizontal closed loop systems)

이러한 유형은 비용 측면에서 주거용 설치에 가장 효과적으로, 충분한 토지를 사용할 수 있는 새로운 건축구조물에 유용하며, 적어도 120cm 깊이의 참호가 필요하다. 그림 5-22는 수평형 밀폐회로 시스템을 도식화한 것으로, 가장 일반적인 배치도는 180cm에 1개의 배관을 파묻고, 120cm에 다른 1개의 배관을 파묻어 전체 2개의 배관을 사용하거나, 폭이 60cm인 참호의 지하 150cm 깊이에 2개의 배관을 양측에 설치한다. 회로 배관을 설치하는 Slinky 방법™은 작은 참호에 많은 배관의 설치가 허용되어, 시공비를 절약하고 기존의 수평적용이 불가능하던 지역에 설치 가능하게 한다.

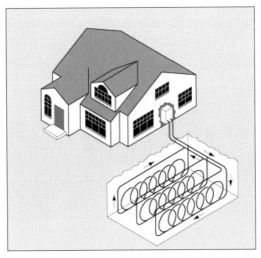

그림 5-22 수평형 밀폐회로 시스템

수직형 밀폐회로 시스템(vertical closed loop systems)

수평회로를 설치하기 위한 토지 면적이 허용되지 않는 대형 상업용 건물과 학교는 대개 수직축 시스템을 사용한다. 수직회로는 참호를 만들기에는 너무 얕은 토양이 있는 곳에 사용하며, 기존 경관의 방해를 최소화한다. 그림 5-23은 수직 밀폐회로 시스템을 도식화한 것으로, 구멍(대략 10cm 직경)은 약 6m 떨어져 30~120m 깊이로 천공된다. 이러한 구멍들은 회로를 형성하기 위하여 U-bend로 바닥에서 서로 2개의 배관으로 연결된다. 수직회로는 매니폴더인 수평배관으로 연결되어 참호에 설치되며 건물의 열펌프에 연결된다.

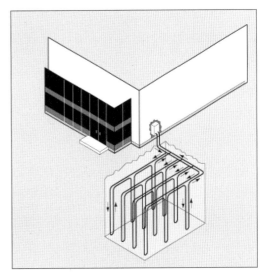

그림 5-23 수직형 밀폐회로 시스템

연못/호수 밀폐회로 시스템(pond/lake closed loop systems)

설치장소에 충분한 물이 존재하면, 저비용 선택이 가능하다. 그림 5-24는 연못/호수 밀폐회로 시스템을 도식화한 것으로, 공급관이 건물로부터 물까지 지하로 연결되고, 동결방지를 위하여 적어도 표면에서 240cm까지 원형의 나선 배관으로 구성된다. 이 코일은 최소 체적, 깊이, 양질의 표준을 만족하는 수열원에서만 설치되어야 한다.

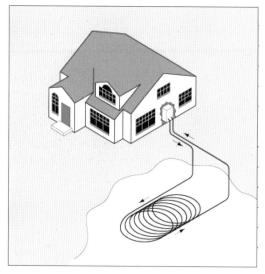

그림 5-24 연못/호수 밀폐회로 시스템

개방회로 시스템(open loop systems)

이 시스템은 우물(well)을 사용하거나 지열열펌프 시스템을 통하여 직접 순환되는 열교환 유체로 표면 본체 물을 사용한다. 시스템을 통하여 물이 순환되면, 물은 지하의 우물, 재흡수 우물, 또는 표면 재흡수를 통하여 다시 돌아온다. 이러한 선택은 상대적으로 깨끗한 물이 적절히 공급되며 지하수 재흡수를 고려하는 지역의 법규를 만족하는 곳에서 실용적이다. 그림 5-25는 개방회로 시스템을 도식화한 것이다.

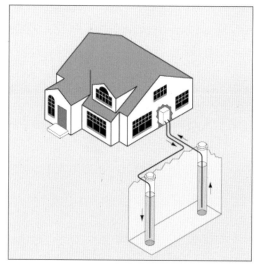

그림 5-25 개방회로 시스템

5.5.3 지열열펌프의 장점

지열열펌프의 가장 큰 장점은 기존 냉난방 시스템 보다 전기를 20~50%정도 절약할 수 있다는 것이다. 미국환경보호청(Environmental Protection Agency: EPA)에 의하면 지열열펌프는 공기열원 열펌프와 비교하면 44% 이상, 전기저항 가열과 함께 사용하는 표준 공조장비와 비교하면 72% 이상, 관련된 배기가스와 에너지 소비를 감소시킨다. 또한 지열열펌프는 내부의 50% 상대습도를 유지함으로 습기제어를 향상시키며, 습기가 많은 지역에 상당히 효과적이다. 지열열펌프 시스템은 설계가 유연하며, 새로운 환경이나 기존 환경 모두에 시공 가능하다. 본 장치의 필요 공간은 기존의 HVAC 시스템에서 필요한 공간보다 적기 때문에, 장비실의 크기는 줄일 수 있으며, 생산 목적의 여유 공간이 많아진다. 지열열펌프 시스템은 영역별로 공간의 공조를 제공하며, 집의 공간별로 각각 다른 온도로 냉난방이 가능하다. 지열열펌프 시스템은 상대적으로 이동부가 적고, 이동부가 건물 내부에 숨겨져 있기 때문에 내구성과 신뢰도가 높다. 보통 지하 배관은 25~50년 보증되고, 열펌프는 20년 이상 수명이 지속되며, 보통 외부 압축기가 없어서, 파괴되지 않는다. 반면에 거주공간에서 부품들은 쉽게 접근이 가능하여, 편의인자를 증가시키고 시간을 근거로 보존이 확실하다. 공조기 같이 외부의 응축기가 없어서 집 외부에서 소음 걱정이 없다. 2속 열펌프는 집 내부에서는 조용하여 사용자가 작동여부를 파악하기 어렵다.

5.6 EGS(Enhanced Geothermal System) 기술들

5.6.1 지열에너지와 EGS 개념

자연적으로 열은 지구의 모든 곳에 존재하며, 지구로부터의 열은 없어지지 않는다. 열과 같이 물은 거의 도처에 존재하지 않는다. 대부분의 수성유체는 지질 단층과 같은 삼투성 통로를 따라 지구에 스며든 표면 물로부터 추출된다. 투과성은 암반을 통하여 유체가 쉽게 흐르는 정도를 나타낸다. 바위의 투과성은 기공, 단면, 절리, 단층, 유체가 흐를 수 있는 기타 간극의 결과이다. 높은 투과성은 유체가 암반을 통하여 급속히 흐를 수 있다는 것을 의미한다. 투과성은 표토의 무게로 인하여 바위의 간극이 압축됨에 따라, 유체의 양은 깊이가 증가하면 감소하는 경향이 있다. 일반적으로 5km 이하의 얕은 깊이에서, 물과 열(보통 유용성 광물질과 가스가 함께 존재) 및 투과성 암반은 같은 지역에 있어 천연 고온수 유수지가 된다. 이러한 지열수 유수지는 높은 불침투성이나 구조적 불연속성과 같은 저유량 경계 또는 유체의 이동을 방해하는 지질학적 특성을 갖는다. 지열유수지는 가로놓인 층 또는 유수지를 제한하며 단열제로 역할을 하는 암반 상부가 있으며, 많은 열의 보존이 가능하다. 지열 유수지가 고온과 고압에서 충분한 유체(물과 증기)를 함유하면, 이 유체들은 전기 발생이나 공정열 용도로 유수원으로부터 생산될 수 있다. 궁극적으로 천연적인 지열원은 열과 유체의 부차적인 양이 함께 존재해야 함은 물론 투과성에 의존한다. 현재 지식수준에 의하면 이러한 동시존재는 지구상에서 일반적이지 않다. 천연적으로 발생하는 지열 유수지 의존성의 대안으로는 상업용으로 고온암에 지열 유수지를 건설하는 것이다. 이러한 대안은 EGS(Enhanced Geothermal System)로 알려져 있다. 현재 지열산업은 미국과 세계에서 번창하는 통상기업이다. 미국 국내에 설치된 지열발전소의 용량은 서부 5개 주에서 거의 3,000MWe에 이르며, 지열에너지협회(Geothermal Energy Association : GEA)는 미국에서 생산용량이 다음 5년에 걸쳐 2배에 이르게 될 것이고, 주 정부와 연방정부의 장려금에 의해 많은 부분 진행될 것이라고 예측한다. 이러한 발전소는 지열유수지로부터 고온수와 증기를 에너지원으로 사용한다. 미국 에너지부(DOE)는 깊이 3~10km에서 열의 양이 막대하다고 평가하며, 지열에너지는 선진 EGS 기술을 사용하여 50년 동안 100,000MWe 또는 그 이상 공급할 수 있다고 결론 내렸다. 그림 5-26은 California 주 Coso Hot Springs 시에 위치한 Navy 1 지열발전소로 EGS 기술을 적용하였다.

그림 5-26 EGS 기술을 채택한 Navy 1 지열발전소[8]

5.6.2 EGS의 작동원리

EGS는 공학적 지열시스템으로도 불리며, 지열에너지 사용을 극적으로 확대하는데 상당히 가능성이 있다. 현재 지열 유수지를 이용하는 지열 전기발전은 특별히 미국의 서부 주들의 이상적인 장소에만 지리적으로 한정되어 있다. EGS는 미국 전역의 새로운 지리적 지역 뿐 아니라 미국 서부 주들의 넓은 지역에 존재하는 지열원의 사용을 확장할 수 있는 기회를 제공한다. 미 대륙에 걸쳐 경제적으로 가시적인 용량이 100,000MWe 이상으로, 현재 지열 전기발전 용량의 40배에 해당한다. 이러한 잠재성은 오늘날 미국 전체 전기용량의 약 10%이며, 깨끗하고 신뢰성 있으며 입증된 지역에너지 원임이 확실하다. 그림 5-27은 EGS의 개념도를 도식적으로 나타낸 것으로, 표면하의 갈라진 틈을 시스템으로 만들어, 분사정으로 물을 주입하여 열을 추출하는 것이다. EGS를 만들려면 자연적인 바위의 투과성을 향상시키는 것이 필요하다. 미세한 갈라진 틈과 광석 그레인 사이의 기공 공간으로 인하여 바위는 투과성이 있다. 자연적으로 발생하는 지열시스템과 유사하게, 주입된 물은 바위와 접촉에 의해 가열되어 유입정을 통하여 표면으로 회수된다. EGS는 적절한 물과 투과성 없이 자원의 경제성을 향상시키기 위하여 만들어진 유수지이다.

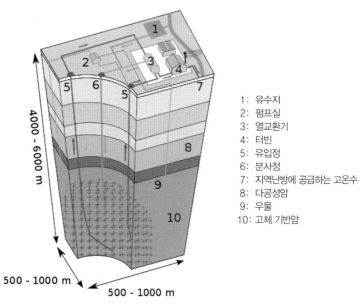

1: 유수지
2: 펌프실
3: 열교환기
4: 터빈
5: 유입정
6: 분사정
7: 지역난방에 공급하는 고온수
8: 다공성암
9: 우물
10: 고체 기반암

그림 5-27 EGS[9](1: 유수지 2: 펌프실 3: 열교환기 4: 터빈 5: 유입정 6: 분사정 7: 지역난방에 공급하는 고온수
8: 다공성암 9: 우물 10: 고체 기반암)

(1) 배수정

그림 5-28은 배수정의 도식적 설명으로 유입정과 배수정은 투과성과 유체 함유가 한정된 고온의 하부
구조 암석에 천공하여 만든다. 이러한 지열원의 종류를 고온건조암이라고도 하며, 거대한 잠재적인 에너
지 원이다.

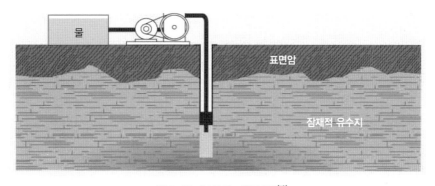

그림 5-28 배수정의 도식적 설명[10]

(2) 물 주입

그림 5-29는 물 주입의 도식적 설명으로 물은 분쇄하거나 또는 개발하는 유수지와 고온 하부구조 암석
에 존재하는 기존의 갈라진 틈을 개방할 수 있도록 충분한 압력으로 주입된다.

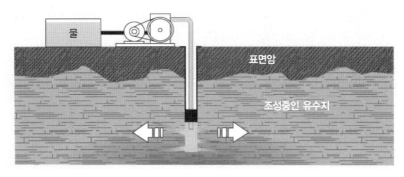

그림 5-29 물 주입의 도식적 설명[10]

(3) 물로 파손하기

그림 5-30은 물로 파손하기의 도식적 설명으로 배수정은 시추공으로부터 떨어져 있는 갈라진 틈을 확장하며, 구석구석 유수지와 고온 하부구조 암석을 개발하기 위하여 물을 계속하여 분출한다. 이것이 EGS 과정에서 매우 중요한 단계이다.

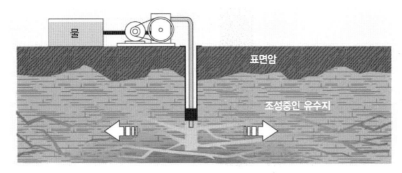

그림 5-30 물로 파손하기의 도식적 설명[10]

(4) 중복

그림 5-31은 중복의 도식적 설명으로 두 번째 유입정은 이 전 단계에서 만들어진 갈라진 틈의 시스템을 교차하기 위한 의도로 천공되며, 이전에 건조암으로부터 열을 추출하려고 물을 순환시킨다.

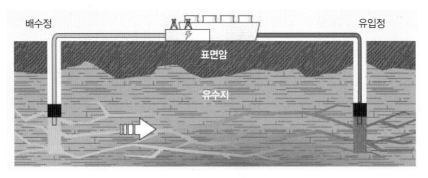

그림 5-31 중복의 도식적 설명[10]

(5) 복수정

그림 5-32는 복수정의 도식적 설명으로 부가적인 유입정과 배수정은 전기발전 요구조건을 만족하도록 다량의 대형 암석으로부터 열을 추출하기 위하여 천공된다. 현재, 이전에 사용하지 않았던 대형 에너지 원이 청정한 지열 전기발전용으로 유용하게 된다.

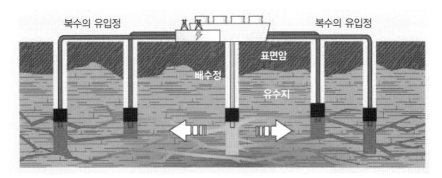

그림 5-32 복수정의 도식적 설명[10]

5.7 지열에너지의 장점

5.7.1 환경적 측면

지열에너지는 열 또는 전기를 생산하기 위하여 연소과정이 필요없다. 지열발전소는 작은 양의 이산화황과 거의 이산화탄소(화석연료발전소가 발생하는 양의 1000 또는 2000분의 1정도)를 배출하지 않기 때문에 더 엄격한 청정대기규제(clean air standard)를 쉽게 만족한다[11]. 건증기발전소나 습증기발전소는 주로 수증기를 배출하며, 밀폐사이클로 작동되는 바이너리사이클발전소는 가스를 배출시키지 않는다. 그림 5-33은 화석연료발전소(석탄, 석유)와 지열발전소(지하로 폐가스를 배출하는 경우와 배출하지 않는 경우)에서 배출되는 산성비의 주요원인 이산화황과 지구온난화를 일으키는 온실가스인 이산화탄소 배출량의 비교 차트이다. 지열산업체와 미국 에너지부는 폐기되는 양을 감축하거나 배출가스를 감소시키기 위하여, 지열유체가 함유한 무기화합물 재활용 기술을 개발하고 있다.

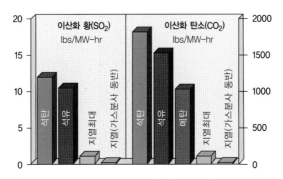

그림 5-33 화석연료발전소와 지열발전소로부터 배출되는 이산화황과 이산화탄소의 배출량 비교

California 주 북부의 Geysers 발전소에서는 지열유체가 온천주위의 독특한 향기를 유발하는 황화수소 (hydrogen sulfide)를 함유한다. 유황(평균 1.5kg/Mh)이 분리되어 물과 구분된 후 황산을 생산하기 위한 공급용으로 재생된다. 미래의 기술은 미생물학적 과정을 이용하여 유황이 함유하는 금속을 추출함으로 재생이 더욱 가능할 것이다. 대부분의 지열 고온수 발전소에서는 환경규제의 만족을 위하여 특별한 제어가 필요하지 않는 낮은 농도의 황화수소가 존재한다. California 주 남부의 Salton Sea 발전소에서는 무기화합물의 지열 염수가 특별한 폐기방법을 필요로 할 정도로 부식할만한 염분과 중금속을 함유한다. 염분은 결정화되어 제거된 후 재사용되며, 실리카는 제거되어 도로 건설과 홍수방지용 제방 등에 사용되는 콘크리트 필터로 이용된다. 추출된 아연은 판매되어 폐자원의 감소뿐 아니라 발전소의 이윤에도 보탬이 된다. 지열발전소가 청정하다는 것을 증명하는 California의 Lake County는 많은 Geyser 발전소의 중심지로, California 주의 엄격한 공기 질 규제(air quality regulation)를 만족시킨 최초이며 유일한 County이다. 이 County는 California 주의 청정공기를 위한 공기자원위원회로부터 연속적으로 3년 동안 표창을 받았다. 또한 Geyser의 소유자이며 운영자인 Pacific Gas & Electric Company는 황화수소 배기 감소를 위하여 성공적인 노력을 기울인 공로 때문에, 최초로 California 주의 공해 감소 상을 수상했다. 지열발전소는 석탄 화력발전소, 원자력발전소와 비교하면 넓은 면적이 필요하지 않다. 또 석탄 화력과 원자력발전소는 발전소 자체로 넓은 면적을 필요할 뿐 아니라 연료를 공급하기 위하여 거대한 크기의 토지면적도 요구된다. 전체 지열발전소의 용지는 MW당 1~8에이커, 원자력 발전소는 MW당 5~10에이커, 석탄 화력발전소는 MW당 19에이커가 각각 필요하다. 일반적인 지열발전소는 여러 개의 유입정과 배수정이 필요하다. 이러한 유입정과 배수정들은 토양에 영향을 주지만, 방향 또는 경사 천공법을 사용하여 영향을 최소화한다. 한 개의 다발로부터 여러 개의 유입정과 배수정을 천공할 수 있으며, 필요한 접근 도로와 유체 배관을 함께 사용함으로 적은 면적만이 요구된다. 직접이용 지열 기술은 상업용 온실, 양어장, 농작물 건조, 지역난방을 위하여 자연의 고온 지열수를 사용한다. 거의 전 지역에서 사용할 수 있는 지열 열펌프는 지구 표면으로부터 15m 정도에 위치한 일정온도를 이용하여 겨울에는 건물을 난방하고 여름에는 냉방한다. 지구의 열을 사용하는 것은 연료를 연소시키지 않기 때문에, 그에 따른 수천 톤의 온실가스 배출을 감소시킨다. 깊은 지표하의 고온건조암이 함유한 다른 형태의 지열을 이용하기 위한 EGS 기술들이 개발되고 있다. 표층수를 암석위의 우물에 분사하여, 지각 틈과 고온암을 통과하여 순환시킨 후, 가열된 물이 다른 유입정을 통하여 양수되는 방법은 단순하게 들리지만 천공, 계측, 지질공학 등에 관련된 많은 장벽들이 존재하기 때문에, 이러한 기술의 경제성까지는 많은 문제가 해결되어야 한다. 더 깊은 원천의 열원인 지구 내부 구조로부터 형성되는 용용 또는 약간 용융된 마그마를 이용하려는 기술도 상당히 어려운 난제이다.

5.7.2 경제학적 측면

지열에너지 사용의 가장 중요한 경제적인 관점은 석유수입 의존도를 감소시키는 것으로, 어떤 국가이든지 에너지 공급을 스스로 조절할 수 있을 때 국가안보를 지킬 수 있는 것이다. 지열원은 고유한 에너지의 공급과 안전한 에너지 공급을 제공하며 연료수입의 필요를 감소시켜 수출입의 균형을 향상시킨다. 특히 지열원이 연료 수입의 경제적인 압력을 경감할 수 있으며, 지역 기술 인프라와 고용을 창출 할 수 있는 개발도상국에서 중요하게 사용될 수 있다.

미국의 산업은 세계 지열발전 기술을 개발하고 상용화 할 수 있는 장점을 갖고 있다. 개발도상국의 거의 반 이상이 지열원을 갖고 있어, 지열기술과 전문가의 수출을 창출할 수 있다. 미국의 지열회사들은 지난 몇 년 동안 이러한 나라들에 지열발전소를 건설하기 위하여 60억불의 계약을 체결하고 있다. 온실 경작자들은 난방비의 80%, 즉 전체운영비의 5~8%에 해당하는 비용을 감소시킬 수 있다. 지열열펌프를 사용하려는 가정은 시스템의 비용으로 월 $15을 더 지불할 수 있지만, 전기고지서에서는 매달 $30 이상 절약할 수 있다. 전기의 사용량은 전통적인 난방시스템에 비하여 30~60% 정도 감소됨으로, 시스템의 가격은 2~10년 정도 이내에 회수 가능하다. 이러한 낮은 유지·보수로 인하여 시스템이 30년 이상 작동 가능해진다. 어떤 시스템은 여름에 온수공급이 공짜이며 겨울에는 적은 비용만 지불하면 된다. 미국 전역에 걸쳐서, 400,000개 이상의 지열열펌프가 가정, 학교, 사업장에서 운영되고 있다. 산업계에서는 다음 몇 해 동안 연간 40,000개의 시스템이 장착될 것으로 기대하고 있다. 지열발전소에서 생산된 전기는 다른 에너지 형태와 비교해 볼 때 가격 경쟁력이 있다. 지열전기의 가격은 현재 4~8¢/kWh이고, 지열산업체와 미국 에너지부는 3¢/kWh를 달성하기 위하여 노력하고 있다. 그림 5-34는 지열발전소, 석탄화력발전소, 원자력발전소에서 실제로 전기를 생산할 수 있는 시간인 유용도 인자(availability factor)의 백분율을 비교하는 차트로, 높은 백분율은 발전소가 더 자주 전기를 생산할 수 있다는 의미이다. 전통적인 연료를 사용하는 석탄화력발전소와 원자력발전소는 시간의 65~75% 동안 전기를 생산할 수 있는 반면에, 평균 지열발전소는 시간의 90% 정도 유용하다. 높은 유용도와 용량인자(capacity factor)를 갖고 있는 지열발전소는 기존의 발전소와 비교하면 신뢰도가 상당히 높다. 하루에 24시간 운영되도록 설계되며, 날씨나 연료공급과는 무관하게 작동한다. 또한, 지열발전소 기술은 설계 시 모듈화가 되어 있고 유연성이 높다. 지열발전소의 출력은 필요한 만큼 확장 가능하고, 높은 초기투자비를 회피할 수 있으며, 발전소의 건설은 1~2년 정도 걸린다. 기본적으로 에너지 저장 능력을 갖고 있으며, 점유면적 요구조건이 작은 지열에너지는 연간 15억불씩 성장하는 산업이다. 지열에너지는 미래에 세계 에너지의 대부분을 제공할 수 있을 것이다.

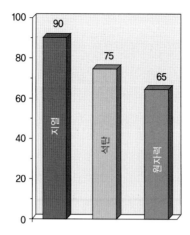

그림 5-34 지열발전소, 석탄화력발전소, 원자력발전소에서 전기를 생산할 수 있는 시간의 백분율 비교

5.8 지열에너지의 한계와 위험

지열에너지는 주로 이산화탄소, 황화수소, 이산화황, 메탄의 비응축성 가스 배출물을 생성하며 응축 지열 유체도 용해된 실리카, 중금속, 나트륨, 염화칼슘, 탄산염을 함유하지만, 최신 배기제어와 배출기술은 이러한 영향을 최소화 할 수 있다. 지열에너지는 기존의 에너지원과 비교하면 공해 배출량이 상당히 적기 때문에 환경에 긍정적인 영향을 미친다. 건증기 자원에서는 희귀하지만, 액체가 많은 지역에서는 지층의 침강 등을 유발할 가능성이 존재한다. 배출 기술이 효과적으로 이러한 위험을 제거할 수 있다. 지열에너지 생산이 지진 활동을 유도할 수 있다는 개연성이 있지만, 대부분의 지열 지역이 이미 지진이 일어났던 지역에 위치함에 따라 논쟁의 여지가 있다. 배출이 유수지 압력을 유지하는 지열발전소에서 지진 활동을 상당히 증가시킨다는 사실은 알려지지 않은 상태이다. 지열발전소를 시공하는 동안 즉, 우물 천공, 시험 중 고압 증기 배기관으로 인한 소음 공해를 유발지만, 발전소가 운영되면 소음공해는 중요하지 않다. 지열에너지는 화석연료 사용을 장려하는 에너지정책, 세금, 침강 등에 의해 제한된다. 에너지 가격은 지열에너지와 다른 재생가능에너지원의 환경에 대한 장점을 반영하지 못한다.

5.8.1 개발위험

초기조사, 표면 개발 작업에 관련된 비용 지출과 많은 시도 후에 사용가능한 열원을 찾지 못할 위험도가 상당히 존재한다. 목표 유망 지역의 개발탐사가 잘 수행되면 개발 천공 성공률을 높인다고 입증되어 왔다. 또 생산이 유용하지 않는 천공 개발 우물은 주로 비용을 초래한다.

5.8.2 개발규모와 유수지의 고갈

지열유수지의 개발을 수 십 년에 걸쳐 어떻게 수행을 할 것인지는 지열개발에 관한 또 다른 중요한 위험인 자이다. 유수지는 지속되는 기간에 걸쳐 그 곳으로부터 뽑아낸 유체를 다시 회수할 수 있다는 내용에 근거한다. 부차적인 자원 규모와 생산용량의 평가는 적절한 확실성의 수준에 의해 가능해지며 지열개발의 중대한 부분이 된다.

5.8.3 경제적, 정치적 위험

1990년대 후반에 아시아에서 경험한 것과 같이, 개발도상국은 IMF 위기와 같은 경제적인 자산 변화와 농업, 재생에너지의 개발에 대한 촉진법 폐기 등과 같은 정부정책의 변화에 따라 위험에 직면할 수 있다.

5.9 지열에너지의 미래

중·단기적인 관점에서 보면, 지열수는 상업용으로 성장할 수 있는 유일한 지열원이며, 거대한 에너지원이다. 세계적으로 알려진 지열수로부터 중·단기적으로 약 80GW의 지열전기가 생산될 수 있다[20, 21, 22, 23]. 2015년 기준으로 세계적으로 18개의 지열발전소가 추가로 운영 중이며 313MW 용량을 세계적 전력 그리드에 제공하고 있다. 2021년까지 세계 지열 산업은 18.4GW일 것으로 예상된다. United Nations과 IRENA에서 2030년까지 지열발전 설비 설치 용량을 2014년 기준의 5배 증가시키고 지열 난방을 최소 2배 증가하기로 서약하였다[24]. 장기적으로는 기술이 개발됨에 따라 고온건조암과 지구의 압력으로 가압된 해수나 소금물이 갖고 있는 지열원이 사용 가능하게 될 것이며, 지열원이 더 이상 얕은 지열수에 제한되지 않을 것이다. 이러한 자원은 가상적으로 제한이 없는 에너지원으로, 미래의 좋은 지열에너지가 될 것이다.

[1] Wright, P.M., "The earth gives up its heat", Renewable Energy World, Vol. 1, No. 3, pp. 21-25, 1998

[2] World Energy Council 1994, New renewable energy resources, Kogan Page, London.

[3] Bertani, R., "World Geothermal Generation in 2007", Geo-Heat Centre Quarterly Bulletin(Klamath Falls, Oregon: Oregon Institute of Technology) 28 (3): 8 - 19, September 2007 (http://geoheat.oit.edu/bulletin/bull28-3/art3.pdf), retrieved 2009-04-12

[4] Holm, A., Geothermal Energy:International Market Update, Geothermal Energy Association, pp. 7, May 2010 (http://www.geo-energy.org/pdf/reports/GEA_International_Market_Report_Final_May_2010.pdf), retrieved 2010-05-24

[5] Think GeoEnergy, http://www.thinkgeoenergy.com/global-geothermal-capacity-reaches-14369-mw-top-10-geothermal-countries-oct-2018/

[6] Brown, G., "Geothermal energy", in Renewable energy- power for a sustainable future, ed. G. Boyle, Oxford University Press, Oxford, 1996

[7] National Renewable Energy Laboratory, Photographic Information Exchange, http://www.nrel.gov/data/pix/searchpix.html

[8] http://www.eere.energy.gov/geopoweringthewest/

[9] http://www.siemens.com

[10] US DOE, Energy Efficiency & Renewable Energy, Geothermal Technologies Program, http://www.eere.energy.gov/geothermal/

[11] Geothermal Education Office, http://geothermal.marin.org/GEOpresentation/index.htm

[12] 신재생에너지 자원지도 데이터 센터, http://kredc.kier.re.kr/

[13] International Geothermal Association, http://iga.igg.cnr.it/geo/geoenergy.php

[14] EIA Energy Kids, http://www.eia.doe.gov/kids/energyfacts/sources/renewable/geothermal.html

[15] Geothermal Power, http://en.wikipedia.org/wiki/Geothermal_power

[16] 한국지열에너지학회, http://www.ksgee.or.kr

[17] Geothermal Energy Association, http://www.geo-energy.org/

[18] 송윤호, 지열발전 현황 및 기술동향, 설비저널, 40권, pp. 12~20, 대한설비공학회, 2011년 10월호

[19] Geothermal Education Office, http://www.geothermal.marin.org/

[20] 배성호, 김항진, "지열을 활용한 국내에너지 사업," 지열에너지저널, 제4권, 제2호, pp. 63-65, 2008. 6

[21] MIT, The Future of Geothermal Energy, Impact of Enhanced Geothermal Systems(EGS) on the United States in the 21st Centuries, 2006

[22] 장기창, 국내외 지열발전 현황 및 전망, 전기의 세계, 58권, 9호, pp. 30~36, 대한전기학회, 2009

[23] 우정선, 이세균, 지열원 열펌프 시스템 기술, 보급 현황, 전기의 세계, 58권, 9호, pp. 23~28, 대한전기학회, 2009

[24] 2016 Annual U.S. & Global Geothermal Power Production Report, Geothermal Energy Association.

PART A _ 개념문제

01. 지열에너지를 간략히 설명하시오.

02. 지열원의 다섯 가지 종류를 나열하시오.

03. 지열원의 산업용도를 설명하시오.

04. 세계에서 제일 큰 지열발전소가 어디인가?

05. 지열에너지 발전소 종류 중 건증기발전소, 습증기발전소, 바이너리사이클 발전소에 관하여 설명하시오.

06. 지열에너지의 환경적인 문제는 무엇인가?

07. 화석연료와 비교할 때 지열에너지의 장점은 무엇인가?

08. 왜 대부분의 지열지역은 화산활동이 왕성한 지역에 위치하는지 설명하시오.

09. 지열원의 직접이용 시스템의 주요 구성품을 그리고 설명하라.

10. 지열열펌프를 설명하고, 주요 부분(subsystem)에 관하여 간단히 설명하시오.

11. 지열열교환 회로 시스템의 유형에 따라 구분하시오

12. EGS(Enhanced Geothermal System)를 설명하시오.

13. EGS를 만들려면 주위 환경에 필요한 조건들을 작성하시오.

14. 지열에너지의 장단점을 논하시오.

15. 지열 시스템의 열효율은 왜 상대적으로 작은 값인가?

PART A _ 계산문제

16. 지구 지각(earth's crust)에서, 온도는 지구 표면으로부터 중심 방향으로 100m 깊이에 대해 2℃씩 증가한다. 지구 표면의 온도가 30℃일 때, 깊이가 몇 m에서 온도가 100℃가 되는가?

17. 하루에 지구표면으로 흐르는 열흐름(heat flow)은 얼마인가? 지구표면적은 $1.3 \times 10^{14} m^2$이고, 단위면적당 평균 지열동력은 $60mW/m^2$으로 가정하라.

18. 미국의 표면적($9,820,629km^2$)을 통하여 나오는 평균 지열유속(geothermal heat flux)을 결정하라.

19. 1RT(Refrigeration ton: 냉동톤)는 0℃ 물 1,000kg을 24시간 동안에 얼리는데 필요한 열제거율로 정의된다. 물의 융해열은 333.55kJ/kg이다. 1RT을 kW로 표기하라.

20. 공기열원 열펌프가 동절기 동안 주택에 열을 공급하는데 사용된다. 집은 21℃로 유지되어야 하며, 전형적인 동절기 외기온도가 –4℃일 때, 집으로부터의 열전달은 75,000kJ/h가 되어야 한다. 이러한 조건하에서 카노 열펌프가 작동한다고 가정할 때, 열펌프가 필요한 동력과 성능계수를 구하라.

21. 문제 5.20 동절기 외기온도가 훨씬 낮은 –18℃인 곳에 공기열원 열펌프를 설치하고 다른 조건들은 다 일치할 때, 열펌프가 필요한 동력과 성능계수를 구하라.

22. 지열발전소가 카노효율의 1/3로, 화석연료 발전소는 카노효율의 2/3로 작동되고 있을 때, 각각의 열효율을 구하라. 두 시스템 모두 응축기 온도는 27℃이고, 지열발전소의 보일러 온도는 150℃, 화석연료 발전소의 보일러 온도는 550℃이다.

23. 지열발전소가 9000kW의 정미동력을 생산하기위해 140℃ 지열수를 열원으로 사용하고 있다. 지열수가 95℃로 배수정에 유출이 되면 주위의 온도가 25℃일 때 실제 열효율을 계산하라. 지열수의 질량유량은 210kg/s이다.

24. 문제 5.21의 최대 가능 열효율과 발전소의 실제 열방출률을 계산하라.

25. 지하수로부터 지열에너지를 추출하여 발전소의 에너지원으로 이용할 수 있는 지역이 있다. 포화액의 공급온도는 150℃이고, 주위 온도가 20℃일 때, 사이클로 작동되는 열기관의 최대 가능 열효율은 얼마인가? 포화액을 사용하는 것보다 150℃의 포화증기를 사용하는 것이 더 나은가?

26. 문제 5.25에서 만약에 주위온도가 30℃일 경우, 사이클로 작동되는 열기관의 최대 가능 열효율이 얼마이고 그전 값이랑 어떻게 비교 되는가?

27. 지열발전은 지하에 자연적으로 존재하는 고온수의 에너지를 열원으로 사용한다. 고온수의 공급온도는 140℃, 주위의 온도는 20℃인 지역에서 건설 예정인 지열발전소의 최대 열효율을 계산하라.

28. 고온수의 공급온도가 140℃이면, 주위 온도가 얼마인 지역에서 지열발전소를 건설해야지 최대 열효율이 가장 높은가?

29. 여러 지열발전소가 미국에서 작동 중에 있으며, 지열발전소의 열원이 "공짜에너지"인 고온수이기 때문에 더 많이 건설 중에 있다. 8MW 지열발전소는 160℃의 지열수가 존재하는 지역에 검토되고 있다. 지열수는 작동유체로 R-134a를 사용하는 Rankine 동력사이클의 열원으로 이용된다. 이 사이클의 적절한 온도와 압력을 명기하고, 열효율을 결정하라. 이러한 선택을 정당화하라.

30. 지열발전소에서 150℃인 지열수를 열원으로 사용하여 8,000kW의 정미출력을 생산한다. 지열수의 질량유량은 210kg/s이며, 90℃로 발전소에서 배출된다. 주위의 온도가 25℃일 경우, (a)실제의 열효율, (b)가능한 최대 열효율, (c)발전소의 실제 열방출률을 구하라.

31. 작동유체로 R-134a를 사용하는 열펌프가 지열수로부터 열을 흡수하여 25℃로 난방하고 있다. 지열수는 증발기에 60℃로 유입하여 40℃로 유출하며, 질량유량은 0.065kg/s이다. 냉매는 건도 15%, 12℃로 증발기에 유입하여 같은 압력의 포화증기로 유출한다. 압축기가 1.6kW의 동력을 소비할 때, (a)냉매의 질량유량 (b)열공급율 (c)성능계수(COP) (d)같은 열공급율에 대한 압축기에 요구되는 최소 동력을 구하라.

해양에너지는 파도(waves), 조석(tides), 조류(current)등의 기계적에너지와 온도구배, 염수구배 등의 열에너지로 구분되는 다양한 재생에너지 형태로 존재한다. 지구표면의 75% 이상을 차지하는 해양은 세계에서 가장 거대한 태양열 집열기이다. 태양열은 심층수 보다 표층수를 더 가열하기 때문에 이러한 온도 차이로 열에너지가 생성되며, 해양에 획득된 열의 일부분만이 동력을 생산할 수 있다. 그림 6-1은 해양에너지의 일종인 파도가 치는 모습이다. 태양이 해양의 활동에 영향을 미치지만, 주로 달이 미치는 인력이 조류를 구동하며 바람이 해양의 파도를 움직인다. 해양에너지는 풍부하고 오염물이 없기 때문에, 과학자들은 화석연료 또는 원자력에너지와 경쟁 가능한 해양에너지에 관하여 연구하고 있다. 해양에너지를 이용하는 기술은 해양에 존재하는 물리적에너지를 전기에너지로 변환하는 장치와 관련 해양구조물의 설계 및 성능평가, 공학적 기술, 실해역 설치·유지 보수 및 운용의 실용화 기술로 정의된다. 즉 해양에너지 이용기술은 조력발전, 조류발전, 파력발전, 해수온도차 기술로 크게 구분되며 복합발전 및 복합이용 기술도 포함한다. 본 장에서 거대한 재생에너지인 해양에너지의 이용 기술과 향후 예측, 극복해야 할 과제 등에 관하여 간략하게 살펴본다.

그림 6-1 해양에너지의 일종인 파도가 치는 모습

6.1 조력 및 조류발전(Tidal Power)

조류는 만유인력의 법칙에 따라 지구와 가까운 거리에 있는 달의 인력에 의해 주로 영향을 받고, 먼 거리에 있는 해의 인력에 의한 영향은 덜 받는다. 해수 표면은 하루에 2회 밀물과 썰물 현상이 나타나는데 이것을 이용하여 전기를 생산하는 방법이 조력발전이다. 조류의 원천은 해양에서 달과 해가 지구를 끌어당기는 인력과 지구의 공전과 자전으로 인한 원심력의 상호작용으로 발생한다. 달이 비추는 지구의 반대 면에서 인력의 효과는 지구에 의해 부분적으로 보호되어 상호작용으로 끝나며, 원심력 때문에 바다는 달로부터 멀리 떨어진 곳이 부풀어 나오는 반면에, 달과 지구의 상호작용은 바다에서 달 쪽으로 부풀어 나온다. 이것을 달 조류(lunar tide)라고 한다. 또, 태양 조류(solar tide)는 해와 지구가 마주치는 면과 반대면 사이에 해 쪽으로 부풀어 오르거나 멀리 떨어진 곳에서 부풀어 오르는 등 유사한 효과를 나타내며, 해의 인력 상호작용에 의해 복잡해진다. 해와 달은 천체 구면에서 고정된 위치가 없기 때문에 각각에 관하여 위치가 변화하고, 낮은 조류와 높은 조류의 차이인 조류 영역에도 영향을 준다. 그림 6-2는 조류 영역에 미치는 해와 달의 인력효과를 도식적으로 설명한 것이다. 보름달이거나 그믐달일 때는 달, 지구, 해가 일직선상에 위치하여 인력이 중첩되어 강해짐으로 조류의 수위가 가장 높은 사리(spring tides)가 되며, 상현달이나 하현달인 반달일 때는 달, 지구, 해가 서로 직각으로 배열되어 인력의 힘이 상쇄됨으로 조류의 힘이 약해져서 조류의 수위가 가장 낮은 조금(neap tides)이 된다. 밀물로 해수면이 가장 높은 때를 만조, 썰물로 해수면이 가장 낮은 때를 간조라고 하며, 만조와 간조의 차이를 조차라고 한다.

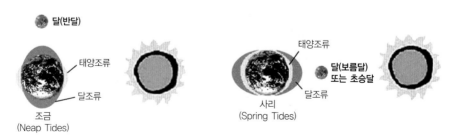

그림 6-2 조류 영역에 미치는 해와 달의 인력효과

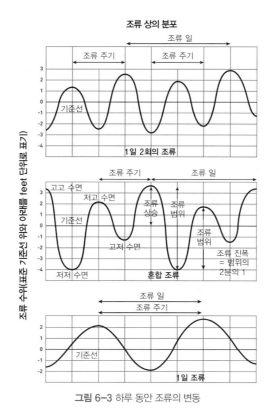

그림 6-3 하루 동안 조류의 변동

해양에너지 기술 중 가장 오래되며 현재 실용화단계에 있는 기술 중의 하나는 조력을 이용하는 것으로, 모든 해안선 영역에는 그림 6-3과 같이 24시간 보다 약간 큰 주기로 2번의 밀물과 썰물이 교차한다. 그러나 이러한 조수 간만의 차이를 이용하여 전기를 만들려면 조차가 적어도 5m 이상이어야 한다. 지구상에 이러한 크기의 조류 조건을 만족하는 곳은 40개 지역뿐이다. 조력발전 기술은 그림 6-4와 같이 수력발전소에서 사용하는 기술과 유사하다. 간만의 차가 크게 존재하는 강의 하구나 만을 방조제로 막아서 만조 시에 들어오는 해수를 댐 뒤의 저수원에 가둔다. 간조 시에는 댐의 반대쪽에 적절한 높이 차이가 만들어질 때, 수문(gate)을 열어 낙차에 의해 물이 터빈을 통과하면 터빈이 전기발전기를 회전시켜 전기를 생산한다. 조력발전은 조수 간만과 수위차를 이용하는 발전방식으로, 양방향 터빈을 사용하면 밀물과 썰물 시에 발전을 계속할 수 있다.

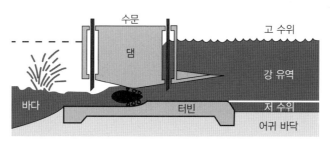

그림 6-4 수력발전소 형태의 조력발전소

그림 6-5는 세계의 유일한 산업용 규모의 조력발전소인 France의 Rance 발전소로, 연 중 조차가 8.5∼13.5m 사이에서 변동하며 240MW의 동력을 생산한다. 이 발전소는 Brittany의 Saint Malo 근처 Rance 강의 어귀를 지나는 댐으로 구성되며, 1966년부터 가동되어 Brittany 지역 전기의 90%를 공급한다.

그림 6-5 France의 La Rance 강 어귀에 건조된 조력발전소

Canada는 그림 6-6과 같이 Nova Scotia의 Annapolis 강 입구에 위치한 작은 섬에 실험용 조력발전소를 건설하였다. 세계에서 가장 큰 직렬류(straight-flow) 터빈을 채택하여 4500가정에 사용가능한 전기량인 1년에 3천만kWh를 생산한다. 그림 6-7은 Annapolis 조력발전소의 단면도를 나타내며, 유입되는 조류가 수문을 통과하여 head pond에 채워짐으로 전기를 생산한다. Head pond가 최대 수위에 도달하면 수문이 닫히고, head pond에 물을 가둔다. Head pond 외부의 조류가 썰물이 되거나 1.6m 이하로 떨어지면, 분배계통으로 18개 이상의 운하 수문이 개방되며, 이 수문은 터빈을 통과하는 물의 유입을 제어한다. 수문 개방 시, 물은 400m³/s의 유량으로 흘러 크고 무거운 4-블레이드 터빈을 회전시킨다. 약 5시간 정도 전력 생산이 지속되며 수문이 닫히고 새로운 사이클이 시작되는데, 이러한 사이클은 하루에 2회 반복된다. 그림 6-8은 거대한 4-블레이드 프로펠러 터빈의 특징을 나타내며, 수문(wicket gate), 터빈, 고정자(stator), 회전자(rotor)가 주요 부품이다. 동일한 종류로 세계에서 가장 큰 이 터빈의 직경은 7.6m이고, 148톤의 터빈은 최대출력 20MW를 생산할 수 있다. 러시아의 Murmansk 근처에는 소규모의 0.4MW 조력발전소가 있다. 미국은 1930년에 Maine 주 Passamaquoddy Bay에 댐 형태의 조력발전소 건설을 고려하였으나, 그 당시 경제성이 적어서 폐기되었다. 현재, 미국에는 조력발전소가 없으며 또한 계획도 없으나 조력발전소의 입지조건이 좋은 지역은 태평양 북서해안과 대서양 북동해안이다.

그림 6-6 Canada Nova Scotia의 Annapolis 강 입구에 위치한 조력발전소[4]

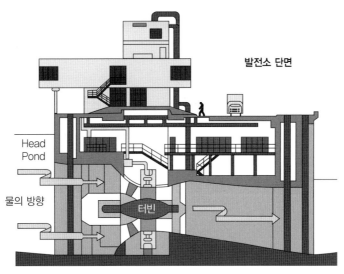

그림 6-7 Canada Annapolis 조력발전소의 단면도[4]

발전소 단면

Head Pond

물의 방향

터빈

1. 수문(Wicket Gates)
2. 터빈(Turbine)
3. 고정자(Stator)
4. 회전자(Rotor)

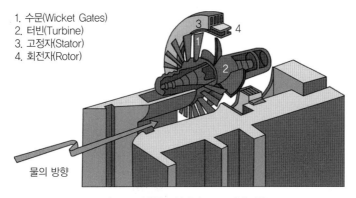

물의 방향

그림 6-8 거대한 4-블레이드 프로펠러 터빈

한국수자원공사는 경기도 안산에 위치한 시화호의 수질을 개선하며 해양에너지 개발을 통하여 무공해전기를 생산하기 위하여 세계 최대규모 조력발전소의 건설하였다. 밀물 시 수위 차에 따라 바다 쪽에서 호수 쪽으로만 발전되는 단류식 창조발전(밀물 시 수위 차에 따라 바다 쪽에서 호수 쪽으로 발전)을 채택하였으며, 2011년에 완공하여 시험운영 중인 발전소의 발전용량은 252,000kW이다. 한국의 경기만 일대는 세계적으로 드문 조력발전의 최적지로, 1932년 일제시대 때 발전소 설계도를 작성한 기록도 있다. 1986년 영국의 공식조사 결과에 의하면, 가로림만에 조력발전소를 지으면, 시설용량이 40MW, 연간발전량은 836GWh까지 가능한 것으로 예측되었다. 그림 6-9는 시화호 조력발전소 전경, 수차발전기 단면도, 수문 및 수차발전기를 나타낸다.

(a) 조력발전소 전경

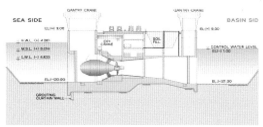

(b) 수차발전기 단면도

(c) 수문 및 수차발전기

그림 6-9 시화호 조력발전소[5]

6.1.1 조력발전소용 터빈

조력발전소용 터빈으로 다양한 형상의 터빈이 사용된다. 프랑스의 Rance 조력발전소는 그림 6-10의 구형(bulb) 터빈을 사용한다. 구형 터빈 시스템에서 물은 터빈 주위로 흐르기 때문에, 유지 · 보수 시 터빈을 통과한 물을 막아야 하는 등의 어려움이 있다. 그림 6-11의 림(rim) 터빈은 캐나다 Annapolis Royal 조력발전소에 사용되는 Straflo 터빈으로, 댐에 장착된 발전기를 터빈 블레이드에 직각으로 위치시켜서 구형 터빈을 사용할 때 발생하는 유지 · 보수의 문제를 감소시켰다. 영국의 Seven 조류 프로젝트에 사용하기 위하여 제안된 그림 6-12의 관형(tubular) 터빈은, 블레이드가 장 축(long shaft)에 연결되어 발전기가 댐의 상부에 위치하도록 각을 맞추어 설치한다.

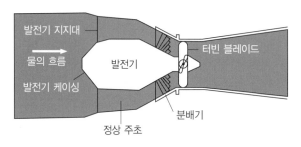

그림 6-10 구형(bulb) 터빈

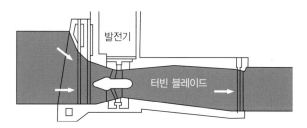

그림 6-11 림(rim) 터빈

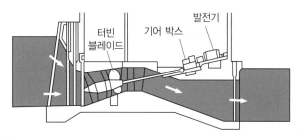

그림 6-12 관형(tubular) 터빈

예제 6-1

Annapolis Royal 조력발전소의 저수지 면적은 $\bar{A}$ = 4.8km², 조수간만의 차 H = 6.3m, 정격 전기출력 P_{el} = 17.8MW, 용량계수(capacity factor) η = 0.321이다. (a) 식 6-1과 6-2를 이용하여 이상적인 조수에너지(tidal energy)와 이상적인 조력(tidal power)을 계산하라. [조수 간만 주기를 4.464 × 10⁴초로 가정하라] (b) 평균출력과 유용도(effectiveness) ε = (평균출력)/(이상출력)을 계산하라.

풀이

$$이상적인 \ 조수 \ 에너지 = \rho g \bar{A} H^2 \tag{6-1}$$

$$이상적인 \ 조력 = \frac{\rho g \bar{A} H^2}{T} \tag{6-2}$$

여기서, ρ는 해수의 밀도(1025kg/m³), g는 중력가속도(9.807m/s²), $\bar{A}$는 조수댐에서 조수의 평균표면적, H는 조수간만의 차, T는 달 조류의 주기로 태음일(lunar day)의 2분의 1이 된다(T = 12시간 24분 = 4.464×10⁴초).

(a) 이상적인 조수 에너지는

$$\rho g \bar{A} H^2 = (1025 kg/m^3)(9.807 m/s^2)(4.8 km^2)\left(\frac{10^6 m^2}{1 km^2}\right)(6.3 m)^2 = 1915 N \cdot m = 1915 GJ$$

이상적인 조력은

$$\frac{\rho g \bar{A} H^2}{T} = \frac{(1025 kg/m^3)(9.807 m/s^3)(4.8 km^2)\left(\frac{10^6 m^2}{1 km^2}\right)(6.3 m)^2}{4.464 \times 10^4 s}$$
$$= 42.9 J/s = 42.9 MW$$

(b) 용량계수(η)는 평균 터빈출력과 정격 터빈출력의 비를 나타내므로, 평균 터빈출력은 0.321×17.8MW=5.7138MW

발전소 유용도(ε)는 평균출력과 이상출력의 비를 나타내므로, 유용도는

$$\varepsilon = \frac{5.7138MW}{42.9MW} = 0.133$$

6.1.2 조류 펜스(Tidal Fence)

그림 6-13의 조류 펜스는 조력을 이용하는 또 다른 기술로, 해저에 빠르게 흐르는 해류를 직접 이용하여 전기를 생산하는 방법이다. 거대한 회전식 출입문과 유사하며, 작은 섬 사이의 수로나 육지와 섬 사이의 해협에 위치하여 일반적인 해안 조류의 흐름에 의해 회전문이 회전한다. 적절한 조류의 속도는 5~8knot(9.3~14.8km/h)이며, 바닷물은 공기보다 밀도가 더 높기 때문에, 조류는 공기의 흐름인 바람보다 더 많은 에너지를 수반한다. 현재 지구상에서 운영 중인 대 규모 상업용 조류 펜스는 존재하지 않지만, 필리핀에서는 Dalupiri와 Samar섬 사이의 Dalupiri Passage를 횡단하는 조류 펜스의 건설을 계획하고 있다.

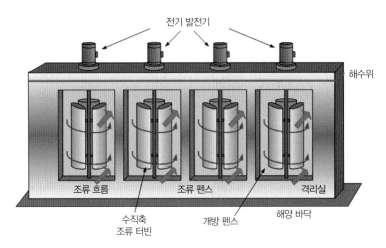

그림 6-13 조류 펜스

6.1.3 조류터빈(tidal turbine)

1970년대 석유위기 후 단기간에 제안된 조류터빈은 Loch Linnhe에서 작동되는 개념 터빈으로, 15kW의 출력을 입증하였다. 그림 6-14는 바다에 설치된 축류(axial flow) 형태의 해양 조류 터빈을 보여준다. 풍력터빈과 비슷한 조류터빈은 조력발전소의 댐과 조류 펜스 시스템 보다 환경 영향을 감소시킬 수 있다. 또한 댐 형태에 비해 전망을 해치지 않으며, 해상교통 등이 가능하기 때문에 최근에 그 타당성이 연구되고 있다. 조류터빈은 조류의 속도가 2~3m/s일 때, 4~13kW/m²의 에너지를 생성한다. 일반적으로 돌풍이

풍력터빈 발전기를 손상시키는 것과 같이, 조류의 속도가 3m/s 이상이면 블레이드에 과도한 응력을 유발하고, 속도가 낮으면 경제성이 떨어진다. 조류터빈은 풍력발전소와 유사하게 수중에 열을 지어 배열되며, 해안 조류가 3.6~4.9knot(6.7~9km/h) 사이인 곳에서 최적으로 운영된다. 이러한 속도에서, 직경이 15m인 조류터빈은 60m 직경의 풍력터빈이 만들어 내는 에너지를 생성할 수 있다. 조류터빈발전소의 이상적인 위치는 수심이 20~30m 사이의 해안선에 근접한 장소이어야 한다.

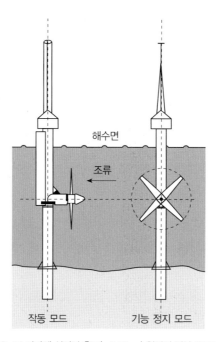

그림 6-14 바다에 설치된 축류(axial flow) 형태의 해양 조류 터빈[7]

그림 6-15는 Norway의 Hammerfest Storm AS가 개발한 수평축 조류터빈을 묘사한 그림으로, 15~16m 블레이드로 구성된 터빈 프로펠러가 해저에 위치한 탑에 장착된다. 지배하는 조류의 방향에 따라 자동으로 조정 가능한 블레이드를 갖는 프로펠러가 조류에 의해 구동된다. 각각의 프로펠러는 해저에 위치한 발전기와 연결되어 전기를 생산한다. 이렇게 만들어진 전기는 해안으로 연결된 케이블을 통하여 변압기로 공급된 후, 기존의 송전선으로 보내진다. 그림 6-16은 Hammerfest Storm AS가 2003년 Norway 북부에 실증 프로젝트의 일환으로 설치 중인 수평축 조류터빈을 보여준다.

그림 6-15 Norway의 Hammerfest Storm AS가 개발한 수평축 조류터빈을 묘사한 그림[8]

그림 6-16 Norway 북부에 설치 중인 Hammerfest Storm AS의 수평축 조류터빈[8]

한국은 조류로 전력을 생산하기 위하여, 1,000kW급 시험용 조류터빈을 그림 6-17의 조감도와 같이 울돌목에 설치하여 2009년부터 실증시험 중이다. 울돌목은 남서해안의 전남 해남과 진도 사이의 진도수내에 위치한 곳으로, 한국해양연구원[9]에 의하면 아시아에서 가장 빠른 12노트까지 조류가 있는 지역 중에 하나라고 한다. 한국해양연구원은 기존 댐 형태의 조류발전소 효율을 개량하기 위하여 노력 중이다. 주요한 조력발전소 프로젝트로 250MW급 시화호 조력발전소에 참여하였고, 가로림만에 520MW의 또 다른 발전소를 건립할 계획이었지만 해양보호구역으로 지정되며 무산되었다.

그림 6-17 울돌목 조류발전소 조감도

6.1.4 조력발전의 한계

조력발전은 강어귀를 횡단하는 도로를 개발하거나 철교를 건설하여 교통망을 개선하며, 화석연료 대신에 공해가 없는 조력을 사용함으로 온실가스 배출을 감소하는 등의 일부 장점이 있지만, 조력발전을 제한하는 환경적인 단점을 갖고 있다.

(1) 조류 변화(Tidal Changes)

바다와 인접한 강어귀에 조류 댐을 건설하면 강 유역에 조류 수위가 변화한다. 이러한 변화에 의해 조류의 수위가 낮아지거나 높아지며, 강 유역의 퇴적과 탁한 정도에도 현저히 영향을 미치게 된다. 강 유역의 퇴적물이 증가함으로 바다 깊이가 변화하고 항해와 여가활동에 영향을 줄 수 있다. 조류 수위가 올라감에 따라 해안선에 침수가 예상되며 지역 수산물 유통에도 영향을 줄 수 있다.

(2) 생태학적 변화(Ecological Changes)

조력발전의 가장 큰 단점은 조력발전소가 강어귀에 서식하는 동물에 영향을 주는 것이다. 현재 건설된 조류 댐이 많지 않기 때문에 조력발전시스템이 지역 환경에 주는 충격을 완전히 이해하지 못한 상태이다. 즉, 조력 댐은 지역의 지리와 해양 생태계에 관련되어 많은 영향을 미치게 될 것이다.

6.2 파력(Wave Power)

해양표면의 파도로 인하여 해수면은 주기적으로 상하운동을 하며, 물의 입자가 전후로 움직임에 따라 에너지를 전달한다. 이러한 재생에너지원인 파력으로부터 기계적인 회전운동 또는 축방향 운동으로 변환시킨 후, 전기에너지를 획득하거나 해수의 담수화 또는 저수지에 급수 등으로 유용한 일을 생산하는 것을 파력발전이라고 한다. 조력, 조류와 함께 혼합되어 존재하는 파력은 조력 플럭스나 조류의 일정한 선회와는 구별된다. 세계의 해안선을 강타하는 파도의 전체동력은 약 2~3백만MW 정도이며, 입지조건이 좋은 장소의 파도에너지 밀도는 해안선의 mile 당 평균 65MW에 이른다. 그러나 파력은 모든 지역에서 이용 가능한 것은 아니다. 그림 6-18은 세계에서 파력이 풍부한 지역을 나타내며, 스코틀랜드의 서안, 북부 캐나다, 남아프리카, 호주, 미국의 북동과 북서 해안 등이다. 입지조건이 좋은 태평양 북서지역은 해안선의 길이가 1,000mile 이상이 되며, 서부 해안선을 따라 40~50kW/m의 파력 에너지를 생산할 수 있다. 해양에너지의 일부분인 바다의 파도로부터 동력을 얻는 파력장치는 표면 파도로부터 또는 표면 바로 아래의 압력 요동으로부터 에너지를 직접 추출한다. 파력발전은 1890년 이래 사용하려고 수차례 시도하였지만, 현재 상용화기술로는 넓게 이용되지 않는다. 파력은 해안에서 먼바다(offshore)와 연안(onshore) 시스템을 통하여 전기로 변환 가능하다. 이러한 장치로는 플로트(float) 장치, OWC(Oscillating Water Column), Tapchan(tapered channel) 등이 있으며, 자세한 설명은 다음과 같다.

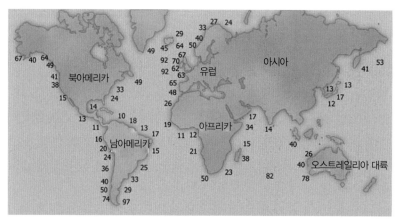

그림 6-18 세계에서 파력이 풍부한 지역

6.2.1 Offshore 시스템

Offshore 시스템은 일반적으로 수심이 40m 이상인 깊은 물에 적당하다. 그림 6-19는 스코틀랜드 물리학자 Stephen Salter가 고안한 Salter Duck을 나타내며, 플로트 파력에너지 변환장치의 하나이다. 이러한 장치는 플로트 platform이나 해저에 고정된다. Duck 자체는 해변이나 해저에 고정된 장치가 아니고, 발전기를 구동하기 위하여 플로트의 흔들림 운동에 의존한다. 고정된 장치에서 물이나 공기가 터빈 블레이드를 급격히 통과하는 동안 터빈은 고정된다. 바다에 떠 있는 플로트 장치는 파도에 의해 까닥까닥 움직임에 따라 상대 운동성분에 의해 동력을 생산한다. 즉, 플로트 부분의 조화운동에 의해 전기를 생산한다. Salter Duck은 에너지를 효율적으로 생산할 수 있지만, 1980년대에 에너지 생산 비용을 10배 정도 잘못 계산했기 때문에 개발을 교착상태에 빠뜨렸고, 최근에는 이러한 기술이 재평가됨에 따라 오류도 발견되었다. 그림 6-20은 다른 offshore 파력발전장치로, 덴마크의 플로트 펌프(그림 (a))와 스웨덴의 호스 펌프(그림 (b)) 방식을 도식적으로 나타낸다. 덴마크의 플로트 펌프 파력발전장치는 1990년 덴마크의 Hanstholm 근처에 건설되어 시험되었다. 대형펌프가 해저에 설치되고, 피스톤이 탄성로프로 플로트와 연결된다. 파도가 높아져 플로트를 움직이면 피스톤이 들어올려지고, 물이 수중의 터빈발전기 유닛을 통과하여 전기를 생산한다. 파도가 낮아지면 플로트는 하강하며, 피스톤의 무게가 물을 가압하여 밸브 바깥으로 내 보낸다. 스웨덴의 호스 펌프 파력발전장치는 플로트와 해저에 닻으로 느슨하게 연결된 대형 댐퍼 디스크인 반 작용판(reaction disk) 사이에 장착된 호수 펌프를 사용한다. 파도가 플로트를 상승시키면 호수의 길이가 늘어나 부피가 감소된다. 호수 내의 물은 가압되고 축적되며, 여러 개의 펌프로부터 축적된 물은 연결된 고압의 수력터빈으로 이동하여 전기를 발생한다. 파도가 낮아져 플로트가 하강하면 호수는 원래의 체적으로 돌아가 바닷물은 밸브를 통하여 다시 유입된다.

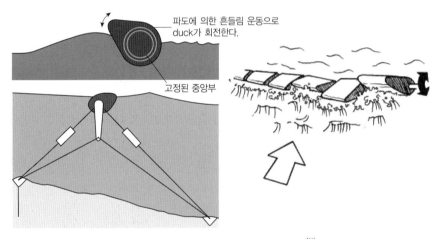

그림 6-19 Salter Duck 파력에너지 변환 장치[11]

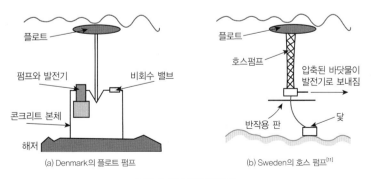

(a) Denmark의 플로트 펌프 (b) Sweden의 호스 펌프[11]

그림 6-20 파력발전장치

미국의 Ocean Power Technology 사는 그림 6-21과 같이 모듈형태로 해양에서 작동되는 부표로 구성되는 PowerBuoy 기술을 이용하여 상용 파력발전소를 건설하려고 한다. 파도의 상승과 하강은 부표같은 구조물을 움직여서 기계적에너지를 생산하며, 생산된 에너지는 전기로 변환되어 수중에 송전선을 통하여 해안가로 전달된다. 40kW 부표의 제원은 직경이 4m, 길이가 16m, 해양 표면으로부터 높이는 대략 4.3m 정도이다. 3점 고정시스템(three-point mooring system)을 이용하여, 수중 60m 깊이, 8km의 offshore에 설치할 수 있도록 설계되었다.

그림 6-21 Ocean Power Technology 사의 PowerBuoy[12]

Finavera Renewables Inc은 파력에너지장치인 AquaBuOY를 개발하였다. 이 장치는 파도의 운동에너지 수직성분을 변환하여 2행정 호스펌프로 바닷물을 가압함으로 에너지를 전달한다. 그림 6-22와 같이, 이 장치는 물속의 반작용 관(대부분 물)에 반발하는 포인트 흡수기에 의해 상하요동하는 자유로운 플로트이다. 반작용 힘은 금속강화합성고무로 만들어진 물펌프(호스펌프)를 구동하는 피스톤 부품을 움직인다. 호스펌프는 고압으로 물을 가압하고, 축압기(accumulator)는 출력을 완만하도록 사용되며, 가압된 바닷물은 전기발전기를 구동하는 충동터빈으로 구성된 변환시스템으로 배출되어 전기를 생산한다. 계통의 동기화는 적절한 전압수준을 유지하기 위하여 가변속도 구동과 전압을 높이는 변압기를 사용함으로 달성된다. 생산된 전력은 안전한 수중의 송전선에 의해 해안으로 송신된다. AquaBuOY 기술을 사용하는 상업용 파력생산 시설은 포르투갈에 건설되기 시작했다. 이 회사는 250MW급 프로젝트를 계획하고 있으며, 북미의 서해안에 개발하고 있다.

그림 6-22 Finavera Renewables Inc의 파력에너지장치인 AquaBuOY[13]

AWS Ocean Energy 사는 AWS(Archimedes Wave Swing)라는 파력변환기를 개발하였다. 이 파력변환기는 해저에 고정되는 원통형 부표로, 그림 6-23과 같다. 이 장치는 파도로부터 에너지를 추출하여 전기를 생산하는 방식으로, 플라이휠 효과를 사용하는 공기실과 연결된 단순한 시스템이다. AWS는 상부와 하부인 2개의 실린더로 구성된다. 하부실린더는 해저에 고정되어 있고, 상부실린더는 파도의 영향에 따라 상하로 움직인다. 동시에 상부실린더에 고정된 자석이 코일을 따라 움직인 결과, 플로터의 운동은 감소되고 전기가 생산된다. AWS의 내부는 공기로 가득차 있고, 상부실린더가 하부로 움직일 때, 내부의 공기는 가압된다. 그 결과 상부실린더가 다시 상부로 움직이게 하는 반발력이 생성된다. 파도가 클 때는 증폭이 파도 고도의 3배까지 도달하며, 파도가 작을 때는 그 이상이 된다. 증폭은 진폭(swing)의 효과와 비교할 수 있다. 적절한 시기에 진폭을 촉진하면, 운동은 증폭된다. 이 장치의 개념은 2004년 포르투갈의 해안에 설치된 실제크기 규모의 파일롯 플랜트에서 입증이 되었다. 현재 상용화 실증 사업이 진행 중이다. 이 장치는 적어도 5.4m 이상의 해저가 필요하며, 강한 폭풍에 견디며, 다른 파력장치 보다 적은 공간에 더 많은 출력을 생산할 수 있다. 태양에너지나 풍력과는 달리 파력은 일정하고 신뢰할 수 있으며, 파도는 항상 존재한다.

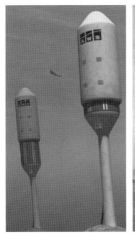 

그림 6-23 AWS Ocean Energy 사의 AWS(Archimedes Wave Swing)[14]

바다위에 솟아나온 형상을 갖는 Wave Dragon은 단일 유닛 또는 200개까지 배열로 배치할 수 있으며, 느슨하게 고정된 플로트 에너지 변환장치이다. 이러한 배열의 출력은 기존의 화석연료 발전소와 비교할 만 한 용량을 갖출 수 있다. 이 장치의 기본 개념은 잘 알려져 있으며 이미 입증된 수력발전소의 원리를 사용하여 offshore 플로팅 플랫폼에 적용한 것이다. 그림 6-24는 Wave Dragon의 작동원리를 도식적으로 나타낸다. 바다 수면위의 유수지를 만들어서 경사면을 통하여 해양의 파도를 끌어들여 물을 감금한 후, 중력의 힘으로 해양에 다시 돌려보낸다. 이 때 바닷물이 수력발전기를 통과하며 전기를 생산한다. 즉 3단계 에너지 변환은 다음과 같다.

돌출부에 흡수 ➡ 유수지에 저장 ➡ 저수두 수력터빈으로 동력생산

1차 표준 시제품은 2003년 전력계통에 연결되었고, 현재 덴마크의 Nissum Bredning에 배치되고 있다. 다른 기후와 조류조건 하에서 유용도와 전력생산 등의 시스템성능을 결정하기 위하여 장기간 시험을 수행 중에 있다.

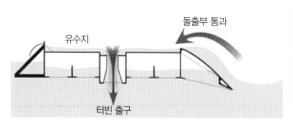

그림 6-24 Wave Dragon의 작동원리 및 1차 시제품[16]

Offshore 파도 에너지를 획득할 수 있는 다른 방법은 특별히 항해에 알맞은 배를 건조함으로 가능하다. 바다에 뜨는 platform은 내부 터빈을 통과하는 파도에 의해 전기를 생산하고 파도를 바다로 다시 돌려 보낸다. 일본해양기술센터(Japan Marine Technology Center)는 3대의 공기터빈 발전기를 운반하는 prototype 파력선(wave power vessel)을 개발하였다. 그림 6-25는 Mighty Whale이라 명명된 배의 사진을 나타내며, 세계에서 가장 큰 offshore 플로팅 파력에너지 장치이다. 이 배는 해저에 닻을 내리도록 설계되었고, 해안으로부터 원격제어가 가능하다. 일본 과학자들은 전기생산뿐 아니라, Mighty Whale 후 방에 양어장 또는 해양스포츠의 용도로 조용한 바다를 만들 수 있다는 것을 알게 되었다.

그림 6-25 세계에서 가장 큰 offshore 플로팅
파력에너지 장치인 Mighty Whale

영국의 Ocean Power Delivery Ltd. 사는 열대지역 바다에 사는 바닷뱀의 이름을 딴 Pelamis 파력발전 장치를 개발하였다. Pelamis 파력발전장치는 물에 반쯤 잠겨있으며, 원통형 단면으로 구성된 관절형 구 조 부표로 힌지 조인트에 의해 연결된다. 파도가 유발하는 이러한 조인트의 운동은 수압펌프의 저항을 받 으며, 이 펌프는 부드러운 완충장치를 경유하여 수력모터로 고압의 오일을 펌프한다. 수력모터는 전기 를 생산하기 위하여 전기발전기를 구동한다. 모든 조인트로부터의 동력은 해저에 연결된 단일 도관구실

을 하는 케이블로 전달되고, 여러 장치는 함께 연결되어 해저의 단일 케이블을 통하여 해안에 연결된다. 750kW급의 대규모 시제품인 그림 6-26의 Pelamis P-750은 길이가 120m, 직경이 3.5m로, 각각의 출력이 250kW인 3개의 에너지변환 모듈을 갖으며, 각 모듈은 완전한 전기-물 동력생산 시스템을 포함한다. 이상적으로 Pelamis는 해안에서 5~10km 거리에 50~60m 깊이로 바다에 계류된다. 이러한 위치는 큰 파도를 이용할 뿐 아니라 장거리 해저 케이블에 관련된 비용을 피할 수 있다. 세계 최초의 상용 파도농장(wave farm)인 Portugal의 Agucadora 파도공원(wave park)은 750kW급 Pelamis 장치 3기로 구성되어 있다.

(a) 파도 농장의 그림

(b) 제3차 해상시험

그림 6-26 Pelamis P-750[17]

6.2.2 연안(onshore) 시스템

연안 파력시스템은 해안선을 강타하는 파도에서 에너지를 추출하기 위하여 해안선을 따라 건설된다. 연안 시스템 기술은 OWC(oscillating water column), 경사수로시스템(Tapchan: tapered channel system), pendulor 장치 등이 있으며, 간략히 설명하면 다음과 같다.

그림 6-27은 OWC의 작동원리를 나타낸다. 부분적으로 수면 아래에 위치한 원통 모양의 콘크리트 또는 강철 구조물로 구성되며, 수면 아래 바다에 입구가 있다. 파도가 원통 모양의 구조물 내부에 유입됨에 따라 물기둥이 상승과 하강을 하고, 물기둥은 공기를 교대로 가압하고 감압한다. 이렇게 압축되거나 팽창된 공기는 공기터빈을 구동시켜 전기를 생산한다. 다양한 OWC 장치가 세계적으로 건설되어 왔으며, 일부는 방파제로 건조되었다. 예로, 인도는 Vizhinjam, Kerala에서 OWC 파력발전소를 시험하고 있으며, Azores의 Pico 섬에 500kW급 OWC 발전소를 건설 중이다. 이 발전소는 섬에 있는 수백 가정에 충분히 전력을 공급할 만큼 전기를 생산할 수 있을 것으로 기대된다. 2000년 11월, 세계 최초의 상업용 파력 발전소인 Limpet이 스코틀랜드 섬 Islay의 서해안에서 운영 중이다(그림 6-28). Wavegen 사와 Queen's University가 공동으로 개발한 Limpet은 OWC 기술을 사용하여 500kW를 생산한다.

그림 6-27 Oscillating Water Column의 작동 원리[21]

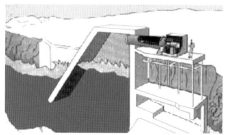

그림 6-28 스코틀랜드 섬 Islay의 서안에서 운영 중인 세계 최초의 상업용 파력 발전소, Limpet[21]

연안 파력 발전장치의 하나인 Tapchan은 표준 수력발전소 방식을 적용한 것으로, 해안에 위치한 유로구조와 집중된 파도의 세기에 의존한다. 그림 6-29는 Tapchan 파력에너지 장치의 개념도를 나타내며, 시스템은 경사수로와 유수지(reservoir)로 구성된다. 해안에 집중된 파도는 경사수로를 통하여 해표면 위의 절벽에 위치한 유수지로 공급되며, 좁은 수로는 절벽으로 이동하는 파도의 높이를 증가시킨다. 파도는 경사유로의 벽을 넘어 유수지로 유입되고, 유수지에 저장된 물이 낙차에 의해 터빈으로 공급된다. 즉, 파도의 운동에너지를 위치에너지로 변환시킨 후, 배관을 통하여 그 물을 바다로 유입시켜 발전기에 의해 전기에너지로 최종 변환된다. 작은 이동부와 발전시스템을 모두 포함하는 Tapchan 시스템은 유지비용이 적으며 신뢰도가 높다. 또한 유수지는 에너지가 필요할 때까지 저장할 수 있기 때문에, 필요한 전력 문제를 극복할 수 있다. 하지만 Tapchan 시스템은 모든 해안선에 적당한 것은 아니다. 적절한 평균 파도 에너지와 조수 간만의 차가 1m 이하가 되는 일정한 파도가 있어야 하고, 해안 근처에 깊은 물과 유수지를 포함하는 지형학적으로 적절한 해안선이 존재해야 한다. 이와 같은 입지조건 때문에, Tapchan 시스템은 상업용 목적으로 아직 건설되지 않고 있다. 하지만 실증용으로 1980년대에 Norway의 Toftesfallen에 설치되어, 1985년에 350kW 정격출력으로 작동을 시작하였다. 이 장치는 1990년대 초까지 성공적으로 작동하였으며, 유지·보수 공사 중에 바다 폭풍이 강타하여 경사유로가 파괴되었다.

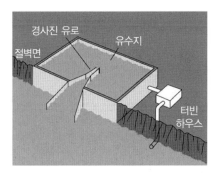

그림 6-29 Tapchan 파력에너지 장치

그림 6-30의 Pendulor 파력에너지 장치는 한쪽 끝이 바다로 열려있는 사각형 상자로 구성된다. Pendulum은 열려져 있는 면의 위에 힌지로 연결되어 있어서, 파도의 작용이 pendulum을 전후로 흔든다. 이러한 운동은 수력펌프와 발전기에 동력을 공급한다. 5kW pendulor 시험장치가 1983년 이래 Hokkaido에서 작동 중에 있으며, 스리랑카에 50kW급 시스템의 건설 계획이 추진 중에 있다.

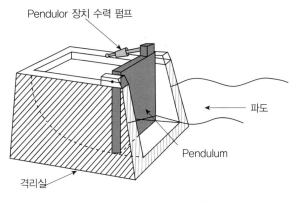

그림 6-30 Pendulor 파력에너지 장치

6.2.3 파력발전의 장·단점

(1) 장점

소규모 개발이 가능하고 방파제로 활용할 수 있어 실용성이 크다. 한 번 설치하면 거의 영구적으로 사용할 수 있고 공해를 유발하지 않는다.

(2) 단점

기후 및 조류조건에 따라 심한 출력 변동과 대규모 발전플랜트를 해상에 계류시키는 기술적인 어려움이 있으며, 입지 선정이 까다롭다. 현재의 기술수준으로는 초기 설치비가 많이 들어 발전단가가 기존의 화력발전소 보다 2배 이상 비싸다.

6초의 주기를 갖는 2m 높이의 파도가 있다. 파장과 파동의 속도, 이 파도의 단위 면적당 전체에너지와 단위 면적당 동력 밀도를 계산하라.

━━━━━━━━━━━ 풀이 ━━━━━━━━━━━

파도의 높이가 2m이고, 진폭은 파도의 높이의 1/2이므로, a=1m이다. 해양 파도의 주기와 파장의 관계식은 다음과 같다.

$$\lambda = 1.56\tau^2 [m] \tag{6-3}$$

여기서 $\lambda\tau$는 파장(m), 는 주기(s)이다.

$$\lambda = 1.56\tau^2 [m] = 1.56\left(\frac{5s}{s}\right)^2 [m] = 39m$$

파도의 속도는

$$v = \frac{\lambda}{\tau} = \frac{39m}{5s} = 7.8m/s$$

주파수는 주기의 역수이므로,

$$f = \frac{1}{\tau} = \frac{1}{5s} = 0.2\frac{1}{s} = 0.2Hz$$

파도의 전체에너지(TE: Total Energy)는 위치에너지와 운동에너지의 합으로, 단위면적당 전체에너지는 다음의 식으로 부터 계산한다.

$$\frac{TE}{A} = \frac{1}{2}\rho a^2 g \tag{6-4}$$

동력밀도(PD: Power Density)는 전체에너지와 주파수의 곱으로 나타낸다.

$$\frac{PD}{A} = \frac{1}{2}\rho a^2 f g \tag{6-5}$$

여기서, ρ는 해수의 밀도(1025kg/m³), g는 중력가속도(9.807m/s)이다.

$$\frac{TE}{A} = \frac{1}{2}\rho a^2 g = \frac{1}{2}(1025kg/m^3)(1m)^2(9.807m/s^2) = 503J/m^2$$

$$\frac{PD}{A} = \frac{1}{2}\rho a^2 f g = \frac{1}{2}(1025kg/m^3)(1m)^2(0.2/s)(9.807m/s^2) = 1005W/m^2$$

6.3 해양온도차 발전(Ocean Thermal Energy Conversion: OTEC)

해양온도차 발전기술인 OTEC는 지구의 해양에 저장된 열에너지를 사용하여 전기를 생산하는 것이다. 햇빛은 태양과 가까운 해양의 표층면을 가열하여, 그 열이 점차적으로 하부인 심층부에 전달된다. OTEC는 해양의 더운 부분인 표층수와 찬 부분인 심층수의 온도차가 약 20℃ 정도일 때 최적의 조건으로 작동한다. 그림 6-31은 바닷물 표층수와 심층수(1000m)의 온도 차이를 나타낸 것으로, 20℃ 정도의 차이가 나는 지역은 열대해역, 대략 남회귀선과 북회귀선 사이의 부근에서 존재한다.

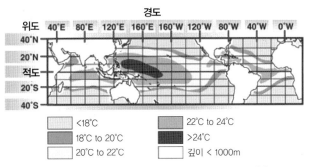

그림 6-31 바닷물 표층수와 심층수(1000m)의 온도차이[25]

기술적으로 복잡할 것 같은 OTEC는 새로운 기술이 아니라, 1800년대 후반 이래로 시작되어 이 기술의 적합성에 관하여 많은 진척이 있었다. 1881년에 프랑스 물리학자인 Jacques Arsène d'Arsonval은 해양 열에너지 개발을 제안했다. 이것은 d'Arsonval의 학생인 Georges Claude의 생각으로, 그가 최초의 OTEC 발전소를 실제로 건설했다. Claude는 1930년 쿠바에 발전소를 세워서 저압터빈으로 22kW의 전기를 생산했다. 1935년에 Claude는 브라질의 해안에 10,000톤 크기의 화물선을 계류시켜 또 다른 발전소를 만들었다. 생산된 전력량에서 시스템을 작동하기 위해 필요한 동력을 감한 순수한 전력 발전기로 작동되기 전에 기상조건인 날씨와 파도로 인하여 두 발전소가 파괴되었다. 1956년, 프랑스 과학자들은 서아프리카의 Ivory 해안, Abidjian에 설치할 3MW급 OTEC 발전소를 설계했으나, 건설비용이 과다하여 완성하지 못했다. 미국은 1974년에 Hawaii 자연에너지연구소(Natural Energy Laboratory of Hawaii Authority)를 Hawaii Kona 해안의 Keahole Point에 설립하면서 OTEC에 관한 연구를 시작하였다. 이 연구소는 OTEC 기술 목적으로 세계에서 앞서가는 시험설비 중의 하나가 되었다. 또한, 일본정부도 OTEC 기술을 연구·개발하도록 자금을 계속해서 투자했다. 일부 에너지 전문가들은 기존의 발전 기술과 가격으로 경쟁할 수 있게 된다면, OTEC는 수십억 W의 전기를 생산할 수 있을 것이라 믿지만, 가격 면에서는 아직도 커다란 장벽이 있다. OTEC 발전소는 바다 표면으로부터 1.5km 이상의 깊이에 설치하여 찬 물을 표면으로 이동시킬 수 있는 큰 직경의 흡입 관 등이 필요하다. 이러한 찬 해수는 OTEC 시스템의 3가지 형태인 밀폐순환식(closed cycle), 개방순환식(open cycle), 하이브리드순환식(hybrid cycle)로 구분된다.

6.3.1 밀폐순환식

밀폐순환식 해양온도차발전은 암모니아나 냉매(R-134a)와 같은 비등점이 낮은 작동유체를 이용하여 터빈을 회전시켜 전기를 생산한다. 그림 6-32는 밀폐순환식 OTEC의 개념도를 나타내며 그 작동 원리는 다음과 같다. 따뜻한 바다 표층수의 열을 열교환기가 흡수하여, 그 열로 비등매체인 작동유체를 증발시킨

후, 증발된 증기는 팽창되면서 터보제너레이터(turbo-generator)를 회전시킨다. 그리고 찬 심층수는 제2 열교환기로 보내 비등매체의 증기를 응축시켜 액체 상태로 변하게 하며, 시스템 내부의 비등매체는 재사용 되어 사이클로 작동한다. 1979년, 자연에너지 연구소와 다수의 민간 부문 공동 운영자는 밀폐순환식 OTEC를 개발하였으며, 이 장치는 그림 6-33과 같이 바다에서 순수 전기를 생산할 수 있는 최초의 성공적인 소규모 OTEC 실험장치가 되었다. 이 소규모 OTEC 선박은 하와이 해안으로부터 2.4km 떨어져 정박되었고, 배의 조명등을 비추고, 컴퓨터와 TV에 필요한 순수한 전기를 공급하는데 충분했다. 1999년에 자연에너지 연구소는 같은 종류로 작동 중인 발전소 중 가장 큰 250kW급 pilot OTEC 밀폐순환식 발전소를 건설하여 시험했으나, 에너지생산 비용의 경제성 문제로 개발자금 지원이 중단되어 OTEC 기술에 관련된 진척은 더 이상 없었다. 인도정부는 OTEC 기술에 적극적인 관심을 나타내어, Tamil Nadu 근처에 1MW 부유형(floating) 밀폐순환식 OTEC 파일롯 발전소를 건설하였고, 이러한 시스템을 개발하기 위하여 다양한 연구를 계속해서 지원하고 있다.

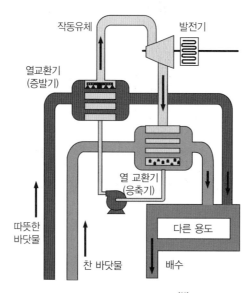

그림 6-32 밀폐순환식 OTEC[26]

그림 6-33 소규모 OTEC 플랫폼

6.3.2 개방순환식

개방순환식 OTEC는 열대 해양의 따뜻한 표층수를 사용하여 전기를 발생한다. 그림 6-34는 개방순환식 OTEC로, 그 작동원리는 다음과 같다. 따뜻한 바닷물을 저압 컨테이너에서 비등시키고, 비등 후 팽창하는 증기는 저압의 터빈을 회전시켜 부착된 전기발전기를 구동한다. 해수의 염분은 저압 컨테이너에 남기 때문에 증기는 거의 순수한 물이며, 심층수로부터 찬 온도에 노출된 증기는 액체 상태로 응축된다. 1984년에 국립 재생에너지연구소(National Renewable Energy Laboratory)는 개방순환식 발전소에 사용하도록 따뜻한 바닷물을 저압 증기로 변환하는 수직 분출 증발기를 개발했으며, 에너지 변환 효율이 97% 이상 달성되었다. 1993년 5월, 하와이 섬의 Keahole Point에 설치된 개방순환식 OTEC(그림 6-35)는 순수 전력생산 시험에서 50,000W의 전기를 생산함으로, 1982년에 일본 시스템에서 세웠던 40,000W 기록을 경신했다.

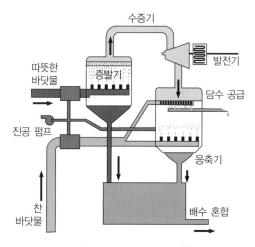

그림 6-34 개방순환식 OTEC[26]

그림 6-35 Hawaii 섬의 Keahole Point에 운영 중인 개방순환식 OTEC[26]

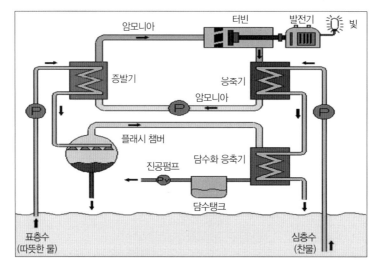 6.3.3 하이브리드순환식

그림 6-36은 하이브리드순환식 OTEC를 나타내며, 개방순환식과 밀폐순환식 시스템의 특성을 결합한 것이다. 하이브리드순환식 시스템에서 따뜻한 표층수는 개방순환식의 증발 과정과 유사하게 순간적으로 증발되어 증기로 변화되는 진공실로 들어간다. 증기는 비등점이 낮은 유체를 증발시켜, 그 유체로 터빈을 구동함으로 전기를 생산한다. 증기는 열교환기에서 응축되어 담수로 제공된다. 이 시스템으로 생산된 전기는 계통연계선에 공급되거나 메탄올, 수소, 정제금속, 암모니아, 유사한 생산품을 제조 시 사용될 수 있다.

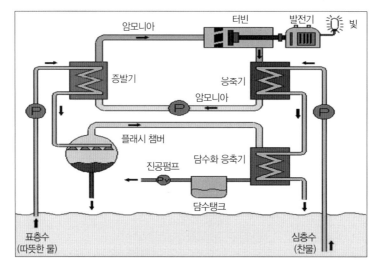

그림 6-36 하이브리드순환식 OTEC

6.3.4 제안된 프로젝트들

계획 중인 OTEC 프로젝트는 인도양의 Diego Garcia 영국 섬에 위치한 미국 해군기지용 소형 발전소에 적용할 예정으로, 제안한 13MW OTEC 발전소는 현제 디젤발전기로 작동하는 발전소를 대체할 수 있을 것이다. 또 미국의 민간 기업도 Guam에 10MW OTEC 발전소의 건설을 제안했다.

6.3.5 다른 기술들

OTEC는 동력생산 외에 다른 중요한 장점이 있다. 한 예로, 공기조화기가 부산물이 될 수 있다. OTEC 발전소에서 심층수로부터 양수한 찬 바닷물은 열교환기를 통하여 담수를 냉각하거나 직접 냉각시스템으로 흐르게 할 수 있다. 이런 형태의 단순한 시스템은 수년 동안 자연에너지 연구소 건물에 공조를 담당했다. 또한, OTEC 기술은 차가운 토양 농사를 지원한다. 찬 바닷물이 지하의 파이프를 통해 흐를 때, 주위의 토양을 냉각한다. 차가운 토양의 나무뿌리와 따뜻한 대기 중에 나무 잎 사이의 온도차이로 인하여 많은 나무가 아열대 기후에서 자랄 수 있어서 온도에 따라 진화가 가능하도록 한다. 자연에너지 연구소는 OTEC 발전소 근처에 전시용 정원을 유지하여 보통 하와이에서 생존하기 어려운 100 가지 종류의 과일과 야채를 경작하고 있다. 양어장은 가장 잘 알려진 OTEC의 부산물이다. 냉수에서 사는 연어와 바다가재는 OTEC 과정으로부터 나오는 영양소가 풍부하고 깊은 바닷물에서 자란다. 건강보조제인 미세조류 또한 깊은 바닷물에서 배양된다. 개방순환식 또는 하이브리드순환식 OTEC 발전소의 장점은 바닷물을 담수로 만드는 것이다. 이론적으로 2MW의 순수한 전기를 생산하는 OTEC 발전소는 하루에 약 4,300m³의 물을 담수화 할 수 있다. 언젠가 OTEC는 바닷물로부터 57개의 미소 요소를 채굴하는 방법을 제공할 수 있을 것이다. 거대한 양의 심층수를 양수하는데 에너지가 많이 필요하며, 바닷물에서 광물질(mineral)을 분리하는 비용이 높기 때문에, 용해된 물질을 획득하기 위하여 해양에서 채굴하는 방법은 경제성이 낮다. 그러나 OTEC 발전소는 이미 바닷물을 양수하였기 때문에 별도의 비용이 소요되지 않아 추출과정의 비용을 감소시킨다. 그림 6-37은 OTEC 발전소의 적용을 나타내며, 전기생산 뿐 아니라 담수와 냉수 부산물의 사용을 통하여 양어장, 냉동과 공기조화, 담수화 농작물 경작과 소비, 미네랄 추출 등의 해양 관련 산업에 도움이 될 수 있다.

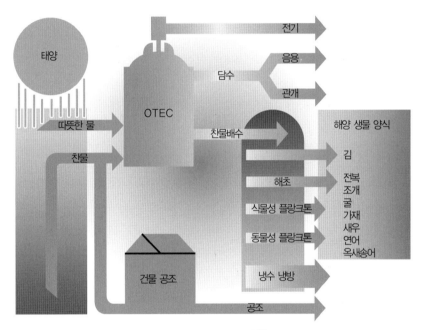

그림 6-37 OTEC의 적용[25]

6.4 천연가스의 새로운 원천

연구원들은 지금 해양에너지 개발(메탄가스 수확)의 새로운 신기술을 생각한다. 메탄은 천연가스의 주요 구성성분으로, 전기동력 생산, 가정과 상업용 빌딩 난방 등에 널리 사용한다. 해양을 근본으로 하는 에너지 농장의 개념은 25년 전에 최초로 출현했던 메탄의 생산을 위하여 켈프(다시맛과의 대형 갈조의 총칭) 농작물을 성장 시킬 수 있었던 것에 기인하지만, 그 당시 메탄 농장을 경제적으로 만들 수 없었다. 최근에 연구원들은 바다로부터 메탄을 수확하기 위한 탐색으로 Methanococcus jannaschii라 불리는 잘 알려지지 않은 미생물 조사를 시작했다. Methanococcus jannaschii는 1983년에 태평양 열 벤트(Pacific Ocean thermal vent)에서 최초로 발견되었다. 이런 독특한 단세포 생물은 지구에서 생긴 오래된 생명체 중의 하나로, 빛이 존재하지 않는 곳에서 부산물로 메탄을 생산하며, 생존하고 성장할 수 있다. 메탄을 충분히 생산하여 해양 재생에너지의 또 다른 원천이 될 수 있도록, 유전공학자들이 이 생명체를 더 이해하고 생각해야 한다.

6.5 경제적, 환경적 문제들

해양에너지는 청정한 재생에너지이지만, 환경적인 문제도 유발한다. 조력발전소는 댐의 어귀가 바다 생명체의 이동을 방해할 수 있고, 그러한 장치 배후에 틈새가 축적되어 지역 생태계에 충격을 줄 수 있다. 또한 조류 펜스는 바다 생명체 이동을 교란할 수도 있다. 새롭게 개발된 조류터빈은 생명체의 이동 경로를 막지 않기 때문에 조력 기술의 환경적인 피해를 궁극적으로 줄일 수 있다. 일반적으로, 설치할 지역을 신중하게 선정하는 것이 OTEC와 파력시스템의 환경적 충격을 최소화하는 중요한 인자이다. OTEC 전문가들은 열대지방의 바다 곳곳에 발전소의 간격을 적절히 하면, OTEC 과정에서 발생하는 해양의 온도와 해양생명체에 미치는 부정적 피해를 제거할 수 있다고 생각한다. 또 파력시스템 계획자들은 경치 좋은 해안가를 보존하며 파력시스템이 해양 밑바닥의 퇴적물 흐름 경향을 중대하게 바꾸는 지역을 회피하여 위치를 선정할 수 있다. 해양에너지 시스템의 또 다른 문제는 경제성이다. 해양에너지 장치를 운영하는 것은 비용이 많이 소요되지 않지만, 건설비용은 대단히 고가이다. 예로, 조력발전소의 건설비용은 고가이고 비용 회수 기간은 장기간이다. 제안된 영국의 River Seven을 횡단하는 조력발전소의 비용은 약 120억불로 평가되며 제일 큰 화력발전소의 비용보다 훨씬 비싸다. 그 결과, 조력발전의 kWh 당 전기생산 단가는 화력발전소와 경쟁할 수 없다. 또한, 파력 시스템도 기존 동력원과 경제적으로 경쟁할 수 없다. 하지만, 파력에너지 생산 비용이 낮아지면, 일부 유럽 전문가들은 파력장치가 유리한 틈새시장을 찾을 것이라고 예상한다. 한번 건설되면 파력 시스템(다른 해양에너지 발전소 포함)은 사용하는 연료가 바닷물이어서 운영과 보수비용이 적게 든다. 조력발전소와 같이 OTEC 발전소는 현실적으로 초기 자본투자가 요구된다. OTEC 연구원들은 화석연료의 가격이 극적으로 증가하거나 국가정부가 재정적인 인센티브를 제공할 때까지는 민간부문의 회사가 대형규모의 발전소 건설에 필요한 막대한 초기투자를 원하지 않는다고 생각한다. OTEC의 상업화를 막고 있는 또 다른 요인은 OTEC 발전소가 설치되어 실현가능한 곳이 심해와 인접한 해안으로, 열대지방에 불과 수백 개 지역만 존재한다는 것이다. 기술의 진보로 이러한 문제들이 극복되면 해양에너지는 실현가능한 재생에너지의 대안으로 더 영향력을 얻게 될 것이다.

[1] Ocean Energy Review 2008,

　　http://www.altdotenergy.com/2009/01/ocean-energy-review-2008/

[2] http://www.renewableenergyworld.com/rea/tech/oceanenergy

[3] http://ocsenergy.anl.gov/guide/ocean/index.cfm

[4] http://collections.ic.gc.ca/western/tidal.html

[5] 한국수자원공사(http://www.kowaco.or.kr)

[6] Tidal Electric(http://www.tidalelectric.com)

[7] IT Power(http://www.itpower.co.uk)

[8] Andritz Hydro Hammerfest(http://www.hammerfeststrom.com)

[9] 한국해양연구원(http://www.kordi.re.kr/)

[10] Ocean Energy Council(http://www.oceanenergycouncil.com/)

[11] http://wgbis.ces.iisc.ernet.in/energy/paper/SEHandbook/wavepower.html

[12] Ocean Power Technologies(http://www.oceanpowertech.com/)

[13] http://www.finavera.com/en/wavetech/configuration

[14] AWS Ocean Energy(http://www.waveswing.com/)

[15] http://www.rise.org.au/info/Tech/wave/index.html

[16] Wave Dragon(http://www.wavedragon.net/)

[17] Pelamis Wave Power(http://www.pelamiswave.com/)

[18] http://ec.europa.eu/energy/atlas/html/wave.html

[19] OCS Alternative Energy and Alternate Use Programmatic EIS

　　(http://ocsenergy.anl.gov/guide/wave/index.cfm)

[20] http://en.wikipedia.org/wiki/Wave_power

[21] Voith Hydro Wavegen Limited(http://www.wavegen.co.uk)

[22] Aquamarine Power(http://www.aquamarinepower.com/technologies/)

[23] http://en.wikipedia.org/wiki/Ocean_thermal_energy_conversion

[24] http://hawaii.gov/dbedt/info/energy/renewable/otec

[25] National Renewable Energy Laboratory, Ocean Thermal Energy Conversion(http://www.nrel.gov/otec/what.html)

[26] Natural Energy Laboratory of Hawaii Authority
(http://www.nelha.org/)

[27] Makai Ocean Engineering(http://www.makai.com/p-otec.htm)

[28] L. A. Vega, "Ocean Thermal Energy Conversion Primer," Marine Technology Society Journal, Vol. 6, No. 4, Winter 2002/2003, pp. 25-35

PART A _ 개념문제

01. 지구표면의 몇 퍼센트가 해양인가?

02. 해양에너지 이용기술인 조력에너지, 조류에너지, 파력에너지의 차이점을 간략히 서술하시오.

03. 보름달이거나 그믐달일 때 일어나는 조류현상을 설명하라. 반달일 때는 어떤지 설명하라.

04. 조력발전소용 터빈의 종류를 기술하시오.

05. 조류 펜스에 대해서 간단히 설명하라.

06. 조력발전의 한계를 설명하라.

07. 파도(wave)로부터 에너지를 추출할 수 있는 일반적인 방법은 무엇인가?

08. 조석(tides)으로부터 에너지를 추출할 수 있는 일반적인 방법은 무엇인가?

09. OWC는 무엇인가?

10. Tapchan은 무엇인가?

11. OTEC는 무엇인가?

12. OTEC 시스템의 3가지 형태를 나열하고 간단히 설명하시오.

13. 동력생산 외로 OTEC가 쓰일 수 있는 곳들을 설명하라.

14. 해양에너지의 장단점을 논하시오.

PART B _ 계산문제

15. 다음 년도에 지을 조력발전소의 저수지 면적 $\bar{A} = 4km^2$, $H = 8m$, $P_d = 17MW$, 용량계수가 0.321일 때 이상적인 조수에너지와 조력을 구하라. 조류의 주기를 4.464×10^4초라고 가정해라.

16. 문제 6.15의 평균출력과 유용도를 계산하라.

17. 어떤 발명가가 직경이 2m인 선박용 프로펠러를 사용하여 조류터빈으로부터 에너지를 생산할 계획을 수립하였다. 수중에 설치할 지점에서 조류속도가 2m/s일 때, 이 조류터빈이 생산할 수 있는 최대출력은 얼마인가?

18. 면적이 15.5km²인 유수지 댐에 가둬진 조수는 4.5m의 조수 수두를 갖는다. 밀도가 1,030kg/m³일 때, 바닷물에 저장된 에너지는 얼마인가?

19. 면적이 220km²인 유수지 댐에 가둬진 조수는 3.25m의 조수 수두를 갖는다. 밀도가 1,030kg/m³일 때, 바닷물에 저장된 에너지는 얼마인가?

20. 면적이 220km²인 유수지 댐에 가둬진 조수는 6.5m의 조수 수두를 갖는다. 밀도가 1,030kg/m³일 때, 바닷물에 저장된 에너지는 얼마인가?

21. 높이가 1.7m인 파도가 6초의 주기를 가지고 있다. 파장과 파동의 속도를 구하라.

22. 문제 6.21 파도의 단위면적당 전체에너지와 동력밀도를 구하라.

23. 평균 파력이 65kW/m인 지역에서 파력발전 비용을, 1988년 전기가격 기준으로 파력의 가능성을 분석 시 제안되었던 다음의 식을 사용하여 계산하라.

$$cost = \frac{\$1.129/kWh_e}{(wave\ power[kW_e/m])^{0.64}}$$ (Q6.14-1)

24. 적도 근처의 해양에서 따뜻한 표면수와 찬 심층수 사이에 작동하는 터빈과 관련된 전기발전 방법이 있다. 햇빛으로 가열된 표면수의 온도는 30℃, 700m 깊이의 심층수 온도는 3℃이다. 이 두 열원 사이에서 작동하는 사이클 장치의 최대 열효율을 계산하라.

25. 문제 6.24에서 만약에 햇빛으로 가열된 표면수의 온도가 40℃이면 최대 열효율이 어떻게 바뀌는지 계산하라.

26. 연구에 의하면, 거대한 양의 에너지가 해양온도구배를 이용한 해양온도차발전(OTEC)에 의해 생산될 수 있다고 한다. 따뜻한 표면수는 암모니아와 같은 작동유체를 증발시키는데 사용한다. 암모니아 증기는 기존의 증기터빈과 같이 에너지를 발생시키는 저압터빈을 통해서 순환된다. 암모니아는 해양 심층에 존재하는 찬 바닷물로 열전달이 일어난 결과로 응축된다. 해양온도차발전소의 가능성이 있는 입지는 하와이섬 부근으로, 표면수의 온도는 연중 평균 28℃이고, 900m 깊이의 심층수 온도는 연중 평균 3℃이다. 하와이섬 부근에 이러한 종류의 변환 과정을 갖는 발전소를 건설한다면, 최대 열효율은 얼마인가?

27. 해양의 열에너지로 구동되는 전기발전소의 터빈은 2%의 에너지 변환효율을 갖는다. 1,000MW의 출력을 얻기 위하여 해양으로부터 추출해야 하는 열에너지 동력은 얼마인가?

28. 문제 6.27 터빈의 에너지 변환효율이 5%이면 1,000MW을 얻기 위해 열에너지 동력을 해양에서 얼마나 추출해야 하는지 계산하라.

29. 밀폐순환식 OTEC 발전소의 작동은 작동유체로 무수(無水) 암모니아를 사용하는 표준 Rankine 사이클로 생각할 수 있다. 그림 6-38은 밀폐순환식 OTEC 사이클을 단순화한 도식도이다. 포화사이클에서 암모니아 증기의 단위·질량유량을 기본으로 시스템에 부가된 열과 폐기된 열, 터빈일, 펌프일, 사이클의 순수일, 열효율 등을 표시된 점에서 엔탈피로 나타내어 이 사이클을 해석하라.

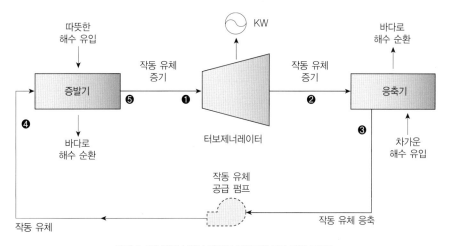

그림 6-38 밀폐순환식 OTEC 사이클을 단순화한 도식도

30. 개방순환식 OTEC 발전소와 주위는 밀폐사이클과 병렬 Rankine 사이클로 고려된다. 그림 6-39는 개방순환식 OTEC 사이클을 단순화한 도식도이고, 그림 6-40은 개방순환식 OTEC 사이클의 T-s선도이다. 바닷물로부터 흡수한 열, 증기발생율, 터빈일, 바닷물로 방출된 열을 찬물과 따뜻한 물의 질량유량, 온도차이, 정압비열, 엔탈피 등으로 나타내어 이 사이클을 해석하라.

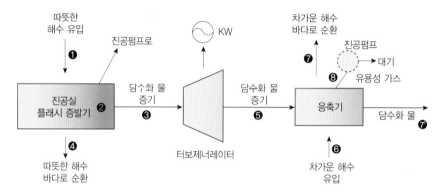

그림 6-39 개방순환식 OTEC 사이클을 단순화한 도식도

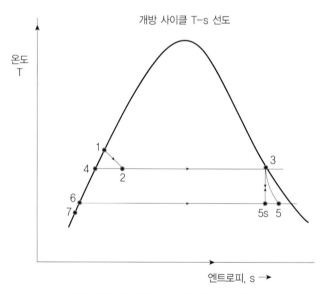

그림 6-40 개방순환식 OTEC 사이클의 T-s 선도

31. 5초의 주기를 갖는 1m 파도가 있다. 파장과 파동의 속도, 이 파도의 단위면적당 전체에너지와 단위면적당 동력밀도를 계산하라.

32. 5초의 주기를 갖는 2.5m 파도가 있다. 파장, 파동의 속도, 단위면적당 전체에너지와 동력밀도를 계산하고 문제 6.31의 값이랑 비교하라.

07

연료전지
Fuel Cell

연료전지는 기존 발전소 및 자동차에 사용하는 연소방식의 화력발전과는 달리, 수소와 산소가 갖는 화학적 에너지를 직접 전기에너지로 변환시키는 전기화학 장치로, 수소와 산소를 양극과 음극에 공급하여 연속적으로 전기를 생산한다. 연료인 수소가스와 공기 중의 산소를 공급하여 전기와 열을 만들어 내며, 생성물이 물이기 때문에 환경오염이 적다. 따라서 연료전지는 지구온난화를 유발하는 온실가스를 감소하며, 광화학 스모그와 건강문제를 야기하는 공해물질을 배출하지 않는다. 연료전지는 연소방식의 기술보다 더 효율적이며, 전기를 얻기 위하여 연료로 수소를 사용한다. 수소는 국내에서 이용 가능한 에너지원인 화석연료, 재생에너지, 원자력 등의 다양한 에너지원으로부터 생산할 수 있기 때문에, 외국에서 수입하는 원유 의존성을 감소시켜 국가에너지 위기를 개선할 수 있는 잠재력이 있다. 많은 종류의 연료전지가 개발되고 있으며, 적용가능한 분야가 다양하다. 연료전지는 자동차 엔진 등으로 사용하는 수송용, 건물, 발전소, 선박, 공장, 가정, 또 노트북 컴퓨터, 휴대폰에 탑재하는 휴대용 장치의 전원공급용으로 개발 중이다. 그림 7-1은 현대자동차가 개발한 연료전지 자동차 싼타페와 투싼으로, 현재 미국의 California 주와 Michigan 주에서 시범 운행 중에 있다. 그림 7-2는 Ballard Power System 사의 연료전지 모듈로, 대부분의 연료전지 자동차에 탑재하여 사용된다. 연료전지의 장점은 많지만, 소비자에게 성공적이며 경쟁력 있는 대체에너지가 되려면 가격, 내구성, 연료저장과 공급, 국민적 수용 등의 기술적, 경제적인 문제들을 극복해야 한다.

그림 7-1 현대자동차가 개발한 연료전지 자동차 산타페와 투싼

그림 7-2 Ballard Power System 사의 연료전지 모듈[2]

7.1 역사

그림 7-3은 1839년 영국의 법률가이며 아마추어 물리학자인 William Robert Grove로 연료전지의 원리를 최초로 발명하였으며, 당시 제작된 연료전지 본체는 그림 7-4와 같다. Grove는 상부의 작은 전지에 있는 물을 수소와 산소로 전기분해하기 위하여 필요한 전기를 만들려고, 하부에 각각 수소와 산소를 포함하는 4개의 대형 전지를 사용하였다. 연료전지의 본격적인 실용화는 1965년 미국의 유인 우주선 제미니 3호와 아폴로 우주선의 전원으로 활용하면서부터이다.

그림 7-3 연료전지의 발명자 William Robert Grove[3]

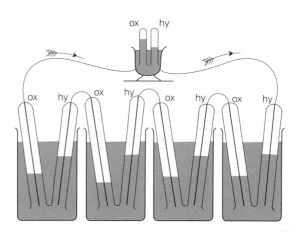

그림 7-4 1839년 William Robert Grove에 의해 제작된 연료전지 본체[3]

이후 미국의 에너지 기술자들은 1970년 대부터 본격적으로 연료전지를 민간 전력사업용으로 이용하려는 연구개발을 시작하였다. 연료전지는 여러 공학기술이 필요하고, 소요재료나 공정기술 개발의 어려움 등으로 인하여 20년 전까지만 해도 미래의 기술이며 꿈의 기술이라고 생각하였다. 그러나 연료전지 개발의 필요성이 부각된 과거 20년 동안 선진국에서는 전략적으로 개발을 유도하여 성공적으로 진행되고 있다. 연료전지 발전시스템은 적용분야에 따른 다양한 종류의 연료전지가 분산 발전용으로 개발되고 있다. 특히 가스터빈과 연계가 가능한 고체산화물 연료전지는 연료전지 가운데 가장 효율이 높으며, 중대형에서부터 소형 시스템까지 실증시험이 완료되어 상용화가 되어 있다.

7.2 작동원리

연료전지는 화석연료 속의 수소와 공기 중 산소의 전기화학 반응에 의해 연료가 갖고 있는 화학에너지를 전기에너지로 연속하여 변환시켜주는 전기화학 발전장치(electrochemical generator)이다. 그림 7-5는 연료전지의 작동원리를 나타내며, 이온전도성이 좋은 전해질(electrolyte)을 사이에 두고 2개의 다공성 전극으로 구성된다. 고체산화물 연료전지의 전기화학 반응을 살펴보면, 연료극(양극)에서 수소가 전자를 내어놓고 전해질을 통해 이동해온 산소이온과 만나 물과 열을 생성시킨다. 연료극에서 생성된 전자는 외부회로를 통해 직류전류를 만들면서 공기극(음극)으로 이동하며, 공기극에서 산소와 만나 산소이온이 되고 생성된 이온은 전해질을 통해 연료 극으로 이동하게 된다. 200℃ 이하에서 작동하는 저온 연료전지의 경우 수소이온이 공기극 쪽으로 이동하여 공기극에서 물을 생성시키는 반응을 일으키나 기본적인 전극 반응은 동일하다. 메탄(CH_4)이나 물(H_2O)로부터 발생한 수소(H_2)를 연료로 사용할 때 관련되는 화학 반응식은 다음과 같다.

$$CH_4 + 2H_2O \rightarrow 4H_2 + CO_2 \tag{7.1}$$

또는

$$H_2O \rightarrow H_2 + \frac{1}{2}O_2 \tag{7.2}$$

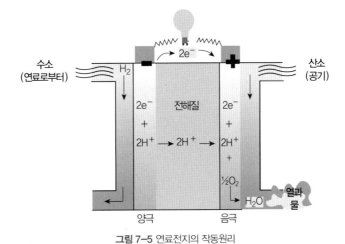

그림 7-5 연료전지의 작동원리

7.3 연료전지 부품과 기능

연료전지 시스템은 그림 7-6과 같이 연료개질기(reformer), 연료전지 본체(fuel cell stack), 전력변환장치(inverter), 열 회수시스템(heat recovery system)으로 구성된다. 연료개질기는 수소를 함유한 탄화수소계 연료(LPG, LNG, 메탄, 석탄화가스, 메탄올 등)로부터 연료전지가 필요로 하는 수소가 농후한 가스로 변환하며, 연료전지 본체는 연료개질기를 통과하여 유입하는 수소와 공기 중의 산소가 반응하여 직류전기와 물, 부산물인 열을 발생시킨다. 그리고 전력변환장치는 연료전지에서 나오는 직류를 교류로 변환시키며, 열 회수시스템은 연료전지 본체에서 나오는 폐열을 회수하여 연료개질기를 예열하거나 열병합발전 시스템에 열을 공급한다.

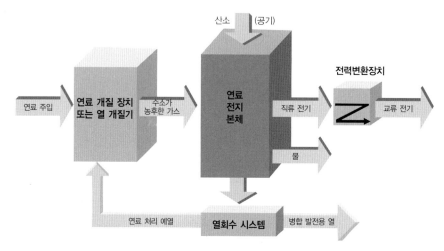

그림 7-6 연료전지 시스템의 주요 부품

7.3.1 연료

대부분의 연료전지 시스템은 전기를 생산하기 위하여 순수한 수소나 메탄올, 가솔린, 디젤 또는 석탄화가스 등의 수소가 농후한 탄화수소계 연료를 사용한다. 이러한 연료들은 다음과 같은 장점과 단점을 갖는다.

(1) 순수한 수소

대부분의 연료전지 시스템은 순수한 수소가스를 연료로 사용하며, 수소는 압축가스상태로 차량에 탑재되어 저장된다. 수소가스는 에너지 밀도가 낮기 때문에 가솔린과 같은 기존 연료에 상당하는 출력을 생성하기 위하여 수소를 충분히 저장하기 어렵다. 연료전지 자동차가 가솔린 차량과 경쟁하려면 연료 재충전 주행거리가 300~400mile 정도 필요하기 때문에 수소 저장이 중요한 문제로 대두된다. 대량의 수소가 탱크에 저장되어 승용차와 트럭에 사용되려면 저장장치가 작아야 한다. 따라서 고압탱크와 저장기술들이 개발 중에 있으며, 현재의 인프라 구조로는 소비자가 액체연료 형태로 수소가스를 공급받기가 어렵다는 것이

문제이다. 인프라용의 새로운 설비와 공급 시스템은 적절한 시간과 자원이 요구되며, 그에 따른 수소 충전소 설치비용이 뒷받침 되어야 한다.

(2) 수소가 농후한 연료

연료전지 시스템은 메탄올, 천연가스, 가솔린, 석탄화가스 등과 같은 수소가 농후한 연료를 사용 할 수 있다. 대부분의 연료전지 시스템은 이러한 연료들을 차량에 탑재된 연료개질기(reformer)를 통과시켜, 연료로부터 수소를 추출하여 사용한다. 차량에 탑재된 연료개질기를 사용하면 장점은 다음과 같다.

- 순수한 수소가스 보다 높은 에너지 밀도를 갖는 메탄올, 천연가스, 가솔린 등의 연료 사용이 가능하다.
- 현재의 인프라를 사용하여 기존의 연료공급 시스템을 사용할 수 있다.(예로, 차량용 액체가스 펌프와 고정용 천연가스 공급관)

반면에 수소가 농후한 연료를 개질할 때 단점은 다음과 같다.

- 차량탑재 연료개질기는 연료전지 시스템에 복잡성, 비용, 유지 · 보수의 필요를 증가시킨다.
- 연료개질기가 일산화탄소를 허용하여 연료전지의 양극판에 도달하면, 셀의 성능이 점점 저하된다.
- 연료개질기가 일반적인 연소과정 보다는 작은 양의 온실가스인 이산화탄소와 공해물질을 생성한다.

고온 연료전지 시스템은 차량탑재 연료개질기가 필요하지 않아서, 내부개질이라 불리는 연료전지 그 자체 내에서 연료를 개질할 수 있다. 그러나 내부개질은 차량탑재 개질과 같이 이산화탄소를 배출하며, 가스화 연료의 불순물이 셀의 효율을 저하한다.

7.3.2 연료전지 시스템

연료전지 시스템의 설계는 대단히 복잡하며 연료전지의 종류와 적용에 따라 상당히 의존적이다. 그러나 대부분의 연료전지 시스템은 다음과 같은 4가지의 기본부품으로 구성된다.

- 연료처리장치(fuel processor) 또는 연료개질기
- 에너지 변환장치(연료전지 또는 연료전지 본체)
- 전력변환장치(inverter)
- 열 회수시스템(heat recovery system): 일반적으로 정치용 고온 연료전지에 사용.

대부분의 연료전지 시스템은 연료전지의 습도, 온도, 가스압력, 폐수를 제어하는 부품과 부시스템(subsystem)으로 구성된다.

(1) 연료처리장치

연료개질이라고 불리는 연료처리장치는 연료전지 시스템의 첫 번째 구성요소로, 연료를 연료전지에 사용 가능하도록 변환시킨다. 시스템에 수소가 공급되면, 연료처리장치는 수소가스의 불순물을 여과하는데 사용된다. 메탄올, 가솔린, 디젤, 또는 석탄화가스와 같이 수소가 농후한 기존연료를 사용하는 시스템에서는 탄화수소를 개질(reformate)이라 부르는 가스혼합물과 탄소혼합물로 변환하기 위하여 일반적으로 개질기가 사용된다. 많은 경우 개질은 혼합가스를 연료전지 본체로 보내기 전에 탄화산화물 또는 황과 같은 불순물 제거를 위하여 반응기로 보내는데, 이러한 일련의 과정은 가스내의 불순물이 연료전지 본체와 결합되는 것을 막는다. 불순물과 연료전지 본체가 결합하는 과정을 "피독(poisoning)"이라고 하며, 이러한 피독현상은 연료전지의 효율과 기대수명을 감소시킨다. 용융탄산염 연료전지와 고체전해질형 연료전지는 연료전지 자체 내에서 개질이 충분히 가능한 고온에서 작동하며, 이러한 것을 내부개질이라고 한다. 내부개질을 사용하는 연료전지는 연료가스가 연료전지에 도달하기 전에 개질이 되지 않은 연료가스로부터 불순물을 제거하기 위하여 여과장치가 필요하다. 내부개질과 외부개질 모두 가솔린자동차의 내연기관에서 배출하는 양보다는 작지만 여전히 이산화탄소를 배출한다.

(2) 에너지 변환장치-연료전지 본체

연료전지 본체는 에너지 변환장치로, 연료전지에서 발생하는 화학작용으로부터 직류 전기를 생성한다. 그림 7-7은 연료전지 본체와 모듈을 간단히 보여주며, 7.4절의 연료전지 종류에서 자세히 설명하기로 한다.

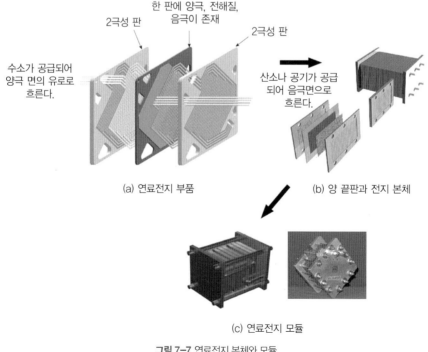

(a) 연료전지 부품

(b) 양 끝판과 전지 본체

(c) 연료전지 모듈

그림 7-7 연료전지 본체와 모듈

(3) 전력변환장치

전력변환장치는 연료전지에서 생산한 전기를 단순한 모터 또는 복잡한 기존 전력선 등의 적용하기 위하여 필요한 요구사항에 맞추도록 변환시킨다. 연료전지는 직류를 생산하며, 직류회로에서 전기는 한 방향으로만 흐른다. 가정이나 직장에서 사용하는 전기는 번갈아 사이클에서 양방향으로 흐르는 교류이다. 연료전지를 교류 전기장치에 사용하려면, 직류는 교류로 변환되어야 한다. 전력변환은 적용에 따른 요구조건을 만족시키도록 전류의 흐름, 전압, 주파수, 전류의 특성을 제어한다. 변환장치는 시스템의 효율을 약 2~6% 저하한다.

(4) 열 회수시스템

연료전지 시스템은 열을 생산하는 것이 주요 목적은 아니지만, 용융탄산염 연료전지와 고체전해질형 연료전지는 고온에서 작동하기 때문에, 연료전지가 생성하는 열은 상당히 많다. 이러한 과도한 열에너지는 증기나 고온수를 만들거나 가스터빈 또는 다른 기술에 의해 전기로 변환하는데 사용되며, 이러한 방법에 의해 종합시스템의 에너지 효율이 증가된다.

7.4 연료전지의 종류

연료전지는 사용하는 전해질의 종류에 따라 분류되며, 전지에서 발생하는 화학작용, 필요한 촉매, 전지가 작동될 때 작동온도, 그 외의 다른 인자 등으로 결정된다. 이러한 특성들을 고려하여 연료전지를 적절히 선정해야 한다. 현재 다양한 종류의 연료전지가 개발 중이며, 각각 장점과 한계, 잠재적인 적용을 갖고 있다. 표 7-1은 연료전지의 기술을 비교한 것으로, 전해질의 종류에 따라 고분자전해질 연료전지(PEMFC: Polymer Electrolyte Membrane Fuel Cell or Proton Exchange Membrane Fuel Cell), 알카라인형 연료전지(AFC: Alkaline Fuel Cell), 인산형 연료전지(PAFC: Phosphoric Acid Fuel Cell), 용융탄산염 연료전지(MCFC: Molten Carbonate Fuel Cell), 고체산화물 연료전지(SOFC: Solid Oxide Fuel Cell) 등으로 구분된다. 작동온도도 다양하여 200℃ 미만의 온도에서 작동하는 저온형 연료전지와 600℃ 이상의 고온에서 동작하는 고온형 연료전지가 있다. 각 연료전지에 대한 자세한 내용과 표에서 취급하지 않은 직접 메탄올(Direct Methanol) 연료전지와 재생(Regenerative)형 연료전지는 아래의 본문에서 기술한다.

표 7-1 연료전지 기술의 비교[1]

연료전지	전해질	시스템출력	효율(%)	작동온도(°C)	적용	장점	단점
고분자전해질 또는 양성자 교환박막형 (PEMFC: Polymer Electrolyte Membrane or Proton Exchange Membrane)	고분자 이온 교환막	1~100kW	60 (수송용) 35 (정지형)	50~100	• 비상발전용 • 휴대용전원 • 분산발전 • 수송용(자동차) • 특수차량	• 고체 전해질이 부식과 전해짐 관리문제 저감 • 저온 • 빠른 시동	• 고가의 촉매 • 연료 불순도에 민감 저온 폐열
알카리인형 AFC(Alkaline)	수산화칼륨의 수용액	~0~100kW	60	90~100	• 군사용 • 우주용	• 고성능 • 저가 부품	• 연료와 공기에서 CO_2에 민감 • 전해질 관리
인산형 PAFC(Phosphoric Acid)	액체인산	400kW (100kW 모듈)	40	150~200	• 분산발전	• 고온용 • 연료 유연성	• 백금 촉매 • 긴 시동시간 • 저전류/저전력
용융탄산염 MCFC(Molten Carbonate)	용융탄산염 (리튬, 나트륨, 칼륨, 탄산칼륨의 수용액)	300kW~3MW (300kW 모듈)	45~50	600~700	• 분산발전 • 전력계통 사업용	• 고효율 • 연료 유연성 • 다양한 촉매 사용가능 • 열병합발전에 적절	• 전자부품의 고온 부식 및 파손 • 긴 시동시간 • 저전력밀도
고체산화물 SOFC(Solid Oxide)	고체전해질 (지르코늄)	1kW~2MW	60	700~1000	• 보조전원 • 전력계통 사용용 • 고체 전해질 • 분산발전	• 고효율 • 연료 유연성 • 다양한 촉매 사용가능 • 고체 전해질 • 열병합발전에 적절	• 전자부품의 고온 부식 및 파손 • 고온작동으로 인한 긴 시동시 • 간과 한계가 요구됨 • 하이브리드/GT 사이클

7.4.1 고분자 전해질 연료전지(Polymer Electrolyte Membrane Fuel Cell: PEMFC)

고분자전해질 연료전지는 양성자교환박막형(proton exchange membrane) 연료전지라고 불리며, 다른 연료전지와 비교하면 전력밀도가 높고, 중량과 체적이 적다. 그림 7-8은 고분자전해질 연료전지의 작동원리를 나타내며, 전해질로 고체 고분자와 백금촉매를 함유하는 다공성 탄소전극을 사용한다. 수소, 공기 중의 산소, 작동을 위한 물이 필요하고 다른 연료전지와 같이 부식액은 필요 없다. 일반적으로 저장탱크 또는 차량탑재 개질기에서 공급되는 순수한 수소가 연료로 사용된다. 고분자전해질 연료전지는 상대적으로 낮은 온도인 80℃에서 작동하며, 낮은 작동온도로 인한 준비시간이 짧기 때문에 빠른 시동과 시스템 부품의 마모성이 낮아 내구성이 좋다. 그러나 수소전자와 양성자를 분리하기 위하여 사용되는 백금과 같은 귀금속 촉매가 필요하여 시스템 가격을 상승시킨다. 백금촉매는 일산화탄소 독성에 상당히 민감하기 때문에, 수소가 알콜이나 탄화수소 연료로부터 얻어진다면 연료가스에서 일산화탄소를 감소하기 위한 추가 반응기를 채택해야 함으로 시스템 가격이 상승한다. 개발자들은 현재 일산화탄소에 더 저항력이 있는 백금/루테늄(platinum/ruthenium) 촉매에 관하여 연구 중이다. 고분자전해질 연료전지는 주로 수송용과 정치형에 사용된다. 빠른 시동성과 낮은 방향 민감도, 적합한 동력 대비 중량비로 인하여 고분자전해질 연료전지는 특별히 자동차나 버스와 같은 수송용에 적당하다. 자동차에 이러한 연료전지를 사용하려면 수소저장에 관한 기술적 문제를 해결해야 한다. 순수한 수소로 동력을 얻는 대부분의 연료전지자동차는 수소를 차량에 탑재된 압력탱크에 압축가스로 저장한다. 수소의 낮은 에너지 밀도 때문에, 가솔린차량이 한번 주유하여 갈 수 있는 거리인 300~400mile을 주행하도록 연료전지 차량에 충분히 수소를 탑재하는 것이 어려운 문제이다. 밀도가 높은 액체연료인 메탄올, 천연가스, LPG, 가솔린 등을 연료로 사용할 수

있지만, 차량은 메탄올을 수소로 개질하기 위한 연료처리장치를 탑재해야 한다. 따라서 가격의 상승과 유지 · 보수의 필요를 증가시키며, 현재 가솔린엔진에서 배출하는 온실가스인 이산화탄소의 양과 비교하면 작은 양이지만, 개질기에서도 여전히 이산화탄소가 배출된다. 그림 7-9는 2001년에 소개된 1.2kW Ballard 사 연료전지 스택으로, UPS 시스템, 비상발전기, 레저용 휴대물품과 같은 정치형과 휴대용 전력생산 적용에 폭넓게 사용하도록 설계된 세계 최초의 대량 생산된 PEM 연료전지 모듈이다.

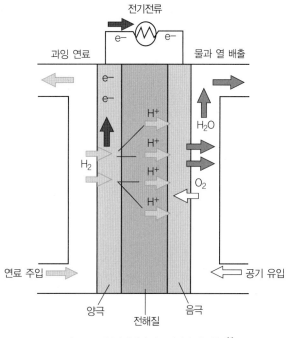

그림 7-8 고분자전해질 연료전지의 작동원리[1]

그림 7-9 1.2kW Ballard 사 PEM 연료전지 스택[2]

7.4.2 직접 메탄올 연료전지(Direct Methanol Fuel Cell: DMFC)

소형 휴대용 전원에 일반적으로 사용되는 직접 메탄올 연료전지는 고분자전해질 연료전지의 한 부류로, 전기화학적으로 메탄올과 산소를 전기, 열, 이산화탄소, 물로 변환한다. 대부분의 연료전지는 수소를 연료로 사용하며, 수소는 연료전지 시스템에 직접 공급되거나 메탄올, 에탄올, 탄화수소 연료 같이 수소가 농후한 연료를 개질함으로 연료전지 시스템 내에서 생성될 수 있다. 직접 메탄올 연료전지는 증기와 혼합되고 연료전지 양극판에 공급되는 순수한 메탄올을 직접 연료로 사용한다. 공기의 산소가 산화제이고, 수소의 산화는 존재하지 않으며, 액체 메탄올이 양극판에서 직접 산화한다. 메탄올은 가솔린이나 디젤연료 보다 에너지 밀도가 약간 작지만, 수소보다 에너지 밀도가 높기 때문에, 직접 메탄올 연료전지는 연료저장의 문제가 없다. 따라서 크고 무거운 수소 저장장치와 개질장치가 필요하지 않다. 또한 메탄올은 가솔린처럼 액체이기 때문에 현재의 인프라를 사용하면 수송과 공급이 원활하다. 그림 7-10은 직접 메탄올 연료전지의 작동원리를 나타내며, 수소를 연료로 사용하는 고분자전해질 연료전지와 비교할 때 높은 전류를 얻기 위하여 탄소 기질 위에 고가의 백금/루테늄(Platinum/Ruthenium) 촉매가 많이 필요하다. 전자가 외부회로에 전기로 통과하는 반면에 양성자는 고분자박막을 통하여 음극판으로 확산된다. 음극판에서는 전자와 박막을 통과한 양성자와 산소가 물을 만들기 위하여 다시 결합한다. 음극판에서 촉매반응은 탄소 기질 위에서 백금입자에 의해 일어난다. 단일 직접메탄올 연료전지에 의해 생성되는 전압은 부하에 따라 0.3~0.9V이다. 그림 7-11은 직접 메탄올 연료전지 스택의 구성품을 나타내며, 다수의 단일 셀을 스택으로 조합하여 특수한 적용에 적절하도록 전압수준을 달성할 수 있다. 이 곳에서 흑연(graphite) 근간의 양극 흐름판이 스택의 셀 사이에 전기연결체로 작동하는 박막전극부품(Membrane Electrode Assembly)에 연료를 공급한다. ZEV(Zero-Emission Vehicle)에 적용하는 직접 메탄올 연료전지 기술은 수소를 사용할 수 없는 영역에서 사용 가능한 저온 연료전지 시스템으로, 순수한 수소를 연료로 사용하는 다른 연료전지 보다 상대적으로 새로워 그에 관한 연구와 개발은 다른 연료전지 종류에 비해 대략 3~4년 정도 뒤처져 있다. 그림 7-12는 Yamaha Motor 사의 연료전지 스쿠터인 FC-me의 사진이다. Yamaha 직접메탄올 연료전지 시스템은 변환기와 압력연료탱크의 필요성을 제거하기 위하여 연료로 액체 메탄올 수용액을 사용한다. 따라서 1kW 출력을 필요로 하는 소형 차량에 적용 가능한 경량 시스템 제작이 가능하게 되었다.

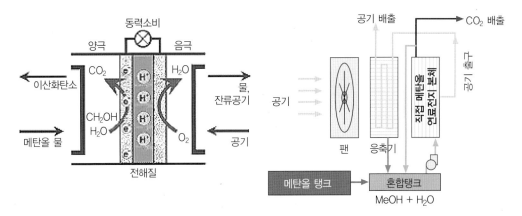

그림 7-10 직접 메탄올 연료전지의 작동원리

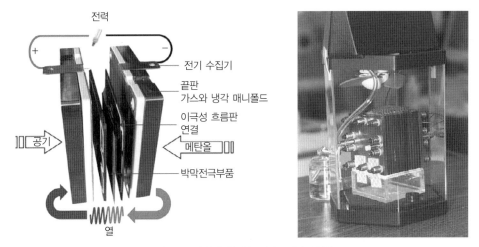

그림 7-11 직접 메탄올 연료전지 스택의 구성품

그림 7-12 Yamaha Motor 사의 연료전지 스쿠터 FC-me

7.4.3 알카라인형 연료전지(Alkaline Fuel Cell: AFC)

알카라인형 연료전지는 최초로 개발된 연료전지 기술 중의 하나로 우주선에서 전기와 물을 생산하기 위하여 미국 우주 프로그램에 널리 사용되었다. 그림 7-13은 알카라인형 연료전지의 작동원리를 나타내며, 전해질로 수산화칼륨 수용액을 사용하고 양극과 음극에서 촉매로 다양한 값싼 금속을 사용할 수 있다. 고온 알카라인형 연료전지는 100~250℃ 사이에서 작동하지만, 최근의 알카라인형 연료전지 설계에 따르면 저온인 23~70℃에서 작동된다. 알카라인형 연료전지는 전지에서 발생하는 화학작용의 속도로 인하여 성능이 좋으며, 우주에서 적용 시 약 60% 정도로 효율이 높다. 단점은 이산화탄소에 의해 쉽게 오염된다는 것으로, 실제로 공기 중에 소량의 이산화탄소가 전지 작동에 영향을 주기 때문에 전지 중에서 사용되는 수소와 산소 모두를 정제하는 것이 필요하다. 이러한 정제과정은 가격의 상승을 유발하며 오염에 대한 민감성은 전지의 교환주기인 수명에 영향을 미쳐 가격이 더 증가하게 된다. 우주 또는 해저 같은 원격지에서는 성능이 가격 보다 더 중요한 인자이지만, 대부분의 상업용 시장에서 효과적으로 경쟁하려면 연료전지의 가격이 저렴해야 한다. 알카라인형 연료전지 본체는 작동시간이 8,000시간 이상 충분히 안정되게 유지한다는 것을 보여주었다. 대형 규모의 전력용 시장에서 경제적으로 성장하려면 연료전지 작동시간이 40,000시간에 도달해야 함으로, 이러한 기술을 상용화하는 데 가장 심각한 장벽이 될 것이다.

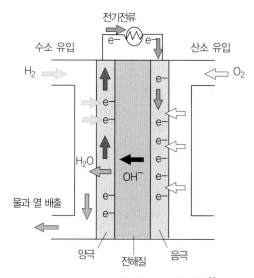

그림 7-13 알카라인형 연료전지의 작동원리[1]

알카라인형 연료전지는 연료전지 중에 제작단가가 가장 싸다. 전극판에 필요한 촉매는 다른 연료전지에 필요한 촉매와 비교하면 값싼 다양한 화학제품으로 가능하다. 알카라인형 연료전지는 초기 단극판의 성능보다 뛰어난 최근에 개발된 양극성판과 함께 상용화 전망이 가장 크다. 그림 7-14는 세계 최초 연료전지 선박인 HYDRA로, 6.5kW의 순수 출력을 갖는 알카라인형 연료전지를 사용한다. 이 선박은 22인승으로 수소연료를 사용하며, 선박의 길이가 12m, 흘수 0.52m, 수소탱크 32m³, 속도는 6knots이다. 또한 연료전지로부터 전기를 공급받아 동력을 발생하는 전기모터가 부착되어 있다. 이 선박은 2000년에 운행을 시작하였으나, 2001년에 중단하였다.

그림 7-14 세계 최초 연료전지 선박인 HYDRA

7.4.4 인산형 연료전지(Phosphoric Acid Fuel Cell: PAFC)

인산형 연료전지는 전해질로 액체 인산을 사용한다. 이 산은 테프론이 결합된 실리콘 탄화물 모체와 백금 촉매를 포함하는 다공성 탄소 전극 내에 존재한다. 촉매는 양극판에서 수소가 농후한 연료로부터 전자를 분리하고, 양전하의 수소 이온이 전해질을 통과하여 양극판에서 음극판으로 이동한다. 양극판에서 생성된 전자는 외부회로를 통과하여 이동함으로, 직류 전기를 공급하고 음극판으로 돌아간다. 전자, 수소이온, 산소가 순수한 물을 생성하여 셀로부터 방출한다. 그림 7-15는 현대 연료전지의 1세대인 인산형 연료전지 내부에서 발생하는 화학작용을 도식적으로 나타낸 것이다. 가장 기술이 성숙한 전지 형태 중의 하나로 최초로 상업용에 적용되었으며, 현재 300기 이상이 미국과 전 세계에서 사용 중에 있다. 이러한 종류의 연료전지는 일반적으로 정치형 동력원에 사용되지만, 일부 인산형 연료전지는 도시형 버스와 같은 대형차량의 동력원으로 사용되기도 한다. 고분자전해질 연료전지는 양극판에서 백금촉매에 결합되는 일산화탄소에 의해 쉽게 파괴되고 연료전지의 효율이 감소되지만, 인산형 연료전지는 고분자전해질 연료전지 보다 개질 시에 불순물에 대한 저항력이 더 크다. 또 전기와 열을 함께 사용하는 열병합발전 시 85% 효율을, 전기를 단독으로 생산 시는 낮은 37~42% 효율을 갖는다. 이 값은 33~35% 효율을 갖는 화력발전소 보다 약간 높은 수치이다. 인산형 연료전지는 같은 중량과 체적에서 다른 연료전지 보다 출력이 작기 때문에 일반적으로 대형이며 무겁다. 고분자전해질 연료전지 같이 인산형 연료전지도 고가의 백금촉매를 필요로 하기 때문에, 연료전지의 가격을 상승시킨다.

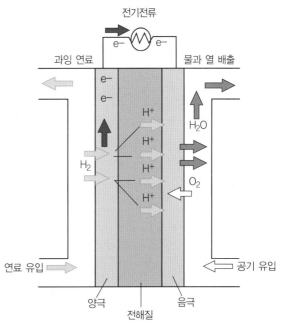

그림 7-15 인산형 연료전지의 작동원리[1]

United Technology Corporation(UTC)와 그 자회사는 250kW PC25 연료전지를 생산하며, 19개 국가와 85개 시에 인산형 연료전지 시스템으로 75MW 이상 설치하였고, 8백만 시간 이상 운영하고 있다. 그림 7-16과 같이 25kW 인산형 연료전지가 New York 시 Central Park 경찰서에 전원을 공급하며 전기자동차의 충전소로 운영되고 있다.

그림 7-16 전기자동차의 충전소로 운영되는 25kW 인산형 연료전지[4]

7.4.5 용융탄산염 연료전지(Molten Carbonate Fuel Cell: MCFC)

용융탄산염 연료전지는 전기발전용, 산업용, 군수용에 사용되는 천연가스, 석탄화력발전소를 목표로 현재 개발 중에 있으며, 인산형이나 고분자전해질 연료전지 보다 고온에서 작동하도록 설계되어 언급한 저온 연료전지 보다 연료 대 전기 효율과 전체 에너지 사용 효율이 높다. 용융탄산염 연료전지에서 전해질은 리튬-칼륨(Li-K) 탄산염으로 구성되며, 약 650까지 가열된다. 이 온도에서 염분은 다공성 극판 사이에 이온이라 불리는 전하입자를 전도할 수 있는 용융상태로 된다. 그림 7-17은 고온연료전지인 용융탄산염 연료전지의 작동원리를 나타내며, 양극판에서 수소는 탄산염 이온과 반응하여 물, 이산화탄소, 전자를 발생한다. 전자는 이동하여 외부회로를 통과하며 전기를 만들고 음극판으로 돌아온다. 공기의 산소와 양극판으로부터 재생된 이산화탄소는 전자와 반응하여 전해질을 보충하는 탄산염 이온을 형성하고, 전해질을 통하여 이온 전도를 제공한 후, 순환을 완료한다. 용융탄산염 연료전지는 650℃ 또는 그 이상의 극한 고온에서 작동하기 때문에, 양극과 음극에 인산형 연료전지의 값비싼 백금 촉매보다 저렴한 니켈촉매를 사용할 수 있어 가격을 감소시킨다. 또, 개선된 효율로 용융탄산염 연료전지는 인산형 연료전지에 비해 가격이 크게 감소된다. 용융탄산염 연료전지의 효율은 약 50%로, 37~42%의 효율을 갖는 인산형 연료전지 발전소보다 높다. 폐기되는 열을 회수하여 다시 사용하면, 전체 효율이 약 85%로 높아진다. 알카라인형, 인산형, 고분자전해질 연료전지와는 달리, 용융탄산염 연료전지는 높은 에너지 밀도를 갖는 연료를 수소로 변환시키기 위하여 외부 개질기를 필요로 하지 않는다. 이러한 연료전지는 고온에서 작동하기 때문에, 연료가 내부 개질이라 불리는 과정에 의해 연료전지 자체 내에서 수소로 변환되어 전체 시스템 가격을 감소시킨다. 용융탄산염 연료전지는 연료로 이산화탄소를 사용할 수 있기 때문에 일산화탄소나 이산화탄소에 의해 오염되기가 쉽지 않다. 즉, 석탄에서 추출한 가스를 연료로 만들 수 있기 때문에 더 흥미가 있다. 용융탄산염 연료전지는 다른 연료전지에 비하여 불순물에 대한 저항력이 좋지만, 황이나 미세먼지 등과 같은 석탄 불순물에 대한 저항력을 충분히 갖출 수 있는 방법을 찾고 있다. 현재 용융탄산염 연료전지 기술의 단점은 내구성이다. 이러한 연료전지는 고온에서 작동함으로 부식성의 전해질은 부품의 파손과 부식을 가속화하여 전지 수명을 감소시킨다. 과학자들은 연료전지의 성능 저하 없이 전지수명을 증가하도록 연료전지를 설계하는 것과 부식에 저항할 수 있는 재료에 관하여 연구 중이다.

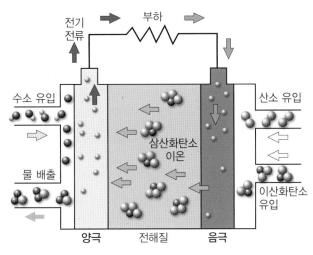

그림 7-17 용융탄산염 연료전지의 작동원리

2003년 용융탄산염 연료전지 개발회사인 FuelCell Energy 사는 최초의 상용유닛인 250kW급 DFC 3000을 일본의 Kirin 양조공장(그림 7-18)에 인도하였다. 천연가스 뿐만 아니라, 탄화수소계 연료로 작동이 가능하며, 이 공장에서는 양조 시 발생하는 가스로 연료전지를 운용한다. 현재 이 회사의 실증유닛과 상용유닛이 전 세계적으로 50기 이상 운영 중에 있다. 대형설치용도로 다수의 유닛이 결합되어 있지만, 대부분이 250kW급이다. 그림 7-19는 Washington주, Renton시 근처의 King County 폐수처리시설에서 작동 중인 1MW 발전소로, 폐수로 소화된 가스로 연료를 공급받는 용융탄산염 연료전지를 사용한다.

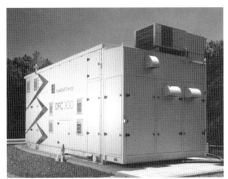

그림 7-18 일본의 Kirin 양조공장에 공급된 FuelCell Energy 사의 용융탄산염 연료전지인 250kW급 DFC 3000

그림 7-19 폐수 소화가스로 작동 중인 1MW급 용융탄산염 연료전지 발전소

7.4.6 고체산화물 연료전지(Solid Oxide Fuel Cell: SOFC)

고체산화물 연료전지는 이온전도성 세라믹을 전해질로 사용한다. 연료전지 가운데 가장 발전효율이 높고 공해가 적은 고체산화물 연료전지의 작동원리는 그림 7-20과 같다. 고체전해질인 지르코니아를 통하여 음극(공기극)과 양극(연료극)의 산소 분압차에 의해 발생된 산소이온(O_2^-)이 이동하며, 화학반응의 전기적 균형을 유지하기 위하여 외부회로를 통해 연료극의 전자가 공기극으로 이동하게 되고 외부부하를 조절하여 원하는 전류를 얻을 수 있게 된다. 전해질이 고체이기 때문에 다른 종류의 연료전지와 같이 판과 비슷한 구조로 만들 수 없으며, 기하학적인 모양에 따라 원통형, 평판형, 일체형 등으로 구분된다. 이 가운데 원통형 연료전지의 기술이 가장 많이 개발되어 있으며, 그 뒤를 이어 평판형의 연구개발이, 또한 소형시스템에서부터 대형시스템까지 여러 분야에서 기술 개발이 진행되고 있는 상황이다. 고체산화물 연료전지는 연료를 전기로 변환하는 효율이 약 50~60%, 시스템의 폐열을 회수하여 사용하는 열병합발전의 종합효율이 최고 80~85% 정도가 될 것이다. 고체산화물 연료전지는 높은 온도인 약 1,000℃에서 작동하기 때문에 저온 연료전지에서 필요한 귀금속 촉매가 필요하지 않아 가격을 낮출 수 있다. 또 연료극에서 내부 개질 반응이 가능함으로 개질기를 간략화할 수 있어 시스템에서 개질기와 관련된 비용을 줄일 수 있다. 고체산화물 연료전지는 황에 대한 저항력을 갖는 연료전지 형태로, 다른 연료전지에 비해서 훨씬 더 많은 양의 황이 허용된다. 일산화탄소는 고체산화물 연료전지를 피독시키지 않기 때문에 연료로 사용 가능하며, 이러한 특성에 따라 석탄에서 추출한 가스 등 다양한 연료 사용이 가능하다. 그러나 고온에서의 작동은 다음과 같은 단점을 갖는다. 작동조건이 고온이기 때문에 시동이 늦어서 수송용이나 소형 휴대용에는 적절하지 않지만, 전기발전용에 사용하려면 열을 유지하고 사람을 보호하기 위한 중요한 열 차폐가 필요하다. 또한 고온 작동온도로 인한 재료의 내구성이 심각한 문제로 대두되어 전지의 작동온도에서 높은 내구성을 갖는 저가 재료의 개발이 중요한 기술적인 난제이다. 현재 과학자들은 내구성 문제의 해결과 가격을 감소

할 수 있도록, 저온 고체산화물 연료전지의 작동온도를 800℃ 또는 그 이하의 온도에서 작동여부 가능성에 관하여 연구하고 있다. 저온 고체산화물 연료전지는 전기를 덜 만들어 내지만, 이러한 저온영역에서 작동할 본체의 재료는 아직 확인되지 않고 있다. 고체산화물 연료전지는 액체전해질을 사용하는 저온형 연료전지인 인산형 연료전지와 용융탄산염 연료전지에 존재하는 부식문제, 고가의 촉매, 전해질 제어, 외부 개질기 도입 등의 단점은 없으나, 고온에서 작동되기 때문에 구성요소의 대부분이 세라믹 및 내열성 금속으로 이루어져 있다. 따라서 재료간의 반응문제 및 신소재 개발, 전극 특성 향상, 본체 제조, 운전시험평가 등이 주요한 연구 과제들로 대두되고 있다.

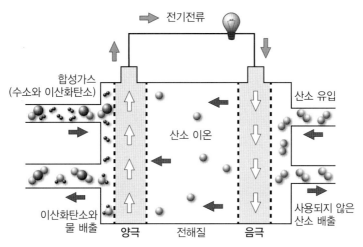

그림 7-20 고체산화물 연료전지의 작동원리

그림 7-21은 1980년에 Siemens-Westinghouse가 개발한 단전지식 원통형 고체산화물 연료전지로, 고체산화물 연료전지의 가장 대표적인 형태이다. 현재 미국과 일본에서는 수백 kW급 이상의 중대형 시스템이 주로 이러한 구조로 개발되고 있다. 고체산화물 연료전지의 제조순서는 먼저 다공성 공기극 지지체의 원통관을 만들고 그 위에 고밀도의 전해질을 수십 μm 두께로 코팅한다. 이 때 공기극의 일부는 원통관의 길이 방향으로 띠 형태로 남겨 두며, 그 위에 연결재를 입히고, 연료극은 전해질 표면 전체로 코팅된다. 주요 구성소재는 전해질인 Y_2O_3로 안정화된 ZrO_2, 연결재로는 Mg가 도핑된 $LaSrCrO_3$를 사용한다. 이 구조를 이용하여 높은 전지전압을 획득하려고 연료극과 연결재를 직렬로 연결하며, 높은 전류를 얻기 위하여 연료극과 연료극을 병렬로 연결한다. 현재 개발된 본체 구조의 배열형식은 병렬 연결된 세 개의 관과 직렬 연결된 여섯 개의 관이 한 묶음으로 되어 있다. 각 묶음은 전지 전압을 증가시키고 모듈을 형성시키기 위해 직렬로 연결된다. 이렇게 만들어진 모듈은 더 큰 규모의 연료전지를 만들기 위해 병렬 또는 직렬로 연결된다.

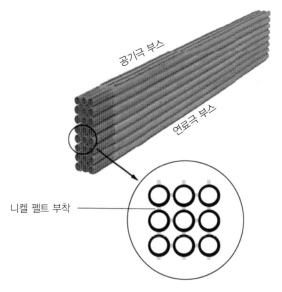

그림 7-21 단전지식 원통형 고체산화물 연료전지

니켈 펠트 부착

공기극 부스

연료극 부스

그림 7-22는 고체산화물 연료전지 모듈을 도식화한 것이다. 공기는 연료전지의 상부를 통해 공급되며, 보조관을 통해 흘러 들어가 다시 연료전지의 상부를 통해 배출된다. 연료는 스택의 바깥쪽 벽면을 따라 스택 내부 개질장치인 에비개질기(prereformer)를 통해 일자적으로 전단세 개질 처리를 한 후 전시의 아래에서 위쪽으로 흐르게 된다. 전기화학 반응을 끝낸 미반응 연료는 다공성 세라믹 층을 통해 연소실 (combustion chamber)로 이동하고, 여기서 미반응 공기와 반응하여 열을 발생시키다. 이 열은 전지에 공급되는 공기를 예열하기 위해 사용된다. 전지 내의 온도분포는 연료전지의 전기화학 반응으로부터 발생된 열과 연소실에서 미반응 연료의 연소로부터 발생된 열에 의해 유지된다. 이 구조의 가장 큰 특징 중의 하나는 기체 밀봉제가 필요하지 않아 밀봉이 용이하다는 것이다. 밀봉이 필요한 부분은 연료 배출부위이며, 또 하나의 밀봉은 산화제 공급을 위한 보조관과 연소실 사이이다. 장점으로 는 열팽창에 대한 저항력이 우수하여 열응력에 의해 발생되는 균열생성을 최소화할 수 있다는 것이다. 그리고 환원성 분위기에서 전지관 사이의 접 촉이 이루어지므로 전지관 연결이 용 이하다. 반면에 단점으로는 전류흐름 경로가 길다는 것이다.

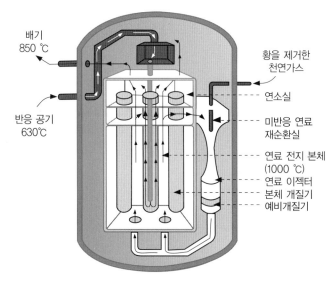

배기
850 ℃

반응 공기
630℃

황을 제거한
천연가스

연소실

미반응 연료
재순환실

연료 전지 본체
(1000 ℃)

연료 이젝터

본체 개질기

예비개질기

그림 7-22 고체산화물 연료전지 모듈

Mitsubishi는 하나의 원통관 상에 단전지가 직렬로 여러 개 배열된 다전지식 원통형 구조를 갖는 고체 산화물 연료전지를 개발하였다. 전지는 얇은 띠 형태로 원통관 주위에 연결되며, 연결재가 연료극과 이 웃 공기극 사이의 전기적 이음선 및 밀봉제 역할을 한다. 이 구조에서 연료는 원통관 내부를 통해 근처의 전지 사이로 이동하고 공기는 관의 바깥쪽으로 흐른다. 현재 이러한 구조로 일본의 전력회사와 협력하여 100kW급 개발을 추진하고 있다. 또한 평판형 및 일체형 고체산화물 연료전지가 개발되고 있으며, 저온 형 연료전지와 유사하게 판상의 전지를 적층하여 연료전지 본체를 제조한다. 이러한 구조에서 전류는 공 기극, 전해질, 연료극, 연결재 순으로 각 구성요소들의 면에 수직 방향으로 흐르므로 원통형 구조에 비해 전류의 흐름경로가 짧아, 높은 전력밀도를 얻는 것이 가능하다. 그러나 고체산화물 연료전지의 주요 구 성요소인 전극과 전해질이 세라믹인 관계로 대형 면적의 전지 제조가 쉽지 않아 주로 소형 시스템으로 개 발되고 있으며, 기체 밀봉제, 열충격 저항성, 단전지 간의 전기적 접촉저항 등이 개선되어야 한다. Versa Power System 사는 정치형과 수송용에 적용을 위한 고체산화물 연료전지 셀, 스택, 발전소를 개발하고 있으며, 현재 예비상용화 시스템을 개발 중이고, 2~10kW 시제품의 필드시험 중에 있다. 그림 7-23은 천연가스로 작동하는 3kW급 연료전지 실증 시스템 및 Calgary에 있는 연료전지 셀과 스택의 시험장치 시설을 나타낸다.

그림 7-23 천연가스로 작동하는 3kW급 연료전지 실증 시스템 및 시험장치 시설[5]

7.4.7 재생형 연료전지(Regenerative Fuel Cell: RFC)

재생형 연료전지는 현재 utility에 적용하기 위하여 개발 중에 있으며, 다른 연료전지와 같이 수소와 산소 또는 공기를 사용하여 전기, 물, 폐열을 생산한다. 그러나 재생형 연료전지는 전기를 사용하여 물을 수소 와 산소로 분해하는 연료전지 반응의 역으로도 작용한다. 전해질로 알려진 재생형 연료전지의 역 모드에 서, 전기가 전지의 전극판에 인가되어 물을 해리시키는 전기분해를 일으킨다. 그림 7-24는 재생형 연료 전지의 전기화학 반응을 설명하는 것으로, 연료전지 모드에서는 수소와 산소가 결합하여 전기와 물을 생 성하고, 전지가 전기분해로 작동하는 역 모드에서는 물을 전기로 분해하여 수소와 산소를 생성한다. 재생 형 연료전지의 "밀폐" 시스템은 새로운 수소 인프라의 필요 없이 연료전지 발전시스템을 작동할 수 있기 때문에 중요한 장점이 될 수 있다. 재생형 연료전지의 개발에서 강조되는 2가지 관심사항이 있다. 첫째는 가역 연료전지를 만드는데 별도의 비용이 유발된다. 재생형 연료전지의 구동에서 두 번째의 결점은 수소를 생산하기 위한 기존 전력선의 사용이다. 미국에서 대부분의 전기는 화석연료의 연소로 생산된다. 화석연료 → 전기 → 수소에너지를 생산하는 방법은 내연기관에서 가솔린을 단순히 연소시키는 것 보다 더 많은 온실가스를 생성한다. 그림 7-25는 햇빛 에너지원을 사용하여 동력을 생산하는 재생형 연료전지의 개념도를 나타내며, 재생형 연료전지는 태양, 풍력, 지열 등의 재생에너지로 생산된 전기가 사용 가능할 때, 온실가스 배기를 감축할 수 있을 것이다. 그림 7-26은 NASA가 주도하는 재생형 연료전지 프로젝트인 무인 태양 비행기, Helios의 비행사진으로, 지상으로부터 30km 고도에서 비행한다. 이전에는 동력원으로 태양전지를 사용하였으나, 현재 비행기에 탑재하여 사용할 수 있는 효율적이며 경량인 재생형 연료전지 시스템을 개발하고 있다. 본 연구의 목적은 태양전지와 재생형 연료전지를 비행기에 탑재하여 일체로 사용하려는 것이다. 태양전지가 낮 동안에는 비행기에 동력을 공급하고 수소를 생산하여, 밤 동안 연료전지에 의해 사용될 수소를 저장한다. 이러한 시스템은 수일 동안 비행을 지속 가능하게 한다.

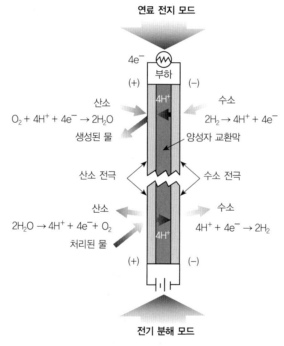

그림 7-24 재생형 연료전지의 전기화학 반응[6]

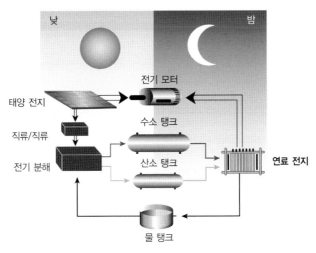

그림 7-25 햇빛 에너지원을 사용하여 동력을 생산하는 재생형 연료전지[7]

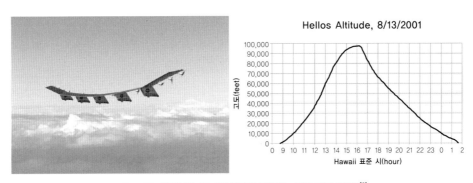

그림 7-26 재생형 연료전지의 동력을 이용하는 무인 태양 비행기[8]

7.5 연료전지와 관련된 간단한 수식들

7.5.1 이상(ideal) 연료전지 전압

연료전지 화학과정에서 최대유용전압(maximum available voltage)의 예측은 화학과정에서 반응물의 최초상태($H_2 + \frac{1}{2}O_2$)와 최종상태(H_2O) 사이의 에너지 차이에 대한 평가와 관련된다. 이러한 평가는 화학과정에서 열역학적 상태함수인 Gibbs 자유에너지(free energy)에 의존한다. 정해진 온도와 압력에서 수소/공기 연료전지 반응($H_2 + \frac{1}{2}O_2 \rightarrow H_2O$)의 최대전지전압($\Delta E$)은 [$\Delta E = -\Delta G / nF$]로 계산된다. 여기서 ΔG는 반응에 대한 Gibbs 자유에너지의 변화, n은 수소의 mol당 반응과 관련된 전자의 몰 수, F는 Faraday 상수인 96,487 J/V로, 전자의 mol당 전달되는 충전량을 각각 나타낸다. 위에서 서술한 내용을 기본으로 이상 연료전지 전압의 유도는 다음과 같다.

1기압의 일정압력일 때, 연료전지의 화학과정(H_2의 mol당)에서 Gibbs 자유에너지는 반응온도(T), 반응엔탈피 변화(ΔH), 반응엔트로피 변화(ΔS)로부터 계산한다.

$$\Delta G = \Delta H - T\Delta S = (-285,800J) - (298K)(-163.2J/K) = -237,200J \qquad \text{[7.3]}$$

1기압, 25℃(298K)의 수소/공기 연료전지에서, 전지의 전압은 1.23V이다.

$$\Delta E = -\Delta G/nF = -(-237,200J/(2 \times 96,487J/V)) = 1.23V \qquad \text{[7.4]}$$

실온에서 연료전지의 작동온도는 80℃로, 먼저 계산하였던 기준온도인 25℃보다 높다. 따라서 T가 55℃ 정도 변함에 따라, ΔH와 ΔS는 약간 변화하며, 결국 ΔG의 절대값은 감소한다. 좋은 값을 얻기 위하여 ΔH와 ΔS의 변화가 없다고 가정하면

$$\Delta G = (-285,800J/mol) - (353K)(-163.2J/mol\ K) = -228,200J/mol \qquad \text{[7.5]}$$

따라서 최대전지전압은 1기압의 표준상태에서 보다 감소한다. 즉 25℃에서 1.23V가 80℃의 1.18V로 변한다.

$$\Delta E = (-228,200J/(2 \times 96,487J/V)) = 1.18V \qquad \text{[7.6]}$$

연료전지가 작동하는 실제 환경을 모사하기 위하여, 순수한 산소를 공기로, 건조한 가스를 습공기와 수소로 대체함에 따라 수소/공기 연료전지에서 실제로 획득 가능한 최대전압은 80℃, 1기압에서 1.16V로 더 감소된다.

7.5.2 효율, 전력, 에너지

연료전지의 에너지 변환은 다음의 식으로 표현된다.

$$\text{연료의 화학에너지 = 전기에너지 + 열에너지} \qquad \text{[7.7]}$$

한 개의 이상적인 수소/공기 연료전지는 전류가 0A("개회로"조건), 작동온도가 80℃, 1기압의 가스압력일 때, 1.16 V의 전압을 공급한다. 연료전지의 에너지변환 효율 척도는 수소/공기 반응에서 실제 전지전압과 이론 최대전압의 비로 정의된다. 0.7V에서 작동하는 연료전지는 연료로부터 가능한 최대유용에너지의 60%를 전력의 형태로 생성한다. 같은 연료전지가 0.9V에서 작동되면 최대유용에너지의 약 77.5%가 전기로 공급되고, 나머지(40% 또는 22.5%)는 열로 변환된다. 일반적인 연료전지의 성능특성 곡선을 나타내는 그림 7-27은 전체전류를 박막 면적으로 나눈 전류밀도를 함수로 하여 전지의 단자에서 공급하는 직류전압과의 관계를 나타내며, 외부회로의 부하에 의해 연료전지로부터 추출할 수 있다. 연료전지에

서 공급되는 전력(W)은 추출되는 전류(I)와 터미널 전압(V)의 곱으로 표현되며(P=V×I), 전력은 또한 에너지(E) 율(P=E/t) 로 표현된다. 역으로, Wh 단위로 표현되는 에너지는 시간(t) 구간에 걸친 유용한 전력(E=Pt)이다. 연료전지 시스템의 무게와 체적은 중요하기 때문에 부가적인 항으로 고려한다. 비동력(specific power)은 전지가 생성한 동력과 전지무게의 비로 정의되며, 동력밀도는 전지가 생성한 동력과 전지부피의 비로 각각 정의된다. 높은 비동력과 높은 동력밀도는 연료전지의 가격을 감소할 뿐 아니라 무게와 부피를 최소화하는 것이 목적인 수송용에 특히 중요하다.

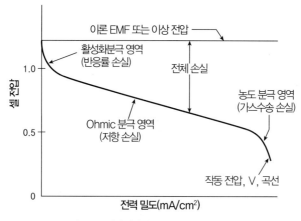

그림 7-27 일반적인 연료전지의 성능특성 곡선

7.5.3 연료전지 작동 시 발생하는 열발생율

예제 7-1

100cm²의 연료전지가 1기압, 80℃의 일반적인 조건하에서 작동한다고 가정하라. 이 때 전압은 0.7V, 발생하는 전류밀도는 0.6A/cm², 전체전류는 60A이다. 이러한 전지에 의해 발생되는 1분당 과잉열을 계산하라.

풀이

열로 인한 동력 = 전체 생성 동력 − 전력

$$
\begin{aligned}
P_{heat} &= P_{total} - P_{electical} \\
&= (V_{ideal} \times I_{cell}) - (V_{cell} \times I_{cell}) \\
&= (V_{ideal} - V_{cell}) \times I_{cell} \\
&= (1.16V - 0.7V) \times 60A \\
&= 0.46V \times 60J/(V{\cdot}seconds) \times 60seconds/\min \\
&= 1,650J/\min
\end{aligned}
$$

이러한 전지는 작동하는 동안 분당 약 1.7kJ의 과잉열을 발생하며, 분당 약 2.5kJ의 전기에너지를 생성한다.

7.5.4 연료전지가 생산하는 물의 양

═══════════════ 예제 7-2 ═══════════════

수소를 연료로 사용하는 연료전지 차량은 대략적으로 가솔린 내연기관 차량과 같은 양의 물을 방출한다. 수소 연료전지 차량이 수소의 가솔린연료와 동등한 수소 1gallon으로 주행할 수 있는 거리와 물의 방출량을 계산하라.

─────────────── 풀이 ───────────────

가솔린 내연기관 차량 → 25mpg

가솔린 1gallon = 연료 2.7kg(CH_2로 대략적으로 표현)

$$CH_2 + \frac{3}{2}O_2 \rightarrow CO_2 + H_2O \,(물)$$

$$2.7\text{kg} + 9.3\text{kg} \rightarrow 8.5\text{kg} + 3.5\text{kg}$$

$$3.5\text{kg} \ 물 \ /25\text{miles} = 0.14\text{kg} \ 물/\text{mile}$$

수소 연료전지 차량 → 60mpgge(miles per gallon gasoline equivalent: 가솔린 등가 수소 연료)

가솔린 등가 수소 1gallon은 H_2 1kg과 거의 같다.

$$H_2 + \frac{1}{2}O_2 \rightarrow H_2O \,(물)$$

$$1.0\text{kg} + 8.0\text{kg} \rightarrow 9.0\text{kg}$$

$$9.0\text{kg} \ 물 \ /60\text{miles} = 0.15\text{kg} \ 물/\text{mile}$$

─────────────── 비고 ───────────────

위의 계산은 가솔린 내연기관 차량이 gallon 당 평균 25mile, 수소 연료전지 차량이 가솔린 등가 수소 1gallon(gge: gallon of gasoline equivalent)당 평균 60mile 이라고 가정하였다. 수소 1 gge는 가솔린 gallon(저위발열량의 관점)과 에너지 함유량이 같으며, 대략 수소 1kg과 같다. 연료전지는 기존의 연소시스템보다 에너지 효율이 2.4배가 높아서 가솔린 등가 gallon당 2.4배 mile을 더 가기 때문에 가치 있는 시스템이다.

7.6 연료전지의 사용

연료전지는 소형 휴대용 전자기기로부터 자동차, 대형 전기발전장치에 이르기까지 넓은 영역에 걸쳐서 적용 가능한 기술이다. 연료전지 상용화를 위한 중대한 문제는 현존하며, 현재 사용하고 있는 대부분의 연료전지 발전시스템은 실제의 작동조건에서 성능을 평가하기 위한 실증 프로그램의 일부분이다. 연료전지의 적용은 승용차나 버스에 적용되는 수송용, 가정이나 상업용 건물의 전원을 제공하는 정치형, 휴대용 전화기에 전원을 공급하는 휴대용 등의 3가지로 분류된다.

7.6.1 수송용 전원

(1) 적용가능성

연료전지는 수송용의 추진력 또는 보조동력을 제공하기 위하여 사용된다. 일반적으로 우주선에는 알카라인형 연료전지를 탑재하여 사용하며, 그 이외의 수송용에는 고분자전해질 연료전지가 주로 사용된다. 그림 7-28은 Ford 자동차사의 고분자전해질 연료전지차량인 Focus FCV를 나타내며, 이 차량의 자세한 제원은 표 7-2에 정리되어 있다.

그림 7-28 Ford 자동차사의 연료전지차량인 Focus FCV[9]

표 7-2 Ford의 수소연료전지자동차인 Focus FCV 차량의 제원[9]

	platform	2000 model Ford Focus
	차체형상(body style)	4도어 세단
	전장(overall length)	4338mm
	전폭(overall width)	1758mm
	휠 베이스(wheel base)	2615mm
차량전체	공차중량(curb weight)	1725kg
	연료(fuel)	압축수소(compressed hydrogen)
	연료압력(fuel pressure)	3600psi
	최대속도(maximum speed)	128km/h
	주행거리(driving range)	160km
	배기가스(emissions)	ZEV(zero emission vehicle)
동력유닛 – 연료전지	종류	양성자교환박막 (Proton Exchange Membrane)
	스택(stacks)	Ballard Mark 900series
	반응물(reactants)	수소/공기

	전기모터(electric motor)	교류 인덕션(AC induction)
전기모터/ 트랜스액슬	트랜스액슬(transaxle)	단일속도(single speed)
	형상	전륜구동
	최대출력(peak power)	67kW(90hp)
	최대토크(peak torque)	190N.m
	최대효율(peak efficiency)	91%
견인변환모듈 (traction inverter module)	종류	3상 브릿지(3-Phase Bridge)
	최대전류	200A
	최소/최대전압	250V/420V
	상시전압(nominal voltage)	315V

고속도로 수송

고속도로 차량은 석유를 사용하여 연소시키기 때문에, 주요 온실가스인 이산화탄소 배기, 공해 등을 많이 배출한다. 차량용 연료전지 동력시스템의 진보는 에너지 안보와 대기의 질을 충분히 향상 시킬 수 있다. 연료전지 자동차는 아직 상용화되지 않았으나, 주요 자동차 제작사들은 현재 다양한 실증을 목표로 하는 연료전지 자동차 프로그램을 진행 중에 있다. 다른 고속도로용 차량으로는 대형버스(그림 7-29)와 장거리 화물 트럭이 있다. 상용트럭은 냉동기, 히터, 공조기, 수면공간의 부속장치 등에 전기를 공급하기 위하여 무부하 상태로 자주 작동하기 때문에, 연료전지 보조동력장치는 에너지 사용과 배기가스를 감소할 수 있다.

그림 7-29 대형버스에 사용하는 UTC(United Technologies Company) 연료전지[10]

기타 육상수송

기타 잠재적인 육상수송용에는 기관차, 광산기관차, 스쿠터, 장애자용 개인이동차량 등이 포함된다.

항공수송

연료전지는 항공용에도 자주 사용되어, 1960년대 이래 18차례의 아폴로 비행임무와 100회 이상의 우주 왕복선 비행 등의 우주선에 보조동력을 제공하기 위하여 사용되었다. 그림 7-30은 NASA Space Shuttle Orbiter에 사용한 12kW 연료전지로, 보조 배터리 없이 귀환할 때까지 우주왕복선의 전기를 충분히 공급하였고, 전기화학 반응으로 만들어진 물은 승무원들의 음료와 우주선의 냉각으로 사용되었다. 유사하게 연료전지는 지구근접궤도(Near-Earth Orbit: NEO) 위성에 동력을 제공하였다.

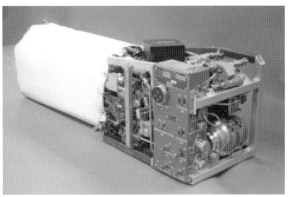

그림 7-30 NASA Space Shuttle Orbiter에 사용한 12kW 연료전지[10]

해상수송

연료전지는 선박과 잠수함에 추진력과 보조동력을 제공할 수 있으며, 레저용 개인보트도 연료전지가 제공하는 동력을 사용할 수 있다. 그림 7-31은 1980년대에 미 해군의 Lockheed Deep Quest 잠수함에 설치되었던 30kW 연료전지 시스템이다. 알카라인형 연료전지가 압력기밀 용기에 장착되어 열교환기로 역할을 담당하였다. 수소와 산소는 압력가스탱크에 저장되어 공급되었으며, 이 장치는 수심 1,500m에서 수년 동안 임무를 수행하였다.

그림 7-31 미 해군의 Lockheed Deep Quest 잠수함에 설치되었던 30kW 연료전지 시스템[10]

(2) 보급현황

현재 소수가 수송용 연료전지를 사용 중이며, 상업용으로 이용 가능하다. 정부와 대학은 소량의 연료전지 승용차를 실증프로젝트의 일환으로 빌려 쓰고 있지만, California 주와 같이 제한된 지역을 제외하고는 일반 사람들은 이러한 차를 아직 구매할 수 없다. 환경 및 에너지 문제가 점차적으로 심각하게 대두됨에 따라 시장이 급격히 성장할 것으로 예측된다. 또한 미국과 러시아의 우주선에서 약 200개의 연료전지를 보조동력장치로 사용하고 있다.

(3) 실증 프로젝트와 프로그램

연료전지차량의 실증 프로젝트에 미국의 연방정부, 주정부, 지역정부, 산업체 등이 공동으로 참여하여 수행 중이다. 이러한 실증 프로젝트는 주로 승용차, 경트럭, 지역버스의 성능을 평가한다.

California 주 연료전지조합(California Fuel Cell Partnership: CaFCP)

미국에서 대부분의 승용차와 트럭용 연료전지 차량의 실증사업이 California 주 연료전지조합과 협동으로 수행되고 있다. CaFCP는 자동차회사, 연료공급회사, 연료전지회사, 정부(에너지부, 환경보호청) 등이 협력하여 California 주에서 주행조건에 따라 연료전지 자동차의 성능을 평가한다. 이 조합의 목적은 실제 조건하에서 연료전지차량과 연관된 기술의 생존가능성을 시험하고 입증하며, 상업화가 가능하도록 하고 대중의 인식을 확대하는 것이다. 이 조합은 2003년에 약 60대의 연료전지 승용차와 연료전지 버스를 일반도로에서 평가하였다.

California 주 교통회사를 위한 수소연료전지 버스의 평가

3개의 California 주 교통회사는 국제적으로 알려진 연료전지 입증에 착수 중이다. AC Transit, Santa Clara Valley Transportation Authority, SunLine Transit Agency 등이 최신의 수소 연료전지 버스를 운행할 것이며, 연료주유와 유지·보수를 위한 인프라 시설을 배치할 것이다. 2002년 11월에, California 주에서 최초로 운송사업에 들어간 ThunderPower 연료전지 하이브리드 버스(그림 7-32)는 Sunline Transit Authority에 의해 운행되며, 버스의 후방에 장착된 75kW 연료전지로 전기모터에 전기를 공급하여 버스를 구동한다. 2004~2008년까지 미국 에너지부의 국가재생에너지 연구소와 University of California, Davis의 수송연구소가 합동으로 시험한 실증 프로그램은 수년간에 걸쳐 광범위하게 평가되었으며, 데이터를 수집하고 분석하여 다른 연료전지 버스 프로그램과 국제적으로 비교하였다.

그림 7-32 Sunline Transit Authority에 의해 운행되는 ThunderPower 연료전지 하이브리드 버스

California 대학들과 연계한 Toyota의 연료전지 차량 실증 프로그램

Toyota는 University of California, Davis, University of California, Irvine과 함께 연료전지차량의 실증연구를 수행하고 있다. 2002년 12월 Toyota는 그림 7-33에 보이는 Highlander SUV(Sports Utility Vehicle)의 platform을 기본으로 만든 6대의 수소연료전지차량을 위의 두 대학에 빌려주어 실제 운전조건 하에서 평가하도록 하였다. 이 수소 연료전지 차량은 시장에 출시할 준비가 되어 있으며, 실증 프로그램은 각각의 차량에 대해 30개월 동안 실제 주행 운전을 통하여 3년에 걸쳐 수행되었다. 이러한 실증 프로그램으로부터 Toyota는 운전자의 feedback을 얻을 뿐 아니라, 연료전지 기술에 대한 대중들의 인식을 증대시키게 될 것이다.

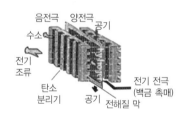

그림 7-33 Toyota Highlander SUV의 platform을 기본으로 하는 수소 연료전지 차량

Honda와 LA 시의 연료전지차량 실증

Honda는 LA 시와 함께 연료전지차량의 실증사업을 수행 중이다. 2002년 12월에 LA 시는 그림 7-34에 보이는 최초의 Honda FCX 수소연료전지차량 5대를 빌려 시작하였고, 시청 직원들은 이 차량들을 출퇴근 시 합승용과 통근용으로 사용하고 있다. 이러한 실증사업은 Honda가 실제 주행조건 하에서 차량을 평가하고 고객들로부터 feedback을 받을 수 있도록 한다. 이러한 실증사업을 통하여 연료전지차량의 대중적인 수용을 가속하게 될 것이고, 주유 인프라를 개발하는데 도움이 될 것이다.

그림 7-34 Honda FCX V3 수소 연료전지 차[11]

Honda의 FCX V3 수소연료전지 차

Honda의 FCX V3는 전기저장장치로 그림 7-35와 같은 ultracapacitor를 사용한다. 이 축전기(capacitor)는 가속이나 추월 시 구동시스템에 필요한 별도의 동력을 제공하며, ultracapacitor의 작동원리를 설명하면 다음과 같다. 기본적인 전기출력은 차량에 탑재된 수소연료전지에 의해 생성되고, 직렬로 연결된 축전기는 초기의 모델에서 사용된 배터리 형태의 에너지 저장장치 보다 응답이 빠르며 동력을 더 많이 제공한다. 축전지는 재생 제동력을 흡수하여 출력을 증강하며, 필요 시 에너지를 방전한다. 이 차량의 제원을 정리하면 표 7-3과 같다. 2008년에 Honda는 FCX V3 Concept 차량을 계승한 FCX Clarity 모델로 200대를 생산하여 남가주지역에 3년에 걸쳐 월 $600에 빌려주고 있다[30]. 이러한 연료전지차량이 수소연료 공급 등의 인프라 문제와 차량의 중량으로 인하여, 2018년경에 대체동력원으로 성숙될 것이라 예측하였다. 현재 혼다 외에 현대차그룹, 도요타, 벤츠 등 수소연료전지차량을 개발하고있다. 수소차가 전기차보다 주행거리와 충전시간면에서는 앞선다. 특히 수소차는 미세먼지를 제거할 수 있기 때문에 화력이나 원자력 발전소를 통해 전기를 조달해야되는 전기차보다 더 친환경적이다. 하지만 수소차의 높은 수소 생산비와 연료전지용 백금촉매가격 때문에 전기차가 진입장벽이 더 낮다.

그림 7-35 Honda FCX V3의 ultracapacitor와 결합된 연료전지[11]

표 7-3 2006 Honda FCX concept car의 제원[11]

차종	4인승 세단
엔진	Ultracapacitor를 직렬로 연결한 고분자전해질 연료전지 최대출력 100kW
가속시간	10초(0 → 60mph)
주유시간	5분
주행거리	350mile, 최고속도 100mph(160km/h)
탱크용량	수소 5kg(171L) @ 350기압(수소흡수 재료 사용)
중량	3,528파운드(내연기관의 동급차량 중량: 2,400파운드)

최초로 연료전지차량의 대륙횡단 주행 완료

DaimlerChrysler는 메탄올 연료전지차량인 NECAR로 San Francisco에서 Washington D.C.까지 운전하여 미국 대륙을 횡단함으로 연료전지차량의 가능성을 입증했다. NECAR는 2002년 5월 20일에 대륙횡단 운전을 시작하여 15일 후인 6월 14일, 수도에 도착하였다. 메탄올은 3,263mile 경로를 따라 사전에 계획된 주유장소에서 공급되었다. 그림 7-36은 Mercedes-Benz의 A Class인 NECAR5의 고속도로 주행 사진으로, 메탄올을 사용하는 고분자전해질 연료전지 시스템이다. 이 차량의 최대속도는 150km/h로, 1회 주유하여 운행 가능한 주행거리는 450km이다. 그림 7-37과 같이 연료로 주입된 메탄올은 차량에 탑재되어 그림 7-38의 개질기를 통하여 수소로 개질된 후, 100마력의 연료전지 스택에 공급된다.

그림 7-36 Mercedes-Benz의 A class인 NECAR 5(Source: Daimler-Chrysler)

그림 7-37 메탄올(또는 수소)을 연료로 사용하는 NECAR 5

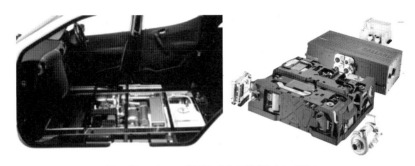

그림 7-38 NECAR 5 차량의 바닥에 위치한 수소 개질기

DaimlerChrysler의 NECAR 프로젝트

1990년에 DaimlerChrysler는 Canada의 연료전지 회사인 Ballard Power System과 공동으로 연료전지 자동차의 기술개발을 시작하여, 2000년 11월에 NECAR 5 시험 차량을 완성하였다. 그림 7-39는 NECAR 프로젝트의 성과인 차량들의 사진이며, 그 프로젝트를 간략히 정리한 내용은 표 7-4와 같다.

그림 7-39 DaimlerChrysler와 Ballard Power System의 NECAR 프로젝트

표 7-4 NECAR 프로젝트의 내용을 요약한 표

개발 단계	단계 이름	특성	비고
1	선행 개발 (그림 7-40, NECAR 1)	▪ 차량: Mercedes-Benz 190 Van ▪ 출력: 50kW ▪ 12개의 연료전지 스택 ▪ 동력밀도: 167W/L ▪ 연료: 수소	▪ 1세대 수소연료차 ▪ 1994년 완료
2	수소 연료전지 프로토 타입 (그림 7-41, NECAR 2)	▪ 차량: Mercedes-Benz V-Class MPV ▪ 출력: 50kW ▪ 2개의 소형 고성능 연료전지 스택 ▪ 동력밀도: 1000W/L ▪ 연료: 수소	▪ 연료전지 시스템 개량 ▪ 1996년 완료

개발 단계	단계 이름	특성	비고
3	메탄올 연료전지 프로토 타입 (그림 7-42, NECAR 3)	▪ 차량: Mercedes-Benz A-Class ▪ 출력: 50kW ▪ 2개의 소형 고성능 연료전지 스택 ▪ 동력밀도: 1000W/L ▪ 연료: 메탄올	▪ 1세대 메탄올 연료전지 차 ▪ 1997년 초기 출시
4	자동차 프로토 타입 (그림 7-43, NECAR 4)	▪ 차량: 소형승용차 ▪ 출력: 50kW ▪ 연료: 메탄올 & 수소	▪ 예비 상용 연료전지 시스템
5	양산 시작 (그림 7-44, NECAR 5)	▪ 차량: 다양한 차량 플랫폼 ▪ 출력: 50~100+kW	▪ 최적화된 연료전지 시스템

그림 7-40 실험실 주행 수준인 NECAR 1

그림 7-41 완전히 사용 가능한 NECAR 2

그림 7-42 메탄올로 주행하는 NECAR 3

그림 7-43 소형이며 출력이 강한 NECAR 4

그림 7-44 세계에서 가장 최신 연료전지 차량인 NECAR 5

그림 7-45는 NECAR 4의 구조를 도식적으로 나타내며, 주요 부품으로는 라디에이터, 전기모터, 공기필터, 압축기, 터빈, 연료전지 스택, 물 필터, 머플러, 물 응축기, 2개의 가습기, 수소 탱크 등이 있다.

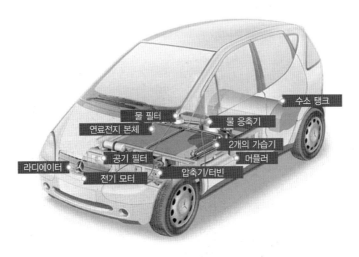

그림 7-45 NECAR 4의 구조

Ballard Power System 사의 Mark 900 연료전지 전력 모듈

Ballard Power System 사의 연료전지 전력 모듈
인 Mark 700은 DaimlerChrysler NECAR 4, Ford
P2000, Honda FCXV1, Nissan FCEV의 연료전지
자동차에 사용되었다. 그림 7-46은 Mark 900 연료
전지 전력모델의 사진으로, Ford Focus FCV의 연
료전지 자동차에 사용되었으며, 그 제원은 표 7-5에
정리되어 있다.

그림 7-46 Mark 900 연료전지 전력 모듈[2]

표 7-5 Mark 900 연료전지 전력 모듈의 제원[2]

일반	75kW(100hp) 엔진의 스택 개수	1
	연속 최대출력(메탄올 개질)	75kW
	연속 최대출력(수소)	80kW
크기/중량 동력모듈 *	무게	90kg
	길이 × 폭 × 높이	820 × 250 × 375(mm)
	체적	77L
동력밀도	개질	0.97kW/L
	수소	1.04kW/L

냉각수	작동유체	에틸렌 글리콜/물
	상시 작동온도	70~85℃
환경	최소 저장온도	−40℃
연료 조성	메탄올 증기 개질	Yes
	수소 적정성	Yes
	수소 순도	상용등급
표준 작동조건	연료/공기 입구 압력(상시)	1800kPa(게이지)
	연료/공기 입구 압력 범위	300~2000kPa(게이지)

* 동력모듈은 매니폴드, 공기 가습장치, 센서를 포함

7.6.2 정치형 전원

(1) 적용 가능성

정치형 전원은 연료전지의 적용 중 가장 성숙한 분야로, 예비전원, 원거리 지역의 전원, 마을이나 도시의 독립형 발전수, 건물의 분산발전, 전기생산에서 발생하는 과도한 열에너지를 열로 이용하는 열병합 발전 등에 사용된다. 그림 7-47은 미국 Nebraska 주의 Omaha 시에 위치한 First National Bank of Omaha의 주 동력원으로 사용되는 UTC 연료전지 회사의 200kW급 연료전지 발전소 4기를 보여준다. 연료전지의 열은 공간 난방용으로 사용되며, 연료전지 시스템 평균효율을 80% 이상으로 증가시킨다.

그림 7-47 First National Bank of Omaha의 주 동력원으로 사용되는 200kW급 연료전지 발전소 4기[10]

10kW를 생산하는 600 개의 시스템 또는 현재 그 이상이 세계적으로 설치되어 운영되며, 주로 천연가스를 연료로 사용한다. 일반적으로 인산형 연료전지는 대형 규모에 적용되지만, 경쟁관계에 있는 용융탄산염 연료전지와 고체산화물 연료전지의 상용화가 가장 근접해 있는 상황이다. 또한 10kW 이하의 소형 정치형 연료전지가 1000개 이상 설치되어 가정에 전원과 예비전력 공급용으로 작동 중에 있다. UTC 연료전지 회사는 원격통신 탑의 보조전원이나, 소형 사업장의 전력용도로 사용하기 위하여 그림 7-48과 같은 5kW급 연료전지발전장치를 개발하였다. 천연가스나 수소를 연료로 하는 고분자전해질 연료전지는 이러한 소형 시스템에 주로 사용된다.

그림 7-48 UTC 사의 5kW급 연료전지 발전장치[10]

(2) 현재의 적용

가정용의 정치형 연료전지 발전기는 출시되지 않고 있다. 세계적으로 정치형 연료전지의 연구, 개발, 실증 실험이 많이 진행 중이나, 현재 미국에서 UTC 연료전지회사에 의해 만들어진 200kW급 인산형 연료전지 시스템이 상용화 된 상태이다.

(3) 실증 프로젝트와 프로그램

연료전지를 이용하는 미국 우체국의 Anchorage 시 우편물 취급시설

2000년에, Chugach Electric Association은 Alaska 주, Anchorage 시에 위치한 미국 우체국 우편물 취급시설에 1MW급 연료전지시스템(그림 7-49)을 설치했다. 이 시스템은 200kW급 PC25 연료전지 5대로 구성되며, PC25 연료전지는 UTC 연료전지회사가 세계 최초로 생산하여 유일하게 상용화가 가능하다. 천연가스를 연료로 사용하는 연료전지 발전소는 이 시설의 난방에 필요한 온수의 절반 정도와 주 전원을 공급한다. 시스템의 과잉 전력은 다른 수요자가 사용하도록 기존 전력선으로 송전한다. 이 시설은 하루 평균 백만 통 이상의 우편물을 취급한다. 연료전지 시스템은 연소방식의 발전소 보다 대기 중에 탄소를 아주 적게 배출한다. 그러나 시스템은 고가로, 천연가스 화력발전소의 에너지 생산단가 보다 kWh당 7배의 비용이 더 든다.

그림 7-49 Alaska 주 Anchorage 시의 우체국 분류 시설에 전원을 공급하는 연료전지 발전소

South Windsor 연료전지 프로젝트

Connecticut 주의 South Windsor 시는 2002년 10월에 연료전지 실증 프로젝트를 시작하였다. 시는 Connecticut 청정에너지자금으로 UTC 연료전지회사에서 개발한 천연가스 연료용 200kW급 PC25 연료전지시스템을 South Windsor 고등학교에 설치하였다. 이 시스템은 학생들에게 연료전지의 학습기회뿐 아니라 학교에 필요한 열과 전기를 공급한다. 학교는 연료전지 일반 교과과정을 개발하고, 컴퓨터 모니터를 통하여 학생들에게 연료전지 작동 학습과정을 보여준다. South Windsor 고등학교는 지역 긴급대피소로 지정되었고, 연료전지시스템은 정전 사고 시 전력을 공급할 수 있을 것이다. UTC 연료전지회사는 연료전지 기술의 국제적인 실증 장소로 이 프로젝트를 이용하려고 한다.

국방부의 연료전지 실증 프로그램

미육군 공병대가 관리하는 국방부의 연료전지 실증 프로그램은 1990년대 중반에 인산형 연료전지를 국방부에 설치하여 사용을 추진하려고 시작되었다. 이 프로그램으로 정치형 연료전지는 주요 군 기지의 다양한 시설과 지역을 대표하는 30곳에 설치되었다. 연료전지는 주 전원, 비상용 전원, 열을 공급하는데 사용된다. 또한 국방부는 1~20kW급 규모의 고분자전해질 연료전지를 중심으로 하는 가정용 연료전지 실증 프로그램을 시작하였다. 이러한 실증 프로그램은 9개의 미군 기지에 21개의 고분자전해질 연료전지를 설치하여 운영하는 것으로, 2002년 1월에 최초의 유닛이 설치되어 운영 중이다.

7.6.3 휴대용 전원

연료전지는 전화나 라디오와 같은 휴대용 전자장치로부터 발전기와 같은 대형장비에 이르기까지 다양한 휴대용 장치의 전원을 공급하는데 사용될 수 있다. 노트북 컴퓨터, PDA, 비디오카메라와 같이 기존에 배터리를 사용하는 모든 장치에 대체 전원으로 적용 가능성이 있다. 이러한 연료전지는 연료충전 사이의 기간이 배터리 보다 3배 이상 더 길다. 연료전지는 소형 휴대용 장치에 전기를 공급하는데 사용되는 휴대용 발전기에서도 사용할 수 있다. 용량이 1~1.5kW 급인 휴대용 연료전지가 전 세계적으로 개발되어 작동되고 있다. 휴대용으로 적용을 위한 2가지 중요한 기술은 고분자전해질연료전지와 직접메탄올 연료전지의 설계에 관한 것이다. 대부분의 휴대용 연료전지 생산품은 여전히 개발과 실증 단계에 있으나, 휴대용 전원발전기와 같은 휴대용 장치는 아주 제한적으로 상용화되어 있다. 차세대 발전기술로 성숙하려면 요소기술, 스택제작기술, 상용화를 위한 가격저감 등의 연구가 필요하다. 그림 7-50은 Ballard 사의 휴대용 전원 공급 용도의 연료전지를 보여준다.

그림 7-50 Ballard 사의 휴대용 전원용도의 연료전지[2]

7.7 가스터빈/연료전지의 하이브리드 시스템

가스터빈/연료전지의 하이브리드 시스템은 기존의 고온형 연료전지 발전시스템(그림 7-51 (a))의 고효율화를 목적으로 고안되었다. 고온형 연료전지 발전시스템에는 연료전지 스택에서의 전기화학반응에 필요한 공기(산소)의 공급을 위하여 일반적으로 송풍기가 사용된다. 또한 연료전지 스택은 공급되는 연료의 약 80~85% 정도만이 반응하도록 설계되기 때문에 반응하지 않은 연료의 연소를 위하여 연료전지 스택 후방의 연소기, 연소된 고온가스와 스택으로 공급되는 공기의 열교환을 위한 복열기(recuperator)등을 필요로 한다. 이러한 고온형 연료전지 발전시스템을 가스터빈으로 대체하여 하이브리드화하면(그림 7-51 (b)) 다음과 같은 장점이 있다. 첫째, 가스터빈의 압축기를 통과한 가압된 공기를 연료전지 스택으로 공급할 수 있어 스택자체의 효율이 높아진다. 둘째, 연료전지 출구의 고온($600 \sim 1000℃$) 반응가스가 터빈을 구동함에 따라 터빈과 한 축으로 연결된 압축기를 구동하고, 시동 시를 제외한 운전 중에 공기공급을 위한 별도의 전력사용이 필요없다. 셋째, 압축기를 구동 후 여분의 터빈동력으로 추가전력을 생산하여 결과적으로 전체시스템의 발전효율이 증가한다.

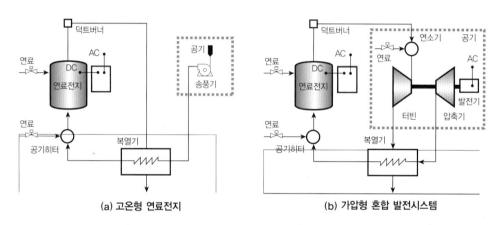

(a) 고온형 연료전지   (b) 가압형 혼합 발전시스템

그림 7-51 (a) 고온형 연료전지 발전시스템과 (b) 가압형 하이브리드 발전시스템의 개략도

연료전지와 가스터빈의 하이브리드 동력원은 환경친화성과 실현가능한 기술 등의 관점에서 볼 때 많은 가능성을 갖고 있다. 가스터빈은 천연가스로부터 저공해이며 값싼 전기를 생산 할 수 있지만, 그 효율은 연소과정에 의해 열역학적으로 제한된다. 반면에 연료전지는 상대적으로 작은 규모에서 저공해와 고효율 등의 장점이 있지만, 단기에 여러 가지 적용분야에 사용하기에는 비용이 너무 높다. 600℃ 이상의 고온에서 연료전지를 가스터빈에 결합하면, 각 기술의 하나만 이용하여 전기를 생산하는 경우보다 고효율의 전기를 생산할 수 있다. 연료전지/가스터빈의 하이브리드 시스템을 단순히 표현하면, 가스터빈 연소기가 고온 연료전지에 의해 대체된 것이다. 이것은 전체 시스템의 전기효율을 저위발열량(LHV: lower heating value) 기준 약 70% 또는 그 이상 증가할 수 있다. 또, 동력사이클에서 잔류에너지를 더 효과적으로 사용하기 위하여 연료전지는 가스터빈 하류에 위치 할 수 있다. 두 형상 모두에서, 열회수 증기사이클은 과정에서 생성된 열 또는 추가적인 전기를 생산하기 위하여 하류에 위치할 수 있다. 이렇게 배치하려는 형상의 선택은 선정하려는 연료전지 기술과의 함수관계에 있다. 용융탄산염 연료전지의 작동온도는 650℃의 영역으로 '하단(bottoming)' 모드에서 작동되는 것이 더 적당한 반면에, 고체산화물 연료전지는 작동온도가 1000℃로 '상단(topping)' 모드에서 효과적으로 작동한다. 이러한 배치는 그림 7-52에 보는 것과 같으며, 더 복잡한 통합 체계도 가능하다.

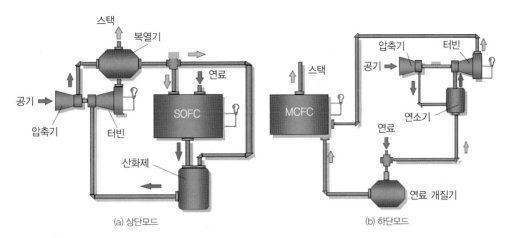

그림 7-52 기본적인 고체산화물 연료전지와 용융탄산염 연료전지/가스터빈 하이브리드 시스템 형상

두 연료전지들은 탄화수소와 일산화탄소를 직접적으로 개질하여 수소로 만들며, 추가적인 연료개질 시스템 요소들 없이 사용 가능한 연료(천연가스, 쓰레기 매립지 가스, 석탄에서 만들어지는 합성가스)로 운영할 수 있다. 그러나 쓰레기 매립지 가스 연료로 작동 시 연료 취급 장치 또는 정화장치가 필요하다. 이러한 발전시스템은 물과 공기의 취급, 열회수 장치, 직류/교류 전력 조절 장치, 제어부 등으로 구성된다. 화석연료의 연소방식으로 발전되는 기존의 전력시스템과 비교하면, 연료전지 하이브리드 시스템은 공해를 최소화하며 대체로 높은 효율을 갖는다. 표 7-6은 연료전지 하이브리드 시스템의 기술성능 특성을 요약한 것이다. 연료전지 하이브리드 시스템은 신속히 가동될 수 있지만, 높은 초기투자비와 시동/정지 문제 때문에 고 용량에 유리하다. 기저부하 적용에 더 유리한 열병합발전이 가능하지만, 높은 효율과 배기가스의 낮은 온도 때문에, 폐열의 질과 양은 제한된다. 연료전지 하이브리드 사이클에 사용되는 연료전지의 형태는 연료정화의 필요뿐 아니라 전체 시스템의 구조에도 영향을 미친다. 고체산화물 연료전지는 고온에서 작동됨으로 상단 사이클이 최적이고, 용융탄산염 연료전지 시스템 보다 연료의 높은 황 함유물이 허용된다. 표 7-7은 연료전지/가스터빈 하이브리드 시스템에서 용융탄산염 연료전지 조합과 고체산화물 연료전지 조합의 기술적인 특성을 비교하여 정리한 것이다.

표 7-6 연료전지/가스터빈 하이브리드 시스템의 기술 성능 특성

전기효율(%)	65-75 %	
수명(년)	20-30(대략 예측)	
배기(g/kWh) CO_2(천연가스 연료) SO_2 NO_x CO HC	현재 270-310 @ 65-75 % 무시 0.009 이하 0.027 이하 0.015 이하	미래(2020) 270-310 @ 65-75 % 무시 0.009 이하 0.027 이하 0.015 이하

임무 사이클	■ 신속함 ■ 일반적으로, 높은 초기투자비와 시동/정지 문제 때문에 고용량(65% 이상)에 유리. ■ 기저부하 작동에 유리한 고온 연료전지는 열병합발전에 적당함. ■ 낮은 온도/배기(T/E) 비율에 의하여 폐열의 질은 제한적.
시스템 크기	■ 마이크로터빈 하이브리드: 200 – 500kW ■ 그 외: 25MW까지
유지 · 보수 조건	■ 분기별/연간: 일상적으로 예방적인 유지/보수/검사 ■ 5–10년: 스택 교체 ■ 플랜트 30년 수명

표 7–7 용융탄산염 연료전지 하이브리드 시스템과 고체산화물 연료전지 하이브리드 시스템의 기술 특성

	용융탄산염 연료전지 (MCFC) 하이브리드	고체산화물 연료전지 (SOFC) 하이브리드
작동온도(℃)	600–650	800–1,000
전기효율(% LHV)	65–75%	65–75%
연료전지[1]에 관한 동력사이클	하단(bottoming)	상단(topping)
황의 허용치	1ppm 이하(황과 악취를 제거하기 위한 천연가스의 정화를 내포)	50ppm이하(파이프라인 천연가스 수용 가능. 다른 연료는 정제가 필요함)
상용화	현재 생산품 개발은 연료전지 시스템만 중점을 둠	2020[2]
기타 문제들	■ 하단 사이클의 저압은 연료전지 동력밀도가 낮음 ■ 저온은 복잡한 열처리 시스템을 의미	■ 상단 사이클은 복잡한 제어시스템이 필요함

그림 7–53은 발전시스템의 종류에 대한 출력의 크기와 효율을 나타낸 것으로, 천연가스 동력시스템과 연료전지/가스터빈 하이브리드 시스템의 효율을 다른 시스템과 비교하였다. 고체산화물 연료전지와 가스터빈의 조합이 디젤 또는 가스연료의 연소엔진 보다 2배 이상 효율이 높음을 알 수 있다.

---

1 하단 사이클은 연료전지가 사이클의 가장 낮은 온도에 위치한(가스터빈의 하류) 반면에, 상단 사이클은 연료전지가 사이클의 가장 높은 온도에 위치(가스터빈 연소실)

2 US DOE, Energy Efficiency & Renewable Energy, National Energy Technology Laboratory(NETL),
(http://www.netl.doe.gov/technologies/coalpower/fuelcells/hybrids.html)

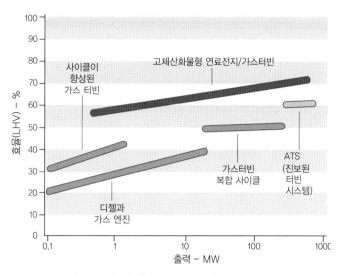

그림 7-53 연료전지/가스터빈 하이브리드 시스템의 효율

그림 7-54는 Siemens-Westinghouse와 Ztek의 고체산화물 연료전지-마이크로터빈 플랜트 하이브리드 시스템으로, University of California, Irvine의 국립 연료전지 시험센터(National Fuel Cell Test Center)에 설치되어 실증 운용 중에 있다. 그림 7-55는 고체산화물 연료전지와 가스터빈의 하이브리드 사이클 구성도를 나타내며, 천연가스를 연료로 사용하기 때문에 연료개질기 용도의 복열기/연료히터와 탈황기가 포함되어 있다.

그림 7-54 하이브리드 고체산화물 연료전지-
마이크로터빈 플랜트(220kW급)[16]

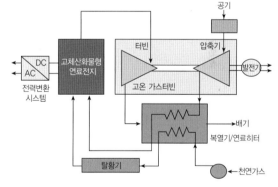

그림 7-55 고체산화물 연료전지/가스터빈 하이브리드 사이클 구성도

중대형 정치용 분산전원의 대표적인 것은 그림 7-56의 독일의 Siemens 사에서 개발한 220kW급(고체산화물 연료전지 200kW, 마이크로가스터빈 20kW) 복합발전 시스템으로, 일본의 Mitsubishi Heavy Industry, 전력공급사, TOTO 사, 호주의 Ceramic Fuel Cell 사 등이 선두그룹이다. 주로 수백 kW의 중형에서부터 수 MW 이상의 대형 시스템을 목표로 개발을 진행하고 있다. 이 시스템은 고체산화물 연료전지 단독 시스템 또는 효율을 증가시키기 위하여 가스터빈-증기 터빈을 결합한 복합 발전시스템으로 개발되고 있다. 미국 에너지부의 지원 하에 MW급 발전시스템 개발을 수행하고 있으며, 이 시스템은 기본적

으로 220kW급 시스템과 동일한 구조를 갖는다. 3MW 시스템의 경우에, 고압형 고체산화물 연료전지의 출력은 1.8MW, 가스터빈출력은 1.2MW, 시스템의 발전효율은 63%, 고체산화물 연료전지와 가스터빈의 압력비는 6:1로 설계되었다. 시스템의 규모가 작을 경우 압력비를 3:1로 낮추어 제작한다. 고체 산화물 연료전지는 세 개의 모듈로 구성되어 있으며, 모듈당 전지수는 2,496개이고, 전지 직경 및 길이는 각각 2.2cm, 150cm이며, 전지당 출력은 6기압에서 250W이다.

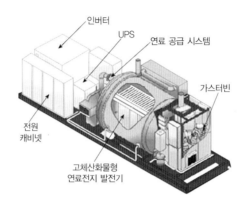

그림 7-56 220kW급 고체산화물 연료전지-가스터빈 복합발전 시스템[19]

7.7.1 생산품 현황

그림 7-57은 원통형 고체산화물 연료전지 기술의 간략한 설명을 나타내며, Siemens가 최초로 연료전지 하이브리드 생산품을 출시할 것으로 예상된다. 반면에 Ztek은 평면형(planar) 고체산화물을 기본으로 하는 연료전지 하이브리드 시스템을 개발 중이다. Edison Technology Solution이 200kW Siemens 고체산화물 연료전지와 50kW 마이크로터빈을 사용하는 프로젝트를 수행하는 것 이외에는, 적극적으로 하이브리드 시스템을 개발하고 있는 주요한 연료전지 제작사가 없는 실정으로, 미국 에너지부와 California Energy Commission에서 자금지원을 받는 프로젝트가 수행 중이다.

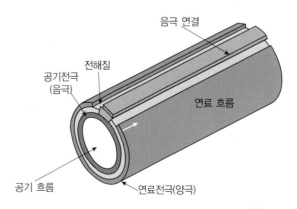

그림 7-57 Siemens의 원통형 고체산화물 연료전지 기술[19]

7.7.2 연료전지 하이브리드 시스템의 적용과 장벽

연료전지 하이브리드 시스템은 상대적으로 고가의 초기투자비와 효율이 높기 때문에 기저부하용 전력생산에 가장 적당하다. 이 시스템 운영에 필요한 고온은 최소한의 시동/정지와 열 사이클의 연속적인 작동에 유리하다. 열병합발전이 가능하지만, 높은 효율은 폐열의 양과 온도를 제한한다. 산업체가 점진적으로 온도/배기 비율을 감소해 감에 따라, 연료전지 하이브리드 시스템은 점점 더 매력적이지만, 향후 연료전지 하이브리드 시스템의 시장은 아직 명확하지 않다. 연료전지 하이브리드 시스템의 중요한 장벽은 에너지 가격이 낮은 미국에서 선도적인 적용분야에 의존한다. 가스터빈이 복합사이클 모드에서 이미 고효율을 달성하였기 때문에 연료전지 하이브리드 시스템은 가능한 작게 만들어야 한다. 에너지 가격이 상승하거나 지구온난화를 유발하는 온실가스의 감축이 목표로 정해질 때, 연료전지 하이브리드 시스템은 이러한 문제를 해결할 수 있는 방안이 될 것이다.

7.7.3 기술개발의 필요성

연료전지 하이브리드 시스템을 구성하는 고온 연료전지와 가스터빈에 대한 특별한 기술 개발이 필요하다. 새로운 수요가 필요한 곳에 두 기술의 엄격한 통합이 주로 다루어지며, 근본적인 기술의 개발 필요성 보다 공학적인 도전이 더 중요하게 고려된다. 하지만, 형상에 따라 성능이 향상된 고온 열교환기인 복열기(Recuperator)가 필요하다. 이러한 기술의 발전으로 마이크로터빈과 소형 산업용 가스터빈 엔진(예, ATS 프로그램)이 개발되고 있으며, 연료전지 하이브리드 시스템에 적용되어야 한다. 연료전지 하이브리드에 특별히 관련된 연료전지의 개발은 가압작동(pressurized operation)에 관한 것으로, 가압이 연료전지 본체 성능을 향상시키지만, 거의 대기압 근처에서 작동하는 상압형 하이브리드 발전시스템은 그림 5-58 (a)와 같다. 특별히 소형에서는 복잡하고 부차적인 부하가 가압을 약간 어렵게 하지만, 연료전지와 가스터빈의 하이브리드 시스템에서 가스터빈 압축기의 배출압력과 조화시키기 위하여 연료전지는 20기압 정도의 고압에서 작동하는, 가압형 하이브리드 시스템(그림 7-58 (b))이 필요하다.

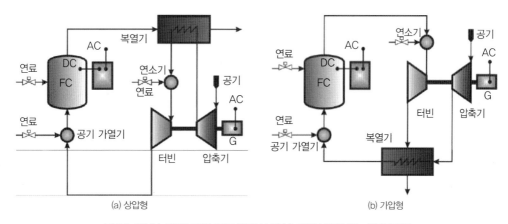

그림 7-58 (a) 상압형 하이브리드 발전시스템 (b) 가압형 하이브리드 발전시스템

7.8 연료전지의 문제점

연료전지의 잠재적인 장점은 중요하지만, 연료전지의 상용화가 성공하고, 소비자들이 선택할 수 있는 대안이 되려면, 기술적인 많은 문제들을 극복해야 한다. 가격과 내구성, 크기, 무게, 열과 물의 처리문제 등이 연료전지 기술의 상용화를 가로 막는 장애요소들이다. 수송용의 경우에는 이러한 기술들이 가격과 내구성에 엄격히 연관된다. 전력생산을 위한 정치용에서는 열과 전력이 함께 필요한 열병합발전이 요구되므로, 성능 증가를 위하여 작동온도를 상승시키는 고분자전해질 연료전지의 사용이 장점이 있다. 중요한 당면과제는 다음과 같다.

7.8.1 가격

가격은 연료전지의 개발과 적용을 위하여 가장 큰 문제로, 각각 다른 종류의 연료전지에서도 같은 요인을 갖는다. 어떤 연료전지는 극한 고온에 저항력 있는 비싼 재료가 필요한 반면에, 일부 연료전지는 값비싼 귀금속의 촉매가 필요하다. 또한 가격은 연료전지의 내구성, 작동 수명시간, 연료공급과 저장장치, 연료전지 사용의 각각 다른 관점에 관련된다. 연료전지 시스템의 가격은 기존의 기술과 경쟁하려면 낮추어야 한다. 현재 자동차 내연기관은 \$25 – \$35/kW이어서, 수송용 연료전지 시스템은 \$30/kW이어야만 경쟁이 가능하다. 정치용 시스템의 가격은 상승하여 초기가격이 \$1000/kW이고, 보급가격이 \$400 – \$750/kW이면 적절하다.

7.8.2 내구성과 신뢰성

연료전지 시스템의 내구성(durability)과 신뢰성(reliability)은 아직 입증되지 않았다. 수송용에서 연료전지 시스템은 현재 자동차엔진의 내구성과 신뢰성 수준인 5,000 시간 수명(150,000miles)과 차량 작동온도(40~80℃)의 영역에서 임무를 잘 수행하는 능력이 요구된다. 정치용으로 연료전지가 시장에서 채택되려면 온도가 영하 35℃에서 영상 40℃ 구간에서 40,000시간 이상 확실히 작동해야 한다. 특별히, 고온 연료전지는 재료가 파손되거나 작동 수명시간이 줄어드는 경향이 있다. 고분자전해질 연료전지는 신뢰적이고 경제적으로 운영하기 위하여 효율적인 물 관리 시스템(water management system)을 갖추어야 한다. 또한 모든 연료전지는 온도에 변화하며 연료전지 성능과 수명을 감소시키는 촉매 피독 현상에 노출되기 쉽다. 이러한 분야에 관한 연구가 진행 중이고, 새로운 부품과 설계의 내구성을 실험하기 위한 실증프로그램도 수행 중에 있다.

7.8.3 공기, 열, 물관리 시스템

연료전지의 공기관리 시스템은 수송용 연료전지 적용에 대한 현재의 압축기 기술이 아직 적합하지 않기 때문에 당면한 과제이다. 그리고 연료전지의 열과 물관리 시스템도 작동온도와 대기온도 사이의 작은 온도 차이로 인하여 대형 열교환기가 필요하므로 또한 문제이다.

7.8.4 개선된 열회수 시스템

저온에서 작동하는 고분자전해질 연료전지는 열병합발전(CHP: combined heat and power)에서 효과적으로 사용할 수 있는 열의 양이 제한된다. 고온에서 작동하거나 더 효율적으로 열을 회수하는 시스템 개발 기술들이 필요하며 개선된 시스템의 설계로 인하여 열병합 효율이 80% 이상이 되어야 한다. 또한 정치용 연료전지 시스템으로부터 저온의 열을 방출하며 냉각이 가능한 건조 냉각사이클(desiccant cooling cycle)의 재생 건조와 같은 기술들도 평가할 필요가 있다.

7.8.5 연료문제

순수한 수소로부터 동력을 얻는 연료전지의 연료관련 문제들인 생산, 공급, 저장장치, 안전에 관하여 간략히 살펴보면 다음과 같다.

(1) 생산

현재 수소는 가솔린과 같은 기존연료 보다 생산 가격이 가장 고가이며, 적절한 가격의 수소 생산방법은 온실가스를 생성한다.

(2) 공급

기존연료를 소비자에게 공급하는 현재의 시스템에서는 수소를 사용할 수 없기 때문에, 새로운 인프라를 개발하고 보급해야 한다. 개발단계에서 일부 잠재적인 기술이 발전하고 있어서 완전한 인프라의 요구조건이 아직 결정되지 않고 있다.

(3) 저장장치

수소는 체적 당 에너지 밀도가 낮기 때문에 대부분의 적용에 가능하도록 합당한 크기의 공간에 충분한 양을 저장하기 어렵다. 이것은 작은 탱크 내에 수소를 저장해야 하는 수소연료 연료전지자동차의 특별한 문제이다. 현재 고압저장탱크가 개발 중이고 금속 하이드라이드(metal hydrides)와 탄소나노구조(carbon nanostructure)와 같은 다른 저장기술의 사용도 연구되고 있다. 이러한 재료들은 고농도의 수소를 흡수하고 보유할 수 있다.

(4) 안전

가솔린이나 다른 연료와 같이 수소도 안전 위험이 있어서 조심스럽게 취급해야 한다. 가솔린은 상당히 친숙하지만, 수소의 취급은 모두에게 새롭다. 따라서 개발자들은 매일 사용하는 안전을 위하여 새로운 연료 저장장치와 공급장치를 최적화해야 하고, 소비자들은 수소의 물성과 위험에 친숙해져야 할 것이다.

7.8.6 국민적 수용

연료전지 기술의 장점은 많이 있지만, 소비자가 연료전지기술과 직접적으로 마주치는 수송용, 가정용, 휴대용에서 소비자에 의해 수용되어야 한다. 소비자가 새로 구입하는 최신장치에 관심을 갖는 것과 같이, 소비자는 연료전지 동력장치의 신뢰성과 안전에 관심을 기울일 수 있다.

[1] US DOE, Energy Efficiency and Renewable Energy: Fuel Cells(http://www1.eere.energy.gov/hydrogenandfuelcells/fuelcells/fc_types.html)

[2] Ballard(http://www.ballard.com/)

[3] Fuel Cell, http://en.wikipedia.org/wiki/Fuel_cell

[4] US Department of Energy, Office of Fossil Energy,
http://www.fe.doe.gov/programs/powersystems/fuelcells/fuelscells_phosacid.html

[5] Versa Power Systems(http://versa-power.com/index.htm)

[6] The Unitized Regerative Fuel Cell(https://www.llnl.gov/str/Mitlit.html)

[7] AeroVironment, Inc.(http://www.avinc.com/)

[8] NASA Dryden Flight Research Center,
(http://www.nasa.gov/centers/dryden/news/FactSheets/FS-068-DFRC.html)

[9] http://www.hydrogencarsnow.com/ford-focus-fcv.htm

[10] UTC Power(http://www.utcfuelcells.com/)

[11] Honda Fuel Cell Electric Vehicle(http://world.honda.com/FuelCell/)

[12] Honda FCX Clarity
(http://automobiles.honda.com/fcx-clarity/specifications.aspx)

[13] Collecting the History of Fuel Cells(http://fuelcells.si.edu/)

[14] How Fuel Cells Work, http://www.howstuffworks.com/fuel-cell.htm

[15] Breakthrough Technologies Institute, Fuel Cells 2000, http://www.fuelcells.org/

[16] National Fuel Cell Research Center(http://www.nfcrc.uci.edu/)

[17] US EPA, Fuel Economy, http://www.fueleconomy.gov/feg/fuelcell.shtml

[18] Methanol Institute(http://www.methanol.org/Energy/Fuel-Cells.aspx)

[19] Siemens
(http://www.energy.siemens.com/entry/energy/hq/en/?tab=energy-1213565-Power%20Generation)

[20] ZTEK Corporation(http://www.ztekcorporation.com/sofc_turbine.htm)

[21] 윤천석 외, 2002년 신기술동향조사보고서 가스터빈엔진, 특허청, pp. 69-90, 2002

[22] 윤천석, 환경 관련 자동차엔진 기술동향 발표자료, 특허청, 발간등록번호 11-1430000-000197-01, 2001. 5. 10

[23] 윤천석, 가스터빈 엔진 발표자료, 특허청, 2002. 10. 31

[24] 임희천, "분산형 발전방식과 연료전지," 기계저널, pp. 48-56, Vol. 43, No. 10, 2003

[25] 송락현, 신동열, "고체 산화물 연료전지," 기계저널, pp. 42-46, Vol. 42, No. 2, 2002

[26] 양수석, 이진근, 손정락, 조형희, "가스터빈/연료전지 혼합형 발전시스템," 기계저널, pp. 47-50, Vol. 42, No. 2, 2002

[27] James Larminie, Andrew Dicks, Fuel cell Systems Explained, John Wiley & Sons, Ltd. 2000

[28] Arthur D. Little Inc., "Opportunities for Micropower and Fuel Cell/Gas Turbine Hybrid Systems in Industrial Applications," January 2000

[29] 김재환, 양수석, 이대성, "연료전지/마이크로터빈 하이브리드 발전시스템," 기계저널, pp. 61-65, Vo. 43, No. 4, 2003

[30] Fuel Cells for Power, http://www.fuelcellsforpower.com/

[31] Horizon Fuel Cell Technologies(http://www.horizonfuelcell.com/)

[32] University of Cambridge
(http://www.doitpoms.ac.uk/tlplib/fuel-cells/mcfc_history.php)

PART A _ 개념문제

01. 연료전지가 언제부터 본격적으로 실용화가 되었는가?

02. 연료전지 종류 중 어떤것이 가장 발전효율이 높은가?

03. 연료전지의 작동원리를 설명하시오.

04. 연료전지와 전지는 어떻게 비슷하고, 어떻게 다른가?

05. 연료전지와 내연기관은 어떻게 다른가?

06. 수소-산소 연료전지에서 주요 화학반응은 무엇인가?

07. 연료전지 시스템에서 4개의 주요부품을 나열하라.

08. 연료전지의 종류들을 나열하고 장단점을 간단하게 설명하시오.

09. 이온과 전해질에 따라 연료전지를 분류하고 전해질과 용도에 관하여 설명하시오.

10. 연료전지의 문제점에 관하여 설명하시오.

11. 정치형 전원에 대해서 설명하시오.

12. 연료전지가 어떻게 휴대용 전원으로 쓰이는지 간단하게 설명하라.

13. 연료전지와 가스터빈을 함께 사용하는 연료전지 하이브리드 시스템에서 상압형 하이브리드 발전시스템과 가압형 하이브리드 발전시스템에 관하여 설명하시오.

PART B _ 계산문제

14. 80℃, 1기압 조건에 100cm² 연료전지가 작동한다. 전압이 0.8V, 전류밀도가 0.7A/cm², 전체전류가 70A이면, 전지에 의해 발생되는 1분당의 과잉열을 구하라.

15. 주위 조건이 25℃, 1기압이면 연료전지의 화학과정(H_2의 mol당)에서 Gibbs 자유에너지를 구하라. 수소/공기 연료전지 반응식을 작성하라.

16. 25℃, 1기압에 수소/공기 연료전지의 전압을 계산하라.

17. 연료전지의 음극에서 "활성화 과전압(activation overvoltage)"에 의한 손실만이 존재할 때, 전압은 다음과 같은 식으로 표현된다.

$$V = E - A\ln\left(\frac{i}{i_0}\right) \tag{Q7.17-1}$$

공기를 사용하는 양성자교환박막(PEM) 연료전지에서 상시 압력과 온도 30℃에서 E, A, i_0의 상수들은 각각 1.2V, 0.06V, 0.04mA/cm²이다. 내부전류밀도가 2.0mA/cm²일 때, 개방회로 전압(V)을 계산하라.

18. 연료전지가 생산하는 물의 양과 가솔린 내연기관이 생산하는 물의 양이 비슷하다. 수소 연료전지 차량이 수소의 가솔린연료와 동등한 수소 2gallon으로 주행할 수 있는 거리와 물의 방출량을 계산하라.

19. Ford의 수소연료전지자동차인 Focus FCV 차량은 Ballard Power System 사의 연료전지모듈인 Mark 900을 사용하고 있다. 표 7−5로부터, 동력밀도(power density)와 비출력(specific power)을 아래의 식들을 이용하여 계산하라. [kW/m³, W/kg]

$$Power\ Density = \frac{Power}{Volume} \tag{Q7.19-1}$$

$$Specific\ Power = \frac{Power}{Mass} \tag{Q7.19-2}$$

20. 연료전지에서 사용되는 공기의 질량유량은 화학양론 계수 λ를 고려하면 다음의 식과 같다.

$$Air\ flowrate[kg/s] = 3.57 \times 10^{-7} \times \lambda \times \frac{P_e}{V_c} \tag{Q7.20-1}$$

여기서 P_e, V_c는 전력과 스택의 전지전압을 각각 나타낸다. 그림 7–59는 Ballard Power System 사의 368kW 고분자전해질 연료전지가 버스에 탑재된 사진이다. 전력이 368kW, 평균 전지전압(V_c)이 0.62V, 공기 화학양론 계수가 2일 때, 공기의 질량유량을 계산하라.

그림 7–59 버스에 탑재된 368kW 양성자교환박막 연료전지[2]

21. 문제 7.20의 공기의 질량유량을 공급하기 위하여 연료전지에 필요한 압축기 구동동력은 다음의 식으로부터 계산한다.

$$Power[W] = C_p \frac{T_1}{\eta_c}\left[\left(\frac{P_2}{P_1}\right)^{\frac{\gamma-1}{\gamma}} - 1\right]\dot{m} \qquad \text{(Q7.21-1)}$$

여기서 C_p는 공기의 정압비열, T_1은 압축 전의 온도, η_c는 압축기의 효율, P_2는 압축 후의 압력, P_1은 압축 전의 압력, γ는 비열비, m은 공기의 질량유량을 각각 나타낸다. 압축기의 효율이 0.6, 공기의 유입온도가 300K, 유입압력이 100kPa, 정압비열이 1004J/(kg · K), 비열비가 1.4, 압축비가 4일 때, 압축기에 필요한 동력을 계산하라.

22. 연료전지 압축기 구동에 필요한 터빈의 유용한 동력은 다음의 식과 같다.

$$Power[W] = C_p \eta_T T_1\left[\left(\frac{P_2}{P_1}\right)^{\frac{\gamma-1}{\gamma}} - 1\right]\dot{m} \qquad \text{(Q7.22-1)}$$

여기서 C_p는 공기의 정압비열, η_T는 터빈의 효율, T_1은 팽창 전의 온도, P_2는 팽창 후의 압력, P_1은 팽창 전의 압력, γ는 비열비, m은 공기의 질량유량을 각각 나타낸다. 터빈의 효율이 0.6, 공기의 유입온도가 363K, 정압비열이 1100J/(kg · K), 비열비가 1.33, 팽창 전의 압력이 280kPa, 팽창 후의 압력이 150kPa, 질량유량이 0.32kg/s일 때, 터빈의 유효 동력을 계산하라.

23. 문제 7.20의 수소 연료전지에 공급되는 수소량은 화학양론에서 작동 시 다음의 식과 같다.

$$H_2 \text{ 사용량 } [kg/s] = 1.05 \times 10^{-8} \times \frac{P_e}{V_c} \qquad \text{(Q7.23-1)}$$

여기서 P_e, V_c는 전력과 스택의 전지전압을 각각 나타낸다. 조건이 문제 11번과 같을 때, 수소의 사용량을 결정하라.

24. 1kW 연료전지가 전지전압 0.7V에서 1시간 동안 자동한다. 이 때 발생하는 물생성률, 1시간 동안 생산되는 물의 질량, 부피를 각각 구하라. 물생성률에 관한 식은 다음과 같다.

$$물 \text{ 생성률 } [kg/s] = 9.34 \times 10^{-8} \times \frac{P_e}{V_c} \qquad \text{(Q7.24-1)}$$

여기서 P_e, V_c는 전력과 스택의 전지전압을 각각 나타낸다.

25. 연료전지가 작동할 때, 부수적으로 열이 생산된다. 열생성률에 관한 식은 다음과 같다.

$$열 \text{ 생성률 } [W] = P_e\left(\frac{1.25}{V_e} - 1\right) \qquad \text{(Q7.25-1)}$$

여기서 P_e, V_c는 전력과 스택의 전지전압을 각각 나타낸다. 조건이 문제 7.24와 같을 때, 열생성률을 계산하라.

26. 전류밀도 i에서 연료전지 작동전압에 관한 식은 다음과 같다.

$$V = E_{oc} - ir - A\ln(i) + m\exp(ni) \qquad \text{(Q7.26-1)}$$

표 7–8의 상수값을 사용하여 PEMFC와 SOFC에 대하여 x축이 전류밀도, y축이 전지 전압을 나타내는 그래프를 각각 그려라.

표 7–8 식(Q7.17–1)의 상수값들

상수	단위	Ballard Mark VPEMFC @ 70°C	고온 SOFC
E_{oc}	V	1.031	1.01
r	$k\Omega\ cm^2$	2.45×10^{-4}	2.0×10^{-3}

상수	단위	Ballard Mark VPEMFC @ 70°C	고온 SOFC
A	V	0.03	0.002
m	V	2.11×10^{-5}	1.0×10^{-4}
n	$cm^2\,mA^{-1}$	8×10^{-3}	8×10^{-3}

27. 하이브리드 연료전지 Ferry호의 동력원 후보인 Anuvu 사에서 생산하는 Carbon X-fuel cell 스택의 제원은 표 7-9와 같다. 동력밀도(power density)와 비출력(specific power)을 계산하라. [kW/L, W/kg]

표 7-9 Anuvu 연료전지 Carbon X-fuel cell 스택의 제원

질량	15kg	작동온도	60°C
길이×너비×높이	190×190×370(mm)	최대출력	6kW

28. 100kW를 생산하는 연료전지가 연간 8,760시간 가동된다. 전기가격은 $0.035/kWh이고, 월간 청구비용은 $10/kW이다. 연료전지로 생산하는 전기출력의 연간 가치는 얼마인가?

29. Solid Oxide 연료전지(SOFC)가 2MW를 생산할 수 있다. 연간 8,760시간 가동된다. 전기가격은 $0.035/kWh이면, 연료전지로 생산하는 전기출력의 연간 가치는 얼마인가?

08

바이오매스
Biomass

바이오매스는 식물과 동물에서 만들어지는 유기물 재료로, 햇빛으로부터 저장된 에너지를 함유한다. 식물은 광합성 과정을 통하여 햇빛 에너지를 흡수하며, 식물의 화학에너지는 동물과 사람들이 먹을 수 있는 음식물로 전환된다. 그림 8-1은 주생산자인 식물, 주 소비자인 초식동물, 2차 소비자인 육식동물, 3차 소비자인 육식동물로 구성되는 바이오매스 피라미드를 나타내며, 단위면적 당 열량이 줄어든다. 바이오매스는 나무와 농작물로 성장하고 폐기물이 항상 존재하기 때문에 재생에너지이다.

그림 8-1 바이오매스 피라미드[1]

그림 8-2는 바이오매스의 성장, 재배, 수확 과정을, 그림 8-3은 광합성 과정을 각각 나타낸다. 식물은 햇빛의 복사에너지를 포도당 또는 설탕의 형태인 화학적 에너지로 변환한다. 즉, 광합성과정은 물, 이산화탄소, 햇빛이 반응물로 화학작용을 일으켜 포도당과 산소의 생성물을 만든다. 이러한 변환과정을 화학식으로 표현하면 다음과 같다.

$$6H_2O + 6CO_2 + 빛 \rightarrow C_6H_{12}O_6 + 6O_2 \tag{8.1}$$

그림 8-2 바이오매스의 성장, 재배, 수확과정

그림 8-3 광합성 과정

연소가 일어나면, 바이오매스의 화학에너지는 열로 방출된다. 그림 8-4는 바이오매스 연료로 사용되는 가열용 목재의 연소를 보여준다. 벽난로에서 연소되는 나무들은 바이오매스 연료로, 목재 폐기물과 쓰레기는 전기생산용 증기를 발생하는데 사용되며, 수 천 년 동안 주택과 건물의 난방용으로도 사용되었다. 사실 바이오매스는 대부분의 개발도상국에서 주요한 에너지 원천으로 계속하여 사용되고 있다. 나무, 식물, 농경 또는 임산물 찌꺼기, 도시와 산업용 쓰레기의 생물학적 부분들과 같은 다양한 바이오매스의 형태들이 있으며, 현재 에너지원으로 사용되고 있다. 오늘날 많은 바이오에너지원은 바이오에너지 공급재료(bioenergy feedstock)라 불리는 빨리 성장하는 나무와 풀과 같은 에너지 작물의 경작으로 보충된다.

그림 8-4 바이오매스 연료로 단순히 사용되는 예

그림 8-5는 바이오매스의 에너지 순환구조를 나타낸다. 바이오에너지라고도 불리는 바이오매스는 전기생산, 열, 화학제품, 또는 자동차 연료로 사용되거나, 액체 또는 기체형태로 변환되어 이용되며, 정미(net) 온실가스를 발생시키지 않는다. 다른 재생에너지와는 달리 수송용에 사용하기 위하여 직접 액체로 변환될 수 있는 바이오매스를 바이오연료(biofuel)라고 하며, 에탄올과 바이오디젤의 2가지로 분류된다. 알콜인 에탄올은 맥주 양조과정과 유사하게 옥수수 같은 탄수화물을 고도로 발효시켜 생산된다. 에탄올은 차량으로부터 배출되는 일산화탄소와 스모그를 유발하는 배기가스를 감소하기 위하여 보통 연료첨가제로 사용된다. 에스테르인 바이오디젤은 식용유, 동물의 지방, 해조류, 재생된 요리용 수지 등을 이용하여 만들어지며, 차량의 배기가스를 감소하는 디젤첨가제로 사용되거나 순수하게 차량연료로 사용될 수 있다. 2017년 기준, 바이오매스는 미국에서 재생에너지 생산량 중 수력과 태양에너지 다음으로 많이 사용하며, 주요 에너지 생산량의 약 9%를 점유한다[2].

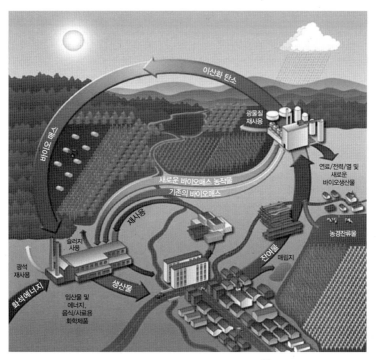

그림 8-5 바이오매스의 에너지 순환구조[3]

연료로 바이오매스를 사용하면 화학적 변환에 따라 열이 발생하며, 이 연료로 석유처럼 연소시켜 전기를 생산한다. 또한 바이오매스는 전기생산 또는 제작공정용 증기를 만들기 위하여 직접 연소된다. 증기발전소에서는 고온고압의 증기가 터빈을 통과하여 같은 축에 연결된 발전기를 구동함으로 전기를 생산한다. 목재와 제지산업에서 나무 찌꺼기들이 보일러로 공급되어 제작공정용 증기를 생산하거나 건물 난방용에 사용된다. 일부 석탄화력발전소는 효과적인 배기가스 감축을 위하여 고효율 보일러의 보조에너지원으로 바이오매스를 사용한다. 또한, 바이오매스로부터 생산된 가스도 전기를 생산하는데 사용된다. 가스화시스템은 고온을 사용하여 바이오매스를 수소, 일산화탄소, 메탄의 혼합물인 가스로 변환한다. 이 가스는 발전용 가스터빈엔진의 연료로 사용되어, 전기발전기를 구동한다. 또한 쓰레기 매립지에서 발생하는 부패된 바이오매스는 매립지가스인 메탄가스를 생산하며, 이 가스는 전기생산 또는 산업공정용 증기를 생산하기 위하여 보일러에서 연소된다. 현재 석유로 만들어지는 부동액, 플라스틱, 개인용품들과 같은 상품들에 대하여 바이오 근간의 새로운 기술을 이용하여 화학제품과 재료를 만드는 연구가 진행되고 있다. 일부 경우에, 이러한 생산품들은 미생물에 의해 무해물질로 완전히 분해 될 수 있다. 바이오 근간의 화학제품과 재료들을 시장에 출시할 수 있는 기술들은 아직 개발 중에 있으며, 이러한 제품의 잠재적인 장점은 많다.

8.1 바이오매스

바이오매스는 식물을 재배하는 동안 부차적으로 생산되는 재생에너지 원으로, 지구표면에 고루 분포되어 있으며, 비용이 저렴한 기술을 사용하여 개발할 수 있다. 또한 지역적, 국가적, 또는 세계 전체를 통하여 자급자족이 충분하며, 비재생에너지와 같은 부정적인 환경영향이 없다. 바이오매스는 광합성을 통하여 저장된 에너지를 함유하며, 이 에너지 함유량은 종이나 동물 폐기물 같이, 나무가 다른 재료로 가공될 때도 여전히 남아있게 된다. 즉, 바이오연료로 생성된 전기나 수송연료와 같이 매일 사용하는 에너지의 형태로 존재한다. 바이오매스 에너지 함유량은 가공되지 않은 재료를 사용 가능한 형태로 변환하는 것으로, 연소, 생화학적 또는 열화학적 과정을 통하여 획득된다.

8.1.1 바이오매스의 종류

그림 8-6은 바이오매스의 종류를 나타내며, 나무, 농작물, 쓰레기, 알콜연료, 쓰레기 매립지가스 등으로 분류된다. 그림 8-7의 나무 부스러기와 목재생산 산업의 잔류물은 전기생산을 위한 가장 경제적인 바이오매스 연료로 사용되고 있다. 인구가 많은 생산시설 근처에는 사용된 화물선적 팔레트와 정원에서 잘라낸 부스러기들이 저가의 바이오매스 공급원이 된다. 에너지 농작물에는 벼 껍질, 사탕수수·사탕무의 찌꺼기로 연료나 펄프의 원료인 바가스(bagasse), 빨리 성장하는 나무 등이 있다. 쓰레기에는 음식, 섬유 등의 유기부산물과 위험하지 않은 도시 고체폐기물 등으로 구성된다.

나무　　　농작물

쓰레기

쓰레기 매립지 가스　　　알콜 연료

그림 8-6 바이오매스의 종류

그림 8-7 나무 부스러기

(1) 농경폐기물

미국에서는 매해 9,500만 톤 이상의 농경폐기물이 발생하며, 밀짚, 옥수수 사료, 과수의 베어낸 것과 같은 농경 잔류물로 구성된다. 또 그림 8-8의 옥수수는 단독으로만 모든 바이오매스의 종류 보다 더 많이 소비된다. 미국의 농부들은 매해 8,000만 에이커의 땅에 옥수수를 심으며, 가능성 있는 사료(잎, 줄기, 옥수수속)로 1억 2천만 톤을 수확한다. 이것은 나무 폐기물과 종이로부터 얻는 유용한 바이오매스의 양보다 4배 정도가 크며, 가장 큰 공급재료 범주에 들어간다.

그림 8-8 옥수수

(2) 삼림폐기물

미국에서 매해 모여지는 삼림폐기물은 1억~2억 8천만 톤에 이르며, 사용하지 않는 나무와 벌목 잔류물, 불완전한 상용나무, 솎아주어야 하거나, 약하며, 타기 쉬운 나무들인 상업용으로 사용할 수 없는 나무로 구성된다. 숲을 솎아주는 것은 미국의 서부 침엽수림 숲이 자연적인 건강을 회복하도록 도울 뿐 아니라, 바이오매스 전력 또는 바이오연료로 변환 될 수 있는 폐기용 나무를 대량 공급해 준다. 그림 8-9는 보일러에 사용하기 위하여 저장 된 후 건조되는 바이오매스 연료를 보여준다.

그림 8-9 보일러에 사용하기 위하여 저장 된 후 건조되는 바이오매스 연료

(3) 도시의 고형 산업 폐기물

2000년에 미국에서 대략 2억 1,600만 톤의 도시 고형 폐기물이 발생하였다. 매해 미국산업체는 약 120억 톤의 폐기물을 발생시켜, 그에 해당하는 양을 처리하거나 매립해야 한다. 산업체나 개인 가정에서 발생되는 폐기물은 거대한 양이기 때문에 쓰레기 그림 8-10의 매집장은 점점 증가하며, 운영을 규제하는 엄격한 법으로 인하여 많은 쓰레기 처리장들이 폐쇄되고 있다. 이러한 폐기물을 쓰레기 처리장에 매립하는 대신에, 그 중에 많은 양이 바이오연료를 만들거나 바이오전기를 생산하는데 사용될 수 있다.

그림 8-10 쓰레기 매립장

(4) 에너지 농작물

미국에서 약 1억 9천만 에이커의 땅이 에너지 농작물을 생산하기 위하여 사용될 수 있다. 에너지 농작물은 연료용으로 특별히 개발하여 성장시키는 농작물로, 그림 8-11의 잡종 포플러, 바가스, 버드나무, 스위치풀(switchgrass)과 같은 빨리 성장하는 나무, 관목, 풀 등을 포함한다. 에너지 농작물은 음식, 사료, 섬유 용도로 사용하지 않는 농경토양에서 재배 될 수 있다. 농부들은 강기슭을 따라 호숫가 또는 농장과 숲 주위, 습지에 에너지 농작물을 재배할 수 있으며, 이러한 습지는 야생동물 서식지를 만들며, 토양을 재생하고, 생물학적으로 다양성을 촉진한다. 나무들은 10년 동안 성장이 가능하고, 그 후에 에너지 용도로 수확된다. 미국 농업부(USDA: United States Department of Agriculture)는 21세기에 약 1억 에이커가 에너지 농작물 재배 용도로 유용할 것이라고 예측한다. 또 에너지 농작물의 장점은 농부들에게 다양한 생산을 통하여, 변동하는 시장으로부터의 위험을 감소시켜 안정된 수입을 얻을 수 있게 한다. 일반적인 현대적 농장은 옥수수, 콩, 우유, 또는 육류와 같이 대개 하나 또는 두개의 주요한 품목을 생산한다. 이러한 운영 방식을 통한 순수한 수입은 시장의 수요, 예상하지 못한 생산비용, 날씨, 또는 다른 인자들에 따라 변동이 심한 약점을 갖고 있다. 에너지 농작물은 질병과 전염병에 대한 저항이 커서 재배 비용이 상대적으로 낮다.

그림 8-11 스위치풀(왼쪽), 바가스(중앙), 잡종 포플러(오른쪽)

8.1.2 기술-바이오매스 전력

바이오매스 전력생산 기술은 화석연료를 사용하는 Rankine 사이클과 유사한 장치를 이용하여 재생 바이오매스 연료를 열과 전기로 변환하는 것으로, 이미 입증된 기술이다. 2010년 기준, 미국에서 재생에너지 자원 중에 바이오매스로부터 생산되는 전기가 수력 다음으로 많으며, 설치된 용량은 10GW에 달한다. 이러한 규모는 기 개발된 직접 연소기술을 근본으로 한다. 일반적으로 재생에너지는 바람의 속도 또는 햇빛의 강도와 같은 환경조건에 따라 변화하지만, 바이오매스는 에너지의 수요가 있을 때까지 바이오매스 안에 저장될 수 있다. 이러한 특징을 수요에 따른 유용도라고 한다. 바이오매스의 직접 연소기술은 현재 개발도상국의 일부와 수 십 년 전 미국에서 요리와 난방용도로 사용되었다. 기술이 개발됨에 따라 바이오매스 연료 에너지로부터 전기를 생산할 수 있게 되었다. 그 크기는 농장 또는 원격지의 마을에 사용 가능한 소규모로부터, 소도시에 전력을 공급하기 충분한 대규모까지 존재한다. 향후 효율 개선을 통하여 기존의 석탄연소 보일러가 바이오매스의 공동연료(co-firing)로 대체될 것이며, 고효율 가스화 복합사이클 시스템의 도입도 포함될 것이다. 그림 8-12는 California 주 Anderson 시에 위치한 50MW급 바이오매스 전력발전소의 사진으로, 인근 사업장에서 생산되는 나무 폐기물 연료로 운영된다.

그림 8-12 California 주 Anderson 시에 위치한 50MW급 바이오매스 전력발전소

(1) 직접연소(direct-combustion)

직접연소는 과잉공기와 바이오매스가 연소되는 것으로, 보일러에서 열교환을 통하여 증기를 발생하는데 사용되는 고온의 가스를 생산한다. 이러한 증기는 증기터빈 발전기에서 전기를 생산한다(그림 8-13).

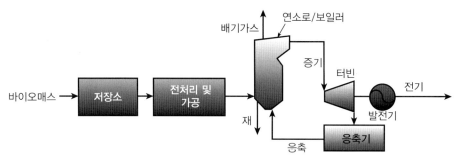

그림 8-13 직접연소/증기터빈 시스템[4]

(2) 공동연료(co-firing)

공동연료는 기존 발전소의 연소기에 연료로 사용되는 석탄과 바이오매스를 함께 사용하는 것이다. 새로운 바이오매스 전력발전을 도입하기 위하여 단기적으로 가장 경제적인 방안이다. 주요 변경 없이 대부분의 기존발진소 장치를 사용하기 때문에, 공동연료는 새로운 바이오 선력발전소를 건설하는 것 보다 저렴하다. 공동연료는 석탄의 액체화(pulverized coal), 사이클론, 유동층 베드(fluidized bed), 확산급탄기(spreader stoker)를 포함하는 다양한 보일러 기술에 대하여 평가되고 있다. 석탄을 대체하는 바이오매스는 이산화황, 질소산화물과 다른 배기가스를 감소시킨다. 보일러 최대성능을 조율한 후에, 바이오매스를 첨가하면 효율 손실은 거의 없다. 바이오매스 에너지를 전기로 변환시키는 효율은 현대의 석탄화력 발전소와 같은 약 33~37% 정도이다. 석탄 화력으로 상용전기를 발전하는 회사들은 바이오매스를 공동연료로 사용하는 것이 저렴한 재생에너지 방안의 하나인 것을 알고 있다.

(3) 가스화(gasification)

바이오매스의 가열에 의해 작동되는 그림 8-14의 바이오 가스화 시스템은 고체 바이오매스가 가연 가스로 생성되기 위하여 분해되는 환경에서 바이오매스를 직접 연소시키는 장점이 있다. 깨끗한 바이오 가스가 필요할 때, 화학적 화합물의 문제를 제거하기 위하여 여과할 수 있으며, 이렇게 생산된 바이오 가스는 가스터빈 상부 사이클과 증기터빈 하부 사이클로 구성되는 복합사이클 전기발전소에서 연료로 사용된다. 이 시스템의 효율은 60%까지 도달 할 수 있다. 향 후, 가스화 시스템은 연료전지 시스템과 결합될 것이다. 7장에서 설명된 연료전지는 전기화학적 과정을 이용하여 수소가스를 전기와 물로 변환시키는 장치로 배기가스는 거의 없으며 주요 배출물은 수증기이다. 연료전지와 바이오매스 가스화 시스템의 가격이 낮아짐에 따라, 이들 시스템이 많이 사용 될 것이다.

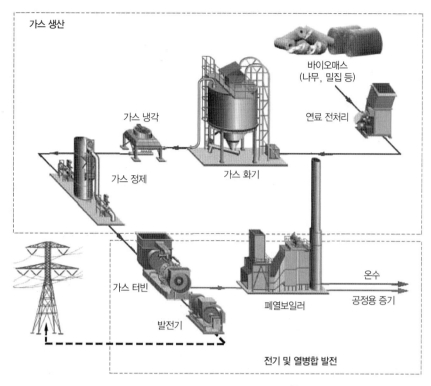

그림 8-14 바이오매스 가스화기 시스템[5]

(4) 유기화합물 열분해(pyrolysis)

바이오매스의 열분해는 유기물질인 바이오매스가 산소가 부족한 환경에서 고온에 노출된 과정에 근거하며, 화학적 조성 변화와 물리적인 상태(phase)가 동시에 수반된다. 비가역과정인 열화학 분해과정은 바이오매스의 분해를 유발하며, 그림 8-15와 같이, 열분해의 최종생산물은 고체(숯), 액체(산소 처리된 오일), 기체(메탄, 일산화탄소, 이산화탄소)의 혼합물이다.

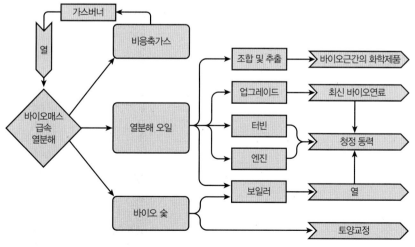

그림 8-15 바이오매스 유기화합물 열분해 시스템

(5) 혐기성 소화(anaerobic digestion)

혐기성 소화는 산소가 없는 환경에서 메탄과 다른 부산물을 생산하기 위하여 유기물질이 박테리아에 의해 분해되는 과정이다. 주요 에너지 생산물은 보통 50~60%의 메탄으로 구성되는 저질에서 중질의 열발생 가스이다. 그림 8-16은 이러한 과정을 도식적으로 나타낸 흐름도로, 음식 쓰레기, 동물의 배설물, 동물체 등의 유기성 폐기물로부터 혐기성 발효를 거쳐 메탄을 생산하며, 열병합발전을 통하여 최종적으로 소비자가 열, 전기, 또는 가스를 이용하는 것을 나타낸다.

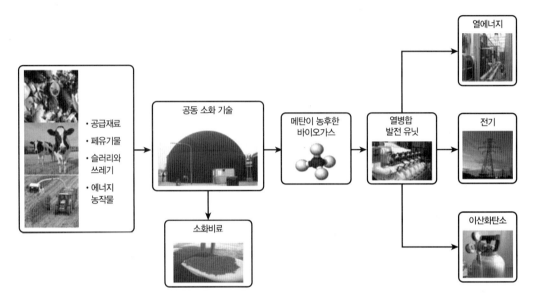

그림 8-16 혐기성 소화공정의 흐름도

(6) 모듈 시스템(modular system)

위에서 설명한 기술들의 일부를 채택한 모듈 시스템은 마을, 농장, 소형 산업체에 적용 가능한 소형 규모이다. 이러한 시스템은 현재 개발 중으로 바이오매스가 풍부하고 전기가 부족한 원격지역에서 가장 유용하며, 특히 개발도상국에서는 이러한 시스템이 효과적일 것으로 생각된다.

8.1.3 장점

현재 미국 에너지의 80%가 비재생에너지인 화석연료에 의해 공급된다. 재생에너지원으로서 바이오전력은 기존 에너지원의 대안으로, 환경문제, 시골지역의 경제성장, 국가에너지 안보 등의 장점이 있다. 화석연료의 연소는 이산화황, 질소산화물 등 원하지 않는 배기가스를 생성하지만, 바이오전력은 연소과정을 통하여 기존 에너지원 보다 적은 배기가스를 배출한다. 바이오매스는 화석연료의 사용과 관련된 배기가스의 상쇄로 인하여 실제로 환경의 질을 향상시키며, 쓰레기를 사용함으로 쓰레기 매립문제를 해결할 수 있다. 또한 바이오전력의 성장은 새로운 시장과 현재 경제적인 어려움에 직면한 농부들, 삼림노동자들의 고용을 창출할 수 있다. 따라서 시골사회에서 새로운 과정, 분배, 서비스 산업이 정착될 수 있다.

8.1.4 경제성

바이오매스로 전기를 생산하는 비용은 사용하는 기술의 종류, 발전소의 크기, 공급되는 바이오매스 연료 가격에 의존하여 변동한다. 바이오전력 시스템의 규모는 평균 미국가정에 충분한 수 kW에서 발전소 용도인 80MW에 이른다. 바이오전력 용량인 1MW는 525개의 평균 미국가정에 일년 동안 전력을 공급할 수 있는 충분한 양이다. 지역적으로 유용한 바이오매스 에너지의 한계는 일반적으로 100MW 규모를 넘어가면 경제성이 없다는 것이다. 가스화 복합사이클인 진보된 바이오매스 전력시스템이 상용화되면, 대형발전 유닛이 적합하게 될 것이다. 현재 공동연료를 사용하면, 발전소 관리자가 상대적으로 저렴한 가격과 위험도가 낮은 방법으로 바이오매스 용량을 증대할 수 있으며, 단위 전력생산 용량 당 적은 자본투자만이 필요하다. 공동연료 시스템은 1~30MW 바이오전력 용량 규모로, 저가의 바이오매스 연료를 사용한다면, 공동연료 시스템의 투자회수 기간은 2년 정도로 낮아진다. 기존 석탄연료 발전소는 약 2.3 ₵/kWh의 단가로 전력을 생산하며, 저가의 바이오매스를 사용하는 공동연료 시스템은 이 가격을 2.1 ₵/kWh로 감소할 수 있다. 현재 직접연소 바이오매스 발전소의 발전단가는 약 9 ₵/kWh이다. 향후, 가스화 기본 시스템과 같은 진보된 기술은 5 ₵/kWh의 낮은 가격으로 전기를 생산할 수 있을 것이다. 비교할 목적으로, 천연가스를 사용하는 새로운 복합사이클 발전소는 현재 가스 가격을 기준으로, 4~5 ₵/kWh의 단가로 전기를 생산할 수 있다. 바이오매스가 발전소의 연료로 경제성이 갖으려면, 바이오매스의 원천으로부터 발전소까지 수송거리가 최소화되어야 하기 때문에, 경제적으로 적절한 최대거리는 100mile(160km) 이내이어야 한다. 가장 경제적인 조건은 종이공장, 제재소, 설탕공장 등과 같은 바이오매스 잔류물이 생산되는 지역에 에너지의 사용처인 발전소가 위치할 때이다. 미국 에너지부와 산업체에 의해 개발 중인 모듈 바이오전력 발전 기술은 바이오매스 공급지역에 소규모 발전소를 위치시켜 연료 운송거리를 최소화할 것이다.

8.1.5 자원의 분포

전기를 생산하기 위한 가장 경제적인 바이오매스의 형태는 잔류물로, 음식, 섬유, 삼림생산물의 유기부산물 등이다. 전력생산에 사용하는 일반적인 예는 톱밥, 쌀겨, 바가스(사탕수수로부터 주스를 추출한 후 남는 잔류물) 등이다. 저가의 바이오매스는 인구가 많은 곳과 깨끗한 임산폐기물이 대량으로 있는 생산 공장의 중심지에 보통 많으며, 팔레트, 폐기된 나무상자, 숲 속 정원을 다듬은 후에 나오는 잔가지 등이다. 바이오매스는 미국 전역에 걸쳐 다양한 형태로 풍부하다. 그림 8-17은 미국 전역에 걸친 바이오매스 자원의 고밀도 지역 분포도를 나타낸다. 남동부, 북동부, 태평양 북서부, 오대호 위쪽의 지역에서는 삼림 바이오매스가 집중되어 있으며, 초본 또는 풀 바이오매스는 중서부 주에 풍부하고, 농경지는 중서부 위쪽, 5대호 아래쪽, Mississippi 삼각주 지역에 집중되어 있다. 현재 지역적 기후조건에 적절한 에너지 농작물의 상용화를 위한 연구가 진행 중이다. 그 예로 중서부와 남동부 지역의 스위치풀, 북동부 지역의 버드나무, 삼림이 우거진 지역의 잡종 포플러 등이다. 동물거름은 미국 전역, 특히 Delaware, Maryland, Virginia로 에워싸인 지역인 Delmarva 반도, Mississippi, California, Washington 주의 시골에서 과도한 양이 배출된다. 바이오매스는 기존 연료와 비교하면 에너지 밀도가 상대적으로 낮아서 지역적 자원으로 사용하는 것이 가장 좋다. 최근 연구에 의하면 현재 사용하지 않는 경제적으로 유용한 바이오매스의 양이 미국에서 연간 3천9백만 톤을 상회한다고 한다. 이러한 양은 약 7,500MW의 새로운 바이오전력을 공급하기에 충분하거나, 또는 기존 바이오전력 용량의 2배에 달하는 규모이다. 또한 에너지 농작물과 농작물의 잔류물에 관한 경제적인 유용성은 이러한 양을 10배 정도 증가시키게 될 것이다.

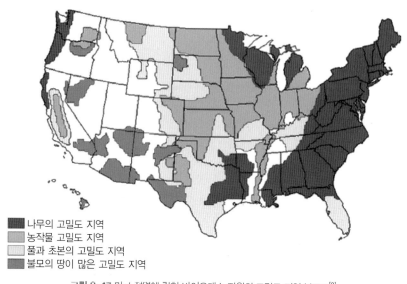

나무의 고밀도 지역
농작물 고밀도 지역
풀과 초본의 고밀도 지역
불모의 땅이 많은 고밀도 지역

그림 8-17 미국 전역에 걸친 바이오매스 자원의 고밀도 지역 분포도[9]

8.1.6 사업성과 시장성 기회

세계적으로 설치된 바이오매스 전력 발전 용량은 연간 62GW로, 세계에서 수력을 제외한 재생에너지로 만들어진 전기의 주요한 근원이다. 2010년 현재 미국은 10GW의 가장 큰 바이오전력을 생산하는 나라로, 바이오전력의 80%가 주로 펄프와 종이와 연관된 산업분야에 의해 생산된다. 바이오매스 전력 산업체는 주로 북동부, 남동부, 서부해안 지역에 위치하며, 150억불을 투자하여 66,000개의 직업을 창출했다. 미래에는 현장 산업전력의 필요, 쓰레기 감축, 엄격한 환경규제, 재생에너지에 대하여 증가하는 소비자의 요구가 산업성장에 주요한 견인차가 될 것이다. 전기산업의 규제 폐지는 소비자들이 전력공급자와 전력생산물의 양을 선택하도록 한다. 일부 주에서는 재생전력의 최소 요구조건을 설정하는 법을 통과시켜, 소비자가 자진해서 재생에너지원으로 생산되는 전기에 비용을 더 많이 지불하게 되었다. Green 전력 프로그램은 소비자의 요구에 대응하도록 입안되어, 전력공급자가 소비자에게 환경친화적인 원천으로부터 생산되는 전기의 구매 선택을 제공한다. 석탄, 천연가스, 원자력 등을 사용하는 기존의 전력 보다 환경친화적인 전력을 생산하는 비용이 더 비싸기 때문에, 대개 이러한 선택으로 인하여 전력비용이 평균 보다 높은 것이 사실이다. California와 Pennsylvania 주의 전력회사들은 새롭게 규제가 철폐된 시장에서 Green 전력 프로그램을 시험하고 있으며, 주거용과 상업용 소비자들이 관심이 있다는 것을 알게 되었다. 세계의 바이오전력 발전은 2020년에는 지금보다 30GW 이상 더 성장할 것으로 예측된다. 많은 나라들에서 지역

환경조건과 지구 기후변화에 대한 관심이 청정에너지의 필요를 고무시키고 있다. 또한 계통과 연계되지 않은 모듈시스템은 바이오전력이 성장할 수 있는 국제적인 시장 기회를 제공한다. 개발도상국은 급격한 경제성장, 전기수요의 성장, 환경문제 직면, 시골지역의 전기수요, 신뢰적인 전기수요, 중요한 농산물과 임산물의 잔류물 등으로 인하여 큰 시장이 된다. 따라서 중국과 인도가 주요한 후보로 고려되고 있으며, 추정에 의하면, 2015년까지 중국은 3,500~4,100MW의 바이오전력 용량을, 인도는 1,400~1,700MW 의 용량을 각각 갖추게 될 것이다. 이러한 규모는 현재 용량인 154MW와 70MW에 비하면 급격한 상승을 나타낸다. 또한 이들 두 나라는 낙후된 석탄화력 발전소가 많아서 바이오매스 공동연료가 경제적이며 환경적으로 성능 향상에 사용될 수 있기 때문에, 공동연료 운영의 좋은 목표가 될 수 있다. 브라질, 말레이시아, 필리핀, 인도네시아, 호주, 캐나다, 영국, 독일, 프랑스 등의 국가들에서 다양한 바이오전력 시스템의 증가가 유망하다. 그림 8-18은 세계 바이오전력 자원의 분포를 나타내는 것으로, 에너지 농작물, 삼림자원, 농산폐기물 등으로 분류하여, 5GW 이상의 에너지 가능성을 표시한 것이다.

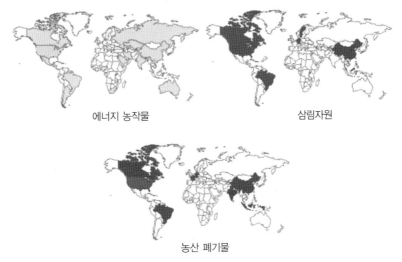

에너지 농작물   삼림자원

농산 폐기물

그림 8-18 세계 바이오전력 자원 분포[9]

8.1.7 바이오매스의 적용사례

그림 8-19는 Vermont 주 Burlington 시의 McNeil 발전소의 사진으로, 가스화시설은 현재 바이오전력 산업에서 2배의 효율을 달성할 수 있는 전력시스템에 청정 가스연료를 공급한다. 1970년대 후반에 Burlington 전기부서는 Burlington 시의 증가하는 전력수요에 대처하기 위하여 삼림연소(wood combustion) 발전소가 최적의 선택이라고 결정하였다. 원래의 발전소는 Burlington 시 유권자의 71% 가 승인한 후에 1980년대 초반에 건설되었다. 북동부의 가장 큰 삼림연소 발전소 중의 하나로, 기존의 보일러와 터빈 발전기를 사용하여 전기를 생산한다. 완전부하 시, 발전소는 Vermont 주의 대도시인 Burlington 시에 충분한 50MW의 전기를 생산한다. 미국 에너지부의 바이오전력 프로그램의 도움으로,

McNeil 발전소는 21세기를 향한 주요한 고급 바이오전력 시스템의 실증을 시험하고 있으며, 발전소는 최근에 혁신된 바이오매스 가스화 시스템의 실증시험을 주관하고 있다. 그림 8-20은 McNeil 발전소의 계통 흐름도와 설계정보를 나타내며, 최대용량으로 작동 시, 가스화 시스템은 12MW의 전기를 생산하기에 충분한 연료가스를 생산한다. 기존의 보일러/터빈 기술과 비교하면 배기가스가 적으며 더 효율적으로 작동하게 될 것이다. 1998년에 새로운 바이오매스 가스화 과정이 R&D Magazine으로부터 100대 R&D 기술로 선정되었으며, 이 상은 매해 가장 중요하다고 판단되는 100개의 기술 혁신에 수여되는 것이다. 가스화 시스템은 나무가 부러져 분해 될 때까지 고온 모래를 사용하여 약 830℃까지 나무 조각의 가열에 의해 작동되며, 연료로 사용되는 가스를 배출한다. 이러한 가스는 가스터빈에 사용될 수 있다. 예로, 바이오매스를 이용하여 가스터빈 복합사이클 시스템의 연료로 사용하면, 현재 일반적인 바이오전력 산업의 전기발생 효율을 2배로 증가시킨다. 가스화 시스템은 상용발전소에 사용될 수 있는 바이오매스 연료의 종류를 다양화 할 수 있기 때문에, 이러한 시스템은 펄프산업과 종이산업의 관심을 얻고 있다. McNeil 발전소에서 사용하는 나무 조각의 70%는 낮은 등급의 나무와 수확하고 난 잔류물로 만들어진 "wholetree" 조각이다. 이 나무들의 대부분은 개인이 소유한 삼림지대에 있으며, 벌목된 후에 트레일러트럭이나 철도차량에 의해 발전소까지 운송된다. McNeil 발전소에서 필요한 나무의 잔여부분은 톱밥, 부스러기, 지역 제재소의 나무껍질 등과 같은 잔류물을 구매하거나 도시의 삼림폐기물 가공을 이용하여 조달한다. 따라서 이러한 방법으로 지역의 쓰레기 매립지에 유입되는 재료의 양을 상당히 감소시키나 오염되지 않은 나무 폐기물만이 발전소 연료로 사용 가능하다. 삼림지의 벌채는 새로운 나무를 심거나 야생 서식지를 향상시키기 위한 지역으로 제한된다. 또한 개발, 농경, 또는 나무를 심는 것과 같은 다른 용도로 변환되는 토지에서 정리되는 나무는 발전소의 연료로 공급된다. Burlington 전기부서의 삼림감독관은 나무가 적절히 수확되어 작동하는 것을 감독한다. 발전소의 칩 공급자는 엄격한 환경규제에 따라 수확 활동을 하도록 요구된다. McNeil 발전소에는 Vermont 주의 법에서 허용되는 수준의 10분의 1 정도로 굴뚝 배기가스를 제한하는 일련의 대기 질 제어장치가 장착된다. 이러한 배기가스는 연방정부의 허용 값에 100분의 1 정도로, 굴뚝으로부터 볼 수 있는 배기가스는 수증기 만이다. McNeil의 보일러에서 배출되는 물은 산성도(pH), 온도, 유량, 금속 등으로 관찰된다. 산성도(pH)를 유지하며, 수중 생태계에 나쁜 영향을 주지 않도록 온도를 차게 유지한 후, 발전소의 300m 동쪽에 위치한 Winooski 강에 배수된다. 발전소에서 배출된 물은 음용 수준 또는 강에 배출되기 전에 대부분의 성분인자가 더 좋도록 요구된다. 연소된 칩의 최종 산출물인 나무재는 석회석과 혼합되어 토양첨가물과 도로 건설용 기초로 팔린다. 전기발전소의 연료로 나무를 사용하는 것은 삼림조건을 향상하며 Vermont 주에 살고 있는 주민들의 직업을 제공하기 때문에 Vermont 경제에 재투자하는 것이다. 유지ㆍ보수, 장비 운용, 연료 취급, 삼림감독, 행정, 기술자 지원인력 등을 포함하여 40명이 McNeil 발전소에서 일하고 있으며, 완전 부하 시 대략 시간 당 76톤의 나무가 소비된다. 이렇게 주에서 생산하는 연료는 Vermont 경제에 도움이 되며, 나무가 Vermont 주의 고유한 연료이기 때문에, 나무 외의 연료는 다른 주에서 수입되어야 한다.

그림 8-19 Vermont 주 Burlington 시의 McNeil 발전소[10]

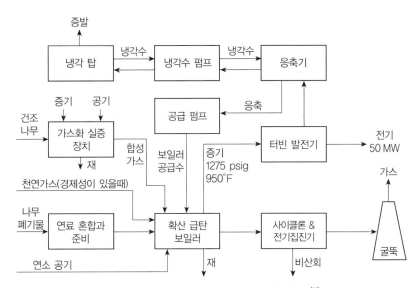

그림 8-20 McNeil 발전소의 계통 흐름도와 설계정보[11]

8.2 바이오연료

바이오연료는 살아있는 생물체 또는 상대적으로 최근까지 생명이 붙어있던 물질로부터 얻어진 고체, 액체, 또는 가스 상태의 연료로 정의되며, 장기간 동안 죽어있던 생명체로부터 얻어진 화석연료와는 구분된다. 또한 다양한 농작물 및 농작물에서 추출된 재료가 바이오연료 생산에 이용되며, 바이오연료는 수송용 차량, 주거용 난방과 요리에 가장 일반적으로 사용된다. 바이오연료 산업은 유럽, 아시아, 미국에서 확장 중에 있으며, Los Alamos 국립연구소(Los Alamos National Lab: LANL)에서 최근에 개발된 기술은 공해물질을 재생 바이오연료로 변환 가능하다. 농업연료(agrofuel)는 매립지 가스나 재활용된 식물성 기름 등의 폐기과정과는 달리 특별한 농작물로부터 생산되는 바이오연료이다. 액체나 가스 상태의 농업연료를 생산하는 일반적인 방법은 다음과 같은 2가지가 있다. 첫 번째 방법은 그림 8-21의 사탕수수, 사탕무와 같은 당분이 많이 함유된 농작물이나 전분을 함유한 옥수수를 재배하여 효모로 발효시켜 에탄올을 생산하는 것이다. 알콜인 에탄올은 차량의 일산화탄소 및 스모그를 유발하는 배기가스의 감소를 위하여 주로 연료첨가제로 사용되며, 가솔린과 85%의 에탄올 혼합물로 작동되는 가변연료 차량(flexible-fuel vehicle: FFV)이 시판되고 있다. 그림 8–22는 Sabb SportCombi BioPower 자동차의 사진으로, 스웨덴 시장에 소개된 두 번째 E85 가변차량 모델이다. 두 번째 방법은 그림 8–23에 나타난 기니 기름야자나무(oil palm), 콩, 해조류(algae), 자트로파(jatropha)와 같이 식물성 기름을 많이 함유하는 농작물을 재배하는 것이다. 이러한 기름은 가열하면 점성이 낮아져 디젤엔진에서 직접 연소될 수 있거나 바이오디젤(에테르)과 같은 연료를 생산하기 위하여 화학적 과정을 거치게 된다. 바이오디젤은 식용유, 동물성 지방, 또는 재활용된 요리용 기름과 대개 메탄올인 알콜로 구성된다. 차량 배기가스 감축 용도의 첨가제로 사용되거나, 디젤엔진의 재생 대체연료로 사용된다. 또 다른 바이오연료로는 메탄올과 개질된 가솔린성분이 있으며, 나무나 그 부산물도 목질가스, 메탄올 또는 에탄올 연료로 변환될 수 있다. 나무 알콜이라 불리는 메탄올은 현재 천연가스로부터 생산되며, 또한 바이오매스로부터 생산될 수 있다. 또한 먹을 수 없는 작물의 일부분으로 셀룰로오스 에탄올을 생산하는 것이 가능지만, 경제적인 관점에서는 아직도 해결해야 할 문제가 많다. 바이오매스를 메탄올로 변환하는 방법에는 여러 가지가 있으며, 가장 선호되는 방법으로는 가스화 방법이다. 가스화 방법은 바이오매스를 고온에서 증발시킨 후, 고온가스로부터 불순물을 제거하고 촉매를 통과시켜 메탄올로 변환시키는 것이다. 바이오매스로 생산되는 대부분의 개질된 가솔린성분은 MTBE(methyl tertiary butyl ether) 또는 ETBE(ethyl tertiary butyl ether)와 같이 공해를 저감하는 연료첨가제이다.

그림 8–21 바이오연료나 식용으로 사용되는 사탕수수

그림 8–22 Sabb SportCombi BioPower

| (a) 기니 기름야자나무 | (b) 콩 | (c) 해조류 | (d) 자트로파 |

그림 8-23 식물성기름을 많이 함유하는 농작물

다른 재생에너지와는 달리 바이오매스는 자동차, 트럭, 버스, 항공기, 기차 등의 수송용 차량에 사용되는 액체상태인 바이오연료로 직접 변환될 수 있다. 바이오연료는 석유 보다 배기가스를 적게 배출하며 현재 사용하지 않는 폐기물을 사용하기 때문에 환경 친화적이다. 또 비재생 천연자원인 석유와는 달리, 바이오연료는 재생가능하며 없어지지 않는 연료원이다. 많은 연구자들이 석탄과 다른 화석연료의 연소를 줄이며 바이오매스를 더 많이 연소시키는 방법을 개발하기 위하여 노력하고 있다. 그림 8-24는 이산화탄소 사이클의 설명을 도식화한 것으로, 옥수수와 같은 농작물은 이산화탄소를 흡수하여 광합성 활동을 하면서 성장하고, 추수된 후에는 당분 요소로 분리되어 에탄올을 만들도록 정제된다. 에탄올은 차량에서 대체연료로 사용되며, 연소 후에는 온실가스인 이산화탄소를 배출한다. 이렇게 배출된 이산화탄소는 농작물에 의해 재흡수 됨으로, 이산화탄소의 사이클이 완성된다.

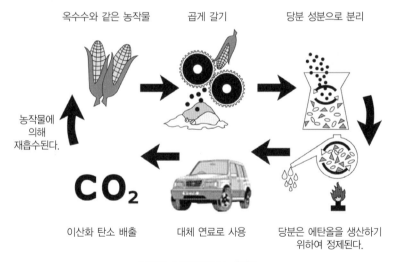

그림 8-24 이산화탄소 사이클

8.2.1 바이오에탄올

에탄올은 현재 가장 많이 사용하고 있는 바이오연료이다. 매해 미국에서 가솔린에 첨가되는 양이 15억 갤런 이상으로 차량 성능을 향상시키고 대기오염을 감소시키기 위하여 사용되고 있다. 알콜인 에탄올

(C₂H₅OH)은 전분(녹말) 농작물이 당분으로 변환되고, 당분이 에탄올로 발효된 후, 맥주 양조과정과 유사한 방법으로 증류되어 만들어 진다. 에탄올 제조 원료인 녹말과 당분은 상대적으로 유용한 식물 재료에 많지 않으나, 그림 8-25와 같이 옥수수, 감자 등의 당분 분자의 중합체인 섬유소는 대부분의 바이오매스에 대량으로 함유되어 있다. 기존의 공급재료인 전분 농작물 대신에 섬유소 바이오매스 재료로부터 만들어지는 에탄올을 바이오에탄올이라고 한다. 에탄올은 가솔린의 옥탄가를 증가하고 배기가스의 질을 향상시키기 위하여 사용된다.

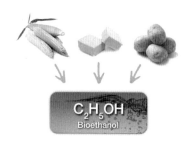

그림 8-25 옥수수 또는 감자 등의 농작물 전분으로 에탄올 변환

(1) 에탄올의 역사

1908년에 헨리 포드가 Model T 자동차를 설계했을 때, 연료는 재생에너지원으로 만들어진 에탄올을 기대했었다. 1920년에서 1924년까지, Standard Oil Company는 Baltimore 지역의 가솔린 시장에 양을 기준으로 에탄올 비율 25%를 차지했으나, 고가의 옥수수 가격, 저장 문제, 수송의 어려움 등으로 이러한 프로젝트가 종료되었다. 1920년대와 1930년대에 연방법과 주법(특별히 옥수수 벨트 지역)을 통과시켜 에탄올 연료 프로그램을 소생시키려는 노력이 계속되었으나 실패했다. 그 후 헨리 포드와 전문가들은 에탄올 사용 촉진을 위하여 협력하였고, 하루에 38,000 L를 제조할 수 있는 자동차 연료용 발효공장을 Kansas 주 Atchison 시에 설립하였다. 1930년대에는 중서부 지역에 2,000개 이상의 주유소가 옥수수로 만들어진 가소홀이라 불리는 에탄올을 판매하였다. 1940년대에는 석유 가격이 낮아짐에 따라 에탄올 생산시설이 폐쇄되어, 가소홀은 석유로 대체되었다. 1979년에 중동의 오일쇼크가 국가 에너지 위기를 초래하였으며, 그에 따라 에탄올과 가솔린의 혼합연료가 미국 시장에 다시 등장하게 되었고, 대체연료가 문제 해결방법이 되었다. American Oil Company와 일부 석유회사들은 가솔린 첨가제와 옥탄 향상제로 에탄올 혼합연료를 시장에 출시하였다. 1990년 청정대기법 수정(Clean Air Act Amendment)에 따라 미국 내에서 건강을 해치는 일산화탄소의 수준을 제한함으로, 기존의 연료 매출을 규제했다. 그 이후로 가솔린과 혼합되는 함산소 연료로서 에탄올의 수요가 증가했다. E10(10% 에탄올과 90% 가솔린) 혼합연료가 가장 일반적으로 보급되었고, E85와 E95는 북미주의 정부 차량, 가변연료 차량, 도시순환버스에 성공적으로 시험되었다. 지난 수 십 년간에 걸쳐, 미국에서, 특히 에탄올 연료 생산의 주요한 농작물인 옥수수가 많이 생산되는 중서부 지역에서 E85와 가솔린 또는 E85로 운행되는 적응 연료 차량의 숫자가 극적으

로 증가했다. 2019년 7월 기준, E85를 판매하는 주유소의 숫자가 미국 내에 약 3,400개가 존재한다. 세계 주요 자동차 회사인 Ford, Chrysler, GM, Audi, Bentley, Isuzu&Mazda, Jaguar, Mercedes-Benz, Nissan, Saab, Toyota, Volkswagen 등은 E85 연료를 사용하는 가변연료차량을 제작하여 미국 및 유럽시장에 시판하고 있다.[22] 미국의 에탄올 생산자는 매해 약 150억 갤런의 에탄올을 생산하며, 주로 옥수수로부터 추출한다. 에탄올의 수요가 증가함에 따라, 농산물과 삼림폐기물, 도시의 고형폐기물, 산업용 폐기물, 에너지 목적으로 경작되는 농작물과 같은 다른 바이오매스 원이 에탄올을 만드는데 사용될 것이다. 지난 20년 동안 이러한 공급재료로부터 에탄올을 변환하는 기술개발에 관한 연구 활동이 진행되어 왔다. 이러한 기술의 가격 효율성이 증가함에 따라 산업체들은 관련된 기술을 상용화하여 바이오매스로부터 에탄올을 생산하는데 관심을 집중하고 있다. 그림 8-26은 바이오매스 에탄올 공장의 증류탑을 나타낸다.

그림 8-26 에탄올 공장의 증류탑(Source: NREL)

(2) 바이오에탄올 공급재료

바이오매스는 식물로부터 나오는 재료이다. 그림 8-3과 같이, 식물은 광합성 과정을 통하여 태양의 햇빛 에너지를 이용하여 물과 이산화탄소를 저장 가능한 당분으로 변환한다. 유기물의 폐기물도 식물 성분으로 시작되었기 때문에 바이오매스로 취급된다. 연구원들은 바이오매스에 있는 당분을 어떻게 전기나 연료와 같은 에너지의 유용한 형태로 변환하는가에 대하여 연구 중이다. 사탕수수나 사탕무와 같은 일부 식물들은 단순한 당분으로 에너지를 저장하며, 주로 음식으로 사용된다. 다른 식물들은 전분이라 불리는 더 복잡한 당분으로 에너지를 저장한다. 이러한 식물들은 옥수수 같은 알곡을 포함하며 음식에 사용된다. 다른 형태의 식물 성분을 갖는 섬유소 바이오매스는 아주 복잡한 당분 고분자로 구성되며, 일반적으로 음식용으로 사용되지 않는다. 이러한 종류의 바이오매스는 바이오에탄올 생산용 공급재료로 검토되고 있다. 검토되고 있는 특별한 공급재료는 다음과 같다.

- **농산물 폐기물**: 곡물의 겉겨, 줄기, 잎 등과 같은 농작물의 잔여 재료

- **삼림 폐기물**: 제재소의 나무 부스러기와 톱밥, 죽은 나무, 나뭇가지

- **도시의 고형폐기물**: 가정의 쓰레기와 종이 생산물

- **음식 가공 쓰레기와 산업 폐기물**: 종이 생산 시 발생하는 부산물

- **에너지 농작물**: 빨리 성장하는 나무와 풀들

이러한 종류의 바이오매스 주요 성분은 다음과 같다.

- 섬유소(cellulose)는 바이오매스에 안에 있는 가장 일반적인 탄소 형태로, 바이오매스 중량의 40~60%에 달하며, 바이오매스 근원에 의존한다. 복잡한 당분 고분자인 다당류는 6개의 탄소 당분인 포도당으로 만들어지며, 결정구조는 가수분해와 다당류로부터 발효된 당분을 배출하는 화학작용에 저항한다.

- 반섬유소(hemicellulose)도 바이오매스 안에 있는 탄소의 주요 근원으로, 20~40%의 중량을 차지하며, 5개와 6개의 다양한 탄소 당분으로 구성되는 복잡한 다당류이다. 단순한 당분으로 가수분해 되기가 상대적으로 쉬우나, 당분이 에탄올로 발효되기는 어렵다.

- 목질소(lignin)는 복잡한 고분자로, 식물에서 구조적으로 완전한 상태이다. 바이오매스 중량의 10~24%에 달하는 목질소는 바이오매스의 당분이 에탄올로 변환된 후에 잔류물질로 남아 있다. 또 많은 양의 에너지를 함유하며 바이오매스가 에탄올로 변환하는 과정에 사용되는 증기와 전기를 생산하기 위하여 연소될 수 있다.

[3] 바이오에탄올 생산

바이오매스가 바이오에탄올로 변환되는 과정에는 2개의 중요한 반응이 있다.

가수분해는 천연 공급재료 내에 있는 복잡한 다당류가 단순한 당분으로 변환하는 화학과정이다. 바이오매스가 바이오에탄올로 변환되는 과정에서, 산과 효소는 이러한 반응에 촉매작용을 한다.

발효는 당분을 에탄올로 변환하는 일련의 화학작용으로, 당분을 공급하여 기르는 효모나 박테리아가 원인이 된다. 당분으로 생산되는 에탄올과 이산화탄소는 소비된다. 6개의 탄소를 갖는 당분인 포도당의 단순한 발효반응은 다음과 같다.

$$C_6H_{12}O_6 \rightarrow 2CH_3CH_2OH + 2CO_2$$

포도당   에탄올   이산화탄소

(8.2)

과정설명

당분과 녹말 작물로부터 에탄올로 변환하는 기본적인 과정은 잘 알려져 있으며 현재 상업적으로 사용되고 있다. 일반적으로 이러한 종류의 식물은 연료의 재료 보다는 음식의 재료로 사용되지만, 일부 예외도 존재한다. 브라질은 사탕수수의 거대한 작황을 이용하여 수송용 목적의 연료를 생산한다. 현재 미국의 에탄올 연료 산업은 미국에서 가장 거대한 양이 생산되는 농작물인 사료용 옥수수의 낱알에 있는 전분을 기본으로 하며, 에탄올은 건조제분법(dry-mill) 과정 또는 습식제분(wet-mill) 과정에 의하여 주로 옥수수로부터 생산된다. 산업체의 초창기에는 습식제분 과정이 일반적이었으나, 지금은 건조제분 과정이 산업용량의 80% 이상을 차지한다. 2000~2007년 사이에, 에탄올 공장의 수가 미국에서 2배 이상, 생산용량으로는 3배 이상 증가하였으며, 에탄올 생산용으로 최적화된 건조제분 공장이 주로 성장하였다. 건조제분 공장은 일반적으로 습식제분 공장보다 규모가 작고 에탄올을 생산하는데 갤런당 에너지의 사용도 적다. 건조제분 공장과 습식제분 공장 모두에서, 공동생산물의 생산은 전체 공정 에너지의 3배 이상을 소모하지만, 이러한 공동생산물이 에탄올 생산자에게 중요한 수입원을 제공한다.

옥수수 건조제분

그림 8-27은 건조제분 에탄올 생산공정을 나타내는 개략도로, 건조제분 에탄올 공장은 이산화탄소와 에탄올을 생산하며 공동생산물인 동물 사료를 생산하는데 최적화되어 있다. 이러한 시설에서 옥수수는 거친 가루로 갈아져서, 물과 효소가 첨가된 후, 혼합물은 가열된다. 다시 효모가 첨가되고 혼합물은 발효된다. 이러한 곤죽(mash)은 정제시스템으로 보내져서 분자를 걸러 에탄올을 생산하기 위하여 물이 제거된다. 에탄올은 사람이 소비할 수 없도록 보통 가솔린과 함께 변성되어 에탄올 탱크로 보내진다. 정제 후, 남은 고체와 액체는 일반적으로 고단백질 동물사료인 수용액의 습분정제 알갱이(Wet Distillers Grain with Solubles: WDGS)로 판매하기 위하여 다시 결합한다. 일부 시설은 WDGS의 습기를 제거하기 위하여 건조기와 함께 사용되어 선반 수명을 연장한다. 이러한 공동생산물을 수용액의 건조정제 알갱이(Dried Distillers Grain with Solubles: DDGS)라고 부른다. 공동생산물인 이산화탄소는 일반적으로 포집되어 탄소음료에 사용하거나 드라이아이스를 생산하는 식품 가공산업에 판매된다. 대부분의 건조제분 공장은 천연가스나 석탄과 같은 화석연료를 연소시켜 같은 장소에서 증기와 고온공기인 열에너지를 발생하며, 일반적으로 전기는 전력회사에서 구매한다. 건조제분 공장의 효율을 향상시키는 한 가지 방법은 열병합발전 시스템을 사용하는 것이다. 열병합발전 시스템에서 열과 전기에너지는 한 곳에서 생산된다. 미국 EPA에 의하면, 열병합발전은 에탄올 생산공정 동안 사용된 에너지를 10~25% 가량 감축할 수 있다.

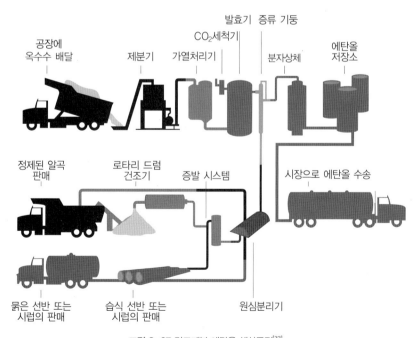

그림 8-27 건조제분 에탄올 생산공정[32]

옥수수 습식제분

그림 8-28은 습식제분 에탄올 생산공정을 나타내는 개략도로, 에탄올, 다양한 공동생산물(옥수수유, 동물사료, 전분)과 함께 주로 옥수수 감미료를 생산한다. 이러한 공장에서 첫 번째 단계는 단백질과 전분을 분리하기 위하여 옥수수 알갱이를 고온수로 흠뻑 적신다. 이 생산물은 거칠게 갈아져서 옥수수유로 가공되도록 발아가 분리된다. 그 후, 글루텐, 전분, 섬유를 함유하는 남은 슬러리는 미세하게 갈아져서 분리되며 섬유가 동물사료로 혼합될 수 있고, 전분과 글루텐 혼합물은 더 가공될 수 있다. 전분은 옥수수 전분으로 만들어지도록 건조되거나 당분, 옥수수 시럽, 음료수의 감미료로 만들어지도록 가공된다. 그 후 당분은 에탄올을 생산하기 위하여 발효된다. 대부분의 습식제분 공장은 열병합발전 시스템을 사용하여 열에너지와 전기를 생산함에 따라 에너지 효율과 신뢰도를 증진한다. 또한 에탄올은 섬유질 공급재료를 사용하여 생산할 수 있다.

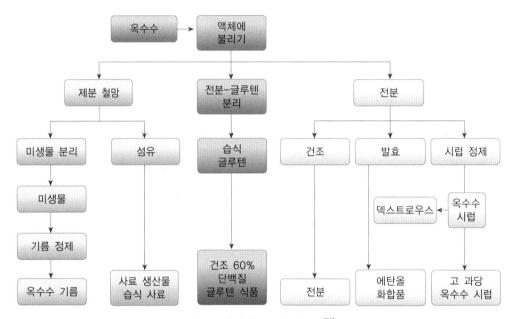

그림 8-28 습식제분 에탄올 생산공정[32]

섬유소 바이오매스를 에탄올로 변환하는 방법은 아직 상업적으로 개발되지 않았지만, 다양한 상업용 섬유소 에탄올 생산공장이 건설 중에 있으며, 생화학 변환과정과 열화학 변환과정을 포함하는 심도있는 연구·개발이 섬유소 에탄올 기술의 수준을 급속히 발전시키고 있다.

생화학 변환과정

섬유소 공급재료는 전분이나 당분 근간의 공급재료 보다 발효 당분으로 나누어지는 것이 더 어렵기 때문에, 그림 8-29와 같은 섬유소 생화학과정이 부가과정으로 필요하다. 2가지 중요한 과정은 바이오매스 전처리와 섬유소 가수분해 과정이다. 바이오매스의 반섬유소 부분은 단순한 당분으로 분해되어 발효과정을 위하여 제거된다. 섬유소 가수분해 과정 동안 바이오매스의 섬유소 부분은 단순한 당분 포도당으로 분해된다.

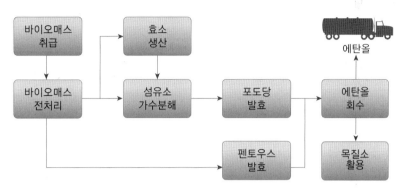

그림 8-29 생화학적 섬유소 에탄올 생산공정의 개략도[32]

열화학 변환과정

에탄올은 또한 열화학 과정을 사용하여 생산될 수 있다. 그림 8-30은 열화학적 섬유소 에탄올 생산공정의 개략도를 나타낸다. 이러한 방법에서는 바이오매스를 일산화탄소와 수소의 혼합물인 합성가스(syngas)로 분해하고 에탄올과 같은 생산품으로 다시 재조합하는데 열과 화학약품이 사용된다.

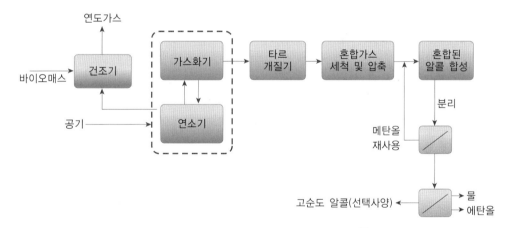

그림 8-30 열화학적 섬유소 에탄올 생산공정의 개략도[32]

그림 8-31은 옥수수 같은 식물재료로 에탄올과 메탄올을 생산하는 정제시설의 사진을 보여준다.

그림 8-31 옥수수 같은 식물재료로 에탄올과 메탄올을 생산하는 정제시설

예제 8-1

옥수수 깡통 1개의 가격은 2,000원이고, 음식에너지 370kcal를 함유하고 있다. 가솔린의 가격은 1L당 2,000이다. 옥수수 깡통 1개와 가솔린 1L의 에너지 가격을 비교하라. 가솔린 1L의 에너지 함유량은 34.8MJ/L이다.

풀이

옥수수 깡통 1개의 에너지 가격은 2,000원/370kcal = 5.4원/kcal

가솔린 1L의 에너지 함유량은 34.8MJ/L이므로, 가솔린 1L의 에너지 가격은

$$\left(\frac{2,000원}{L}\right)\left(\frac{1L}{34.8M}\right)\left(\frac{1MJ}{10^6 J}\right)\left(\frac{4,184J}{1cal}\right)\left(\frac{1,000cal}{1kcal}\right) = \frac{0.24원}{kcal}$$

따라서 동일한 에너지를 기준으로 보면 옥수수는 가솔린 보다 22.5배 비싸다.

예제 8-2

유기화합물인 sucrose($C_{12}H_{22}O_{11}$) 1톤으로부터 생산할 수 있는 에탄올의 양은 얼마인가?

풀이
---

sucrose를 물과 함께 발효시키면 에탄올과 이산화탄소가 된다. 화학식은 다음과 같다.

$$C_{12}H_{22}O_{11} + H_2O \rightarrow 4C_2H_5OH + 4CO_2$$

C, H, O의 분자량은

$$C = 12kg/kmol, \ H = 1kg/kmol, \ O = 16kg/kmol$$
$$OH = 17kg/kmol$$

sucrose($C_{12}H_{22}O_{11}$)의 분자량은

$$C_{12}H_{22}O_{11} = (12 \times 12) + (22 \times 1) + (11 \times 16) = 342kg/kmol$$

물(H_2O), 에탄올(C_2H_5OH), 이산화탄소(CO_2)의 분자량은

$$물 = (2 \times 1) + (1 \times 16) = 18kg/kmol$$
$$에탄올 = (2 \times 12) + (5 \times 1) + (1 \times 17) = 46kg/kmol$$
$$이산화탄소 = (1 \times 12) + (2 \times 16) = 44kg/kmol$$

1톤의 sucrose에 대하여 반응에 필요한 물의 질량, 생성된 에탄올과 이산화탄소 질량은

$$물의 질량 = \left(\frac{18kg/kmol}{342kg/kmol} \right) \times 1,000kg = 52.6kg$$
$$에탄올의 질량 = \left(\frac{4 \times 46kg/kmol}{342kg/kmol} \right) \times 1,000kg = 538kg$$
$$이산화탄소의 질량 = \left(\frac{4 \times 44kg/kmol}{342kg/kmol} \right) \times 1,000kg = 515kg$$

8.2.2 재생디젤

재생디젤은 디젤엔진에 사용되는 연료로, 석유 디젤과 혼합되거나 식용유, 동물지방과 같은 재생 근원 또는 풀이나 나무와 같은 바이오매스의 다른 형태로부터 만들어진다. 바이오디젤은 현재 미국 전역에 걸쳐 사용되는 재생 디젤연료의 한 예이다. 바이오디젤은 모두가 다 재생 가능한 식용유, 동물지방, 재활용된 식당기름 등으로부터 제조된다. 차세대 재생 디젤연료인 E-디젤은 혼합물의 성능을 향상시키기 위하여 에탄올, 디젤연료, 다른 화학약품을 혼합한 것이다. E-디젤의 에탄올 부분은 옥수수와 같은 알곡으로 구성되기 때문에 재생가능하다. 또 다른 새로운 재생 디젤연료는 Fischer-Tropsch 디젤연료로, 현재는 석탄과 천연가스, 또는 바이오매스로부터 합성 윤활유나 합성연료를 생산한다. Fischer-Tropsch 공정 또는 Fischer-Tropsch 합성은 일산화탄소와 수소의 혼합물을 액체 탄화수소로 변환하는 화학적 반응을 모은 것으로, 이 과정의 주요 요소는 가스를 액체로 변환하는 기술이다. 석유 디젤연료 대신에 사용될 수 있는 이러한 재생 디젤연료는 석유수입과 대기오염을 감소하며, 국가경제를 향상시킨다. 바이오디젤은 지방산 알킬 에스테르(fatty-acid alkyl ester)로 구성되는 재생 디젤연료이다. 지방산 알킬 에스테르는 실제 탄소분자들(12~22개의 탄소들)의 기다란 고리로, 고리의 한 끝단에 알콜분자가 부착되어 있다. 유기적으로 추출된 오일은 알콜(보통 메탄올)과 결합되어 있고 메틸 에스테르와 같은 지방 에스테르를 형성하기 위하여 화학적으로 변경될 수 있다. 바이오매스로부터 추출된 에스테르는 기존의 디젤연료와 혼합되거나 100% 바이오디젤로 사용된다. 동물의 지방이나 식용유로 만들어진 바이오디젤은 배기가스가 적은 것을 제외하고는 석유디젤과 유사하게 작동한다. 순수한 바이오디젤은 추운 기후에서 특별한 취급이 요구되나, 대부분의 최신 트럭에서 변경없이 사용될 수 없다. 혼합수준은 연료의 가격과 원하는 장점에 의존하지만, 일반적으로 바이오디젤은 석유디젤과 20% 정도 혼합(B20)되어 연료첨가제로 사용된다. B20과 같이

혼합된 바이오디젤은 디젤엔진에서 작동되며, 혼합된 양에 따라 오염물질이 대략 비례적으로 감소한다. 또 바이오디젤과 석유디젤을 혼합함으로 석유디젤의 수입 필요량이나 미래에 더 많은 양의 석유 디젤연료 생산량을 감소시킨다. EPA의 최근 발표된 데이터에 의하면, 미국에서 바이오디젤의 생산량은 2011년에 10억 갤런 이상이며, 2020년에 120억 갤런으로 예상하고 있다[33]. 미국 바이오디젤 생산자들은 주로 콩기름과 재활용된 요리 기름을 사용한다. 바이오디젤인 B20은 연방정부, 주정부, 순환버스, 민간 트럭회사, 연락선(ferry), 관광 유람선, 대형보트, 기차, 발전장치, 가정의 난로 등에 사용된다. 바이오디젤에 관심은 유해한 디젤배기 가스에 노출된 노동자들과 학교 학생들, 공항근처 지역의 배기가스를 조절해야 하는 비행기, 배기가스가 감축되지 않으면 사용이 제한될 발전장치와 기차 등을 중심으로 증가하고 있는 추세이다. 바이오디젤은 그 자체만으로 차량의 연료로 사용될 수 있으며, 디젤동력 차량에서 발생하는 매연, 일산화탄소, 탄화수소, 공기 유해물의 수준을 낮추기 위하여 보통 석유 디젤의 첨가제로 사용된다. 그림 8-32는 콩에서 추출한 바이오디젤(B100)과 콩기름과 석유디젤을 혼합한 바이오디젤을 연료로 사용하는 버스의 사진이다.

그림 8-32 콩에서 추출한 바이오디젤(B100)과 콩기름과 석유디젤을 혼합한 바이오디젤을 연료로 사용하는 버스[29]

(1) 바이오디젤의 역사

약 1세기 전에 루돌프 디젤의 디젤엔진 시제품은 땅콩기름으로 작동했으며, 디젤엔진은 다양한 식용유로 작동 가능할 것이라고 기대했다. 그러나 석유 근원의 디젤연료가 시장에 출현함에 따라 가격이 저렴하며, 상대적으로 효율이 좋고, 바로 사용 가능한 장점으로 인하여 디젤 연료의 선택이 급증했다. 1970년대 중반부터 연료의 부족으로 다양한 연료원의 발굴에 박차를 가하게 되어, 석유디젤의 대안으로 바이오디젤의 개발이 시작되었다. 바이오디젤은 대기의 이산화탄소를 없애는 공급재료로부터 만들어지기 때문에, 바이오디젤을 사용하면 대기의 이산화탄소가 증가되지 않아 온실가스의 축적을 감축할 수 있다. 최초로 도시형 버스를 바이오디젤로 교체하였으며, 순환버스, 트럭, 공항셔틀, 해상과 국립공원 보트와 차량, 군수용과 광산용 등이 전환되었다.

(2) 바이오디젤 공급재료

미국에서 대부분의 바이오디젤은 콩 기름이나 재활용된 요리용 기름으로 만든다. 동물의 지방, 식용유, 재활용된 기름은 바이오디젤을 생산하기 위하여 사용되며 가격과 유용성에 의존한다. 미래에는, 모든 종류의 지방과 기름의 혼합물이 바이오디젤을 생산하는데 사용될 수 있을 것이다.

(3) 바이오디젤 생산

기름을 바이오디젤로 변환하는 주요한 반응과정에서 식용유, 동물성 지방, 재활용된 기름이 함유하는 트리글리세린(triglyceride) 기름과 메탄올과 같은 알콜이 반응하여 지방산 알킬에스테르인 바이오디젤과 글리세린이 생성된다. 반응은 열과 수산화나트륨 또는 수산화칼륨과 같은 강력한 기저촉매를 필요로 하며, 단순한 반응은 다음과 같다.

$$\text{트리글리세린 + 자유지방산(4\% 이하) + 알콜} \rightarrow \text{알킬에스테르 + 글리세린} \tag{8.3}$$

전처리 반응(pretreatment reaction)

일부 공급재료는 초에스테르화(transesterification) 과정으로 공급되기 전에 전처리가 필요하다. 식용유와 일부 음식물 수준의 동물성 지방을 포함하는 4% 이하의 자유지방산을 갖는 공급재료는 전처리가 필요하지 않다. 식용에 적합하지 않은 동물성 지방과 재활용된 기름을 포함하는 4% 이상의 자유지방산을 갖는 공급재료는 산성 에스테르화 과정에서 전처리가 되어야 한다. 이러한 단계에서 공급재료는 강력한 산성 촉매(황산)가 존재 시, 메탄올과 같은 알콜과 반응하여 자유지방산이 바이오디젤로 변환된다. 남아있는 트리글리세린은 초에스테르화 반응에서 바이오디젤로 변환된다.

$$\text{트리글리세린 + 자유지방산(4\% 이상) + 알콜} \rightarrow \text{알킬에스테르 + 트리글리세린} \tag{8.4}$$

과정설명

그림 8-33은 바이오디젤의 생산과정 개략도를 나타내며, 기름이 바이오디젤로 변환되는 기본적인 과정의 각 단계는 다음과 같다.

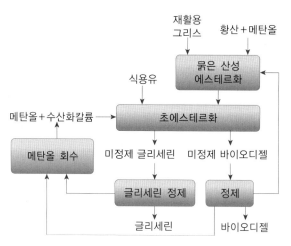

그림 8-33 바이오디젤 생산과정 개략도[32]

산성 에스테르화(acid esterification)

4% 이상의 자유지방산을 함유하는 기름의 공급재료는 바이오디젤의 생산을 증가하기 위하여 산의 에스테르화 과정을 겪는다. 이러한 공급재료는 수분과 오염물의 제거를 위하여 여과되고 전처리된 후, 산성 에스테르화 과정으로 공급된다. 황산과 같은 촉매는 메탄올에서 용해되고 전처리된 기름과 혼합된다. 혼합물은 가열되어 잘 섞인 후, 자유지방산과 함께 바이오디젤로 변환된다. 반응이 끝나면, 물이 분리된 후, 초에스테르화 과정으로 공급된다.

초에스테르화

4% 이하의 자유지방산을 함유하는 기름의 공급재료는 수분과 오염물의 제거를 위하여 여과되고 전처리된 후, 산성 에스테르화 과정의 생성물과 함께 직접 초에스테르화 과정으로 공급된다. 수산화칼륨과 같은 촉매는 메탄올에 용해되고 전처리된 기름과 혼합된다. 산성 에스테르화 과정이 이용되면, 그 단계에서 첨가된 산을 중화하기 위하여 별도의 기저 촉매가 첨가되어야 한다. 반응이 완료되면, 주요한 공동생산물인 바이오디젤과 글리세린이 2개의 층으로 분리된다.

메탄올 회수

일반적으로 메탄올은 역반응을 금지하기 위하여 바이오디젤과 글리세린이 분리된 후 제거된다. 메탄올은 세척된 후 초기과정으로 돌아가 재활용 된다.

바이오디젤 정제

글리세린으로부터 분리된 바이오디젤은 과도한 알콜, 잔여 촉매, 지방산의 알카리 금속염 등을 제거하기 위하여 세척 또는 정제과정을 통과한다. 이러한 과정은 1개 또는 그 이상의 청정수 세척과정으로 구성되며, 건조된 후 저장소로 보내진다. 때때로 바이오디젤은 무색, 무취, 황을 포함하지 않는 바이오디젤을 생산하기 위하여 부가적인 증류 단계를 거친다.

글리세린 정제

글리세린 부산물은 반응되지 않은 촉매와 산을 중성화하기 위하여 사용된 지방산의 알카리 금속염을 함유하며, 50~80%의 천연 글리세린을 생산하기 위하여 물과 알콜은 제거된다. 남은 오염물질은 반응되지 않은 지방과 기름을 함유한다. 대형 바이오디젤 공장에서 글리세린은 99% 이상의 고 순도로 정제되어 제약산업이나 화장품산업에 공급된다.

8.2.3 바이오연료와 환경

교통은 환경에 나쁜 영향을 주는 중요한 인자로, 화석연료를 바이오연료로 대체하거나 연료첨가제로 바이오연료를 사용함으로 교통이 유발하는 환경적인 손상을 경감할 수 있다. 일산화탄소와 오존층의 대기오염, 지하수오염과 지구온난화 등의 문제는 바이오연료를 사용하여 해결할 수 있다.

(1) 공해와 바이오연료

석유의 디젤 연료와 가솔린 연료는 수백의 다양한 탄화수소 결합으로 구성된다. 이 들 중의 많은 부분은 벤젠, 톨루엔, 크실렌 등과 같이 독성, 휘발성을 갖기 때문에 석유 근간의 연료가 연소함에 따라 건강 위험과 공해문제를 유발한다. 특히 교통부문은 도시지역에서 공해의 대량 원천이다. 예로, 차량의 불완전연소 시 직접적인 결과물인 일산화탄소 배기가스는 함산소 바이오연료로 감소할 수 있다. 함산소 연료로 사용되는 바이오에탄올과 바이오연료는 연소특성을 향상시키기 위하여 이용된다. 첨가된 산소 연료는 완전 연소되어 일산화탄소 배기를 감소하므로, 석유 대신 바이오연료로 교체 시의 또 다른 환경적인 장점이 된다. 중대한 독성물질인 스모그의 형성은 자외선 복사로 유발되는 복잡한 반응의 결과이며, 그 성분은 일산화탄소, 탄화수소, 질소산화물 등이다. 가솔린이나 디젤에 바이오연료를 첨가하면 완전연소가 되어 일산화탄소와 자동차배기부의 미연탄화수소 배기를 감소시킨다. 반면에, 가솔린에 10% 에탄올을 혼합하면 가솔린이나 에탄올을 단독으로 사용할 때 보다 휘발성이 높아져, 연료시스템의 탄화수소 증발은 에탄올의 혼합에 따라 높아진다. 질소산화물의 생성은 연소온도가 높아짐에 따라 증가하기 때문에, 함산소 연료를 사용하면 질소산화물의 생성이 약간 많아진다. 그러나 전체적인 측면에서 보면, 바이오연료를 사용하면 스모그를 유발하는 배기가스가 감소되는 효과가 있다. 유해한 배기가스를 감소시키기 위하여 에탄올 혼합의 영향에 관한 기술적인 데이터는 1999년 Colorado 주의 연구와 GM의 연구보고서에 잘 나타나 있다. 방향족 혼합물 또는 MTBE(Methyl Tertiary Butyl Ether)와 같은 대체 옥탄촉진제는 가장 독성이 강한 가솔린 성분으로 지하수오염과 같은 환경과 건강문제에 중대한 영향을 미치지만, 에탄올은 뛰어나며 본질적으로 비독성인 옥탄촉진제이다. 수천만의 미국사람들은 연방대기질 표준(federal air quality standard)에 미달하는 지역에 살고 있다. 1990년에 미국의회는 청정대기법 수정안을 통과시켜 석유 근간의 수송연료에 의한 일산화탄소와 스모그 생성의 배기수준을 규제하기 시작했다. 특별히 이법은 일산화탄소 기준이 초과하는 지역에서 겨울동안 함산소 연료를, 또 스모그 기준이 초과하는 지역에서 개질된 가솔린(reformulated gasoline: RFG)을 사용하도록 요구한다. 함산소 연료의 요구조건을 완전히 만족하기 위하여, 일산화탄소 수준을 달성하지 못한 모든 지역에서 에탄올과 가솔린이 혼합되어 사용되며, 개질된 가솔린의 양이 증가하고 있다. 다른 개질된 가솔린은 MTBE와 산소가 첨가되어 있으며, MTBE는 지하수 오염문제로 인하여 많은 주에서 단계적으로 폐지되었기 때문에, 개질된 가솔린에서 에탄올의 사용은 실질적으로 증가하고 있다. 디젤연료 규제는 함산소 연료를 요구하지 않지만, 바이오디젤(식용유나 동물성 기름으로부터 만들어지는 지방산메틸에스테르)이나 E-디젤(디젤과 에탄올의 혼합)과 같은 함산소 재생디젤은 디젤엔진의 배기가스를 극적으로 감소할 수 있다. 일반적으로 에탄올은 E10 혼합연료(5~10% 에탄올과 90~95% 가솔린)를 만들기 위하여 가솔린과 혼합되거나, E85와 같은 고 농도나 에탄올 단독으로 사용될 수 있다. 보통 바이오디젤은 석유디젤과 혼합되어 B20 혼합연료(20% 바이오디젤과 80% 석유디젤)가 되며, 혼합연료 수준이 B100(순수한 바이오디젤)까지 증가되어 사용될 수 있다. 표 8-1은 바이오디젤인 B100과 B20 혼합연료의 배기가스를 비교한 것이다.

표 8-1 바이오디젤인 B100과 B20의 배기가스 비교[32]

배기가스	B100	B20
일산화탄소	−47%	−12%
탄화수소	−67%	−20%
매연	−48%	−12%
질소산화물	+10%	+2%
공기독성	−60% ~ −90%	−12% ~ −20%
돌연변이 유도물	−80% ~ −90%	−20%

디젤 생산업자의 특별한 관심은 디젤연료의 황 성분을 감축하기 위한 요구조건으로, 그에 따라 윤활성도 함께 감소된다. 황을 포함하지 않는 바이오디젤은 윤활성이 좋다. 황의 감축조건 없이도 엔진 마모를 줄이기 위하여 소량이 이미 첨가되어 있다.

(2) 수질 오염과 바이오연료

에탄올을 음용수 또는 시냇물에 첨가하는 것을 원하는 사람은 없지만, 많은 사람들이 술의 주성분인 에탄올을 음용하는 것으로 알려져 있다. 기본적으로 에탄올은 독성이 없고 생물 분해성이 있으며, 바이오디젤은 식용유와 상당히 비슷하다. 이러한 독성을 갖지 않는 바이오연료의 사용은 원유 운반선과 송유관에서 유출(미국 교통성에 의하면, Exxon Valdez로부터 누출되는 양이 평균 매해 1200만 갤런 이상)되는 독성 석유 생산물의 위험을 감소한다. 또한 바이오연료를 사용하면 지하의 가솔린 저장탱크(미국통계청에 의하면, 16,000개의 소규모 오일로부터 매해 4600만 갤런 이상이 유출)로부터 유출되는 것과 차량엔진 오일과 연료가 흘러버리는 것에 따른 지하수오염 위험을 감소한다. 첨가제인 MTBE가 지하 저장탱크로부터 누출될 때, 문제는 지하수가 오염된다는 것이다. 명백히, 누출이 중단되어야 하지만 반드시 쉬운 일은 아니다. 2001년 7월에 MTBE에 의한 위험이 야기되었기 때문에 14개주에서 사용을 금지했다. 2015년에는 미국 상원 의원이 모든 주에서 MTBE 사용을 금지했다. 더 효율적인 함산소 및 옥탄촉진제인 에탄올은 MTBE(또는 가솔린의 다른 유독한 성분의 일부)를 대체할 수 있다. 바이오디젤은 비독성 연료이고 물에서 생물 분해성이 있기 때문에, 특별히 레저용 보트와 민감한 환경에서 디젤엔진을 사용할 때 석유디젤의 대안이 된다.

(3) 지구 기후 변화

석탄, 석유, 천연가스 같은 화석연료의 연소는 대기 중 이산화탄소의 농도를 증가시킨다. 이산화탄소와 다른 온실가스는 태양에너지가 지구의 대기로 들어오는 것은 허용하지만, 에너지를 포획하여 지구온난화를 유발하기 때문에 우주로 재방사될 수 있는 에너지의 양을 감축한다. 이산화탄소는 지구온난화의 주범인 주요 온실가스로, 수송부문에서 배출되는 이산화탄소의 총량은 미국에서 국가 전체의 3분의 1을 점유한다. 화석연료를 바이오매스 원천의 연료로 대체할 때 환경적인 장점의 하나는 바이오매스로부터 얻어지는 에너지가 지구 온난화에 기여하지 않는다는 것이다. 바이오매스로부터 생산되는 연료를 포함하는 모든 연료의 연소는 대기 중으로 이산화탄소를 방출한다. 그러나 식물은 성장하기 위하여 광합성 작용을 하며 대기 중의 이산화탄소를 사용한다. 즉, 바이오연료의 연소도 이산화탄소를 배출하지만, 바이오연료는 수십억 년 전부터 대기로부터 이산화탄소를 포집한 식물로 만들어지기 때문에, 연소 중에 생성되는 이산화탄소는 바이오매스의 공급재료로 사용되는 식물이 성장하는 동안 흡수하는 양과 전체적인 순 총량 면에서 균형을 이룬다. 바이오매스가 바이오연료로 변환되어 트럭이나 자동차 엔진에서 연소될 때 발생하는 이산화탄소는 더 많은 바이오연료를 생산하기 위하여 새로운 바이오매스가 성장할 때 다시 포집된다. 바이오매스 공급재료 성장과정에 사용되는 화석연료 에너지 사용량에 따라서 온실가스 배기가스는 충분히 감축된다. 현재 대량으로 생산되는 옥수수는 상대적으로 에너지 강도가 높지만, 옥수수 낱알로부터 에탄올을 생산하는데 감축된 순 온실가스 배기 비율은 여전히 20%이다. 콩으로 만드는 바이오디젤은 순 배기가스를 거의 80% 감축한다. 셀룰로우스 재료로부터 생산되는 에탄올은 발효하지 않는 목질소의 연소에 의한 전기발전도 포함한다. 가솔린의 사용과 화석연료로 전기를 생산하는 것의 조합에 관한 감소는 순 온실가스 배기 감축분이 100% 이상이라는 것을 의미한다. 따라서 옥수수 사료로부터 만들어지는 에탄올의 경우는 113% 정도 감축된다고 계산된다. 화석연료 연소로 인하여 기술과 배기제어가 향상되더라도, 정의에 의하면 많은 자동차에서 사용되는 가솔린과 디젤은 지구 기후변화에 원인이 될 것이다. 하지만 바이오연료가 사용되면, 지구온난화는 감소될 것이다.

(4) 기타 환경적 장점과 충격

바이오연료 프로그램에 의해 개발 중인 진보된 바이오에탄올 기술을 사용하면 식물 또는 식물에서 추출할 수 있는 셀룰로우스나 반셀룰로우스 재료로부터 에탄올을 생산할 수 있을 것이다. 이러한 재료의 대부분은 사용하지 않거나 비싸지 않으며, 단지 쓰레기 문제만 발생시킨다. 예로, 벼 지푸라기와 밀짚 등은 자주 들에서 태우기 때문에 대기오염 문제로 제한을 받는다. 또한 현재 쓰레기 매립장으로 보내지는 대부분의 재료들은 셀룰로우스나 반셀룰로우스 재료이어서 바이오에탄올 생산에 사용될 수 있다. 실제로 최초의 상업용 셀룰로우스 에탄올 공장은 공급재료로 도시의 고체쓰레기를 사용하게 될 것이다. Masada Resources Group은 New York 시의 Middletown에 에탄올 공장을 건설 중이며, 이 공장은 도시의 고체쓰레기에 있는 셀룰로우스 재료를 에탄올로 변환하게 될 것이다. 종이공장, 음식공정, 다른 산업체에서 발생하는 쓰레기도 바이오에탄올 생산에 적절할 수 있다. 또 다른 가능성 있는 바이오에탄올 공급재료는 옥수수 줄기와 잎으로 제공되는 옥수수 사료이다. 옥수수 사료는 부피가 크고 현재 에탄올 생산시설에 근접하여 있기 때문에, 바이오연료 프로그램 분석가들은 옥수수 사료가 진보된 바이오에탄올 생산을 위한 주요 공급재료 중의 하나가 될 것이라고 기대한다. 현재, 일부지역에서 들에 남아 있거나 밭에 묻는 사료는 적절한 수준으로 수확되어야 한다. 즉, 부식 제어와 토양강화를 위하여 사료 가치의 손실을 피하도록 조심스럽게 결정될 필요가 있다. 특별히 봄철 토양의 보온에 관심이 있는 북부지역의 대부분 지역에서도 일상적으로 사료를 밭에 묻거나, 주로 제거한다. 사료의 수확 분은 농부들이 땅을 경작하지 않고 교체하도록 허용하며, 토양과학자들은 토양부식과 비료사용으로부터 더 잘 인식할 수 있는 교체상태를 고려한다. 환경적 관심이 집중되는 수송 연료용의 바이오에탄올 생산은 거의 모두가 옥수수 낟알의 전분을 기본으로 한다. 거대한 생산 수준을 달성하기 위하여 현대의 미국 옥수수 농장은 상대적으로 에너지와 화학약품을 많이 이용한다. 초기의 에탄올 공장은 에너지 집약산업으로, 에너지를 만드는데 사용된 에너지와 생산된 수송 연료의 가치에 대한 관심이 증가했다. 그러나 미국 농업분야에서 에탄올 연료산업의 효율 증가는 상당하다. 이러한 문제에 대한 가장 공식적인 연구를 통하여 옥수수 낟알로부터 에탄올 연료를 생산하는 "순 에너지 균형"은 1.34라는 것을 알아냈다. 성장하는 옥수수와 에탄올로 변환되는 에너지의 유닛에 대하여, 자동차 연료로 사용되면 약 3분의 1 이상의 에너지를 되찾을 수 있다. 이 보고서에 의하면, 액체연료 단독으로 사용할 때 순 균형은 6.34로 계산된다. 1995년 환경기구(Institute for Local Self Reliance) 보고서에 의하면, 현재 평균 순 에너지의 균형이 얼마나 향상되고 있는가를 보여준다. 가장 효율적인 농업기반의 주에서 옥수수를 재배하고 가장 효율적인 기존 시설에서 에탄올을 생산한다면, 현재 1.38의 균형에서 2.09로 증가한다. 기술이 진보될 것이라고 기대하는 것과 같이 산업의 평균이 현재 최상의 산업체로 옮겨간다면, 에탄올 연료에서 생산된 에너지는 2배 이상이 될 것이다. 바이오연료 프로그램의 핵심 연구과제는 셀룰로우스 바이오에탄올에 대하여, 에너지 균형이 2.62의 목표로 프로젝트를 연구하고 있다. 이러한 연구는 빨리 자라는 나무와 같은 에너지 농작물을 재배하고 수확하는 것에 근거를 둔 것으로, 생산 노력이 필요하지 않는 옥수수 사료 또는 다른 잔류물로부터의 바이오에탄올은 적합한 에너지 균형을 갖는다. 사료로 에탄올을 생산하는 것에 대한 바이오연료 프로그램의 수명해석이 지금 진행 중으로, 순 에너지 비율이 약 7에 이를 것으로 기대된다. 에탄올 자체뿐 아니라, 부산물인 목질소를 연소하여 전기를 발생함으로 얻어지는 에너지의 양을 합산해야 할 것이다. 에탄올 연료에 대한 계속되는 비판의 하나는 옥수수를 성장시켜 에탄올을 생산하는 데 약 70% 이상의 에너지가 필요하다고 주장하는 것이다. 그러한 주장에는 과거의 오래된 데이터를 사용하며, 에탄올 생산 시 공동 생산물이 동물 사료로 사용되는 에너지 가치를 포함하지 않는다. 건조제분 에탄올 공장과 습식제분 에탄올 공장은 주요한 공동 생산품으로 고단백질 동물 사료를 생산하며, 생산과정에서 중요한 경제적인 요소가 된다. 또한 에탄올을 비평하는 사람들은 음식 대신에 연료를 재배하는 지혜에 대해 의문을 갖는다. 그러나 옥수수는 주로 가축 사료나 직접적으로 사람이 소비하는 것 보다 인공 청량감미료와 같은 생산물로 사용된다. 미국에서는 일반적으로 잉여 농산물이 많아 가격을 유지할 필요가 있기 때문에, 에탄올은 옥수수 가격을 지탱함에 따라 세금납부자의 비용은 감소된다. 셀룰로우스 바이오에탄올 생산은 음식물 공급에 영향을 덜 주며, 다른 농작물의 생산 시 부산물로 생산되는 사료와 같은 잔류물이나 식용 작물에 경제적으로 적절하지 않는 토양에서 성장하는 에너지 작물을 사용할 수 있다.

8.3 바이오 정제소

바이오 정제소는 바이오매스 변환 과정과 바이오매스로부터 연료, 전력, 화학약품을 생산하는 장치를 통합하는 시설이다. 바이오 정제소는 현재 원유로부터 다양한 연료와 제품을 생산하는 원유 정제소와 비슷한 개념이다. 산업용 바이오 정제소는 새로운 지역적 바이오 근간의 산업체를 형성하기 위한 가장 확실한 방법으로 인식되고 있다. 다양한 제품의 생산에 의해 바이오 정제소는 바이오매스 성분과 중간생성물 사이의 장점을 취할 수 있으며, 바이오매스 공급재료로부터 추출된 가치를 최대화 할 수 있다. 바이오 정제소는 하나 또는 여러 개의 소량이며 고가의 화학제품과 저가이며 대량의 액체 수송 연료를 생산할 수 있는 반면에, 자체 사용과 전기 매출에 충분한 전기와 공정 열을 생산할 수 있다. 고가의 제품은 이윤을 증대하고, 대량의 연료는 국가에너지 수요를 충당하며 전력 생산은 가격과 온실가스 배기가스를 감소시킨다. 그림 8-34는 국립재생에너지연구소의 바이오 정제소 개념을 도식적으로 나타내며, 다양한 제품 후보군을 장려하기 위하여 2가지의 다른 플랫폼으로 건설된다. 당분(sugar) 플랫폼은 생화학적 변환 과정을 기본으로 하며 바이오매스 공급재료로부터 추출되는 당분 발효가 관심의 대상이다. 합성가스(syngas) 플랫폼은 열화학적 변환 과정을 기본으로 하며 바이오매스 공급재료의 가스화와 변환과정에서 발생하는 부산물이 중요하다.

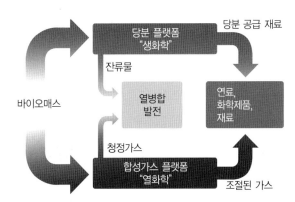

그림 8-34 바이오 정제소의 개념[23]

| Reference |

[1] Clean Green Energy
(http://cleangreenenergyzone.com/pyramid-of-biomass/)

[2] US DOE, Office of Energy Efficiency and Renewable Energy, 2017 Renewable Energy Data Book, January 2019

[3] Clean Air-Cool Planet
(http://www.cleanair-coolplanet.org/renewable_tree/biomass.php)

[4] US DOE, Energy Efficient and Renewable Energy, Guide to Tribal Energy: Biomass Energy - Biopower
(http://www1.eere.energy.gov/tribalenergy/guide/biomass_biopower.html)

[5] ABB, Biomass Heat and Power Plant,
(http://www.abb.com/cawp/plabb042/293a32d2f0d2b287c1257156003a5a52.aspx)

[6] IEA Bioenergy, An International Collaboration in Bioenergy(http://www.ieabioenergy.com/)

[7] Biomass, http://en.wikipedia.org/wiki/Biomass

[8] EIA Energy Kids - Biomass
(http://www.eia.doe.gov/kids/energyfacts/sources/renewable/biomass.html)

[9] Biomass Energy Resource Center(http://www.biomasscenter.org/)

[10] Renewable Energy Policy Project
(http://www.repp.org/articles/static/1/996686783_6.html)

[11] G. Wiltsee, Lessons Learned From Existing Biomass Power Plants, February 2000, NREL/SR-570-26946

[12] Institute for Energy Research: Biomass
(http://www.instituteforenergyresearch.org/energy-overview/biomass/)

[13] Energy Story, Biomass Energy
(http://www.energyquest.ca.gov/story/chapter10.html)

[14] IEA Bioenergy, Biomass Combustion and Cofiring
(http://www.ieabcc.nl/)

[15] Union of Concerned Scientists - How Biomass Energy Works
(http://www.ucsusa.org/clean_energy/technology_and_impacts/energy_technologies/how-biomass-energy-works.html)

[16] EERE Biomass Program(http://www1.eere.energy.gov/biomass/)

[17] Institute for Energy Research -Biomass
(http://www.instituteforenergyresearch.org/energy-overview/biomass/)

[18] Bioenergy Feedstock Information Network(http://bioenergy.ornl.gov/)

[19] Bioenergy in Oregon
(http://www.oregon.gov/ENERGY/RENEW/Biomass/BiomassHome.shtml)

[20] Energy Resources: Biomass
(http://www.darvill.clara.net/altenerg/biomass.htm)

[21] Biomass, http://www.seps.sk/zp/fond/dieret/biomass.html

[22] E85 Vehicles(http://e85vehicles.com/)

[23] National Renewable Energy Laboratory, Biomass Research
(http://www.nrel.gov/biomass/biorefinery.html)

[24] Energy Efficiency and Renewable Energy Biomass Program
(http://www.eere.energy.gov/biomass/abcs_biofuels.html)

[25] Biofuels, http://en.wikipedia.org/wiki/Biofuel

[26] EPA Technical Report, EPA420-P-02-001, "A Comprehensive Analysis of Biodiesel Impacts on Exhaust Emissions," October 2002,
(http://www.epa.gov/otaq/models/analysis/biodsl/p02001.pdf)

[27] USDA Office of Energy Policy and New Uses, The Energy Balance of Corn Ethanol: An Update

[28] David Pimentel, Journal of Agricultural and Environmental Ethics, Vol. 4, No. 1, pp. 1–13. 1991.

[29] National Biodiesel Board(http://www.biodiesel.org/)

[30] REPP–CREST: Bioenergy(http://www.repp.org/bioenergy/link1.htm)

[31] Renewable Fuels Association,
(http://www.ethanolrfa.org/resource/made/)

[32] Alternative Fuels and Advanced Vehicles Data Center
(http://www.afdc.energy.gov/afdc/fuels/biodiesel_production.html)

[33] National Biodiesel Board, "U.S. biodiesel production", 2012
(http://www.biodiesel.org/production/production–statistics)

[34] Eco World,
(http://www.ecoworld.com/energy/ecoworld_energy_biofuel.cfm)

PART A _ 개념문제

01. 광합성과정을 화학식으로 표현하라.

02. 바이오에너지 공급재료(bioenergy feedstock)에 대해서 간단하게 설명하시오.

03. 바이오매스의 종류를 나열하라.

04. 바이오매스 전력생산 기술을 설명하시오.

05. 공동연료(co-firing) 기술은 무엇인가?

06. 바이오연료 종류를 나열하시오.

07. 가스화 기술은 무엇인가?

08. 혐기성 소화는 무엇인가?

09. 바이오연료와 화석연료를 구분하시오.

10. 이산화탄소 사이클을 설명하시오.

11. 바이오에탄올과 에탄올의 차이는 무엇인가?

12. 재생디젤에 대해서 설명하라.

13. 바이오연료와 환경에 대해서 장단점을 설명하시오.

PART B _ 계산문제

14. 가솔린 가격 1L당 $2.50이며 에너지 함유량이 34.8MJ/L이고, 옥수수 깡통 1개 가격이 $3이며 음식에너지 400kcal를 함유하고 있다. 가솔린 1L의 에너지 가격과 옥수수 깡통 1개의 에너지 가격을 비교하라.

15. 포도당(glucose: $C_6H_{12}O_6$) 1톤으로부터 생산할 수 있는 에탄올 양과 이산화탄소 질량을 구하라.

16. 천연가스의 가격은 therm당 55¢이다. 표 8-2를 사용하여 같은 열을 공급하기 위하여 필요한 혼합 활엽수의 코드(cord) 당 가격을 계산하라. 여기서 1therm=100,000Btu이고, 코드는 연료용 목재의 재적 단위로 128ft³이다.

표 8-2 난방연료 가격비교표

연료	단위환산	변환효율	$/MBtu =
천연가스	100,000Btu/therm	75	13.33×$/therm
혼합 활엽수	24MBtu/cord	50	0.083×$/cord
혼합 침엽수	15MBtu/cord	50	0.13×$/cord
전기	3,412Btu/kWh	100	293×$/kWh

17. 표 8-2를 이용하여 활엽수의 코드 당 $120의 가격일 때, 이에 상응하는 에너지를 전기가열로부터 얻으려고 한다. 전기 가격($/kWh)은 얼마인가?

18. 표 8-2를 이용하여 침엽수의 코드 당 $100이면, 이에 상응하는 에너지를 전기가열로부터 얻으려고 한다. 전기 가격($/kWh)은 얼마인가?

19. 석탄화력 전기발전소의 효율은 38%이다. 보일러를 나가는 증기의 온도는 550℃이고, 주위의 온도는 20℃이다. 이 발전소가 획득할 수 있는 최대로 가능한 효율은 얼마인가?

20. 문제 8.19의 석탄화력 전기발전소의 효율이 45%이면 이 발전소가 획득할 수 있는 최대로 가능한 효율이 얼마인가?

21. 역청탄(bituminous coal) 1톤이 전기를 발생하기 위하여 연소된다. 변환효율이 35%이라면, 몇 kWh를 생산할 수 있나? 역청탄 1톤은 25×10^6 Btu이고, 1kWh는 3,413Btu이다.

22. 사람이 하루 평균 섭취하는 음식은 약 2,500kcal이다. 이 에너지 중의 절반이 일(다른 절반은 신체에서 열로 방출됨)로 변한다면, 24시간 동안에 이 사람의 평균 출력(W)은 얼마인가?

23. 겨울 올림픽 스키선수가 하루 평균 섭취해야되는 음식은 약 4,000kcal이다. 이 에너지 중의 70%가 일(다른 절반은 신체에서 열로 방출됨)로 변한다면, 24시간 동안에 이 사람의 평균 출력(W)은 얼마인가?

24. 다양한 "음식열량(food calories = kcal)"은 다음의 표 8–3과 같다. 이것들을 전기에너지인 J과 동등하게 변환하라. 음식열량은 열에너지로 변환되는 것에 유의하라.

표 8-3 음식열량표

음식 종류	열량(kcal)
케익 도너츠(cake doughnut)	165
젤리 도너츠(jelly doughnut)	330
윤이 나는 도너츠(glazed doughnut)	250
바나나(banana)	100
에그 스크램블(scrambled egg)	110
베이컨 한 조각(strip of bacon)	45
레모네이드 한 컵(glass of lemonade)	88

25. 브라질에서 발견된 디젤연료 나무가 유일한 에너지원이라면, 1984년 미국에서 필요한 화석연료를 공급하기에 충분한 전체면적을 계산하라. 1984년에 미국은 7.1기가배럴(Gbbl)의 석유를 사용했고, 1배럴은 160리터의 체적과 같다. 브라질에서 헥타르(hectare)당 6톤을 생산한다고 가정하면, 30km 반경 지역은 하루에 2Mte의 식물을 공급하여 하루에 15,000배럴의 에탄올을 생산한다.

26. 부엌에서 사용하는 오븐(kitchen oven)은 50ft^{3}의 천연가스를 사용한다. 가축 분뇨는 혐기성 발효과정을 통하여 천연가스의 주 성분인 메탄(CH4)가스를 생성한다. 가축으로 키우는 소 몇 마리의 하루 배설물로부터 오븐에 필요한 에너지를 충당할 수 있는가? 1일 동안, 소 2마리의 배설물은 1.5m^{3}로 0.75m^{3}의 메탄가스를 생산한다.

27. 집에 보일러가 70ft^3 천연가스를 사용한다. 문제 8.16과 가축 조건이 같으면 가축으로 키우는 소 몇 마리의 하루 배설물로부터 보일러에 필요한 에너지를 충당할 수 있는가?

28. 다음의 표 8–4의 정보를 이용하여 에이커 당 쌀과 밀의 잠재적 열에너지를 계산하라. 1헥타르(ha)는 2.47에이커 이다.

표 8–4 농작물의 잠재적인 에너지

연료	추수된 헥타르 (106ha)	작물생산량 (ton/ha)	잔류물 (ton/ha)	전체생산량 (tons×10^6)	사용가능량 (tons×10^6)	잠재적 열에너지 (kcal×10^6)
쌀	0.9	4.9	7.4	6.7	5.2	10,010
밀	19.6	2.1	3.5	68.6	18.6	35,805

신에너지 및 재생에너지 개발 · 이용 · 보급 촉진법

신에너지 및 재생에너지 개발 · 이용 · 보급 촉진법(약칭: 신재생에너지법)

[시행 2019. 10. 1.] [법률 제16236호, 2019. 1. 15., 일부개정]

산업통상자원부(신재생에너지정책과) 044-203-5358

제1조(목적)

이 법은 신에너지 및 재생에너지의 기술개발 및 이용 · 보급 촉진과 신에너지 및 재생에너지 산업의 활성화를 통하여 에너지원을 다양화하고, 에너지의 안정적인 공급, 에너지 구조의 환경친화적 전환 및 온실가스 배출의 감소를 추진함으로써 환경의 보전, 국가경제의 건전하고 지속적인 발전 및 국민복지의 증진에 이바지함을 목적으로 한다.

[전문개정 2010. 4. 12.]

제2조(정의)

이 법에서 사용하는 용어의 뜻은 다음과 같다. 〈개정 2013. 3. 23., 2013. 7. 30., 2014. 1. 21., 2019. 1. 15.〉

1. "신에너지"란 기존의 화석연료를 변환시켜 이용하거나 수소 · 산소 등의 화학 반응을 통하여 전기 또는 열을 이용하는 에너지로서 다음 각 목의 어느 하나에 해당하는 것을 말한다.

   가. 수소에너지

   나. 연료전지

   다. 석탄을 액화 · 가스화한 에너지 및 중질잔사유(重質殘渣油)를 가스화한 에너지로서 대통령령으로 정하는 기준 및 범위에 해당하는 에너지

   라. 그 밖에 석유 · 석탄 · 원자력 또는 천연가스가 아닌 에너지로서 대통령령으로 정하는 에너지

2. "재생에너지"란 햇빛 · 물 · 지열(地熱) · 강수(降水) · 생물유기체 등을 포함하는 재생 가능한 에너지를 변환시켜 이용하는 에너지로서 다음 각 목의 어느 하나에 해당하는 것을 말한다.

  가. 태양에너지

  나. 풍력

  다. 수력

  라. 해양에너지

  마. 지열에너지

  바. 생물자원을 변환시켜 이용하는 바이오에너지로서 대통령령으로 정하는 기준 및 범위에 해당하는 에너지

  사. 폐기물에너지(비재생폐기물로부터 생산된 것은 제외한다)로서 대통령령으로 정하는 기준 및 범위에 해당하는 에너지

  아. 그 밖에 석유 · 석탄 · 원자력 또는 천연가스가 아닌 에너지로서 대통령령으로 정하는 에너지

3. "신에너지 및 재생에너지 설비"(이하 "신 · 재생에너지 설비"라 한다)란 신에너지 및 재생에너지(이하 "신 · 재생에너지"라 한다)를 생산 또는 이용하거나 신 · 재생에너지의 전력계통 연계조건을 개선하기 위한 설비로서 산업통상자원부령으로 정하는 것을 말한다.

4. "신 · 재생에너지 발전"이란 신 · 재생에너지를 이용하여 전기를 생산하는 것을 말한다.

5. "신 · 재생에너지 발전사업자"란 「전기사업법」 제2조제4호에 따른 발전사업자 또는 같은 조 제19호에 따른 자가용전기설비를 설치한 자로서 신 · 재생에너지 발전을 하는 사업자를 말한다.

[전문개정 2010. 4. 12.]

제3조 삭제 〈2010. 4. 12.〉

제4조(시책과 장려 등)

① 정부는 신 · 재생에너지의 기술개발 및 이용 · 보급의 촉진에 관한 시책을 마련하여야 한다.

② 정부는 지방자치단체, 「공공기관의 운영에 관한 법률」 제4조에 따른 공공기관(이하 "공공기관"이라 한다), 기업체 등의 자발적인 신 · 재생에너지 기술개발 및 이용 · 보급을 장려하고 보호 · 육성하여야 한다.

[전문개정 2010. 4. 12.]

제5조(기본계획의 수립)

① 산업통상자원부장관은 관계 중앙행정기관의 장과 협의를 한 후 제8조에 따른 신 · 재생에너지정책심의회의 심의를 거쳐 신 · 재생에너지의 기술개발 및 이용 · 보급을 촉진하기 위한 기본계획(이하 "기본계획"이라 한다)을 5년마다 수립하여야 한다. 〈개정 2013. 3. 23., 2014. 1. 21.〉

② 기본계획의 계획기간은 10년 이상으로 하며, 기본계획에는 다음 각 호의 사항이 포함되어야 한다.〈개정 2013. 3. 23., 2017. 3. 21.〉

 1. 기본계획의 목표 및 기간

 2. 신 · 재생에너지원별 기술개발 및 이용 · 보급의 목표

 3. 총전력생산량 중 신 · 재생에너지 발전량이 차지하는 비율의 목표

 4. 「에너지법」 제2조제10호에 따른 온실가스의 배출 감소 목표

 5. 기본계획의 추진방법

 6. 신 · 재생에너지 기술수준의 평가와 보급전망 및 기대효과

 7. 신 · 재생에너지 기술개발 및 이용 · 보급에 관한 지원 방안

 8. 신 · 재생에너지 분야 전문인력 양성계획

 9. 직전 기본계획에 대한 평가

 10. 그 밖에 기본계획의 목표달성을 위하여 산업통상자원부장관이 필요하다고 인정하는 사항

③ 산업통상자원부장관은 신 · 재생에너지의 기술개발 동향, 에너지 수요 · 공급 동향의 변화, 그 밖의 사정으로 인하여 수립된 기본계획을 변경할 필요가 있다고 인정하면 관계 중앙행정기관의 장과 협의를 한 후 제8조에 따른 신 · 재생에너지정책심의회의 심의를 거쳐 그 기본계획을 변경할 수 있다.〈개정 2013. 3. 23.〉

[전문개정 2010. 4. 12.]

제6조(연차별 실행계획)

① 산업통상자원부장관은 기본계획에서 정한 목표를 달성하기 위하여 신 · 재생에너지의 종류별로 신 · 재생에너지의 기술개발 및 이용 · 보급과 신 · 재생에너지 발전에 의한 전기의 공급에 관한 실행계획(이하 "실행계획"이라 한다)을 매년 수립 · 시행하여야 한다.〈개정 2013. 3. 23.〉

② 산업통상자원부장관은 실행계획을 수립 · 시행하려면 미리 관계 중앙행정기관의 장과 협의하여야 한다.〈개정 2013. 3. 23.〉

③ 산업통상자원부장관은 실행계획을 수립하였을 때에는 이를 공고하여야 한다.〈개정 2013. 3. 23.〉

[전문개정 2010. 4. 12.]

제7조(신 · 재생에너지 기술개발 등에 관한 계획의 사전협의)

국가기관, 지방자치단체, 공공기관, 그 밖에 대통령령으로 정하는 자가 신 · 재생에너지 기술개발 및 이용 · 보급에 관한 계획을 수립 · 시행하려면 대통령령으로 정하는 바에 따라 미리 산업통상자원부장관과 협의하여야 한다.〈개정 2013. 3. 23.〉

[전문개정 2010. 4. 12.]

제8조(신·재생에너지정책심의회)

① 신·재생에너지의 기술개발 및 이용·보급에 관한 중요 사항을 심의하기 위하여 산업통상자원부에 신·재생에너지정책심의회(이하 "심의회"라 한다)를 둔다.⟨개정 2013. 3. 23.⟩

② 심의회는 다음 각 호의 사항을 심의한다.⟨개정 2013. 3. 23.⟩

　1. 기본계획의 수립 및 변경에 관한 사항. 다만, 기본계획의 내용 중 대통령령으로 정하는 경미한 사항을 변경하는 경우는 제외한다.

　2. 신·재생에너지의 기술개발 및 이용·보급에 관한 중요 사항

　3. 신·재생에너지 발전에 의하여 공급되는 전기의 기준가격 및 그 변경에 관한 사항

　4. 그 밖에 산업통상자원부장관이 필요하다고 인정하는 사항

③ 심의회의 구성·운영과 그 밖에 필요한 사항은 대통령령으로 정한다.

[전문개정 2010. 4. 12.]

제9조(신·재생에너지 기술개발 및 이용·보급 사업비의 조성)

정부는 실행계획을 시행하는 데에 필요한 사업비를 회계연도마다 세출예산에 계상(計上)하여야 한다.

[전문개정 2010. 4. 12.]

제10조(조성된 사업비의 사용)

산업통상자원부장관은 제9조에 따라 조성된 사업비를 다음 각 호의 사업에 사용한다.⟨개정 2013. 3. 23., 2015. 1. 28.⟩

　1. 신·재생에너지의 자원조사, 기술수요조사 및 통계작성

　2. 신·재생에너지의 연구·개발 및 기술평가

　3. 삭제⟨2015. 1. 28.⟩

　4. 신·재생에너지 공급의무화 지원

　5. 신·재생에너지 설비의 성능평가·인증 및 사후관리

　6. 신·재생에너지 기술정보의 수집·분석 및 제공

　7. 신·재생에너지 분야 기술지도 및 교육·홍보

　8. 신·재생에너지 분야 특성화대학 및 핵심기술연구센터 육성

　9. 신·재생에너지 분야 전문인력 양성

　10. 신·재생에너지 설비 설치기업의 지원

　11. 신·재생에너지 시범사업 및 보급사업

　12. 신·재생에너지 이용의무화 지원

13. 신·재생에너지 관련 국제협력

14. 신·재생에너지 기술의 국제표준화 지원

15. 신·재생에너지 설비 및 그 부품의 공용화 지원

16. 그 밖에 신·재생에너지의 기술개발 및 이용·보급을 위하여 필요한 사업으로서 대통령령으로 정하는 사업

[전문개정 2010. 4. 12.]

제11조(사업의 실시)

① 산업통상자원부장관은 제10조 각 호의 사업을 효율적으로 추진하기 위하여 필요하다고 인정하면 다음 각 호의 어느 하나에 해당하는 자와 협약을 맺어 그 사업을 하게 할 수 있다.〈개정 2011. 3. 9., 2013. 3. 23., 2016. 3. 22.〉

1. 「특정연구기관 육성법」에 따른 특정연구기관

2. 「기초연구진흥 및 기술개발지원에 관한 법률」 제14조의2제1항에 따라 인정받은 기업부설연구소

3. 「산업기술연구조합 육성법」에 따른 산업기술연구조합

4. 「고등교육법」에 따른 대학 또는 전문대학

5. 국공립연구기관

6. 국가기관, 지방자치단체 및 공공기관

7. 그 밖에 산업통상자원부장관이 기술개발능력이 있다고 인정하는 자

② 산업통상자원부장관은 제1항 각 호의 어느 하나에 해당하는 자가 하는 기술개발사업 또는 이용·보급 사업에 드는 비용의 전부 또는 일부를 출연(出捐)할 수 있다.〈개정 2013. 3. 23.〉

③ 제2항에 따른 출연금의 지급·사용 및 관리 등에 필요한 사항은 대통령령으로 정한다.

[전문개정 2010. 4. 12.]

제12조(신·재생에너지사업에의 투자권고 및 신·재생에너지 이용의무화 등)

① 산업통상자원부장관은 신·재생에너지의 기술개발 및 이용·보급을 촉진하기 위하여 필요하다고 인정하면 에너지 관련 사업을 하는 자에 대하여 제10조 각 호의 사업을 하거나 그 사업에 투자 또는 출연할 것을 권고할 수 있다.〈개정 2013. 3. 23.〉

② 산업통상자원부장관은 신·재생에너지의 이용·보급을 촉진하고 신·재생에너지산업의 활성화를 위하여 필요하다고 인정하면 다음 각 호의 어느 하나에 해당하는 자가 신축·증축 또는 개축하는 건축물에 대하여 대통령령으로 정하는 바에 따라 그 설계 시 산출된 예상 에너지사용량의 일정 비율 이상을 신·재생에너지를 이용하여 공급되는 에너지를 사용하도록 신·재생에너지 설비를 의무적으로 설치하게 할 수 있다.〈개정 2013. 3. 23., 2015. 1. 28.〉

1. 국가 및 지방자치단체

2. 공공기관

3. 정부가 대통령령으로 정하는 금액 이상을 출연한 정부출연기관

4. 「국유재산법」 제2조제6호에 따른 정부출자기업체

5. 지방자치단체 및 제2호부터 제4호까지의 규정에 따른 공공기관, 정부출연기관 또는 정부출자기업체가 대통령령으로 정하는 비율 또는 금액 이상을 출자한 법인

6. 특별법에 따라 설립된 법인

③ 산업통상자원부장관은 신·재생에너지의 활용 여건 등을 고려할 때 신·재생에너지를 이용하는 것이 적절하다고 인정되는 공장·사업장 및 집단주택단지 등에 대하여 신·재생에너지의 종류를 지정하여 이용하도록 권고하거나 그 이용설비를 설치하도록 권고할 수 있다.〈개정 2013. 3. 23.〉

[전문개정 2010. 4. 12.]

제12조의2 삭제 〈2015. 1. 28.〉

제12조의3 삭제 〈2015. 1. 28.〉

제12조의4 삭제 〈2015. 1. 28.〉

제12조의5(신·재생에너지 공급의무화 등)

① 산업통상자원부장관은 신·재생에너지의 이용·보급을 촉진하고 신·재생에너지산업의 활성화를 위하여 필요하다고 인정하면 다음 각 호의 어느 하나에 해당하는 자 중 대통령령으로 정하는 자(이하 "공급의무자"라 한다)에게 발전량의 일정량 이상을 의무적으로 신·재생에너지를 이용하여 공급하게 할 수 있다.〈개정 2013. 3. 23.〉

1. 「전기사업법」 제2조에 따른 발전사업자

2. 「집단에너지사업법」 제9조 및 제48조에 따라 「전기사업법」 제7조제1항에 따른 발전사업의 허가를 받은 것으로 보는 자

3. 공공기관

② 제1항에 따라 공급의무자가 의무적으로 신·재생에너지를 이용하여 공급하여야 하는 발전량(이하 "의무공급량"이라 한다)의 합계는 총전력생산량의 10% 이내의 범위에서 연도별로 대통령령으로 정한다. 이 경우 균형 있는 이용·보급이 필요한 신·재생에너지에 대하여는 대통령령으로 정하는 바에 따라 총의무공급량 중 일부를 해당 신·재생에너지를 이용하여 공급하게 할 수 있다.

③ 공급의무자의 의무공급량은 산업통상자원부장관이 공급의무자의 의견을 들어 공급의무자별로 정하여 고시한다. 이 경우 산업통상자원부장관은 공급의무자의 총발전량 및 발전원(發電源) 등을 고려하여야 한다.〈개정 2013. 3. 23.〉

④ 공급의무자는 의무공급량의 일부에 대하여 3년의 범위에서 그 공급의무의 이행을 연기할 수 있다.〈개정 2014. 1. 21.〉

⑤ 공급의무자는 제12조의7에 따른 신·재생에너지 공급인증서를 구매하여 의무공급량에 충당할 수 있다.

⑥ 산업통상자원부장관은 제1항에 따른 공급의무의 이행 여부를 확인하기 위하여 공급의무자에게 대통령령으로 정하는 바에 따라 필요한 자료의 제출 또는 제5항에 따라 구매하여 의무공급량에 충당하거나 제12조의7제1항에 따라 발급받은 신·재생에너지 공급인증서의 제출을 요구할 수 있다.〈개정 2013. 3. 23.〉

⑦ 제4항에 따라 공급의무의 이행을 연기할 수 있는 총량과 연차별 허용량, 그 밖에 필요한 사항은 대통령령으로 정한다.〈신설 2014. 1. 21.〉

[본조신설 2010. 4. 12.]

제12조의6(신·재생에너지 공급 불이행에 대한 과징금)

① 산업통상자원부장관은 공급의무자가 의무공급량에 부족하게 신·재생에너지를 이용하여 에너지를 공급한 경우에는 대통령령으로 정하는 바에 따라 그 부족분에 제12조의7에 따른 신·재생에너지 공급인증서의 해당 연도 평균거래 가격의 100분의 150을 곱한 금액의 범위에서 과징금을 부과할 수 있다.〈개정 2013. 3. 23.〉

② 제1항에 따른 과징금을 납부한 공급의무자에 대하여는 그 과징금의 부과기간에 해당하는 의무공급량을 공급한 것으로 본다.

③ 산업통상자원부장관은 제1항에 따른 과징금을 납부하여야 할 자가 납부기한까지 그 과징금을 납부하지 아니한 때에는 국세 체납 처분의 예를 따라 징수한다.〈개정 2013. 3. 23.〉

④ 제1항 및 제3항에 따라 징수한 과징금은 「전기사업법」에 따른 전력산업기반기금의 재원으로 귀속된다.

[본조신설 2010. 4. 12.]

제12조의7(신·재생에너지 공급인증서 등)

① 신·재생에너지를 이용하여 에너지를 공급한 자(이하 "신·재생에너지 공급자"라 한다)는 산업통상자원부장관이 신·재생에너지를 이용한 에너지 공급의 증명 등을 위하여 지정하는 기관(이하 "공급인증기관"이라 한다)으로부터 그 공급 사실을 증명하는 인증서(전자문서로 된 인증서를 포함한다. 이하 "공급인증서"라 한다)를 발급받을 수 있다. 다만, 제17조에 따라 발전차액을 지원받은 신·재생에너지 공급자에 대한 공급인증서는 국가에 대하여 발급한다.〈개정 2013. 3. 23., 2015. 1. 28.〉

② 공급인증서를 발급받으려는 자는 공급인증기관에 대통령령으로 정하는 바에 따라 공급인증서의 발급을 신청하여야 한다.

③ 공급인증기관은 제2항에 따른 신청을 받은 경우에는 신·재생에너지의 종류별 공급량 및 공급기간 등을 확인한 후 다음 각 호의 기재사항을 포함한 공급인증서를 발급하여야 한다. 이 경우 균형 있는 이용·보급과 기술개발 촉진 등이 필요한 신·재생에너지에 대하여는 대통령령으로 정하는 바에 따라 실제 공급량에 가중치를 곱한 양을 공급량으로 하는 공급인증서를 발급할 수 있다.

1. 신·재생에너지 공급자

2. 신·재생에너지의 종류별 공급량 및 공급기간

3. 유효기간

④ 공급인증서의 유효기간은 발급받은 날부터 3년으로 하되, 제12조의5제5항 및 제6항에 따라 공급의무자가 구매하여 의무공급량에 충당하거나 발급받아 산업통상자원부장관에게 제출한 공급인증서는 그 효력을 상실한다. 이 경우 유효기간이 지나거나 효력을 상실한 해당 공급인증서는 폐기하여야 한다.〈개정 2013. 3. 23.〉

⑤ 공급인증서를 발급받은 자는 그 공급인증서를 거래하려면 제12조의9제2항에 따른 공급인증서 발급 및 거래시장 운영에 관한 규칙으로 정하는 바에 따라 공급인증기관이 개설한 거래시장(이하 "거래시장"이라 한다)에서 거래하여야 한다.

⑥ 산업통상자원부장관은 다른 신·재생에너지와의 형평을 고려하여 공급인증서가 일정 규모 이상의 수력을 이용하여 에너지를 공급하고 발급된 경우 등 산업통상자원부령으로 정하는 사유에 해당할 때에는 거래시장에서 해당 공급인증서가 거래될 수 없도록 할 수 있다.〈개정 2013. 3. 23.〉

⑦ 산업통상자원부장관은 거래시장의 수급조절과 가격안정화를 위하여 대통령령으로 정하는 바에 따라 국가에 대하여 발급된 공급인증서를 거래할 수 있다. 이 경우 산업통상자원부장관은 공급의무자의 의무공급량, 의무이행실적 및 거래시장 가격 등을 고려하여야 한다.〈신설 2015. 1. 28.〉

⑧ 신·재생에너지 공급자가 신·재생에너지 설비에 대한 지원 등 대통령령으로 정하는 정부의 지원을 받은 경우에는 대통령령으로 정하는 바에 따라 공급인증서의 발급을 제한할 수 있다.〈신설 2015. 1. 28.〉

[본조신설 2010. 4. 12.]

제12조의8(공급인증기관의 지정 등)

① 산업통상자원부장관은 공급인증서 관련 업무를 전문적이고 효율적으로 실시하고 공급인증서의 공정한 거래를 위하여 다음 각 호의 어느 하나에 해당하는 자를 공급인증기관으로 지정할 수 있다.〈개정 2013. 3. 23.〉

1. 제31조에 따른 신·재생에너지센터

2. 「전기사업법」 제35조에 따른 한국전력거래소

3. 제12조의9에 따른 공급인증기관의 업무에 필요한 인력·기술능력·시설·장비 등 대통령령으로 정하는 기준에 맞는 자

② 제1항에 따라 공급인증기관으로 지정받으려는 자는 산업통상자원부장관에게 지정을 신청하여야 한다.〈개정 2013. 3. 23.〉

③ 공급인증기관의 지정방법·지정절차, 그 밖에 공급인증기관의 지정에 필요한 사항은 산업통상자원부령으로 정한다.〈개정 2013. 3. 23.〉

[본조신설 2010. 4. 12.]

제12조의9(공급인증기관의 업무 등)

① 제12조의8에 따라 지정된 공급인증기관은 다음 각 호의 업무를 수행한다.〈개정 2013. 7. 30.〉

1. 공급인증서의 발급, 등록, 관리 및 폐기

2. 국가가 소유하는 공급인증서의 거래 및 관리에 관한 사무의 대행

3. 거래시장의 개설

4. 공급의무자가 제12조의5에 따른 의무를 이행하는 데 지급한 비용의 정산에 관한 업무

5. 공급인증서 관련 정보의 제공

6. 그 밖에 공급인증서의 발급 및 거래에 딸린 업무

② 공급인증기관은 업무를 시작하기 전에 산업통상자원부령으로 정하는 바에 따라 공급인증서 발급 및 거래시장 운영에 관한 규칙(이하 "운영규칙"이라 한다)을 제정하여 산업통상자원부장관의 승인을 받아야 한다. 운영규칙을 변경하거나 폐지하는 경우(산업통상자원부령으로 정하는 경미한 사항의 변경은 제외한다)에도 또한 같다.〈개정 2013. 3. 23.〉

③ 산업통상자원부장관은 공급인증기관에 제1항에 따른 업무의 계획 및 실적에 관한 보고를 명하거나 자료의 제출을 요구할 수 있다.〈개정 2013. 3. 23.〉

④ 산업통상자원부장관은 다음 각 호의 어느 하나에 해당하는 경우에는 공급인증기관에 시정기간을 정하여 시정을 명할 수 있다.〈개정 2013. 3. 23.〉

  1. 운영규칙을 준수하지 아니한 경우

  2. 제3항에 따른 보고를 하지 아니하거나 거짓으로 보고한 경우

  3. 제3항에 따른 자료의 제출 요구에 따르지 아니하거나 거짓의 자료를 제출한 경우

[본조신설 2010. 4. 12.]

제12조의10(공급인증기관 지정의 취소 등)

① 산업통상자원부장관은 공급인증기관이 다음 각 호의 어느 하나에 해당하는 경우에는 산업통상자원부령으로 정하는 바에 따라 그 지정을 취소하거나 1년 이내의 기간을 정하여 그 업무의 전부 또는 일부의 정지를 명할 수 있다. 다만, 제1호 또는 제2호에 해당하는 때에는 그 지정을 취소하여야 한다.〈개정 2013. 3. 23.〉

  1. 거짓이나 그 밖의 부정한 방법으로 지정을 받은 경우

  2. 업무정지 처분을 받은 후 그 업무정지 기간에 업무를 계속한 경우

  3. 제12조의8제1항제3호에 따른 지정기준에 부적합하게 된 경우

  4. 제12조의9제4항에 따른 시정명령을 시정기간에 이행하지 아니한 경우

② 산업통상자원부장관은 공급인증기관이 제1항제3호 또는 제4호에 해당하여 업무정지를 명하여야 하는 경우로서 그 업무의 정지가 그 이용자 등에게 심한 불편을 주거나 그 밖에 공익을 해칠 우려가 있으면 그 업무정지 처분을 갈음하여 5천만원 이하의 과징금을 부과할 수 있다.〈개정 2013. 3. 23.〉

③ 제2항에 따라 과징금을 부과하는 위반행위의 종별·정도 등에 따른 과징금의 금액과 그 밖에 필요한 사항은 대통령령으로 정한다.

④ 산업통상자원부장관은 제2항에 따른 과징금을 납부하여야 할 자가 납부기한까지 그 과징금을 납부하지 아니한 때에는 국세 체납처분의 예를 따라 징수한다.〈개정 2013. 3. 23.〉

[본조신설 2010. 4. 12.]

제12조의11(신·재생에너지 연료 품질기준)

① 산업통상자원부장관은 신·재생에너지 연료(신·재생에너지를 이용한 연료 중 대통령령으로 정하는 기준 및 범위에 해당하는 것을 말하며, 「폐기물관리법」 제2조제1호에 따른 폐기물을 이용하여 제조한 것은 제외한다. 이하 같다)의 적정한 품질을 확보하기 위하여 품질기준을 정할 수 있다. 대기환경에 영향을 미치는 품질기준을 정하는 경우에는 미리 환경부장관과 협의를 하여야 한다.

② 산업통상자원부장관은 제1항에 따라 품질기준을 정한 경우에는 이를 고시하여야 한다.

③ 제1항에 따른 신·재생에너지 연료를 제조·수입 또는 판매하는 사업자(이하 "신·재생에너지 연료사업자"라 한다)는 산업통상자원부장관이 제1항에 따라 품질기준을 정한 경우에는 그 품질기준에 맞도록 신·재생에너지 연료의 품질을 유지하여야 한다.

[본조신설 2013. 7. 30.]

제12조의12(신·재생에너지 연료 품질검사)

① 신·재생에너지 연료사업자는 제조·수입 또는 판매하는 신·재생에너지 연료가 제12조의11제1항에 따른 품질기준에 맞는지를 확인하기 위하여 대통령령으로 정하는 신·재생에너지 품질검사기관(이하 "품질검사기관"이라 한다)의 품질검사를 받아야 한다.

② 제1항에 따른 품질검사의 방법과 절차, 그 밖에 필요한 사항은 산업통상자원부령으로 정한다.

[본조신설 2013. 7. 30.]

제13조(신·재생에너지 설비의 인증 등)

① 신·재생에너지 설비를 제조하거나 수입하여 판매하려는 자는 「산업표준화법」 제15조에 따른 제품의 인증(이하 "설비인증"이라 한다)을 받을 수 있다.〈개정 2013. 3. 23., 2015. 1. 28.〉

② 산업통상자원부장관은 산업통상자원부령으로 정하는 바에 따라 제1항에 따른 설비인증에 드는 경비의 일부를 지원하거나, 「산업표준화법」 제13조에 따라 지정된 설비인증기관(이하 "설비인증기관"이라 한다)에 대하여 지정 목적상 필요한 범위에서 행정상의 지원 등을 할 수 있다.〈개정 2013. 3. 23., 2015. 1. 28.〉

③ 설비인증에 관하여 이 법에 특별한 규정이 있는 경우를 제외하고는 「산업표준화법」에서 정하는 바에 따른다.〈개정 2015. 1. 28.〉

④ 삭제〈2015. 1. 28.〉

⑤ 삭제〈2015. 1. 28.〉

⑥ 삭제〈2015. 1. 28.〉

[전문개정 2010. 4. 12.]

제13조의2(보험·공제 가입)

① 제13조에 따라 설비인증을 받은 자는 신·재생에너지 설비의 결함으로 인하여 제3자가 입을 수 있는 손해를 담보하기 위하여 보험 또는 공제에 가입하여야 한다.

② 제1항에 따른 보험 또는 공제의 기간·종류·대상 및 방법에 필요한 사항은 대통령령으로 정한다.

[본조신설 2013. 7. 30.]

제14조 삭제 〈2015. 1. 28.〉

제15조 삭제 〈2015. 1. 28.〉

제16조(수수료)

① 품질검사기관은 품질검사를 신청하는 자로부터 산업통상자원부령으로 정하는 바에 따라 수수료를 받을 수 있다.〈개정 2013. 3. 23., 2013. 7. 30., 2015. 1. 28.〉

② 공급인증기관은 공급인증서의 발급(발급에 딸린 업무를 포함한다)을 신청하는 자 또는 공급인증서를 거래하는 자로부터 산업통상자원부령으로 정하는 바에 따라 수수료를 받을 수 있다.〈개정 2013. 3. 23., 2013. 7. 30.〉

[전문개정 2010. 4. 12.]

제17조(신·재생에너지 발전 기준가격의 고시 및 차액 지원)

① 산업통상자원부장관은 신·재생에너지 발전에 의하여 공급되는 전기의 기준가격을 발전원별로 정한 경우에는 그 가격을 고시하여야 한다. 이 경우 기준가격의 산정기준은 대통령령으로 정한다.〈개정 2013. 3. 23.〉

② 산업통상자원부장관은 신·재생에너지 발전에 의하여 공급한 전기의 전력거래가격(「전기사업법」 제33조에 따른 전력거래가격을 말한다)이 제1항에 따라 고시한 기준가격보다 낮은 경우에는 그 전기를 공급한 신·재생에너지 발전사업자에 대하여 기준가격과 전력거래가격의 차액(이하 "발전차액"이라 한다)을 「전기사업법」 제48조에 따른 전력산업기반기금에서 우선적으로 지원한다.〈개정 2013. 3. 23.〉

③ 산업통상자원부장관은 제1항에 따라 기준가격을 고시하는 경우에는 발전차액을 지원하는 기간을 포함하여 고시할 수 있다.〈개정 2013. 3. 23.〉

④ 산업통상자원부장관은 발전차액을 지원받은 신·재생에너지 발전사업자에게 결산재무제표(決算財務諸表) 등 기준가격 설정을 위하여 필요한 자료를 제출할 것을 요구할 수 있다.〈개정 2013. 3. 23.〉

[전문개정 2010. 4. 12.]

[법률 제10253호(2010. 4. 12.) 부칙 제2조제1항의 규정에 의하여 이 조는 2011년 12월 31일까지 유효함]

제18조(지원 중단 등)

① 산업통상자원부장관은 발전차액을 지원받은 신·재생에너지 발전사업자가 다음 각 호의 어느 하나에 해당하면 산업통상자원부령으로 정하는 바에 따라 경고를 하거나 시정을 명하고, 그 시정명령에 따르지 아니하는 경우에는 발전차액의 지원을 중단할 수 있다.〈개정 2013. 3. 23.〉

  1. 거짓이나 부정한 방법으로 발전차액을 지원받은 경우

  2. 제17조제4항에 따른 자료요구에 따르지 아니하거나 거짓으로 자료를 제출한 경우

② 산업통상자원부장관은 발전차액을 지원받은 신·재생에너지 발전사업자가 제1항제1호에 해당하면 산업통상자원부령으로 정하는 바에 따라 그 발전차액을 환수(還收)할 수 있다. 이 경우 산업통상자원부장관은 발전차액을 반환할 자가 30일 이내에 이를 반환하지 아니하면 국세 체납처분의 예에 따라 징수할 수 있다.〈개정 2013. 3. 23.〉

[전문개정 2010. 4. 12.]

제19조 삭제 〈2015. 1. 28.〉

제20조(신·재생에너지 기술의 국제표준화 지원)

① 산업통상자원부장관은 국내에서 개발되었거나 개발 중인 신·재생에너지 관련 기술이 「국가표준기본법」 제3조제2호에 따른 국제 표준에 부합되도록 하기 위하여 설비인증기관에 대하여 표준화기반 구축, 국제활동 등에 필요한 지원을 할 수 있다.〈개정 2013. 3. 23.〉

② 제1항에 따른 지원 범위 등에 관하여 필요한 사항은 대통령령으로 정한다.

[전문개정 2010. 4. 12.]

제21조(신·재생에너지 설비 및 그 부품의 공용화)

① 산업통상자원부장관은 신·재생에너지 설비 및 그 부품의 호환성(互換性)을 높이기 위하여 그 설비 및 부품을 산업통상자원부장 관이 정하여 고시하는 바에 따라 공용화 품목으로 지정하여 운영할 수 있다.〈개정 2013. 3. 23.〉

② 다음 각 호의 어느 하나에 해당하는 자는 신·재생에너지 설비 및 그 부품 중 공용화가 필요한 품목을 공용화 품목으로 지정하여 줄 것을 산업통상자원부장관에게 요청할 수 있다.〈개정 2013. 3. 23.〉

 1. 제31조에 따른 신·재생에너지센터

 2. 그 밖에 산업통상자원부령으로 정하는 기관 또는 단체

③ 산업통상자원부장관은 신·재생에너지 설비 및 그 부품의 공용화를 효율적으로 추진하기 위하여 필요한 지원을 할 수 있다.〈개정 2013. 3. 23.〉

④ 제1항부터 제3항까지의 규정에 따른 공용화 품목의 지정·운영, 지정 요청, 지원기준 등에 관하여 필요한 사항은 대통령령으로 정 한다.

[전문개정 2010. 4. 12.]

제22조 삭제 〈2015. 1. 28.〉

제22조의2 삭제 〈2015. 1. 28.〉

제23조 삭제 〈2010. 4. 12.〉

제23조의2(신·재생에너지 연료 혼합의무 등)

① 산업통상자원부장관은 신·재생에너지의 이용·보급을 촉진하고 신·재생에너지 산업의 활성화를 위하여 필요하다고 인정하는 경우 대통령령으로 정하는 바에 따라 「석유 및 석유대체연료 사업법」 제2조에 따른 석유정제업자 또는 석유수출입업자(이하 "혼합 의무자"라 한다)에게 일정 비율(이하 "혼합의무비율"이라 한다) 이상의 신·재생에너지 연료를 수송용연료에 혼합하게 할 수 있다.

② 산업통상자원부장관은 제1항에 따른 혼합의무의 이행 여부를 확인하기 위하여 혼합의무자에게 대통령령으로 정하는 바에 따라 필요한 자료의 제출을 요구할 수 있다.

[본조신설 2013. 7. 30.]

제23조의3(의무 불이행에 대한 과징금)

① 산업통상자원부장관은 혼합의무자가 혼합의무비율을 충족시키지 못한 경우에는 대통령령으로 정하는 바에 따라 그 부족분에 해당 연도 평균거래가격의 100분의 150을 곱한 금액의 범위에서 과징금을 부과할 수 있다.

② 산업통상자원부장관은 제1항에 따른 과징금을 납부하여야 할 자가 납부기한까지 그 과징금을 납부하지 아니한 때에는 국세 체납 처분의 예에 따라 징수한다.

③ 제1항 및 제2항에 따라 징수한 과징금은 「에너지 및 자원사업 특별회계법」에 따른 에너지 및 자원사업 특별회계의 재원으로 귀속 된다.〈개정 2014. 1. 1.〉

[본조신설 2013. 7. 30.]

제23조의4(관리기관의 지정)

① 산업통상자원부장관은 혼합의무자의 혼합의무비율 이행을 효율적으로 관리하기 위하여 다음 각 호의 어느 하나에 해당하는 자를 혼합의무 관리기관(이하 "관리기관"이라 한다)으로 지정할 수 있다

1. 제31조에 따른 신·재생에너지센터

2. 「석유 및 석유대체연료 사업법」 제25조의2에 따른 한국석유관리원

② 관리기관으로 지정받으려는 자는 산업통상자원부장관에게 지정을 신청하여야 한다.

③ 관리기관의 신청 및 지정 기준·방법 및 절차, 그 밖에 필요한 사항은 산업통상자원부령으로 정한다.

[본조신설 2013. 7. 30.]

제23조의5(관리기관의 업무)

① 제23조의4에 따라 지정된 관리기관은 다음 각 호의 업무를 수행한다.

1. 혼합의무 이행실적의 집계 및 검증

2. 의무이행 관련 정보의 수집 및 관리

3. 그 밖에 혼합의무의 이행과 관련하여 산업통상자원부장관이 필요하다고 인정하는 업무

② 관리기관은 제1항에 따른 업무를 수행하기 위하여 필요한 기준(이하 "혼합의무 관리기준"이라 한다)을 정하여 산업통상자원부장관 의 승인을 받아야 한다. 승인받은 혼합의무 관리기준을 변경하는 경우에도 또한 같다.

③ 산업통상자원부장관은 관리기관에 혼합의무 관리에 관한 계획, 실적 및 정보에 관한 보고를 명하거나 자료의 제출을 요구할 수 있다.

④ 제3항에 따른 관리기관의 보고, 자료제출 및 그 밖에 혼합의무 운영에 필요한 사항은 산업통상자원부령으로 정한다.

⑤ 산업통상자원부장관은 관리기관이 다음 각 호의 어느 하나에 해당하는 경우에는 기간을 정하여 시정을 명할 수 있다.

  1. 혼합의무 관리기준을 준수하지 아니한 경우

  2. 제3항에 따른 보고 또는 자료제출을 하지 아니하거나 거짓으로 보고 또는 자료제출을 한 경우

[본조신설 2013. 7. 30.]

제23조의6(관리기관의 지정 취소 등)

① 산업통상자원부장관은 관리기관이 다음 각 호의 어느 하나에 해당하는 경우에는 그 지정을 취소하거나 1년 이내의 기간을 정하여 업무의 전부 또는 일부의 정지를 명할 수 있다. 다만 제1호 또는 제2호에 해당하는 경우에는 그 지정을 취소하여야 한다.

  1. 거짓이나 그 밖의 부정한 방법으로 관리기관 지정을 받은 경우

  2. 업무정지 기간에 관리업무를 계속한 경우

  3. 제23조의4에 따른 지정기준에 부적합하게 된 경우

  4. 제23조의5제5항에 따른 시정명령을 이행하지 아니한 경우

② 산업통상자원부장관은 관리기관이 제1항제3호 또는 제4호에 해당하여 업무정지를 명하여야 하는 경우로서 그 업무의 정지가 그 이용자 등에게 심한 불편을 주거나 그 밖에 공익을 해칠 우려가 있으면 그 업무정지 처분을 갈음하여 5천만원 이하의 과징금을 부과할 수 있다.

③ 제2항에 따라 과징금을 부과하는 위반행위의 종별·정도 등에 따른 과징금의 금액과 그 밖에 필요한 사항은 대통령령으로 정한다.

④ 산업통상자원부장관은 제2항에 따른 과징금을 납부하여야 할 자가 납부기한까지 그 과징금을 납부하지 아니한 때에는 국세 체납 처분의 예에 따라 징수한다.

⑤ 제1항에 따른 지정 취소, 업무정지의 기준 및 절차, 그 밖에 필요한 사항은 산업통상자원부령으로 정한다.

[본조신설 2013. 7. 30.]

제24조(청문)

산업통상자원부장관은 다음 각 호에 해당하는 처분을 하려면 청문을 하여야 한다.〈개정 2013. 3. 23., 2013. 7. 30.〉

  1. 제12조의10제1항에 따른 공급인증기관의 지정 취소

  2. 삭제〈2015. 1. 28.〉

  3. 제23조의6에 따른 관리기관의 지정 취소

[전문개정 2010. 4. 12.]

제25조(관련 통계의 작성 등)

① 산업통상자원부장관은 기본계획 및 실행계획 등 신·재생에너지 관련 시책을 효과적으로 수립·시행하기 위하여 필요한 국내외 신·재생에너지의 수요·공급에 관한 통계자료를 조사·작성·분석 및 관리할 수 있으며, 이를 위하여 필요한 자료와 정보를 제11조제1항에 따른 기관이나 신·재생에너지 설비의 생산자·설치자·사용자에게 요구할 수 있다.〈개정 2013. 3. 23.〉

② 산업통상자원부장관은 산업통상자원부령으로 정하는 바에 따라 전문성이 있는 기관을 지정하여 제1항에 따른 통계의 조사·작성·분석 및 관리에 관한 업무의 전부 또는 일부를 하게 할 수 있다.〈개정 2013. 3. 23.〉

[전문개정 2010. 4. 12.]

제26조(국유재산·공유재산의 임대 등)

① 국가 또는 지방자치단체는 신·재생에너지 기술개발 및 이용·보급에 관한 사업을 위하여 필요하다고 인정하면 「국유재산법」 또는 「공유재산 및 물품 관리법」에도 불구하고 수의계약(隨意契約)에 따라 국유재산 또는 공유재산을 신·재생에너지 기술개발 및 이용·보급에 관한 사업을 하는 자에게 대부계약의 체결 또는 사용허가(이하 "임대"라 한다)를 하거나 처분할 수 있다.

② 국가 또는 지방자치단체가 제1항에 따라 국유재산 또는 공유재산을 임대하는 경우에는 「국유재산법」 또는 「공유재산 및 물품 관리법」에도 불구하고 자진철거 및 철거비용의 공탁을 조건으로 영구시설물을 축조하게 할 수 있다. 다만, 공유재산에 영구시설물을 축조하려면 조례로 정하는 절차에 따라 지방의회의 동의를 받아야 한다.

③ 제1항에 따른 국유재산 및 공유재산의 임대기간은 10년 이내로 하되, 국유재산은 종전의 임대기간을 초과하지 아니하는 범위에서 갱신할 수 있고, 공유재산은 지방자치단체의 장이 필요하다고 인정하는 경우 1회에 한하여 10년 이내의 기간에서 연장할 수 있다.

④ 제1항에 따라 국유재산 또는 공유재산을 임차하거나 취득한 자가 임대일 또는 취득일부터 2년 이내에 해당 재산에서 신·재생에너지 기술개발 및 이용·보급에 관한 사업을 시행하지 아니하는 경우에는 대부계약 또는 사용허가를 취소하거나 환매할 수 있다.

⑤ 지방자치단체가 제1항에 따라 공유재산을 임대하는 경우에는 「공유재산 및 물품 관리법」에도 불구하고 임대료를 100분의 50의 범위에서 경감할 수 있다.〈신설 2013. 7. 30.〉

[전문개정 2010. 4. 12.]

제27조(보급사업)

① 산업통상자원부장관은 신·재생에너지의 이용·보급을 촉진하기 위하여 필요하다고 인정하면 대통령령으로 정하는 바에 따라 다음 각 호의 보급사업을 할 수 있다.〈개정 2013. 3. 23.〉

1. 신기술의 적용사업 및 시범사업

2. 환경친화적 신·재생에너지 집적화단지(集積化團地) 및 시범단지 조성사업

3. 지방자치단체와 연계한 보급사업

4. 실용화된 신·재생에너지 설비의 보급을 지원하는 사업

5. 그 밖에 신·재생에너지 기술의 이용·보급을 촉진하기 위하여 필요한 사업으로서 산업통상자원부장관이 정하는 사업

② 산업통상자원부장관은 개발된 신·재생에너지 설비가 설비인증을 받거나 신·재생에너지 기술의 국제표준화 또는 신·재생에너지 설비와 그 부품의 공용화가 이루어진 경우에는 우선적으로 제1항에 따른 보급사업을 추진할 수 있다.〈개정 2013. 3. 23.〉

③ 관계 중앙행정기관의 장은 환경 개선과 신·재생에너지의 보급 촉진을 위하여 필요한 협조를 할 수 있다.

[전문개정 2010. 4. 12.]

제28조(신·재생에너지 기술의 사업화)

① 산업통상자원부장관은 자체 개발한 기술이나 제10조에 따른 사업비를 받아 개발한 기술의 사업화를 촉진시킬 필요가 있다고 인정하면 다음 각 호의 지원을 할 수 있다.〈개정 2013. 3. 23.〉

  1. 시험제품 제작 및 설비투자에 드는 자금의 융자

  2. 신·재생에너지 기술의 개발사업을 하여 정부가 취득한 산업재산권의 무상 양도

  3. 개발된 신·재생에너지 기술의 교육 및 홍보

  4. 그 밖에 개발된 신·재생에너지 기술을 사업화하기 위하여 필요하다고 인정하여 산업통상자원부장관이 정하는 지원사업

② 제1항에 따른 지원의 대상, 범위, 조건 및 절차, 그 밖에 필요한 사항은 산업통상자원부령으로 정한다.〈개정 2013. 3. 23.〉

[전문개정 2010. 4. 12.]

제29조(재정상 조치 등)

정부는 제12조에 따라 권고를 받거나 의무를 준수하여야 하는 자, 신·재생에너지 기술개발 및 이용·보급을 하고 있는 자 또는 제13조에 따라 설비인증을 받은 자에 대하여 필요한 경우 금융상·세제상의 지원대책이나 그 밖에 필요한 지원대책을 마련하여야 한다.

[전문개정 2010. 4. 12.]

제30조(신·재생에너지의 교육·홍보 및 전문인력 양성)

① 정부는 교육·홍보 등을 통하여 신·재생에너지의 기술개발 및 이용·보급에 관한 국민의 이해와 협력을 구하도록 노력하여야 한다.

② 산업통상자원부장관은 신·재생에너지 분야 전문인력의 양성을 위하여 신·재생에너지 분야 특성화대학 및 핵심기술연구센터를 지정하여 육성·지원할 수 있다.〈개정 2013. 3. 23.〉

[전문개정 2010. 4. 12.]

제30조의2(신·재생에너지사업자의 공제조합 가입 등)

① 신·재생에너지 발전사업자, 신·재생에너지 연료사업자, 신·재생에너지 설비 설치기업, 신·재생에너지 설비의 제조·수입 및 판매 등의 사업을 영위하는 자(이하 "신·재생에너지사업자"라 한다)는 신·재생에너지의 기술개발 및 이용·보급에 필요한 사업(이하 "신·재생에너지사업"이라 한다)을 원활히 수행하기 위하여 「엔지니어링산업 진흥법」 제34조에 따른 공제조합의 조합원으로 가입할 수 있다.〈개정 2015. 1. 28.〉

② 제1항에 따른 공제조합은 다음 각 호의 사업을 실시할 수 있다.

    1. 신 · 재생에너지사업에 따른 채무 또는 의무 이행에 필요한 공제, 보증 및 자금의 융자

    2. 신 · 재생에너지사업의 수출에 따른 공제 및 주거래은행의 설정에 관한 보증

    3. 신 · 재생에너지사업의 대가로 받은 어음의 할인

    4. 신 · 재생에너지사업에 필요한 기자재의 공동구매 · 조달 알선 또는 공동위탁판매

    5. 조합원 및 조합원에게 고용된 자의 복지 향상을 위한 공제사업

    6. 조합원의 정보처리 및 컴퓨터 운용과 관련된 서비스 제공

    7. 조합원이 공동으로 이용하는 시설의 설치, 운영, 그 밖에 조합원의 편익 증진을 위한 사업

    8. 그 밖에 제1호부터 제7호까지의 사업에 부대되는 사업으로서 정관으로 정하는 공제사업

③ 제2항에 따른 공제규정, 공제규정으로 정할 내용, 공제사업의 절차 및 운영 방법에 필요한 사항은 대통령령으로 정한다.

[본조신설 2013. 7. 30.]

제30조의3(하자보수)

① 신 · 재생에너지 설비를 설치한 시공자는 해당 설비에 대하여 성실하게 무상으로 하자보수를 실시하여야 하며 그 이행을 보증하는 증서를 신 · 재생에너지 설비의 소유자 또는 산업통상자원부령으로 정하는 자에게 제공하여야 한다. 다만, 하자보수에 관하여 「국가를 당사자로 하는 계약에 관한 법률」 또는 「지방자치단체를 당사자로 하는 계약에 관한 법률」에 특별한 규정이 있는 경우에는 해당 법률이 정하는 바에 따른다.

② 제1항에 따른 하자보수의 대상이 되는 신 · 재생에너지 설비 및 하자보수 기간 등은 산업통상자원부령으로 정한다.

[본조신설 2015. 1. 28.]

제31조(신 · 재생에너지센터)

① 산업통상자원부장관은 신 · 재생에너지의 이용 및 보급을 전문적이고 효율적으로 추진하기 위하여 대통령령으로 정하는 에너지 관련 기관에 신 · 재생에너지센터(이하 "센터"라 한다)를 두어 신 · 재생에너지 분야에 관한 다음 각 호의 사업을 하게 할 수 있다.〈개정 2013. 3. 23., 2013. 7. 30., 2015. 1. 28.〉

    1. 제11조제1항에 따른 신 · 재생에너지의 기술개발 및 이용 · 보급사업의 실시자에 대한 지원 · 관리

    2. 제12조제2항 및 제3항에 따른 신 · 재생에너지 이용의무의 이행에 관한 지원 · 관리

    3. 삭제〈2015. 1. 28.〉

    4. 제12조의5에 따른 신 · 재생에너지 공급의무의 이행에 관한 지원 · 관리

    5. 제12조의9에 따른 공급인증기관의 업무에 관한 지원 · 관리

    6. 제13조에 따른 설비인증에 관한 지원 · 관리

7. 이미 보급된 신 · 재생에너지 설비에 대한 기술지원

8. 제20조에 따른 신 · 재생에너지 기술의 국제표준화에 대한 지원 · 관리

9. 제21조에 따른 신 · 재생에너지 설비 및 그 부품의 공용화에 관한 지원 · 관리

10. 신 · 재생에너지 설비 설치기업에 대한 지원 · 관리

11. 제23조의2에 따른 신 · 재생에너지 연료 혼합의무의 이행에 관한 지원 · 관리

12. 제25조에 따른 통계관리

13. 제27조에 따른 신 · 재생에너지 보급사업의 지원 · 관리

14. 제28조에 따른 신 · 재생에너지 기술의 사업화에 관한 지원 · 관리

15. 제30조에 따른 교육 · 홍보 및 전문인력 양성에 관한 지원 · 관리

16. 국내외 조사 · 연구 및 국제협력 사업

17. 제1호 · 제3호 및 제5호부터 제8호까지의 사업에 딸린 사업

18. 그 밖에 신 · 재생에너지의 이용 · 보급 촉진을 위하여 필요한 사업으로서 산업통상자원부장관이 위탁하는 사업

② 산업통상자원부장관은 센터가 제1항의 사업을 하는 경우 자금 출연이나 그 밖에 필요한 지원을 할 수 있다.〈개정 2013. 3. 23.〉

③ 센터의 조직 · 인력 · 예산 및 운영에 관하여 필요한 사항은 산업통상자원부령으로 정한다.〈개정 2013. 3. 23.〉

[전문개정 2010. 4. 12.]

제32조(권한의 위임 · 위탁)

① 이 법에 따른 산업통상자원부장관의 권한은 그 일부를 대통령령으로 정하는 바에 따라 소속 기관의 장, 특별시장 · 광역시장 · 도지사 또는 특별자치도지사(이하 "시 · 도지사"라 한다)에게 위임할 수 있다.〈개정 2013. 3. 23.〉

② 이 법에 따른 산업통상자원부장관 또는 시 · 도지사의 업무는 그 일부를 대통령령으로 정하는 바에 따라 센터 또는 「에너지법」 제13조에 따른 한국에너지기술평가원에 위탁할 수 있다.〈개정 2013. 3. 23.〉

[전문개정 2010. 4. 12.]

제33조(벌칙 적용 시의 공무원 의제)

다음 각 호에 해당하는 사람은 「형법」 제129조부터 제132조까지의 규정을 적용할 때에는 공무원으로 본다.〈개정 2013. 7. 30.〉

1. 삭제〈2015. 1. 28.〉

2. 공급인증서의 발급 · 거래 업무에 종사하는 공급인증기관의 임직원

3. 설비인증 업무에 종사하는 설비인증기관의 임직원

4. 삭제〈2015. 1. 28.〉

5. 신 · 재생에너지 연료 품질검사 업무에 종사하는 품질검사기관의 임직원

6. 혼합의무비율 이행을 효율적으로 관리하는 업무에 종사하는 관리기관의 임직원

[전문개정 2010. 4. 12.]

제34조(벌칙)

① 거짓이나 부정한 방법으로 제17조에 따른 발전차액을 지원받은 자와 그 사실을 알면서 발전차액을 지급한 자는 3년 이하의 징역 또는 지원받은 금액의 3배 이하에 상당하는 벌금에 처한다.

② 거짓이나 부정한 방법으로 공급인증서를 발급받은 자와 그 사실을 알면서 공급인증서를 발급한 자는 3년 이하의 징역 또는 3천만 원 이하의 벌금에 처한다.

③ 제12조의7제5항을 위반하여 공급인증기관이 개설한 거래시장 외에서 공급인증서를 거래한 자는 2년 이하의 징역 또는 2천만원 이하의 벌금에 처한다.

④ 법인의 대표자나 법인 또는 개인의 대리인, 사용인, 그 밖의 종업원이 그 법인 또는 개인의 업무에 관하여 제1항부터 제3항까지의 어느 하나에 해당하는 위반행위를 하면 그 행위자를 벌하는 외에 그 법인 또는 개인에게도 해당 조문의 벌금형을 과(科)한다. 다만, 법인 또는 개인이 그 위반행위를 방지하기 위하여 해당 업무에 관하여 상당한 주의와 감독을 게을리하지 아니한 경우에는 그러하지 아니하다.

[전문개정 2010. 4. 12.]

제35조(과태료)

① 다음 각 호의 어느 하나에 해당하는 자에게는 1천만원 이하의 과태료를 부과한다. 〈개정 2013. 7. 30., 2014. 1. 21.〉

1. 삭제〈2015. 1. 28.〉

2. 삭제〈2015. 1. 28.〉

3. 삭제〈2015. 1. 28.〉

4. 제13조의2를 위반하여 보험 또는 공제에 가입하지 아니한 자

4의2. 삭제〈2015. 1. 28.〉

5. 제23조의2제2항에 따른 자료제출요구에 따르지 아니하거나 거짓 자료를 제출한 자

② 제1항에 따른 과태료는 대통령령으로 정하는 바에 따라 산업통상자원부장관이 부과 · 징수한다.〈개정 2013. 3. 23.〉

[전문개정 2010. 4. 12.]

부칙 〈제16236호,2019. 1. 15.〉

제1조(시행일)

이 법은 2019년 10월 1일부터 시행한다.

제2조(재생에너지 공급인증서의 발급에 관한 특례)

이 법 시행 당시 종전의 규정에 따라 비재생폐기물로 생산된 재생에너지를 공급하고 있는 자 또는 이 법 시행 전 비재생폐기물로 생산된 재생에너지를 공급하기 위하여 「전기사업법」 제61조제1항에 따라 공사계획의 인가를 받거나 같은 조 제3항에 따라 신고한 자(「집단에너지사업법」 제22조제1항에 따라 공사계획 승인을 받은 자를 포함한다)로서 공사에 착수한 자에 대하여는 제2조제2호사목의 개정규정에도 불구하고 산업통상자원부령으로 정하는 바에 따라 제2조제2호사목의 개정규정을 적용하지 아니한다.

B

국내 기상 통계 자료

B.1 국내 일사량 분포[1]

국내 일사량 분포는 전국을 대상으로 연구소에서 전국 16개소의 측정네트워크로 수집한 자료를 기본으로 작성되었으며, 수평면 전일사량에 대하여 1982년부터 2012년까지 30년간의 평균자료로 구성되었다. 우리나라 연평균 수평면 전일사량은 $3,125kcal/m^2$ 정도의 일사에너지를 받고 있는 것으로 나타났다. 지역적으로 일사조건이 좋은 지역은 남해중서부, 태안반도, 영주분지 순이며, 서울의 경우 심각한 대기오염으로 전국에서 가장 낮음을 알 수 있다. 계절별 일사분포 특성은 봄철과 가을철의 일사조건은 내륙지방보다 해안지방이 좋으며, 여름철에는 전국이 고른 분포를 나타낸 반면 겨울철에는 남해지방 일원의 일사조건이 다른 지역보다 상대적으로 높음을 알 수 있다. 양적비교에서는 봄과 여름철이 연평균 일사량보다 각각 25%, 20% 높았으며, 반면에 가을철과 겨울철에는 각각 12%, 33% 정도 낮았다.

표 B-1 전국 주요지역의 월별 연평균 1일 수평면 전일사량

(단위: kcal/m²day)

지역명	월별												전년 평균
	1	2	3	4	5	6	7	8	9	10	11	12	
춘천	1846	2504	3209	3952	4376	4351	3487	3628	3288	2641	1815	1578	3056
강릉	2061	2571	3161	3986	4289	3998	3421	3289	3092	2751	2059	1862	3045
서울	1741	2395	3029	3768	4065	3814	2834	3086	3060	2649	1781	1508	2811
원주	1862	2492	3141	3944	4330	4229	3424	3557	3261	2767	1889	1641	3045
서산	1988	2704	3413	4181	4579	4310	3499	3718	3477	2976	1987	1706	3212
청주	1936	2600	3219	4030	4449	4173	3484	3556	3269	2828	1934	1648	3094
대전	1986	2687	3366	4181	4452	4149	3594	3707	3340	2968	2075	1762	3189
포항	2167	2706	3290	4128	4427	4145	3602	3569	3082	2876	2241	2016	3187
대구	2038	2632	3333	4078	4380	4068	3531	3440	3095	2847	2108	1877	3119
전주	1845	2427	3133	3973	4266	3981	3409	3446	3192	2857	1963	1633	3010
광주	2003	2656	3371	4166	4442	4003	3527	3641	3365	3068	2171	1795	3184
부산	2249	2790	3329	4035	4342	4023	3686	3817	3182	3005	2323	2063	3237
목포	1996	2695	3489	4326	4617	4225	3871	4141	3597	3216	2233	1781	3349
제주	1249	2037	2962	3968	4409	4052	4226	3966	3306	2905	1905	1279	3022
진주	2342	2918	3551	4241	4464	4013	3702	3707	3347	3193	2399	2171	3337
영주	1939	2567	3266	4055	4441	4129	3492	3523	3249	2821	2032	1769	3107
평균	1953	2586	3266	4063	4396	4104	3549	3612	3263	2898	2057	1756	3125

B.2 국내 평년기후도[1]

연별 평년값 1981~2010년 평균 기온(°C)

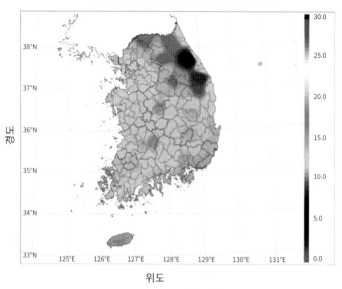

그림 B-1 국내의 연간 평균온도 분포 (1981~2010년)

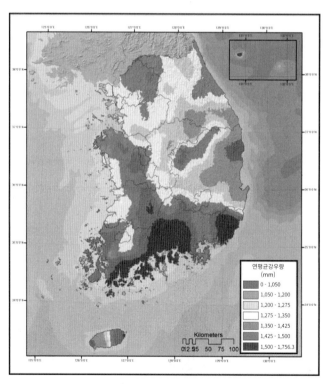

그림 B-2 국내의 연간 강수량 분포

B.3 지점별 일조시간의 월 평년 값(hr)

표 B-2 지점별 일조시간의 월 평년 값(hr)　　　　　　　　　　　　　　　　(단위: kcal/m²day)

	1월	2월	3월	4월	5월	6월	7월	8월	9월	10월	11월	12월	합계
동두천	–	–	–	–	–	–	–	–	–	–	–	–	
문 산	–	–	–	–	–	–	–	–	–	–	–	–	
백령도	–	–	–	–	–	–	–	–	–	–	–	–	
서 울	158.4	163.3	197.5	210.7	224.3	187.8	130.7	155.3	184.5	200.5	151.3	149.9	2114.2
인 천	175.6	179.5	208.3	219.2	240	206.2	166.1	195.1	205.5	209.8	166.3	165.6	2337.2
수 원	166.1	170.8	204.5	218.6	233.1	199.4	156.4	173.7	192.2	199.9	157.7	157.6	2230
강 화	179.2	190.2	226.4	237.9	256.7	231.2	190.7	212.2	225.2	220.6	170.6	162.6	2503.5
양 평	172.5	181.2	213.6	227.1	244.8	223.6	187.3	202.8	202.4	199.8	155.6	158.1	2368.8
이 천	190.2	196.7	231.3	244	263.9	241.6	204.4	217	214.9	221.6	173.7	177.3	2576.6
철 원	149.6	162.5	178.4	202.9	209.9	181.8	143.4	176.9	188.6	195.2	142.4	139.4	2071
춘 천	164.2	175.6	206.3	220.6	233.4	208.4	161.4	176.4	181	179.9	142.3	148.3	2197.8
원 주	178.6	182.5	213.7	237.2	254.2	232.3	197.5	206.8	203.9	206.5	164.6	165.4	2443.2
영 월	–	–	–	–	–	–	–	–	–	–	–	–	
인 제	169.4	169.2	205.5	220.9	240.5	219.5	181.6	187.9	187.6	183.4	143.8	150.4	2259.7
홍 천	171.9	181.7	213.4	225.7	238.2	219.9	188.6	196.8	191.5	192.4	151.9	156	2328
속 초	183.7	174.5	194.7	215.5	228.7	159.5	146.7	155.1	173	192.7	168.8	184.7	2177.6
대관령	198.8	192	210.5	233.1	249.7	198.1	164.3	154	164.3	198.5	173.9	190.2	2327.4
강 릉	185.5	171.6	183.9	206.9	221.4	164.1	148.7	153.9	161.5	186.3	168.7	183.6	2136.1
동 해	–	–	–	–	–	–	–	–	–	–	–	–	
울릉도	87.2	97.2	163.1	205	228.3	165	154.9	159.8	161.1	177	125.4	102.6	1826.6
태 백	168.1	168	182.3	212.9	212.5	169.5	123	127.4	144.5	182.2	163	165.6	2019
충 주	174	179.3	212.8	236.8	256.3	229.7	196.2	206.1	197.7	197.5	156.2	158.8	2401.4
청 주	159.8	167.8	200.7	224.6	241.5	202.4	173.3	189.7	186.9	200.7	153.4	154.9	2255.7
추풍령	170.2	168.5	197.1	219.2	232.3	186.2	156.4	164.8	172.8	201.8	166.2	165.4	2200.9
제 천	157.1	158.4	187.7	211.7	228.1	204.8	168.5	184.1	177.4	189.4	145.9	143.2	2156.3
보 은	174.1	178.6	215.7	236.7	254.6	221.7	194.5	208.7	200.2	212.6	165.4	163.6	2426.4
서 산	153.7	164.7	207.7	220.9	240.3	198.7	154.7	187.6	198.6	204.9	148.6	142.9	2223.3
대 전	156.7	161	196.4	220.6	237.7	200.3	168.2	188	186.5	201.3	153.2	151.1	2221
천 안	178.7	189.7	225.3	241.6	264.1	239.3	213.6	228.3	223.9	221	167.3	163.5	2556.3
보 령	166.9	181.2	224.6	241	263.4	235.3	209.2	237.2	230.1	226.2	165.8	157.5	2538.4
부 여	195.4	201.8	240.5	260.2	277.4	251.6	226.9	249.4	233.4	232.9	179.9	181.2	2730.6
금 산	167.7	176.7	210.3	232.3	250.7	216.6	193.6	206.6	193.9	202.2	157.9	155.2	2363.7
군 산	151	163.2	197.1	211	222.4	181.1	157.9	193.5	190.2	199.2	151	144.2	2161.8
전 주	148.8	152.2	190.2	214.6	226.2	176.4	149.3	175.7	178.5	198.7	151.4	143.5	2105.5
부 안	171.6	186.4	226.4	245.4	265.5	234.6	228	250.4	230.4	229.8	172.7	161.4	2602.6
임 실	173.1	175.2	214.5	237.4	255.8	215.4	200	218.3	205.5	214.2	169.1	165.2	2443.7

	1월	2월	3월	4월	5월	6월	7월	8월	9월	10월	11월	12월	합계
정 읍	153.3	163.2	204.4	231.4	250	216.6	207.6	228.4	210.6	215.4	161.7	149.7	2392.3
남 원	152.7	160.9	197.4	221.4	236.8	194.5	176.8	199.7	183.3	197.6	149.6	144.9	2215.6
장 수	156.4	173.1	199.8	232.2	231.4	181.9	169.3	180	175.5	200	162.9	153.1	2215.6
광 주	162.1	164.9	197.9	216.8	232.1	177.4	163.1	188.2	181.8	205.9	163.7	160	2213.9
목 포	144.6	149.4	185	203.2	222.7	174.4	167	213.6	186.7	207.6	163.7	145.8	2163.7
여 수	199.5	189.2	212.4	218.4	232.1	179.6	171.8	211.7	189.8	219.9	195.8	203.2	2423.4
흑산도	–	–	–	–	–	–	–	–	–	–	–	–	
완 도	156.7	161.8	189	209.5	220.3	170.4	165.1	205.1	182.7	205.9	166.7	156.5	2189.7
진 도	–	–	–	–	–	–	–	–	–	–	–	–	
순 천	151.8	158.3	190.2	206	221.8	174	162.2	178.4	162.5	175.6	142.2	142.3	2065.3
장 흥	148.4	154.8	187.8	205.3	219.2	168	152.1	184.4	169.4	196.9	156.8	146.9	2090
해 남	162.9	171	205.7	225.9	243.3	200.5	196.1	228.6	205.6	219.6	171.5	159.9	2390.6
고 흥	186.2	185.2	217.6	235.5	254.3	212.7	210.2	239.7	214.9	227.6	188.3	188.3	2560.5
울 진	208.1	191.4	213.9	240	258	204.7	186.8	199.3	190.7	208.9	187.4	205.3	2494.5
안 동	181.4	183.1	199.9	223.2	232.1	192.2	159.6	174.4	158	184.1	160.4	172.2	2220.6
상 주	–	–	–	–	–	–	–	–	–	–	–	–	
포 항	181.5	168.2	185.7	207.5	225.9	165.7	158.8	167.4	157.7	187.7	173.3	185.7	2165.1
대 구	192.1	181.3	203.7	220.9	235.3	184.4	161.8	173.7	170.3	202.2	175	189.1	2289.8
봉 화	175.1	177.3	191.8	219.6	209.6	172.4	132.1	156.7	158.6	194	167.8	176.8	2131.8
영 주	202.6	204.1	233.7	248.5	268.3	234.1	194.2	208.5	206.9	224.3	187	192.9	2605.1
문 경	193.8	197.5	232.8	247.2	270.1	233.9	194	213.2	208.5	221.5	175.8	179.8	2568.1
영 덕	221.1	206.8	230.5	255.5	273.5	224.6	211.3	225.6	210.3	225.4	200.5	213.2	2698.3
의 성	179.3	183.6	211.8	231	249.2	210.3	182.1	196.6	181.2	198.3	163.8	170.9	2358.1
구 미	170.5	176.5	205.4	226.1	245.7	206.4	184.8	197.1	187.5	201.1	160.2	164.9	2326.2
영 천	179.8	179.2	205.2	220.3	233.6	195.8	179.8	196.8	180.5	200	166.8	170.5	2308.3
울 산	189.2	173.9	185.3	206.2	223.5	168	161.2	172.9	158.1	192.7	179	195	2205
마 산	178.7	181.4	186.2	211.5	213.3	158.4	136.6	164.1	158.9	204.9	176.5	175.2	2145.7
부 산	198	180.8	192.9	208	227	173.7	171.9	203.9	169.6	203.2	190.2	203.3	2322.5
통 영	187.1	175.9	195.6	203.1	215.8	164.1	153.9	194.1	169.3	203.9	183	192.8	2238.6
진 주	188.3	180.1	198.7	208.3	217.6	161.8	156.3	178.2	163.2	199.7	174.5	187.7	2214.4
거 창	198.4	196.6	224.8	238	254.8	210	189.9	199.7	190.7	210	177.4	190.3	2480.6
합 천	199.1	197.7	223.9	234.3	250.2	204.9	183.5	206.1	194.8	212.8	182	193.8	2483.1
밀 양	198.2	189.5	214.3	226.5	245.2	195.9	178.1	201.3	186.4	214.4	185.1	196.4	2431.3
산 청	175.1	181.6	212.4	227.4	243	200	185.8	195.2	185.6	204	164.1	165.4	2339.6
거 제	183.9	186.7	215.8	234.5	261.4	220.5	198.1	228.2	204.8	222.8	180.6	182.6	2519.9
남 해	203.1	199.1	221.1	230.3	247	199.8	192.3	214.2	196.8	227.2	196.4	204.7	2532
제 주	73.5	99.6	159.7	195.1	217.9	174.6	203.4	205.2	168.8	180	129.2	91.9	1898.9
고 산	95	125	164.9	202.4	213.8	161.7	191.9	218.3	190.6	210	160	120.7	2054.3
서귀포	153.6	152.8	174.5	185.5	202.8	146.9	144.2	186.4	177.9	199.8	174.3	163	2061.7
성산포	127.3	141.7	178	202.7	225.7	174.9	194.9	218.7	189.2	200	159.2	135.9	2148.2

B.4 국내 태양자원[2]

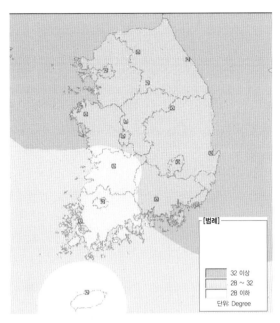

그림 B-3 연평균 태양자원 최적설치 경사각

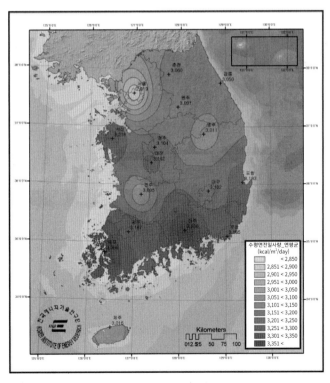

그림 B-4 연평균 태양자원 수평면 전일사량

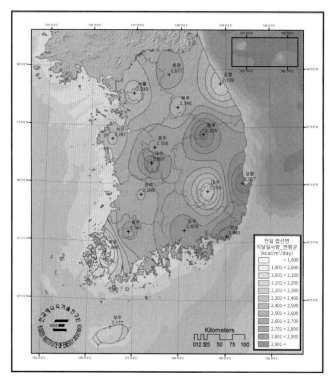

그림 B-5 연평균 태양자원 법선면 직달일사량

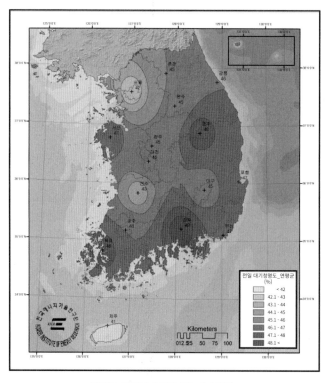

그림 B-6 연평균 태양자원 대기 청명도

B.5 지점별 강수량의 월 평년 값 (mm)

표 B–3 지점별 강수량의 월 평년 값(mm)

	1월	2월	3월	4월	5월	6월	7월	8월	9월	10월	11월	12월	합계
동두천	–	–	–	–	–	–	–	–	–	–	–	–	
문 산	–	–	–	–	–	–	–	–	–	–	–	–	
백령도	–	–	–	–	–	–	–	–	–	–	–	–	
서 울	21.6	23.6	45.8	77	102.2	133.3	327.9	348	137.6	49.3	53	24.9	1344.2
인 천	20.8	20.5	40.8	70.7	91.3	110.9	261.5	288.9	126.5	48.9	49.2	22.3	1152.3
수 원	23.5	24	47	76	94.8	133.2	302.7	305.8	133.5	52.3	51	24.1	1267.9
강 화	15.9	19.3	38.1	80.6	99.3	132.8	315.2	354	142.4	49.3	48.4	21.4	1316.7
양 평	20.3	22.4	43.5	76.4	96.5	138.7	341.8	304.9	142.9	45.4	44.3	23.6	1300.7
이 천	23.3	24.6	49.6	87.4	98.5	146.4	328	291.7	158.8	49.1	46.4	25.7	1329.5
철 원	21.8	25.1	41.9	53.4	108.9	134	376.6	304.8	143.8	45.9	56.2	23.3	1335.7
춘 천	20.3	23.7	39.8	69.5	100.1	131.3	318.6	310.4	143.5	43.1	44.1	22.4	1266.8
원 주	22.2	24.3	49.1	80	92	146.2	324.9	283	147.1	50.7	43.8	27.6	1290.9
영 월	–	–	–	–	–	–	–	–	–	–	–	–	
인 제	14.8	19.4	34	67	94.7	119.1	262.7	273.5	133.8	37.5	36.8	20.8	1114.1
홍 천	19.7	23.8	42.3	76.1	98.4	146.9	323.6	296.5	152.6	48.6	39.9	22.9	1291.3
속 초	53.1	56.4	56.2	71	87.9	122.9	201.4	293.7	205.4	81.5	71.6	41.3	1342.4
대관령	59.8	50.1	73.3	96.5	114.2	182.1	291.8	375.1	243.7	111.2	81.5	37.8	1717.1
강 릉	65.3	58.7	72.2	77.5	84.4	122	196.5	288.2	207	104.2	82.4	43.5	1401.9
동 해	–	–	–	–	–	–	–	–	–	–	–	–	
울릉도	110.5	84.2	68.2	75.6	86.1	108.2	125.6	148	150.7	79	98.5	101.4	1236
태 백	34.8	37.4	58.3	71.7	88	139.8	267.1	285.8	203.8	55.3	46.2	19.4	1307.6
충 주	21.7	24.1	44.9	76.5	88.7	143.7	272.4	259.4	136.3	54.1	42.2	23.8	1187.8
청 주	26.6	28.2	51.1	76.6	87.7	154.2	265.3	271.4	133.2	53.3	50.9	26.6	1225.1
추풍령	26.4	34.8	57.5	79.1	83.9	151.1	251.7	230.1	123.4	47.9	47.7	26.5	1160.1
제 천	24.4	28	53.4	86.5	99	151.6	314.3	272.1	140.1	54.7	44.1	26.9	1295.1
보 은	24.7	30.5	49.4	83.8	93.4	159.7	291	272.4	127.4	51.2	48.1	28.4	1260
서 산	29	27.2	48.8	81.8	100.8	130.7	235.7	287.4	143.6	56	57.7	33.4	1232.1
대 전	29.5	36.4	60.5	87.2	97	174.3	292.2	296.5	141.5	56.9	51.7	30.1	1353.8
천 안	23.8	27	48.4	78.7	84.9	143.8	246.4	297.5	137.7	58.5	53	29.2	1228.9
보 령	26.6	28.4	47.1	82.4	91.1	147.3	247	293.9	128.3	55.9	58	31.1	1237.1
부 여	27.2	33.3	55.7	93.6	101.4	168.9	287.5	279.8	140.3	60.8	56.1	29.6	1334.2
금 산	28.2	36.2	52	88.1	85.4	181.1	269.9	252.2	131.7	53.5	51.1	29.6	1259
군 산	30.5	32.4	51.1	79.9	86.8	158.7	240.7	250.9	125.6	51.9	58.2	34.6	1201.3
전 주	33.9	39.2	59	83.9	93.8	173.6	266.7	254.8	134.4	59.7	56.8	31	1286.8
부 안	32.9	37.3	51.1	85.8	87.7	158	250.6	232.8	131.5	57.6	56	38.1	1219.4
임 실	35	40.8	58.4	95.1	87	183.1	258.6	264.4	138.3	61.4	57.7	35.9	1315.7
정 읍	41.5	38.7	56.7	86.1	91.6	160.1	253.3	255.7	139.3	61.5	61.6	40	1286.1

	1월	2월	3월	4월	5월	6월	7월	8월	9월	10월	11월	12월	합계
남 원	31.4	38.9	52.3	92.8	91.8	186.2	287.4	256.9	138.3	58.5	49.5	29.9	**1313.9**
장 수	39.5	46.3	67.1	82.9	95	219.1	300.2	291.1	150.7	47.4	52.8	30	**1422.1**
광 주	38	43.9	64.5	95.3	97.3	190.3	281.9	276	137.7	55.3	55.4	32.4	**1368**
목 포	33.7	44.5	60.8	79.1	86.6	172.5	214.1	174.3	130.9	51	49.6	27.9	**1125**
여 수	27.6	38.9	78	126.1	145.2	222.8	257.2	249.1	138.9	55	47.8	20.9	**1407.5**
흑산도	–	–	–	–	–	–	–	–	–	–	–	–	
완 도	32.5	49.1	89.7	123	133.5	236.9	259.1	227.5	161.1	60.2	58.1	26.2	**1456.9**
진 도	–	–	–	–	–	–	–	–	–	–	–	–	
순 천	32.4	43.7	66.4	111.3	115.1	217.2	303.5	304.8	156.4	59	51	26.7	**1487.5**
장 흥	29.8	43.9	69.6	120	127.9	227.5	261.8	278.8	171.8	49.6	54.6	23.4	**1458.7**
해 남	31.4	44.5	66.9	108.6	105.9	204.9	228.5	237.1	152.7	47.9	50.9	26.4	**1305.7**
고 흥	29.2	48.2	78.8	137.5	151.4	231.5	250.5	249.4	148.5	54.4	51	21.7	**1452.5**
울 진	47.9	48	66.6	74.2	69	105.7	153.8	191.7	169.3	77	61.3	37.8	**1102.3**
안 동	18.6	26.1	47.7	66	89.8	143.8	228	201.3	133.1	42	37.8	15.8	**1050**
상 주	–	–	–	–	–	–	–	–	–	–	–	–	
포 항	40.5	43.4	67.1	79.4	74.6	138.9	182.4	207.9	159.7	52.3	47.9	26.2	**1120.3**
대 구	21.6	27.1	51.6	75.2	75.3	140.7	206.7	205.8	129.6	42	37.1	15.2	**1027.9**
봉 화	21.9	26.1	52.2	70	101.1	156.5	271.6	223.5	153.3	40	45.5	17	**1178.7**
영 주	19	25.6	53.1	92.9	105.3	173.4	259.1	258.3	141.1	49.4	40.5	19.2	**1236.9**
문 경	21.1	28.5	49.6	88.1	103	168.7	270.8	239.1	127.1	46.5	41.3	21.6	**1205.4**
영 덕	38.8	40.7	57.7	74.5	69.9	123.7	160.7	201.9	134	57.4	48.6	27.4	**1035.3**
의 성	17.9	23.7	43.4	74	72.6	133.5	206.2	197.7	112.6	38.5	35.4	16.6	**972.1**
구 미	19.4	27.5	46	75.4	69.3	130.1	217.2	202.1	131.6	42.4	36.5	16.5	**1014**
영 천	23.6	26.6	48.9	76	78.5	140.5	199.9	203.9	128.8	41.4	38.2	15.4	**1021.7**
울 산	38	42.2	71.6	108.2	100.6	185.4	195.3	232.5	165.5	60.7	50.7	23.9	**1274.6**
마 산	36.3	41.8	78.3	116	134.4	235.7	293.7	275.8	165.3	53	52.2	21.2	**1503.7**
부 산	37.8	44.9	85.7	136.3	154.1	222.5	258.8	238.1	167	62	60.1	24.3	**1491.6**
통 영	33.6	43.8	87.9	134.9	150.8	210.5	261.4	222	134.9	55.5	54.8	22.5	**1412.6**
진 주	33.1	42.6	75.5	135.3	131	217.7	291	285.8	155.9	52.7	48.8	20.5	**1489.9**
거 창	26.7	35.6	57.5	91.4	86.5	180.3	273.8	256.9	142.3	54.3	41.5	19.1	**1265.9**
합 천	21.8	33	54.6	93.7	90.8	169.9	258.8	267.1	144.7	49.2	38.9	16.1	**1238.6**
밀 양	21.7	30.4	54.1	104.6	104.3	199.8	241.9	230.4	136.6	49.4	43	17.6	**1233.8**
산 청	26.2	41.6	67.7	115.3	96.6	191.2	291.8	335.8	192.2	57.5	43.8	19.5	**1479.2**
거 제	40.6	52	97.1	169.1	191.4	268.8	344.7	280.5	183.5	79.6	63.6	26.2	**1797.1**
남 해	33.3	54.9	94.6	176.4	188.2	270.6	322	298.6	188.4	75.3	61.3	25.9	**1789.5**
제 주	63	66.9	83.5	92.1	88.2	189.8	232.3	258	188.2	78.9	71.2	44.8	**1456.9**
고 산	47.9	42	78.6	82	112.6	141	160	196.8	120.3	30.8	58.2	24.5	**1094.7**
서귀포	59.4	80.6	125.6	172.2	215.4	279.3	306.3	257.6	170.2	72.7	68.4	43.1	**1850.8**
성산포	78.2	80.6	126.7	143.8	160.9	242.2	286.4	289.5	196.9	93.3	87.2	55.2	**1840.9**

B.6 국내 풍력자원[2]

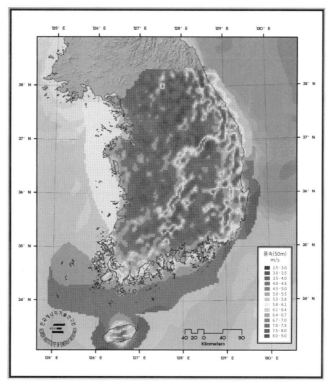

그림 B-7 풍력자원지도 풍속 연평균 (고도 50m)

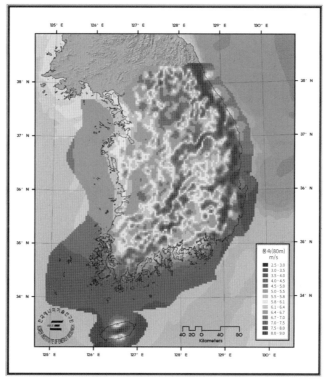

그림 B-8 풍력자원지도 풍속 연평균 (고도 80m)

표 B-4 고도 50m에서 연평균 풍력자원 순위

고도 50m에서의 연평균 풍속 순위

※ 5년간 평균값(2005~2009)

순위	지점 번호	지점명	평균풍속 (m/s)	풍속 5m/s 이상 비율(%)	주풍향	주풍향 빈도(%)	5m/s 이상 주 풍향 빈도수(%)	순간최대풍속 25m/s 이상	
								건수	비율(%)
1	185	고산	7.9	74.6	북	33.8	29.5	1561	3.7
2	554	미시령	7.9	67.7	서	25	21.8	3156	7.5
3	726	마라도	7.7	75.5	북서	24.4	21.1	1334	3.2
4	961	간여암	7.7	75	북서	20.9	17.6	267	1.9
5	160	부산(레)	7.6	80.3	서	26.2	22.3	1827	4.3
6	798	홍도	7.4	66.8	북서	34.3	26.8	1012	2.4
7	316	무등봉	7.3	69.8	북	26	18.5	845	2
8	39	정보없음	7.2	74.3	북	51	42.8	0	0
9	41	정보없음	7.1	82.9	북	35.5	32.5	1	0.1
10	175	진도(첨찰산)	7	78.2	북서	26.5	23.6	159	0.4
11	229	격렬	6.7	68.9	북	20.6	15.5	219	0.6
12	320	향로봉	6.7	70.9	북서	37.8	30.8	943	2.6
13	855	가파도	6.7	69.5	북서	25.7	20.3	351	0.8
14	102	백령	6.6	71.3	서	23.1	19	176	0.4
15	911	매물도	6.6	60.6	서	36.1	22.9	302	0.8
16	169	흑산도	6.5	65.6	북	34.8	26.1	168	0.4
17	725	우도	6.4	64.2	북서	34	27.6	86	0.8
18	873	백운산	6.4	63.2	북서	49.7	33.8	115	0.3
19	960	지귀도	6.4	61.6	북동	24.2	19.2	483	1.2
20	797	하태도	6.1	61	북	14.6	10.1	409	1
21	885	태풍센터	6.1	66.6	북	32.1	26.1	9	0.1
22	959	해수서	6.1	61.6	북서	27	18.5	455	1.1
23	314	덕유봉	6	63.7	북서	24.8	16.6	466	1.1
24	958	갈매여	6	58.6	북	28.4	18.4	597	1.5
25	956	가대암	5.9	57.3	북서	22.7	16.8	334	0.8
26	26	정보없음	5.8	62.5	북서	44.2	36.9	13	0.9
27	655	소청도	5.7	59.2	북	18	11.2	243	0.6
28	663	목덕도	5.7	55.2	북	26.7	15.3	105	0.3
29	808	호미곶	5.7	58.6	서	30.9	19	76	0.2

순위	지점 번호	지점명	평균풍속 (m/s)	풍속 5m/s 이상 비율(%)	주풍향	주풍향 빈도(%)	5m/s 이상 주 풍향 빈도수(%)	순간최대풍속 25m/s 이상	
								건수	비율(%)
30	858	심동리	5.7	54.3	북	25.3	21	491	1.2
31	875	설악산	5.7	48.1	남서	40.8	25	1246	3.2
32	659	계룡산	5.6	61	서	32.5	21.8	134	0.3
33	694	원효봉	5.6	54.2	서	30.8	15.6	1257	3.1
34	962	광안	5.6	58.3	북	24.6	11.7	21	0.2
35	300	말도	5.5	48.8	북	22.7	15.5	259	0.7
36	921	가덕도	5.5	54.5	북서	28.3	13.6	101	0.2
37	955	서수도	5.5	52.1	북	19.7	12.4	57	0.1
38	695	광덕산	5.4	56.8	북서	34.2	23.2	4	0
39	787	도화	5.4	50.7	북서	25.4	18.7	134	0.3
40	668	정보없음	5.3	53.6	남서	24.8	11.8	48	0.9
41	793	모슬포	5.3	51.4	북	30.7	18.2	55	0.1
42	96	정보없음	5.2	52.4	남서	35.8	22.9	1	0.2
43	168	여수	5.2	48.6	북동	21.9	12.3	158	0.4
44	667	옹도	5.2	43.6	북	25.5	8.7	77	0.2
45	724	추자도	5.2	49.8	북서	28.1	17.4	126	0.3
46	790	나로도	5.2	51.4	동	23.8	12.6	224	0.5
47	957	십이동파	5.2	45.3	북서	38.2	21	124	0.3
48	12	안면센터	5.1	46.5	북	20.4	8.9	0	0
49	330	하원	5.1	45.4	북	24.8	14.9	322	0.8
50	723	거문도	5.1	47.2	북서	26.7	19.9	123	0.3

표 B-5 고도 80m에서 연평균 풍력자원 순위

고도 80m에서의 연평균 풍속 순위 ※ 5년간 평균값(2005~2009)

순위	지점 번호	지점명	평균풍속 (m/s)	풍속 5m/s 이상 비율(%)	주풍향	주풍향 빈도(%)	5m/s 이상 주풍 향 빈도수(%)	순간최대풍속 25m/s 이상	
								건수	비율(%)
1	554	미시령	8.4	75.6	서	25	22.5	3156	7.5
2	185	고산	8.3	81.9	북	33.8	30.7	1561	3.7
3	160	부산(레)	8.2	86.8	서	26.2	23.7	1827	4.3
4	726	마라도	8.1	81.1	북서	24.4	22.1	1334	3.2
5	961	간여암	8	80.7	북서	20.9	18.3	267	1.9
6	316	무등봉	7.9	77.3	북	26	20.3	845	2
7	798	홍도	7.8	72.7	북서	34.3	28.5	1012	2.4
8	39	정보없음	7.7	81.4	북	51	45.6	0	0
9	41	정보없음	7.7	89.7	북	35.5	34	1	0.1
10	175	진도(첨찰산)	7.7	85.2	북서	26.5	24.7	159	0.4
11	320	향로봉	7.3	79.2	북서	37.8	32.9	943	2.6
12	102	백령	7.2	82.5	서	23.1	20.6	176	0.4
13	855	가파도	7.2	76.7	북서	25.7	21.8	351	0.8
14	229	격렬	7.1	76	북	20.6	17.1	219	0.6
15	911	매물도	7.1	68.5	서	36.1	26.3	302	0.8
16	169	흑산도	7	74.3	북	34.8	28.4	168	0.4
17	873	백운산	7	75.1	북서	49.7	40.1	115	0.3
18	725	우도	6.9	72.7	북서	34	29.3	86	0.8
19	960	지귀도	6.9	68.8	북동	24.2	20.3	483	1.2
20	885	태풍센터	6.7	77.1	북	32.1	28.2	9	0.1
21	314	덕유봉	6.6	72.8	북서	24.8	18.8	466	1.1
22	797	하태도	6.6	68.9	북	14.6	10.6	409	1
23	959	해수서	6.6	69	북서	27	20.4	455	1.1
24	26	정보없음	6.4	77	북서	44.2	40.9	13	0.9
25	958	갈매여	6.4	65.7	북	28.4	19.8	597	1.5
26	858	심동리	6.3	62.8	북	25.3	22.5	491	1.2
27	875	설악산	6.3	59.6	남서	40.8	29.5	1246	3.2
28	956	가대암	6.3	66.2	북서	22.7	18.2	334	0.8
29	655	소청도	6.2	70.3	북	18	13.4	243	0.6

순위	지점 번호	지점명	평균풍속 (m/s)	풍속 5m/s 이상 비율(%)	주풍향	주풍향 빈도(%)	5m/s 이상 주풍 향 빈도수(%)	순간최대풍속 25m/s 이상	
								건수	비율(%)
30	663	목덕도	6.2	62.6	북	26.7	17.4	105	0.3
31	694	원효봉	6.2	67.8	서	30.8	20.7	1257	3.1
32	808	호미곶	6.2	68.4	서	30.9	22.8	76	0.2
33	659	계룡산	6.1	70.5	서	32.5	24.7	134	0.3
34	962	광안	6.1	68.8	북	24.6	15.3	21	0.2
35	300	말도	6	57	북	22.7	17.2	259	0.7
36	695	광덕산	6	67.3	북서	34.2	26.7	4	0
37	787	도화	6	61.6	북서	25.4	21	134	0.3
38	921	가덕도	6	64.4	북서	28.3	17.5	101	0.2
39	793	모슬포	5.9	61.1	북	30.7	21.1	55	0.1
40	955	서수도	5.9	60.9	북	19.7	13.9	57	0.1
41	668	정보없음	5.8	64	남서	24.8	14.5	48	0.9
42	12	안면센터	5.7	61.7	북	20.4	11.8	0	0
43	96	정보없음	5.7	57.7	남서	35.8	24.2	1	0.2
44	168	여수	5.7	56.8	북동	21.9	14.1	158	0.4
45	330	하원	5.7	59.2	북	24.8	18.2	322	0.8
46	724	추자도	5.7	58.9	북서	28.1	20	126	0.3
47	790	나로도	5.7	62.1	동	23.8	15.8	224	0.5
48	909	서이말	5.7	57.5	북동	32.1	24.7	205	0.5
49	667	옹도	5.6	51.1	북	25.5	11	77	0.2
50	723	거문도	5.6	55	북서	26.7	21.6	123	0.3

B.7 국내 지열자원[2]

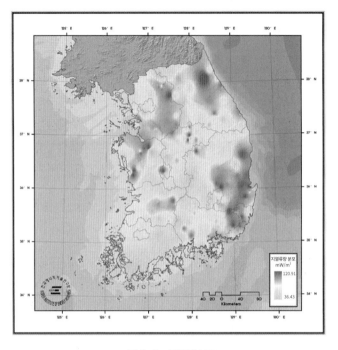

그림 B-9 지열류량 분포

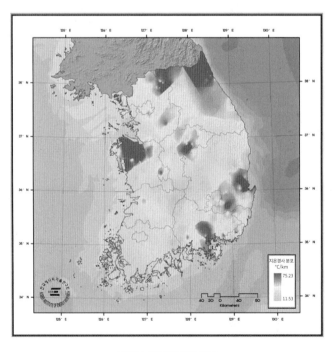

그림 B-10 지온경사 분포

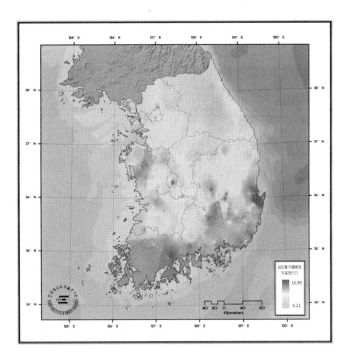

그림 B-11 심도별 지열 분포(지표면)

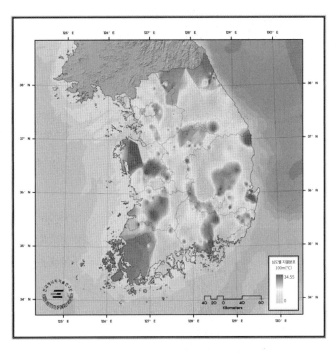

그림 B-12 심도별 지열 분포(심도 100m)

B.8 국내 바이오매스자원[2]

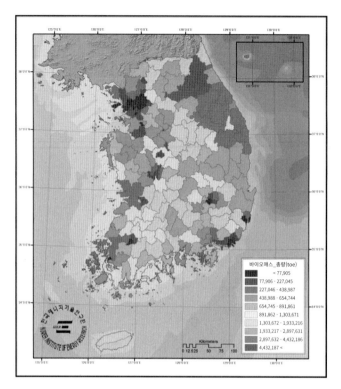

그림 B-13 바이오매스 총량 분포

[1] 기상자료개방포털, https://data.kma.go.kr/

[2] 신재생에너지 데이터센터 자원지도시스템, http://kredc.kier.re.kr/

C

RETScreen Clean Energy Project Analysis Software

RETScreen은 신재생에너지 적용 및 에너지 효율 대안 등의 평가 방법을 포함하는 청정에너지 프로젝트 타당성 분석용 엑셀근간의 프로그램이다. 캐나다 정부 천연자원부(Natural Resource Canada) 산하의 CanmetENERGY 연구소의 지원으로 운영·지원되는 이 프로그램은 사용자가 에너지효율, 신재생에너지, 열병합발전을 포함하는 청정에너지 프로젝트의 투자가 기술적, 재정적, 환경적으로 적절한지 평가 가능한 광범위한 대안들을 제공한다. 또한 지역 평가자에게 도움이 되도록 4,700개의 지상 기지국 및 NASA 인공위성의 데이터로부터 획득된 기후조건의 지구 전 세계 기상조건을 통합 관리한다. 엔지니어, 건축가, 또는 재정입안자 들이 쉽게 사용 가능하도록 만들어진 이 프로그램의 의사결정 분석과정은 에너지 분석, 비용 분석, 환경 분석, 재정 분석, 민감도/위기 분석 등의 5가지 분석과정으로 구성된다. 그림 C-1은 RETScreen의 프로젝트 모델 초기화면을 나타내며, 표 C-1과 같이 신재생에너지와 기존에너지원을 모두가 프로젝트 모델에 포함된다.

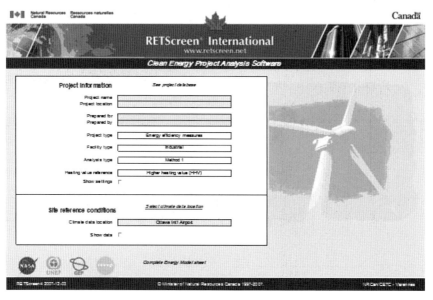

그림 C-1 RETScreen의 프로젝트 모델 초기화면

표 C-1 RETScreen의 프로젝트 모델

분야	대상
에너지 효율	대형산업용 시설 ~ 개인 가정
냉난방	바이오매스, 열펌프, 태양열 냉난방
동력	신재생에너지(태양광, 태양열, 풍력, 파력, 수력, 지열 등) 기존에너지원(가스/증기터빈, 내연기관 등) 복합 발전 또는 열병합발전

태양열 냉난방 프로젝트 분석 시 고려하는 사항들을 표 C-2에 정리하였고 풍력발전 프로젝트 분석 시 고려하는 사항들을 표 C-3에 정리하였다.

표 C-2 태양열 냉난방 프로젝트 분석 시 고려하는 사항들

항목	예
프로젝트 설치장소의 에너지원	태양열 복사량
장비 성능	태양열 흡수율
초기 프로젝트 비용	태양열 집열기
기본 경우(base case) 비용	기존 장비 비용
연간 비용 및 주기적 비용	공공시설물 파괴에 따른 복구비
회피할 에너지 비용	전기가격
재정	부채비용, 상환기간, 이자율
장비 및 수입에 대한 세금(또는 저축)	
대체할 에너지의 환경특성	석탄, 천연가스, 석유, 대수력, 원자력
환경 크레딧 및 보조금	청정에너지율, 온실가스 그레딧, 교부금
의사결정권자의 비용 대비 효율의 정의	투자회수 기간, 내부회수율(IRR; Internal Rate of Return), 순수현재가치(NPV: Net Present Value)에너지생산 비용

표 C-3 풍력발전 프로젝트 분석 시 고려하는 사항들

항목	예
프로젝트 설치장소의 에너지원	바람의 속도
장비 성능	풍력터빈 동력성능 곡선
초기 프로젝트 비용	풍력터빈, 타워, 공학
기본 경우(base case) 비용	원격지에서 디젤발전기

항목	예
연간 비용 및 주기적 비용	풍력터빈 블레이드 청소비
회피할 에너지 비용	전기가격
재정	부채비용, 상환기간, 이자율
장비 및 수입에 대한 세금(또는 저축)	
대체할 에너지의 환경특성	석탄, 천연가스, 석유, 대수력, 원자력
환경 크레딧 및 보조금	청정에너지율, 온실가스 그레딧, 교부금
의사결정권자의 비용 대비 효율의 정의	투자회수 기간, 내부회수율(IRR: Internal Rate of Return), 순수 현재가치(NPV: Net Present Value)에너지생산 비용

http://www.retscreen.net/ang/home.php

[A – G]

AI	27
Artificial Intelligence	27
band gap	47
Beit Ha'aravah 태양연못	139
Bhuj의 태양연못	140
CdTe	52
CFC	12
concentrator system	67
Coriolis 힘	151
CSP	97

[D – G]

DOE	20
DSSC	58
dye–sensitized solar cell	58
EGS	207
El Paso 태양연못	138
EPA	18
flat–plate system	66
GaAs	53
gas hydrates	8
Goddard 우주연구소	16
Gratzel 그룹	58
Gustave Gaspard Coriolis	151

[I – O]

IEA	1, 18
La Niña	16
LNG 복합화력발전소	10
multi–junction cells	55
NASA	36
NOx	17
Nuclear Energy	10
O3	11
ODS	12

Offshore 시스템	232
ozone	11

[P – T]

PNG	8
pumped hydro–power	29
pumped–storage hydroelectricity	29
PV	42
Pyramid Hill 태양연못	140
screen–printing	59
shale gas	9
Smart Grid	27
Troposphere	152

[ㄱ]

가스 하이드레이트	8
가스화	316
가시광선	38
간접 시스템	124
간접획득형	112
갈륨아세나이드	45, 53
개방순환식	243
개방 유하식 집열기	118
개방전압(Voc)	61
개방회로 시스템	206
건증기발전소	193
결정질 실리콘	45
고립획득형	113
고분자 전해질 연료전지	261
고속축	161
고온건조암	192
고체산화물 연료전지	268
공공 전기	78
공공전기 규제 정책법	77
공기밀도	154
공기식 집열기	119
공동연료	316
공해	337
구유형	100
구유형 집열기	122
국립과학원	15
국부적 바람	153
국제에너지기구	1, 18
글리세린 정제	337
기어박스	161
기후	15
기후변화	16

[ㄴ – ㄹ]

낫셀	161
내부 양자효율	65
농경폐기물	313

능동적 태양열 난방	114
능동제어(active control)	176
다결정 박막	50
다결정 박막 카파인듐다이셀러나이드	52
다접합 셀	55
단락전류(Isc)	61
단순 태양전지 시스템	74
대류권	152
대류 연못	138
드라이브트레인	177
라니냐	16

[ㅁ]

마그마	193
메탄	8
메탄올 회수	336
모듈	65
모듈 시스템	318
미국 에너지부	20
미국환경보호청	18
미우주항공국	36
밀폐순환식	241

[ㅂ]

바람	150
바람방향	162
바람 에너지	154
바람의 동력	155
바이너리사이클발전소	195
바이오디젤 정제	337
바이오매스	308
바이오에탄올	325
바이오연료	337
바이오 정제소	341
반구형 집중형 집열기	122
반사형 조리기	132
발전기	161
배수 시스템	125

배열 45
배출 공기 집열기 123
배치 태양열 히터 125
배터리 저장장치 74
밴드 갭 47
변환효율 62, 65
분산 전원 28
브레이크 161
블레이드 160
블레이드(blade) 175
비대류 연못 137
비정질 실리콘 45, 49

[ㅅ]

사용자 전력관리 28
사진석판술 59
산바람 153
산성 에스테르화 336
삼림폐기물 313
상자형 태양열 조리기 130
생태학적 변화 231
석유(Petroleum) 5
석탄(Coal) 4
석탄화력발전소 10
셀 45, 60
셰일가스 9
수동적 시스템 125
수동적 태양열 난방 111
수송용 전원 277
수영장 난방시스템 119
수직형 밀폐회로 시스템 205
수평형 밀폐회로 시스템 204
스마트 그리드 27
습증기발전소 194
실리콘 45, 48

[ㅇ]

알카라인형 연료전지 264
압축천연가스 8
액체식 평판형 집열기 118
에너지출력 65
연료전지 253
연료전지 시스템 257
연못/호수 밀폐회로 시스템 206
연안 237
열분배 204
열사이폰 시스템 126
열출력 133
열펌프 203
염료감응형 태양전지 57
오존 11
오존층 11
오존층 파괴물질 12
온도 차이 151
외부 양자효율 65
용융탄산염 연료전지 266
원자력 10
유기 태양전지 57
유기화합물 열분해 317
유선형 관 154
이산화탄소 16
인산형 연료전지 265
일사 39

[ㅈ]

장착구조물 69
재생디젤 333
재생에너지 1
재생형 연료전지 271
저속축 161
저장장치 71
전기발전기 75
전기전극 59
전력망 관리 28

전력조절기   70
전력출력   65
제어부   161
조력   222
조류발전   222
조류 변화   231
조류터빈   228
조류 펜스   228
좌우요동 구동장치   162
좌우요동 모터   162
주거용 온수   204
중온 태양열 집열기   114
지구 자전에 의한 바람   152
지열발전소   193
지열수   192
지열에너지   187
지열열펌프   201
지열원   191
지중열교환기   203
직접광   38
직접 메탄올 연료전지   262
직접 시스템   124
직접연소   316
직접획득형   111
진공관식 집열기   120
질소산화물   17
집중형, 선형   121
집중형 시스템   67
집중형(집광형) 집열기   121
집중형 태양열 발전   97

[ㅊ]

천연가스(Natural Gas)   7
초에스테르화   336
최고출력   65
최대출력점   61
추적 구조물   70

충전인자(fill factor)   61
충전 제어장치   71

[ㅋ]

카드뮴텔러라이드   52
카드뮴 텔루라이드   45
카파인듐다이셀러나이드   45

[ㅌ]

타워   162
타워(tower)   177
타워형   101
태양복사   134
태양연못   136
태양열 공정 난방시스템   115
태양열 난방   108
태양열 발전   97
태양열 접시형-엔진   103
태양열 조리기   129
태양열 집열기   116
태양전지   42, 75
태양전지 성능   60
태양조명   127

[ㅍ]

파력   232
평판시스템   66
평판형 집열기   116
표면 바람   153
풍력에너지   150
풍력터빈   154, 158
풍속계   160
풍향기   162
피치   161

ㅎ

하이브리드순환식   244
하이브리드 시스템   79
합성가스(syngas)   5
해양에너지   221
해양온도차 발전   240
해풍   153
혐기성 소화   318
혼합형 포물선 집중형 집열기   122
화석연료   4
확산광   38
회전자   162
회전자(rotor)   174
회전자 면적   154